国家科学技术学术著作出版基金资助出版

热力耦合作用岩石的微细观破坏力学

Meso/Micro Failure Mechanics of Rock Under Thermal-Mechanical Coupled Effects

左建平　周宏伟　鞠　杨　著

科 学 出 版 社

北　京

内 容 简 介

本书系统地介绍了作者近年来在关于热力耦合作用下岩石的微细观破坏力学方面的学术研究成果。利用高温带加载装置的扫描电镜及微变形场测量技术等综合手段，实时原位观察了热力耦合作用下矿山顶板砂岩的热破裂过程、拉伸和弯曲破坏过程，重点研究了热力耦合作用下砂岩的断裂韧性、微细观变形场、断口形貌特征及屈服流变模型等。

本书可供多场耦合岩石力学、矿山岩体力学、地热工程、煤地下气化高温岩石力学、工程力学、采矿工程和岩土工程等研究领域的科研和工程技术人员及高等院校相关专业师生参考。

图书在版编目(CIP)数据

热力耦合作用岩石的微细观破坏力学= Meso/Micro Failure Mechanics of Rock Under Thermal-Mechanical Coupled Effects / 左建平，周宏伟，鞠杨著. —北京：科学出版社，2019.5

ISBN 978-7-03-063219-7

Ⅰ. ①热… Ⅱ. ①左… ②周… ③鞠… Ⅲ. ①热力–耦合作用–岩石破坏机理–研究 Ⅳ. ①TU45

中国版本图书馆CIP数据核字(2019)第250666号

责任编辑：李 雪 / 责任校对：王萌萌
责任印制：吴兆东 / 封面设计：无极书装

科 学 出 版 社 出版
北京东黄城根北街 16 号
邮政编码: 100717
http://www.sciencep.com
北京捷迅佳彩印刷有限公司 印刷
科学出版社发行 各地新华书店经销
*
2019 年 5 月第 一 版 开本：720 × 1000 1/16
2019 年 5 月第一次印刷 印张：18 3/4
字数：378 000

定价：168.00 元

(如有印装质量问题，我社负责调换)

前　言

人类与岩石打交道，已经有着千年的历史，但岩石力学成为一门得到国际同行认可的学科只是近六七十年的事情。岩石力学主要研究在不同的边界条件下(如力、热和渗流等)岩石的反应行为。国内外很多著作都曾经集中探讨过岩石或岩体的力学行为。由于大多研究是基于采矿工程、岩石隧道工程、边坡工程、石油工程等背景，更多关注岩石或岩体的宏观破坏行为，如岩体破坏的结构控制论就是其中的主流观点。近年来，随着研究的深入，人们越来越认识到材料的破坏行为是宏细微观层次的多尺度破坏行为，而岩石各种性质也是与其尺度息息相关的。本书关注了热力耦合作用下岩石的微细观破坏行为，前提的假设是把岩石当作一种材料来处理，这对拓展岩石力学的发展，特别是加深对岩石的破坏机制方面的认识是有一定帮助的。

本研究最早还要追溯到 2001 年，那是笔者研究生生涯的开始，导师给了一个建议：深部开采和核废料处置过程都会涉及温度问题，能否研究一下热力耦合岩石的破坏行为？当时也算懵懂少年吧，以为这是个很简单的课题，就毫不犹豫地答应了。然而，随着研究的深入，以及与老师们、师兄们的交流，发现这个问题远不是想象中的那么简单，特别是要做出有新意的研究还是非常地难。传统室温的岩石力学侧重在单轴、三轴、劈裂和剪切破坏方面的研究，而深部地球物理的岩石高温高压研究都研究 600℃和 1GPa 条件下的岩石物理行为，而这些实验条件都是多数实验室所不具备的，并且这不是我们工程角度所关注的问题。经过了一个长期而又痛苦的过程，阅读了大量的国内外文献，并且与导师多次的讨论，认为岩石的室内宏观破坏实验已经有很多成果，能否重点研究岩石的微细观破坏行为？最终笔者把关注点集中在原位观测热力耦合作用下微细观尺度岩石的破坏行为上。反复思虑了很久，把实现原位实时观测岩石的微细观破坏行为作为突破口，把原位观测热开裂、拉伸破坏、弯曲破坏及观察断口形貌变化等作为主要研究内容。方向定好后，后面的研究就豁然开朗了。2006 年完成了有关温度-拉应力作用下岩石的微细观破坏行为研究的博士学位论文。2009 年又完成了有关温度-三点弯曲荷载作用下岩石的微细观破坏行为研究的博士后出站报告。并且博士学位论文有幸获得了 2009 年全国百篇优秀博士学位论文奖。这两部分研究内容构成了本书的主体内容。经过近几年的完善和补充，以及一些论文工作的相继发表，笔者萌生了把这些工作进行系统归纳总结的想法，集结成本拙著，以期对本领域的研究人员有所帮助。

本书的主要内容均基于笔者多年的研究和工作实践，在写作的过程中，笔者尽量收集了大量相关领域的重要参考文献，试图让读者能够更全面了解该领域的最新进展。尽管如此，由于笔者的学识、时间和精力有限，仍会遗漏部分文献，在此深表歉意。固体材料的破坏过程是力学难题之一，岩石材料由于其非均质、非均匀、各向异性等因素，导致其破坏过程更为复杂。

笔者要感谢博士生导师谢和平院士和博士后合作导师彭苏萍院士，是他们把我引入了本书的研究领域。并且长期以来他们都给予笔者非常精心的指导和帮助，在此对两位恩师表示诚挚的谢意！笔者还要感谢美国劳伦斯伯克利国家实验室刘会海研究员和布朗大学高华健院士，是他们的无私邀请才让我在 2011 年和 2018 年分别两次到美国高校和科研院所访学交流，也才有时间静下心来把多年的工作集结成册。本书的很多工作得益于笔者与周宏伟教授、鞠杨教授的通力合作，与他们在一起共事的日子总是让这些原本枯燥的研究变得那么生动有趣。笔者要感谢中国矿业大学(北京)的同事，特别是力学与建筑工程学院的同事，与他们进行过很多有益的讨论，根据他们的建议，本书做了很多更改和修正。同时，笔者的学生的一些工作也为本书增色不少，他们是陈岩、刘瑜杰、王金涛、柴能斌、范雄、方圆、王廷征和雷博等，在此一并感谢。最后，笔者还要特别感谢妻子左明女士和孩子，在笔者研究期间给予了很多的谅解、忍耐和支持！

本书的研究先后得到北京卓越青年科学家计划项目(BJJWZYJH01201911413037)、国家自然科学基金优秀青年基金(51622404)、国家自然科学基金青年和面上项目(11572343、51374215、11102225、41877257)、中国矿业大学(北京)越琦杰出学者、国家“万人计划”青年拔尖人才(W02070044)、国家重点基础研究发展计划(973 计划)(2010CB732002)、霍英东教育基金会高等院校青年教师基金(142018、121051)、“十三五”国家重点研发计划(2016YFC0801404)、中国博士后科学基金会(20070410577)、高等学校学科创新引智计划(简称 111 计划)(B18052、B14006)、北京市科委重大科技成果转变落地培育项目(Z151100002815004)、北京市科技新星计划(2010B062)、高等学校全国优秀博士学位论文作者专项资金资助项目(201030)和中央高校基本科研业务费(2009QL08)等资助，特此表示感谢！

本书的很多观点也只是基于实验研究而得出的认识，限于笔者的水平，书中观点难免存在个人主观性，殷切希望得到同行们的指正和帮助。

2019 年 2 月

目　录

第1章 绪 论

1.1 岩石力学研究概况

岩石是自然界的产物，它是在各种不同随机因素作用下经历了漫长而又复杂的地质构造运动后形成的地球介质，是组成地壳和地幔的主要物质。多数岩石是由一种或几种造岩矿物按一定的方式组合而成的天然聚集体，具有一定的结构、化学成分和矿物成分，是人类赖以生存和发展的立足之地。从古至今，人类不断地与岩石打交道，如人类的早期文明与岩石密切相关，早在25万年前的北京人就知道在天然石穴的基础上建造适合他们居住的石穴房屋[1]；再如人类最早使用的狩猎工具、日用器皿，中国的万里长城和埃及金字塔都是用岩石制成；时至今日，人类的日常生活仍与岩石相关，如采矿工程、隧道、石油和天然气的开采、地热、大坝、交通、水电、工民建、地震、国防工程和核废料地质处理等。人类对岩石的认识经历了一个从感性逐渐到理性的漫长过程。随着工业文明的进一步发展，人们对岩石的认识和利用也在不断地深入和发展。

岩石力学(rock mechanics)的名称最早是1956年4月在美国科罗拉多矿业学院(Colorado School of Mines)举办的一次有关岩石学科的研讨会上提出的[2]。公认的岩石力学定义是美国岩石力学学会在1964年提出的，1966年在里斯本召开了第一届国际岩石力学会议，标志着岩石力学成为一门独立的学科已得到国际同行的公认，并在1974年最终把岩石力学的定义修改为："岩石力学是研究岩石与岩体力学性能的理论和应用的科学，是探讨岩石和岩体对其周围物理环境的力场的反应的力学分支"[3]。从力学的角度看，就是要解决岩石的变形、强度和破坏的力学性质和力学效应问题，因此岩石力学的发展同弹塑性力学、断裂力学、损伤力学、流变学、结构力学、地质、地球物理学、固体物理、矿物学和水化学等学科是分不开的。但岩石是种既复杂又特殊的材料，是由多种矿物颗粒、孔隙和胶结物组成的混合体，经过亿万年的地质演变和多期复杂的构造运动，又使其内部形成大量随机分布的微裂隙、微孔洞、节理、夹层和断层等。因此，岩石既不是一种理想的连续介质(存在宏观、细观、微观的不连续性)，又不是严格意义上的离散介质(结晶材料)，这种似连续又非完全连续、似破断又非完全破断的特征使岩石的力学性质异常复杂。对岩石强度的研究明显不同于对金属材料、高分子材料强度的研究，也不同于对陶瓷、混凝土等这类与岩石有相似力学行为的材料的强度研究。近年来，随着断裂损伤力学、分形、分岔、混沌、耗散结构、突变理论、协同论等学科分支和研究方法相继渗入，岩石力学的非线性研究方面取得了很大的进展。虽然研究成果丰富，但付出的代价也相当沉重，如近年来煤矿事故频繁发生，多数是由于瓦斯、水等引起岩石的失稳破坏，给国家和人民的生命财产造成了无法估量的损失。例如，1928 年美国圣弗朗西斯重力坝失事，是坝基软弱、岩层崩解、遭受冲刷和滑动引起的；1959 年法国马尔帕塞坝(Malpsaast)溃决，坝基有软弱面受水侵蚀，浸泡失稳；1960 年意大利瓦让坝(Vajont)左岸的大滑坡，更是举世震惊，2.5 亿 m^3 的滑动岩体以 28m/s 的速度下滑，激起 250m 高的巨大涌浪，造成 2000 余人丧生。类似的例子在我国也不少，如 1980 年湖北远安盐池河磷矿的山崩，是由于采矿引起岩体变形，使上部岩体中顺坡向节理被拉开，导致岩体急速崩落，造成 280 余人丧生；又如中华人民共和国成立前湖南锡矿山北区洪记矿井大陷落，造成 200 余名工人丧失了生命。

此外，近年来，我国煤矿也发生了许多重大灾害事故[4]。

2003 年 5 月 13 日，淮北芦岭煤矿发生冲击地压诱发瓦斯爆炸事故，造成 84 人死亡。

2011 年 11 月 3 日，河南义马千秋煤矿的一起冲击地压事故，造成 10 人死亡，64 人受伤。

2013 年 1 月 12 日，辽宁阜新矿业(集团)有限责任公司五龙煤矿发生一起较大冲击地压事故，造成 8 人死亡。

2017 年 8 月 11 日，晋能集团山西煤炭运销集团和顺吕鑫煤业有限公司(以下简称吕鑫煤业)发生边坡滑坡事故。造成 9 人死亡，1 人受伤。

2018 年 10 月 20 日山东郓城市的龙郓煤业有限公司发生冲击地压事故，造成 22 名员工被困，其中 1 人生还，21 人遇难。

2019 年 1 月 12 日，陕西省神木市百吉矿业李家沟煤矿发生井下冒顶重大事故，21 名矿工遇难。

2019 年 1 月 12 日，贵州省安龙县广隆煤矿发生煤与瓦斯突出事故，16 人遇难。

这些灾害的发生表明，人们对岩石力学行为的认识和把握还远未达到令人满意的程度。现有岩石力学的分析方法及其可靠性还远不能满足岩石工程设计需要，很多工程实践的岩石力学问题亟待解决。对这些工程的设计和施工都要求系统地研究岩石的变形、破坏机制，以及建立力学模型，特别是微细观尺度岩石的变形破坏是导致岩石宏观破坏的根本，对这些微细观尺度岩石破坏的理解可为工程设计中预测岩石工程的可靠性和稳定性提供依据，并使工程具有尽可能的经济性。而这些工程建设问题不断给岩石力学的研究者提出了新的挑战，也大大促进了岩石力学的发展。

至今还没有一种普适的岩体物性关系，每种岩体物性关系只是在一定范围和一定条件下适应，因为岩石的变形和破坏性质不仅与其自身微结构密切相关，还受到温度、围压、孔隙水、化学等环境因素的影响。因此现阶段研究各种条件下岩石的变形破坏特性和本构关系都具有重大的理论和工程实践意义。在很多岩石地下开挖工程中，温度-应力共同作用是很重要的，在深部资源开发、煤地下气化、核废料深埋地质处置过程中这种作用尤为突出，本书的重点将是基于这些工程背景研究温度-应力共同作用下岩石的热开裂、微细观变形破坏机制及强度特征等。

1.2 热力耦合岩石力学的工程背景

1.2.1 深部开采及煤地下气化

就我国目前已探明的各类资源中，煤炭资源量占世界总量的 11.1%，而石油和天然气资源量分别仅占世界总量的 2.4%和 1.2%，“煤多、油和气少”的特点决定了煤炭是我国的主体能源。尽管我国的煤炭消费量在一次能源消费总量中所占的比例，已由 1990 年的 76.2%降为 2017 年的 60.0%；2018 年，我国一次能源生产总量 37.7 亿 t 标准煤，是 1949 年的 158 倍，年均增长 7.6%。其中，煤炭产量 36.8 亿 t、原油产量 1.9 亿 t、天然气产量 1600 亿 m^3、发电量 71118 亿 kW·h。即便到 2050 年，煤炭所占比例预计也不会低于 50%。因此在 21 世纪前 50 年内，煤炭在我国一次性能源构成中仍将占主体地位。世界能源国际组织和能源专家预测结果同样表明，21 世纪煤炭作为我国的基础能源的地位仍然不会改变。可以说煤炭资源是我国的主要能源和重要的战略物资，具有不可替代性，煤炭工业在国民经济中的基础地位仍将是长期且稳固的。因此为了满足我国国民经济持续快速发展的需要，在今后相当长的历史时期内仍需保证煤炭的高产稳产。从我国煤炭资源总体分布情况来看，我国的煤炭资源具有“西部煤层埋藏浅，东部埋藏较深”的特征。目前我国现有的煤炭资源总量约为 5.6 万亿 t，而埋深在 1000m 以下的煤炭储量约为 2.95 万亿 t，约占煤炭资源总量的 52.7%。随着浅部资源的逐渐减少和枯竭，资源开采在不断地朝深部发展。有资料表明煤矿开采深度以每年 8～12m 的速度增加，在未来 20 年，我国很多煤矿将进入 1000～1500m 的开采深度，煤矿深部开采的问题也将越来越突出[5]。一些典型煤矿开采深度，如新汶孙村矿已达 1501m、徐州张集矿 1303m、济宁星村煤矿 1295m、平顶山煤业集团十矿 1250m、徐州夹河矿 1243m、徐州张小楼矿 1222m、吉煤集团通化矿业八宝煤矿 1220m、开滦赵各庄矿 1200m。类似北京门头沟、新巨龙矿、协庄矿、邢东矿、华丰矿、潘西矿和长广矿等开采深度也都超过 1000m[6,7]。

深部开采是全球矿业未来发展的必然趋势。在国外，据不完全统计，开采超过 1000m 的金属矿山有 80 余座，其中以南非最具代表性，Mponeng 金矿 4000m、Tautona 金矿 3900m、Savuka 金矿 3700m、Driefontein 金矿 3400m、Kusasalethu 金矿 3276m 和 Moab Khotsong 金矿 3054m 等[8]，现在最深的达到 5000 余米。另外，加拿大、美国、澳大利亚、德国、印度、日本和俄罗斯等国的一些金属矿采深也超过1000m。国外从20世纪80年代初期就开始对深部开采问题进行研究，以加拿大、南非最具有代表性，其他国家如俄罗斯、波兰、美国、澳大利亚、印度和日本等也都进行过深部开采研究。我国在20世纪80年代后期也开始了这方面的研究。

可见，深部资源开采一直是国内外采矿工程界一个十分重要的研究课题。采矿活动会改变地下本来相对稳定的围岩应力状态，矿井开挖越深诱发产生灾害的概率越大。一些在浅部开采中的工程灾害都将在深部开采中以更加明显的方式表现出来，如巷道变形剧烈、采场矿压显现剧烈、采场失稳加剧、岩爆与冲击地压骤增、瓦斯高度聚积诱发严重安全事故，矿山深部开采诱发突水的概率增大，突水事故趋于严重等。此外，井筒破裂、煤自燃发火等事故也大量增加，深部开采对地表环境也往往造成严重的损害。特别是在上千米的深部巷道下，岩层温度将达到摄氏几十度甚至上百度的高温，不仅造成作业环境恶化，而且，岩石在“三高”(高温度、高应力、高渗透压)因素影响下，表现出来的基本力学性能如变形特征、破坏特征、强度特性等与在浅部开采时岩石表现出来的基本力学性能有所不同，且一些基本的力学参数也发生了变化，如弹性模量、泊松比等[9, 10]。因此在深部采矿中研究温度-应力共同作用下岩石的变形破坏规律是很有必要的。

煤炭地下气化(underground coal gasification)技术是将地下煤炭通过热化学反应原地转变为可燃气体的一种洁净煤综合利用技术[11~13]。该概念在1888年由伟大的化学家门捷列夫提出，1912年在英国进行了首次实验。1936年开始，苏联进入工业实验阶段，至20世纪50年代，煤炭地下气化的工艺技术基本过关并投入工业生产，使苏联的此项技术在世界上处于领先地位。目前，受世界能源危机的影响，西欧各国及美国也加强了对煤炭地下气化工艺技术的研究。煤炭地下气化的原理及过程与地面煤气厂生产煤气的原理及过程完全相同，产品也相同，只不过前者属于化学采煤方法，是将埋在深处的煤在地下点燃，燃烧转变为可燃气体，直接输送到地面。在燃烧过程中，会导致围岩温度升高。有研究表明，煤层顶底板岩层要经受高达1000～2300℃的高温烘烤作用[14~16]。Stańczyk等[16]在对波兰硬煤进行煤炭地下气化模拟实验时(模型设计尺寸2.6m×1.0m×1.1m)，设计测得在鼓氧阶段气化炉内温度在1100～1200℃范围，而鼓气阶段炉内温度在700～800℃范围。他们发现尽管在这两阶段的温度变化很大，但是由于煤岩、覆岩的不良导热特性，这种差异对燃烧煤壁前方远于0.6m的煤层或者燃烧煤层上方0.2m以上的覆岩层影响不大。实验发现，在气化过程结束后不久，煤层的围岩温度达到极大，气化过程结束10h后测得模拟煤层上方0.2m处的覆岩层最高温度达到约130℃。在煤炭地下气化过程中，一个关键技术是如何有效地控制燃空区覆岩的稳定性[17,18]。在煤层燃烧的高温及地应力作用下，燃空区覆岩将形成垮落带与断裂带。当覆岩断裂带与煤层上部含水层导通时，将引发顶板透水事故，同时气化炉内的煤气也可能会因此发生漏失甚至溢出地表，进而使气化炉不能正常生产甚至造成停产事故。

因此，煤地下气化过程中，温度对覆岩物理力学性质的影响不能忽略，需要考虑应力场和温度场的耦合作用下覆岩的变形破坏及移动规律。

1.2.2 核废料深埋地质处置

另一个重要研究背景就是核废料深埋地质处置问题。随着科技和经济的发展，人类生活中越来越多的利用到“核”，如核电、医学和科研领域等都用到了“核”。但随之而来的放射性废物如何处置的问题也摆在我们面前。按照英国科学技术议会办公室处(The Parliamentary Office of Science and Technology，UK)1997年的分类标准，把放射性废料分为高、中、低、极低四种[19]。有关中、低放射性废料目前有一些较好的处理办法，但高放射性废料处置问题一直是困扰人类的难题。高放射性核废料(HLW)具有两个显著的特点：一是放射性元素半衰期长，有的甚至达上百万年；二是较长时期内会产生大量的余热，有估算表明，15～100年后储存库周围围岩的温度可达到峰值，为200～300℃[20]。国际上提议的高放射性核废料处置的方案有地质处置、海底处置、海岛处置、深孔处置、岩石熔融处置、岛内地下处置、冰层处置、深井注入处置、宇宙处置、群分离和核素转换等[21]，各种处置方式都有其优缺点。但经过多方比较，目前得到认可的最佳方案是深埋地质处理，即把放射性废料储存于地下深部(通常为500～1000m)且封闭稳定的岩石洞室中(如花岗岩[22,23]、黏土岩[24]、岩盐[25,26]和凝灰岩[27]等)，再通过工程屏障永久隔离高放射性核废料，以保证其在很长时间内完全与生物圈隔离。

西方各国早在20世纪中期就开始投入大规模人力物力进行该领域的基础研究。加拿大、瑞士、瑞典在20世纪70年代初开始了对核废料处理的研究工作[28,29]。美国于1979年批准WIPP(Waste Isolation Pilot Plant)的项目，致力于核废料处置库的选址、可行性论证、储存库的设计、施工，以及接受核废料后安全工作的研究。目前有关Yucca Mountain的研究工作已经进行了20余年，并且得到了美国政府的大力支持[29]。英国在1979～1986年和1991～1997年两个期间重点对核废料处置的岩石力学问题进行了研究，分别由英国环境事务部和英国Nirex公司提供经费[19]。捷克在1980年开始这方面的研究，德国的选址工作早在20世纪60年代就开始了，1981年开始在Bartensleben存放中低放射性废料，在Asse岩盐矿中建立了实验室，并展开了系统的研究工作[28]。法国政府选址工作始于20世纪80年代，1994年授权法国放射性废料管理公司(ANDRA)在4个地区开展工作以探求作为地下实验室场地的可行性。由于核废料处理研究是一项庞大的科研工程，需要耗费大量的人力、财力、物力才能对其做系统的研究，所以一些跨国合作项目也应运而生，如已完成的DECOVALEX Ⅰ(1992～1995)[30]，DECOVALEX Ⅱ(1996～1998)[31]，DECOVALEXⅢ(1999～2003)[32]，DECOVALEXⅣ(2004～2007)[33]，DECOVALEX

V (2008～2011)[34]，目前该项目正在进行第六期研究。此外还有一些国际合作项目如 INTRACOIN、HYDROCOIN、INTRAVAL、GEOVAL、Stripa 计划和 HADES 计划等。

我国高放射性废物地质处置的研究工作正式启动于 1985 年，主要由核工业北京地质研究院负责，整个选址工作分全国筛选、地区筛选、地段筛选和场址筛选等阶段。在北京郊区建立了一个核废料储存实验场，为将来我国的核废料地质储存做准备[28]。目前已初步选定甘肃北山地区为重点预选区，花岗岩为候选围岩。

由于高放射性核废料深埋地质处置是个巨大复杂的系统工程，一般需要经过基础研究，储存库的选址和评价，地下实验室研究，储存库设计、开挖、运营和关闭等阶段，涉及众多学科，有岩石力学、水文地质、固体物理学、化学、热力学、固体力学、断裂力学、损伤力学等学科。从核废料深埋地质处置来看，核废料储库围岩赋存在一定的物理地质环境中，温度(thermal)、水(hydrological)和应力(mechanical)简称 THM，是岩体物理地质环境中的三个重要组成部分；从系统的角度来看，围岩 THM 耦合是子系统间相互作用的必然结果。在核废料地下处置过程中，由于放射性同位素衰变，将产生大量的热量，这会导致核废料储存库围岩介质的温度升高，不仅影响岩体、水体的物理性质，而且对岩体的应力场和水体的渗流场也有重要影响。因此可以说在深部地下岩石工程中进行放射性废料储存库的设计比起其他工程设计是独一无二的。首先储存库坐落在深部，通常为 500～1000m 的深度，围岩同样受到“三高”因素的影响，再加上放射性核素的衰变产生的热量，温度会更高，围岩表现出来的基本力学特性与在浅部表现出来的基本力学特性不同。有关高应力作用下深部岩石的变形特征可参阅文献[35]。其次核废料储存库不同于地面土木工程和一般的地下岩石开挖工程，深部地下围岩的节理、结构面和裂隙基本是不确定的，在开挖扰动后及正常运营期间表现的行为有很大的不确定性。再就是储存库的设计寿命要远远超过其他任何岩石工程的设计寿命，即几千年甚至上百万年，因此还必须考虑围岩长时间的效应，这是人类历史上前所未有的。最后就是储存库的设计需要非常高的设计置信度，只允许生物圈和人类可以接受的低放射性核素的迁移。因为一旦核废料装入储存库中正常运营，我们就不能随时的和长期观察设备的运行状况，如果将来内部出了问题就不太容易补救。因此研究核废料深埋地质处置各个阶段中温度-应力共同作用下岩石的变形、强度和破坏特性也具有深远的意义。

1.2.3 其他背景

除了深部开采和核废料处置外，石油的三次开采、油气和煤层气的开发、石油和天然气的地下储存、深埋隧道、高温岩体地热资源的开发等，都与深部开采和核废料处置一样有类似之处，属于高温、高压、高渗透作用下岩石工程问题。

1.2.4 热力耦合岩石力学研究的意义

本研究正是基于一些岩石工程问题，特别是深部开采、煤地下气化和核废料处置过程中涉及温度的岩石力学问题，重点对温度-应力共同作用下岩石的热开裂、细观变形破坏特性和强度理论等进行了系统的研究，为我国开展上述工程领域的科研工作积累一些基础资料。该研究不仅具有学术研究的意义，更具有深远的工程应用前景，这也是本研究的意义所在。

1.3 温度和应力对岩石力学行为的影响

正如前文所述，深部开采和核废料处置问题越来越受到关注，研究温度和应力作用下岩石的变形、强度和破坏机制也成了热点。本节尽可能详细地总结这方面的研究成果，为今后的研究打下基础。

1.3.1 围压对岩石力学性质的影响

目前对于深部岩石在温度和压力作用下的脆性、准脆性及延性破坏的研究还不是很清楚，这部分归因于由多种矿物晶体组成的岩石材料破坏断裂的复杂性；部分归因于发生在地球内部的破坏现象常常被其他地质过程所掩蔽。由于岩石内部天然就有孔洞、微裂隙、节理等，在外部荷载作用下，岩石的初始缺陷将会闭合或进一步扩展，微裂纹的萌生、扩展和贯通决定了岩石的变形特征，而围压起了重要的影响作用[35]。

1. 围压对强度的影响

通常认为随着围压的升高，岩石的强度会有所增加，这被大量的实验现象所证实[35]。Gowd 和 Rummel[36]研究了不同围压下 Bunt 孔隙砂岩的变形破坏特性，如图 1-1 所示。从图 1-1 中看出，当轴向应力 σ_1 小于屈服强度 σ_s，砂岩的变形基本是线弹性的，屈服强度 σ_s 取决于围压的大小。在围压小于 90MPa，应力达到峰值应力后随着应变的增加，应力会有所下降，当应力降低到一个残余强度后保持稳定，即随着变形的增加，应力却保持稳定。当围压超过 100MPa 时，砂岩表现出硬化性能。可见在较高的围压下，岩石破坏前的应力水平会有所增高，而且围压的增高会使得岩石破裂后的应力-应变曲线趋于平缓，峰值应力出现在更大的应变处。这表明，当围压增大到某个临界围压时，岩石将发生脆延转变。Paterson[37]和 Mogi[38]也都发表过类似的成果。

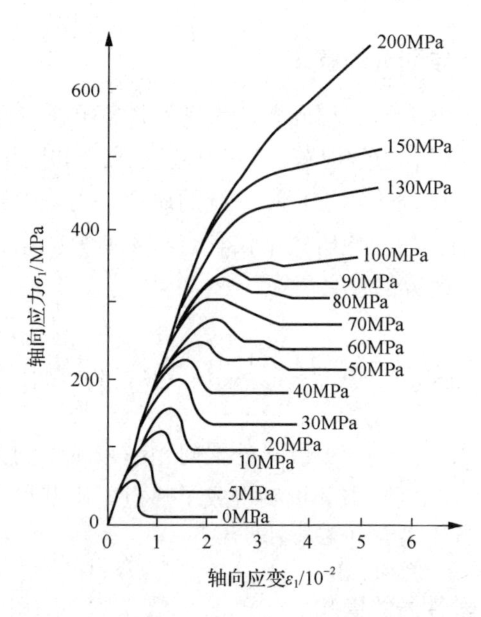

图 1-1　不同围压下 Bunt 砂岩应力-应变关系[36]

因此可以认为，脆性岩石在破坏前基本上是弹性的，但岩石在破坏前内部就有大量的微破裂出现，也就是说岩石在达到破裂强度之前微破裂就已发生，而围压对微破裂有抑制作用，当围压达到一个临界围压值，微破裂不再出现，此时岩石就出现硬化现象，即随着应变的增加，强度会升高。

2. 围压与扩容的关系

所谓扩容是指岩石在承载过程中表现出的非弹性体积增大的现象，其量化指标是体积应变。扩容现象在土力学中很早就被观测到，而岩石的扩容现象最早是由 Bridgeman[39]发现的。他认为这种扩容现象是岩石宏观破坏前的征兆。Brace 等[40]在高围压 Westerly 花岗岩压缩实验中，通过应变片测量到岩石在破坏前有明显的扩容现象，见图 1-2。他们认为当应力达到宏观破裂应力的 1/3～2/3 开始出现扩容现象，但也有一些例外，扩容出现得很早或出现得很晚，甚至快接近破裂应力才出现，这主要取决于岩石的类型。当然，温度、应变率和时间的影响也是很重要的。图中 ε_V 为体积应变，ε_Z 为轴向应变，ε_θ 为周围切向应变，C 是宏观破裂应力，C'是开始扩容时的应力。

Bieniawski[41]通过石英岩的单轴实验和苏长岩的三轴实验也发现了扩容现象，如图 1-3 所示，其中图 1-3(a)是石英岩的单轴实验，图 1-3(b)是苏长岩的三轴实验，其最大主应力与最小主应力之比保持为常数。

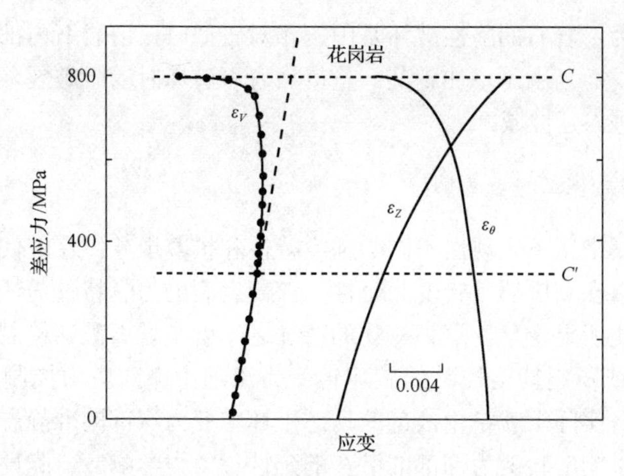

图 1-2　Westerly 花岗岩在三轴实验中的扩容现象[40]

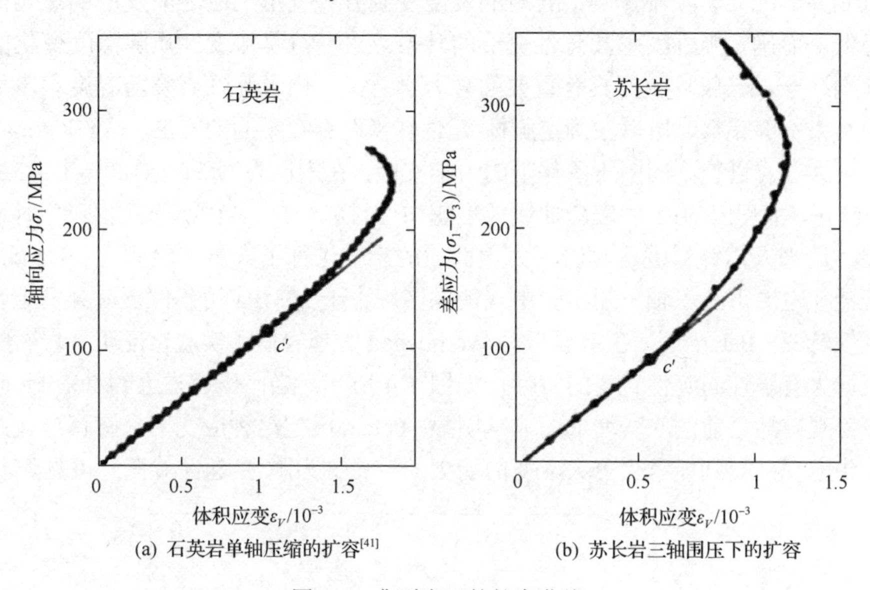

(a) 石英岩单轴压缩的扩容[41]　　(b) 苏长岩三轴围压下的扩容

图 1-3　典型岩石的扩容曲线

轴应力与围压之比为 38∶1[41]

而 Edmond 和 Paterson[42]通过 Carrara 大理岩在不同围压下实验表明：围压对岩石的扩容起抑制作用，即围压越大，扩容越小；而且当围压达到某一临界值时扩容有可能被完全抑制。Kwasniewski[43]的实验研究也表明：在低围压下，岩石往往会在低于峰值强度时由于内部微裂纹张开而产生扩容现象；但在高围压下，岩石的扩容现象不明显甚至完全消失。大量的岩石力学实验(如声发射实验[44]、显微观测[45]等)还显示，扩容过程伴随着大量微破裂(岩石内原生微裂纹扩展所致)产生，这两者有着因果关系，即围压越大，扩容量越小，微破裂也越少。

由此可认为，岩石的脆性破坏是围压相对较低时，由岩石内部微破裂的产生而导致的破坏；而当围压增加到某一量值后岩石破坏时的微破裂(或扩容)被完全抑制，岩石便进入延性域。

3. *岩石的脆性-延性转变*[46]

岩石在不同围压下表现出不同的强度特性和扩容现象，在较低围压下表现为脆性的岩石可以在高围压下转变为延性。深部岩石的力学特性与浅部岩石的力学特性相比将发生明显变化，这种变化的特征之一就是岩石破坏机制的转变，即由浅部的脆性能或断裂韧度控制的破坏转变为深部由侧向应力控制的断裂生长破坏，更进一步，实际上就是由浅部的动态破坏转变为深部的准静态破坏，以及由浅部的脆性力学响应转变为深部的潜在的延性行为力学响应。脆性变形和晶体塑性机制并非独立、互不影响，岩石的强度受到各种变形机制之间反应的影响而显著降低。而确定脆性变形和延性变形的转换点(位置)是流变性质随深度变化的关键问题之一，一般均认为具有重要的动力学意义。由于脆性破裂随温度和压力的变化结果不够完整，所以在确定脆性-延性转换时存在不同的看法。von Karman[47]首先用大理岩进行不同围压条件下的力学实验，在围压为685atm(1atm=1.01325×10^5Pa)时，大理岩的应力-应变曲线像理想塑性材料一样，当压应变达到8%时还未破裂。后来人们针对围压对岩石力学性质的影响进行了大量实验研究。Handin[48]对岩盐在室温下的三轴压缩实验中观测到围压小于20MPa的条件下就会发生脆性向延性转变。Paterson[37]在室温下对Wombegan大理岩做了实验，证明了岩石随着围压增大有脆性向延性转变的特性，如图1-4所示。当围压超过大约20MPa时，岩石宏观破坏之前的应变增加的非常明显，Paterson把这种应变率只有百分之几时就发生宏观破裂到能承受更大应变的能力的转变称为脆性-延性转变。可见随着围

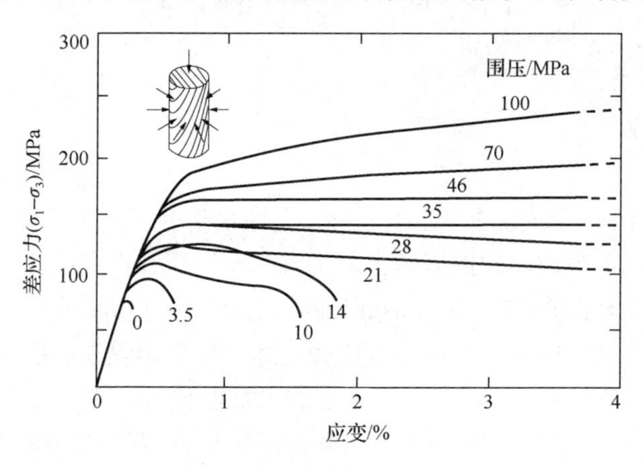

图1-4　Wombegan大理岩三轴实验的应力-应变曲线[37]

压的增加，应力-应变曲线的总水平在升高，岩石峰值强度也随之增大。岩石的峰后应力-应变关系发生了明显的变化，即应变值有持续增大的趋势，岩石在低围压表现出来的脆性转变为在高围压下表现出来的延性。而且曲线斜率也越来越陡，即围压越大，应变-硬化的范围和程度也越大，从中还可看出，岩石的脆性-延性转变存在一个临界围压值，这是岩石发生脆性-延性转变的标志。Mogi[49]对 Yamaguchi 大理岩的实验得出了类似的结果，如图 1-5 所示。

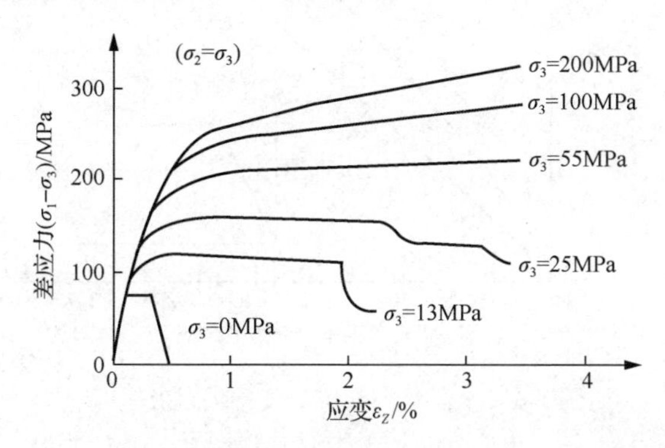

图 1-5　Yamaguchi 大理岩三轴实验的应力-应变曲线[49]

Heard[50]对脆性-延性转变采取了定量的解释，如果岩石发生破坏时的应变值达到 3%～5%时，就可视为岩石发生了脆性-延性转变。而 Jaeger 和 Cook[51]采取了定性的看法，认为只要岩石可以承受永久变形而不失去承载能力，就说明岩石处于延性阶段；如果岩石随着变形的增加而承载能力下降，就说明岩石处于脆性阶段。

Mogi[38]认为岩石的脆性-延性转变通常与其强度有关。当围压不小于破坏时差应力的 1/3 时，硅酸盐岩发生这种转变；对碳酸岩而言，围压稍小就能发生脆性-延性转变；而对拉伸实验要使岩石产生延性则需更大的围压。Kwasniewski[43]根据大量砂岩的实验数据，对岩石的脆性-延性转变规律进行了深入的研究，系统研究了脆性-延性转变点临界应力的关系，并分析了岩石应力-应变全程曲线中的第三种状态，即脆性和延性的中间转变态，这个状态既具有脆性破坏的特征，又具有延性变形的性质，提出了存在一个“脆性-延性转变临界围压”，对应到工程中实际上就是临界深度，如图 1-6 所示。

而在地球物理研究中，Sibson[52,53]注意到在脆性向延性流动转换深度存在着很高的应力释放。Meissner 和 Kusznir[54]以及 Ranalli 和 Murphy[55]分别提出用摩擦强度与蠕变强度相比较，相等处即为由脆性向延性转变的深度。Shimada[56]根据高压破裂类型的实验结果，认为岩石层十几公里处的流变性质由脆性破裂来控制，并且破裂强度和蠕变强度相等处为脆性-延性转换深度。

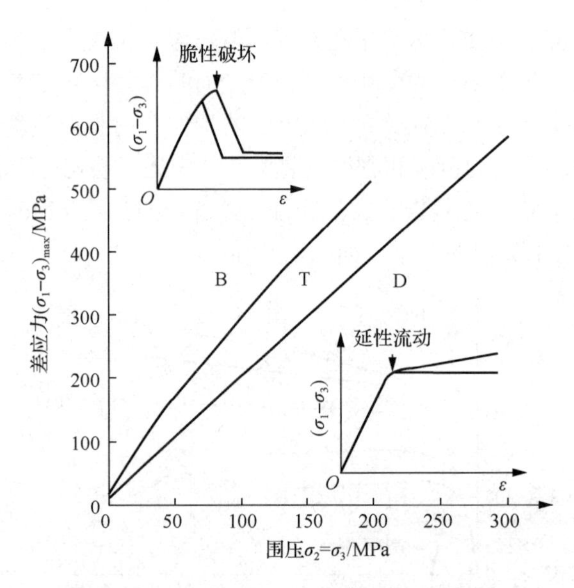

图 1-6　砂岩脆性-延性转变中的过渡区[43]

在岩石的脆性-延性转变过程中，温度的影响也很大。通常随着温度的升高，岩石的强度会有所降低，但由于岩石矿物颗粒的热激活作用，以及温度梯度的影响，这会使得岩石更利于发生脆性-延性转变。而确定脆性-延性形变的转换点也是研究流变性质随深度变化的关键问题之一。尽管大量的实验表明随着围压和温度的升高，岩石的破坏机制由脆性向延性转变，这些宏观定性的解释对我们认识深部岩石的破坏机制有很大帮助，但我们都清楚地知道，固体的任何力学行为最终是由原子或分子尺度及微缺陷的结构大小决定的。左建平等[46]从微细观的角度讨论了岩石内部微结构在脆性-延性转变过程中的作用，认为温度和压力在脆性-延性转变过程中起着外因的作用，而岩石内部微结构的变化起着内部机制的作用，特别是岩石内部矿物晶体颗粒的平动和旋转、颗粒滑移与生长、键的破裂与接合的相对速率等是影响岩石脆性-延性转变的重要内因。深部岩石的脆性-延性转变受到这两类因素共同作用，且它们相互影响。尽管众多学者对深部岩石的脆性-延性转变问题做了大量的研究，但多数集中在定性的讨论，就有关脆性-延性转变的机制研究及定量地给出一个评判指标还有待进一步研究。

4. 深部围岩的流变特性

在围压较大的深部环境中，岩石具有很强的时间效应，表现为明显的流变或蠕变特性。Blacic[57]和 Pusch[58]在研究核废料处置时，涉及核废料储存库围岩的长期稳定性和时间效应问题。一般认为，优质硬岩不会产生较大的蠕变变形，但南非的工程实践表明，深部环境下即便优质的硬岩同样会产生明显的流变效应[59,60]，这是深部条件下岩石力学行为的一大特征。研究核废料处置中深部硐库围岩的流变性同样具有十分重要的意义。尽管核废料储存库往往选择在质地坚硬的岩层中，似乎不应产生明显的流变，但在长时微破裂效应和水力诱发应力腐蚀的双重不利因素作用下同样会对储存库近场区域的岩石强度产生很大的削弱作用[59]。流变的另一机制是岩体中微破裂导致的岩石剥离，根据瑞典 Forsmark 核废料候选场址的观测记录，以及长时蠕变准则的推测，预计该硐库围岩经历 1000 年后岩石剥落会波及的深度将达到 3m[60]。

5. 压力对岩石破坏特征与强度特征的影响

有资料表明，总体上岩石的强度随深度的增加而有所提高，在实验室表现为随着围压的升高，岩石强度会增加。Singh[61]根据大量实验数据，总结了在非常高的侧向应力下(高达 700MPa)的岩石强度准则，提出了一个非线性的岩石强度准则，并进一步提出了岩石脆性-延性转变的条件，即满足：σ_1/σ_3为3～5.5 和 σ_c/σ_3为0.5～1.25，如图 1-7 所示。

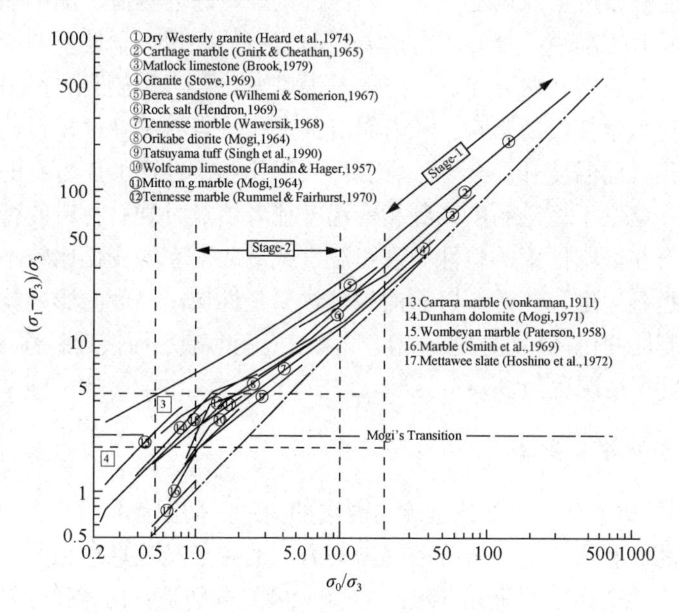

图 1-7 不同岩石脆性-延性转变的条件[61]

岩爆也是深部硐室常见的一种动力灾害现象，是指开挖导致岩层的突然破坏，往往伴随着开挖空间的大应变、大位移及岩层碎块从母岩中的高速脱离，向采空区抛出，抛出的岩体质量从数吨到数千吨不等。广义上，采掘导致的动力现象通常称为矿震(seismicity)，只有那些对开采空间造成损害的矿震才习惯地称之为岩爆(Brauner[62]，Gibowicz 和 Kijko[63])。在国外，特别在加拿大及南非对此做了很多研究。

综上所述，可以得到一些初步的结论：随着围压的升高，岩石破坏前的应力水平会有所增高，峰值应力出现在更大的形变处。当围压低于脆性-延性转变临界围压值时，岩石的承载能力随其应变的增高而降低，而破坏时应变相对较小，岩石的破坏表现为脆性破坏；当围压高于某一临界值时，岩石却能在较大的应变范围内不失去承载能力，且承载能力会有所提高，这时岩石表现出延性性质；岩石的单轴压缩过程同样伴随着体积变化，弹性阶段体积变小，塑性阶段出现扩容现象；在三轴应力下，围压对岩石的扩容起到抑制作用。当围压增加到某一量值时，扩容可能完全被抑制。扩容过程伴随着大量微破裂(岩石内原生微裂纹扩展所致)产生。它们的关系是围压越大，扩容量越小，微破裂也越少。岩石的脆性破裂随温度和压力变化而变化，至今在确定脆性-延性转换时存在不同的观点，我们总结认为主要受到内部微结构和微破裂的影响。

1.3.2　温度对岩石力学性质的影响

在高放射性核废料深埋地质处理、深部采矿、深埋隧道、深部油气田开采、地热能的开发等工程中，都必须考虑温度对岩石的物理力学性质的影响。温度对岩石的影响主要表现在两方面：一方面是温度变化会产生热应力；另一方面是温度对岩石物理力学性质的影响。随着温度的变化，岩石的弹性模量、泊松比和强度等都会变化；而温度升高会导致岩石介质活化和塑性增加，岩石的破坏由脆性向延性转变。这里不讨论温度高到相变温度或者熔点时岩石材料的行为变化。一般来说，岩石在低围压下的脆性破裂对温度或者应变率的变化比较不敏感，而当温度和围压达到一定程度时，岩石的破裂进入延性域，温度的影响就不可忽视。由于破坏机制的变化，特别是随着温度升高或应变率减小而接近脆性-延性转变时，塑性的出现使得情况更为复杂。

1. 温度对强度的影响

Wong[64]总结了 9 种岩石的强度与温度的关系，如图 1-8 所示，岩石的强度随着温度的升高而有所下降，下降的趋势与岩石的种类又是息息相关的。许锡昌和刘泉声[65]对三峡花岗岩的研究发现：75℃和 200℃分别是花岗岩弹性模量和单轴抗压强度的门槛温度；在 20～500℃温度区域内，随着温度的升高花岗岩的单轴抗压强度从 183MPa 减少到 128MPa。现有的宏观研究表明，随着温度的升高，岩石的强度通常会有所下降，这主要是由于温度的升高，岩石矿物介质热激活导致了弱化的缘故。

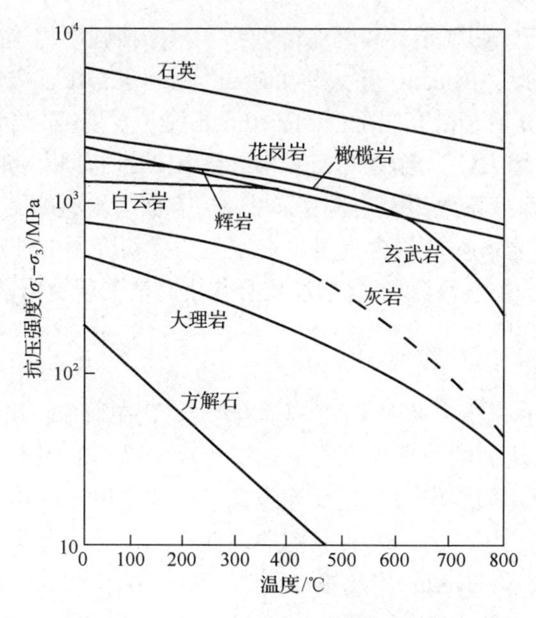

图 1-8 不同岩石的强度-温度关系[58]

2. 温度对破裂角的影响

Paterson 和 Wong[66]对几种矿物和岩石在各种温度下的破坏应变和破裂角做了总结，认为剪切破裂面与压缩轴的夹角有随着温度升高而增大的趋势，但这种趋势并不很明显，这种趋势的出现可能应归因于脆性-延性转变。实验观测结果表明在脆性-延性转变机制没有变化的情况下，脆性破裂角对温度的敏感性还是比较小的。Kumar[67]做了玄武岩和花岗岩单轴实验，Perkins 等[68]做了英云闪长岩单轴实验都得出了类似的结果。

3. 温度对摩擦的影响

很多学者对工程岩体中随机分布的不连续面上的滑动从不同的角度做过研究，如从岩石材料分类的角度研究岩石中摩擦的数值和机制；研究剪切破坏后岩石的“残余”强度；研究节理岩体力学行为等。Jaeger 和 Cook[51]，Ohnaka[69]，Barton 和 Choubey[70]分别对多种岩石的摩擦系数 u 做了总结，得出 u 的取值范围在 0.2～0.8，大部分是在 0.4～0.7。岩石类型与 u 值的关系还不清楚，因为不同类型岩石的 u 值不同，而不同的学者得出的同类岩石的 u 值之间也有差别。考虑温度的因素时情况变得更为复杂。Stesky 和 Brace[71]研究了裂隙面产生滑动所需剪应力的大小，当温度低于 400℃或 500℃时所需剪应力几乎不变；但当温度升高到某一临界值时，所需的剪应力却大大降低，显然摩擦系数发生了变化。Stesky 和 Brace[71]

把高温下 u 的降低，归因于破裂强度降低到了与摩擦强度相等的水平，在花岗岩和辉长岩中也是如此。Donath 等[72]及 Olsson[73]用石灰岩做了类似的实验，发现温度升高到 300℃时 u 值稍微有些降低。Friedman 等[74]发现：砂岩锯开面上的滑动阻力随着温度增加而增大，当温度从 25℃增加到 410℃时，相应地 u 值从 0.58 增至 0.72。可见温度对摩擦系数的影响是复杂的，一方面与岩石的类型有关，另一方面随着温度的变化，岩石内部的含水量也在发生变化，介质的性质也在发生变化，综合考虑温度场-应力场-渗流场-化学场耦合作用时情况就更为复杂。

4. 温度对岩石黏滑的影响

黏滑(stick-slip)是指滑动面上的不稳定运动，这在很多材料中都被观测到，在岩石中随着温度和压力的升高也会出现黏滑。决定黏滑的因素有岩石的类型，也有外界因素的影响，如正应力和温度等因素。通常来说，增加正应力，有利于黏滑。从中等应力到高正应力，随着温度的逐渐升高，常常观测到黏滑性态被稳定滑动所替代。Brace 和 Byerlee[75]及 Brace[76]发现在 300～400MPa 围压下，Westerly 花岗岩由黏滑转变为稳定滑动大概发生在 200～300℃的温度范围；对石英岩来说，这种转变发生在更高的温度；而对辉长岩、斜长岩这种转变温度却稍低。Freidman 等[74]对砂岩的研究发现，在室温下砂岩发生黏滑，当温度升高到 150～200℃，则发生间断性滑动(episodic sliding)，而当温度达到 400℃时，又发生稳定滑动。在低正应力作用下的石灰岩，适当增加温度可促进黏滑，Olsson[73]观察到在围压为 60MPa 时，温度范围在 200～300℃时石灰岩就发生黏滑。Drennon 和 Handy[77]发现在很低的荷载作用下，温度增加到 100℃左右就促进砂岩的黏滑，他们认为这是由于温度升高驱散了有利于稳定滑动的吸附水膜。

5. 温度对岩石脆性-延性的影响

在室温条件，岩石通常表现为脆性破裂，很难达到延性性态；相同围压下，随着温度的升高，岩石的延性增加。Heard[50]通过对索伦霍芬石灰岩拉伸和压缩实验，制定了比较详细的压力-温度范围图来判断脆性-延性转变。尽管 Paterson[66]发现对某些岩石(如蛇纹岩)升高温度，岩石由于脱水而表现出高温脆化现象，但我们仍不能忽视增加温度对提高岩石延性起着非常重要的作用。在围压比 1000MPa 小很多的压缩实验中，如果温度足够高，除部分岩石熔化外，通常都能使岩石、甚至硅质岩类呈现延性。

还有其他发现，如 Griggs 等[78]发现在温度 500～800℃、应变率在 10^{-4}/s～10^{-3}/s、围压为 500MPa 的压缩实验中，纯橄榄岩、辉石岩、玄武岩和花岗岩都显示出显著的延性。若要使岩石具有高度延性，则须更高的温度或更低的应变率。Tullis 和 Yund[79]发现，如应变率为 10^{-6}/s、温度约为 500℃、围压为 1500MPa，以及温度为

900℃、围压为800MPa时，干花岗岩变得延性显著。Tullis和Yund[79]指出在温度较低时，脆性-延性转变中兼有碎裂流动和晶体塑性流动的现象发生，这是比较常见的。测定转变点时，如果升高温度，估计最终会导致晶体塑性流动占优势，Tullis和Yund认为这是由于高温对滑动阻力产生了显著的影响；相比而言，碎裂流动过程对温度却不太敏感。Heard和Carter[80]发现石英岩在围压为800MPa、温度为900～1000℃、应变率约为10^{-5}/s时，才勉强呈现延性。Murrell和Chakravarty[81]发现粗玄岩、微花岗闪长岩和橄榄岩到1050℃时才呈现脆性，超过这个温度，前两种岩石就部分熔化，而不出现延性。Simpson[82]从微结构的角度对花岗岩在高温下的脆性-延性转变做了分析。Ranalli[83]认为当温度高于熔解温度的一半时，岩石完全变成延性。但到目前，温度对岩石脆性和延性影响的物理基础研究还不是很全面。

6. 其他相关研究

Heuze[84]和Lau等[85]完成了一些岩石的基本物理力学参数的测定，包括变形模量、泊松比、抗拉强度、抗压强度、内聚力、内摩擦角、黏度，还讨论了热膨胀系数对温度、侧压的依赖性，以及高温下的蠕变特性。Hadley[86]对花岗岩做了实验，发现温度升到400℃，扩容值增加，而扩容时的应力值急剧减少。Johnson等[87]利用精确的声发射技术研究了均匀低加热速率下的岩石热开裂问题，指出75℃、200℃分别是花岗岩、石英岩的热开裂温度。有关温度对泊松比的影响问题至今意见不一，现有三种观点：Heuze[84]认为泊松比与温度无关；Heueckel等[88]认为泊松比随温度升高而减小；而许锡昌和刘泉声[65]认为泊松比随温度的升高有增大的趋势。van der Molen[89]对石英相变温度(石英α-β转变温度)对侧压的依赖性和对热膨胀系数的影响做了探讨。王靖涛等[90]和张静华等[91]对花岗岩断裂韧度的高温效应做了探讨。Heueckel等[88]研究了宏观唯象下的热塑性本构关系。Shimada和Liu[92]根据花岗岩实验结果发现，在200～280℃和不同围压条件下，花岗岩具有较低的强度值；他们提出的地壳强度结构的圣诞树模型合理地解释了大陆地壳多震层的成因。

大量的研究资料表明，岩石弹性波速随压力的升高而增大，当压力达到某一临界值时，波速会急剧增加，超过此压力后，波速又开始缓慢增加；纵波波速随着温度的升高而下降，而且几乎每种岩石都有一个波速急剧下降的临界温度；压力和温度对岩石波速的影响具体还与岩石类型、成分、内部的微裂纹和孔隙等相关。苏联一些学者[93]在高温高压条件下测量了弹性波速的变化，在小压力(低于400MPa)下，温度达到100℃时，对花岗岩样品的加热会引起弹性波速剧烈的变化，并不可逆地减少，如图1-9所示。这可能是由于造岩矿物各向异性不均匀膨胀和样品的化合水蒸发掉之后岩石产生破裂的原因造成的。对经过上述条件实验后的花岗岩薄片进行的显微镜观测，实验后样品裂缝数量比未实验样品的裂缝数量增加了两三倍。为了防止岩石破裂，在达到最大压力(400MPa)后再对样品加热。在这种情况下，直至温度达250～300℃时，观察不到波速的剧烈减少。在这种条件下高围压持续形成微裂隙，由于这个原因，速度随温度改变是单调的、可逆的。而在这样的实验后，研究岩石薄片时，见不到任何结构改变。但是低于300MPa的压力不能完全抵消该温度下产生的应力。样品在200MPa和100MPa的压力下重复加热到200～250℃再冷却到室温，速度与起始值不重合(图中划×处)。研究发现若要使样品不产生微破裂，一定压力作用下样品只能加热到一定温度，如在400MPa压力时，温度不超过300～350℃；当压力为300MPa时，温度是250℃等。对于含有各种不同弹性矿物成分的岩石(结晶页岩、片麻岩等)，这个界限是特别重要的。

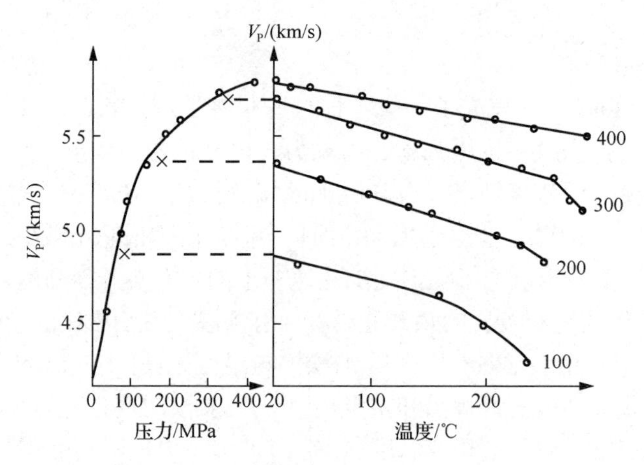

图 1-9　花岗岩纵波速度与压力、温度关系

曲线上的数字是样品加热时的围压值

1.3.3　岩石多场耦合

多场是对岩体应力场、渗流场和温度场等的简称。耦合通常是指复杂系统之间的相互作用和相互影响。因此，多场耦合是指岩体应力场、渗流场和温度场等之间的相互影响和相互作用。岩体多场耦合研究以岩体为研究对象，以岩体地质特征及赋存环境研究为基础，以室内实验、数值模拟为主要研究手段，以岩体介质中的运动、温度及化学场之间的相互作用、相互影响为主要科学问题，以揭示多场耦合条件下岩体变形破坏、流体运动、岩体稳定性的状态和演化规律为主要研究目标。岩体多场耦合研究涉及工程地质、固体力学、流体力学、化学与环境、工程技术等多个学科，明显具有多学科交叉研究的性质。经过近40年的发展，积累了丰硕的研究成果。

而在深部开采和高放射性核废料深埋地质处置过程中，围岩赋存在一定的物理地质环境中，THM是深部岩体的三个重要影响因素。例如，美国Washington中部的一个核武器厂在1998年发生的放射性核废料泄漏事故，加深了我们对核废料处置过程中THM耦合研究的紧迫性，因为事故调查原因表明就是核废料储存库围岩在THM耦合作用下失稳破坏的结果。对深部开采而言，随着开采深度的增加，地温会有所升高；对核废料地质处理而言，由于放射性同位素衰变将释放大量的热，使得深部储存库围岩的温度也会升高，这不仅影响围岩和地下水的物理性质，而且对岩体的应力场和渗流场也有重要影响作用；地下水对岩体的物理力学性质和热对流传输有很大的影响；岩体的热物理特性及其内部不连续面(节理、断层、裂隙等)分别对热传导及地下水渗流起着重要控制作用。因此从系统的角度来看，围岩THM耦合是子系统间相互作用的必然结果，这三者相互联系、相互制约的性质，是由三场THM耦合效应引起的，可由图1-10来表示[94]。

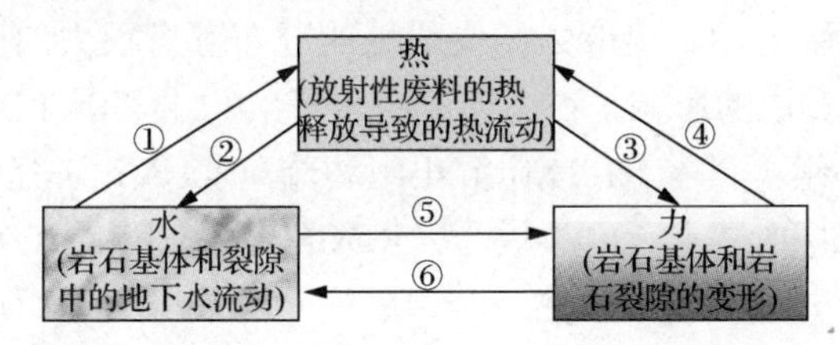

图1-10 裂隙岩体中热-水-力(THM)耦合过程[94]

①过程：流体热对流，产生热交换；②过程：与热有关的流体特性变化和水浮力；③过程：与热相关的固体特性变化和诱发的热应力；④过程：与固体变形有关的热特性变化、固体内部耗散和应力能交换；⑤过程：水压力、孔隙压力对围岩力学性质的影响；⑥过程：应力作用下围岩孔隙、裂隙及渗透性的变化

可见在深部开采和核废料处置库中，地下围岩的力学行为是由THM耦合过程决定的。这个耦合过程不是一个简单的叠加过程，是一个过程会影响其他过程的发生和发展；反过来，其他过程又对此过程也有影响作用。这些影响过程是相互的，类似于牛顿力学中力的相互作用原理。因此通过研究某一单独的过程来研究核废料处置库的岩体响应是不可靠的，研究耦合过程的作用是必需的。为了更深刻地了解耦合条件下岩体行为，研究者已经把他们的研究领域拓展到传统领域以外的领域，如把化学场(chemical)、辐射场(radiate)、生物场(biological)、物理场(physical)等考虑进来，形成了T-H-M-C-R-B-P多场耦合的问题；或者通过跟相关领域的研究者合作来研究核废料处置问题。

深部开采和核废料处置隔离都是非常复杂的，都涉及长时间的行为(深部开采涉及几十年甚至几百年，而核废料处置过程的时间更长，几十千年到百万年)和非常大的尺度概念，因此通过不同的数学模型和计算方法来研究岩体的耦合行为就显得尤为重要。目前的做法就是通过一定的简化模型，用大型并行计算机来分析计算 THM 耦合系统。但是计算也碰到相当大的困难，因为无论岩石是被当作连续体还是被当作块体，深部地下岩体的属性都是未知的；另外也缺少一套可靠的方法，或者说是一套基准方法，这样才可以用来比较数值计算结果的可靠性。目前有关 THM 耦合的三个主要领域是概念研究、实验研究和数值研究[95]。可以说 THM 耦合问题是个相当难的问题，如果温度不与其他变量耦合，这个问题就能被很快地解决，Booker 和 Savvidou[96]给出了一个解决方案。另外岩石或岩土在孔隙水压和温度梯度作用下的变形场和应力场在一般的地质力学教科书上也都有介绍，如 Terzahgi 和 Peck[97]及 Jaeger 和 Cook[51]。对于三场耦合的情况，目前只有一些初步的认识。Millard 等[98]通过连续和不连续方法对 THM 耦合过程做了模拟，结果显示有关热和力学耦合的模拟结果与现场实验值比较吻合，而与水力有关的结果却存在一些差异，无论在质和数量上都有差异。这主要是由于围岩中岩体的断裂和裂隙对水力传导率的影响，因此需要高阶非线性流动率来模拟研究。Chan 等[99]研究表明，热对流对温度场、热应力和位移场的分布都有很大的影响，而由于岩块热膨胀导致的裂隙贯通的影响是占主导的耦合影响。由美国 LBNL 研究小组、加拿大 AECB 研究小组、日本 KIPH 研究小组和瑞典 CLAY 研究小组基于有限元方法分别开发的四种数值计算模型 ROCMAS、FRACON、THAMES 和 ABAQUS-CLAY，分别模拟了加热一个由膨润土和裂隙岩石组成系统的实验，来研究 THM 耦合作用下的系统行为[17]。模拟的结果与在日本 Kamaishi 矿的大型原位实验的结果[100]进行了比较，一些模拟结果得到了实验的验证，一些模拟结果还是与实际现场实验有差别。由于岩石材料的不均质性和各向异性，导致了其行为的复杂性和不确定性；再加上结构面和裂隙几何形状的不规则性、尺度效应和时间效应，以及长时的原位观测传感器的可靠性等因素影响，所以要让所有的传感器的测量值和模拟预测值很好地吻合几乎是不可能的。尽管受到种种因素的制约，多数预测值和测量值还是很吻合的，特别是缓冲层的温度和含水率的分布、岩石中的温度分布。岩石中孔隙水压的预测值也是可以接受的，但位移场的预测，特别是缓冲层的总应力的预测是不确定的。因此数值模拟在模拟温度分布还是具有相当高的可靠性，在模拟膨润土中的水蒸气流动、岩石中的压力分布时就有相对合理的可靠性。而对模型模拟结果的信任度随着考虑多种介质(岩石和缓冲介质)、多场耦合 T-H-M-C-R-B-P 的交互影响而减少[101]。而且这些预测只限于在地应力环境下裂隙岩石的力学行为和低饱和度膨润土的水力学行为。对于这些预测结果的评价我们还不能仅仅通过现场实验数据和图表来比较，将来还要通过核废料储存库长期的行为来建立相应的准则来评价。

尽管对 THM 耦合过程研究的重要性已经认识很久了，但就目前模拟这些耦合过程的能力还是不确定和不完备的，到现在还没有任何国家建设了高放射性废料储存库，因此没有足够的经验来验证这些模型的计算结果。而对深部开采而言，最近的事故也表明这些耦合现象并没有很好的得到解决。

1.3.4　岩石的热开裂

大量研究都表明，温度作用下岩石中产生的裂纹，通常是由于矿物颗粒热膨胀不匹配和热膨胀各向异性引起局部热应力集中而引起的。裂缝产生一般起源于颗粒边界几何形状发生急剧变化的位置，如尖角、棱角及多颗粒接触点等位置，并且裂缝的形成是一个渐变的积累过程，它一般包括微裂缝生长和扩展到主裂缝形成这样一个过程。热裂纹的扩展通常以一条裂缝为中心，逐步向其周围的颗粒边界或颗粒内部延伸，从而形成更大的裂缝网络。Yves Géraud[102]通过扫描电镜(SEM)观测把岩石的热开裂分为三种微裂缝结构：交点很少的穿晶裂缝型网格，连通性较高的晶内和晶间管状型裂缝网格，晶内管状结构与穿晶裂缝相通的混合型网格。同时他还认为随着温度的逐渐升高，裂纹的分布会逐渐向较多裂纹区域移动，并且分布范围变宽，这表明整个热处理过程发生了热裂缝的生长、张开及集结等过程。Fredrich 和 Wong[103]从断裂力学的角度研究认为，当裂纹尖端的应力强度因子超过临界值时即可诱发晶内裂缝。与晶间裂缝相比，晶内裂缝的应力强度因子通常更大，其值随裂纹的扩展通常会降低，这意味着由热膨胀不匹配诱发产生的晶内裂缝在达到稳定和终止之前，延伸的距离相对较短。而晶间裂缝的应力强度因子会随着裂缝长度增加而单调增加，这意味着晶间裂缝一旦沿着颗粒边界被激发，则热诱发裂缝是不稳定的，并将继续延伸下去，直至遇到颗粒几何形状发生急剧变化的位置才有可能被终止。与热膨胀不匹配产生的晶间裂缝不同，因热膨胀各向异性产生的晶间裂缝，其应力强度因子在达到最大值后是逐渐下降的。这表明由热膨胀各向异性诱发的裂缝是相对稳定的，且裂缝的终止长度也是可预测的。吴晓东[104]在 600℃的 SEM 图中发现岩石矿物颗粒间的晶间裂缝更加明显。这些晶间裂缝多数起源于矿物颗粒之间的接触处，特别是在矿物颗粒几何形状急剧变化的位置(如尖角、拐角和棱角处)也容易出现晶间裂缝。晶间裂缝的宽度在 2μm 左右。在该温度下，岩石矿物颗粒内部出现了裂缝，该类裂缝或终止于颗粒内部形成晶内裂缝，或贯穿整个颗粒形成穿晶裂缝。晶内裂缝或穿晶裂缝的平面平整、光滑，形成了完好的解理面。在 800℃的 SEM 图中发现，晶内裂缝和穿晶裂缝大量存在，形成了一个庞大的裂缝连通网络结构。与低温相比，其裂缝密度明显增加，裂缝宽度进一步扩大，主裂缝的宽度为 5μm 左右。

Cooper 和 Simmons[105]研究了岩石中裂缝与岩石热膨胀性质之间的关系：裂缝的存在会产生或改变岩石热膨胀的各向异性，一方面随着温度的升高，热致裂缝的产生会增加岩石热膨胀系数；另一方面由于一些矿物颗粒向裂缝中膨胀和延伸，致使裂缝的存在又趋于降低岩石的热膨胀系数。随后 Simmons 和 Cooper[106]对火成岩的研究指出产生新裂缝的体积与加热的最大温度存在指数关系，岩石中原始的孔隙度越小，裂缝孔隙度的增加速度越大；岩石原始孔隙度越大，裂缝孔隙度的增加速度则越小。Etinenne 和 Houpert[107]利用 SEM 观察发现，热处理后花岗岩的连通性得到了很大的提高，并产生了一些新的裂纹。温度高于 200℃后，花岗岩的晶间边界部分张开；随着温度增加逐渐产生晶内裂纹，在 500～600℃晶内裂纹最明显。通过 SEM 照片定量分析表明：在温度升高的过程中，裂纹的长度变化很小，这主要与岩石原始的矿物颗粒结构有关，特别是颗粒的形状和尺寸大小；裂纹的宽度和密度变化都很明显，都出现了增大的趋势。由于随着温度的增加，积聚的热能使相对较强的结构发生破坏，其释放的弹性能就以声发射(AE)的形式表现出来。一些学者[108,109]研究了与温度变化相关的岩石声发射特性。如果保持缓慢均匀的加热使岩石内不产生温度差，当高于某个临界温度时 AE 事件开始发生，并且 AE 的数量有随着温度的升高而增大的趋势，此时岩石内部发生的 AE 事件与结晶尺寸下的微破裂现象相对应；如果岩石内的温度差发生了急剧的变化，在热应力作用的场合下发生的 AE，就有可能导致岩石的宏观破坏。随着温度的升高而发生的 AE 主要是由于岩石内矿物颗粒间的热膨胀率不同和热膨胀各向异性导致的，当温度高于某一阈值温度时，矿物颗粒边界上产生的热应力超过胶结强度就可能发生微破裂。温度在达到前次所经历的最大温度值以前的 AE 发生量非常少，这被认为是岩石的凯塞(Kaiser)效应。席道瑛和陈普刚[110]认为反复加热可激发晶粒中心或边界处的弱结构(指前次加热产生的热应力未能将其破坏的结构)，若是裂纹在中心核扩展则形成穿晶裂纹；若是在边界弱结构激发则导致裂纹核的失稳，使得边界更明显，并形成裂隙包围碎片的特征。这些现象在经过 450～600℃热处理的岩石样品中出现，尤其是在经过 600℃处理的样品中，穿晶裂纹很普遍。当晶体边界不明显时，激发裂纹扩展的动力是张应力，裂纹扩展核主要在边界处；当晶粒被分割的较明显时，激发动力是压应力。晶粒间热膨胀造成了挤压，可以在中心和边界处同时激发裂纹核，产生穿晶裂纹和边界的破损。通常不同的物质具有不同的热学性质，组成砂岩的各矿物颗粒，如石英、钾长石、方解石、白云石和菱铁矿等也具有不同的热膨胀系数和热膨胀各向异性。而同一物质的热膨胀系数随着温度和压力的变化也会发生变化。Heard[111]对石英长石的热膨胀系数和渗透率进行了研究，结果发现岩石热膨胀系数随温度升高而增加，随着围压增大而减小。热膨胀系数的变化反映出岩石内部或表面形成了新的裂纹，使得孔隙度、渗透率随温度增加而增加，随着围压的增大而下降。因此在受热时，由于这些矿物颗粒在热学上表现出的差异(热膨胀各向异性、热膨胀不均匀性等)，最终在内部产生热应力，当热应力足够大以致超过岩石内部矿物的极限强度时，就可能会引发新的微裂缝，进而引起岩石力学特性及物性参数的变化。

通过本章对目前国内外有关温度、压力和 THM 耦合作用下岩石的变形破坏和强度特性的分析和总结，本章小结如下。

(1)随着围压的升高，岩石破坏前的应力水平会有所增高，峰值应力出现在更大的变形处；当围压低于脆性-延性转变临界围压值时，岩石的承载能力随其应变的增高而降低，而破坏时应变相对较小，岩石的破坏为脆性破坏；当围压高于此临界值时，岩石却能在较大的应变范围内不失去承载能力，且承载能力甚至会有所提高，这时岩石表现出了延性性质。

(2)岩石的单轴压缩过程也伴有体积变化，弹性阶段体积变小，塑性阶段也可能出现扩容现象；在三轴压力下，围压显然对岩石的扩容起到抑制作用。当围压增加到某一量值时，扩容可能完全被抑制。扩容过程伴随着大量微破裂产生，其关系是围压越大，扩容量越小，微破裂也越少。

(3)岩石的脆性破裂随温度和压力变化而变化，至今在确定脆性-延性转变时存在不同的观点。作者认为岩石的破坏主要受到内部微破裂的控制：当围压相对较低时，由于岩石内部微破裂的产生导致岩石的破坏；当围压增加到某一量值后岩石内部的微破裂(或扩容)被完全抑制，岩石进入延性域。

(4)一般来说，脆性岩石在低围压的脆性破裂对温度或者应变率的变化不敏感，但当温度和围压达到一定值时，岩石的破裂进入延性域，温度的影响是非常大的。由于破坏机制的变化，特别是随着温度升高或应变率减小而接近脆性-延性转变时，塑性的出现使得情况更为复杂。

(5)岩石的强度随着温度的升高会有所下降，下降的趋势与温度的大小、岩石的类型又是相关的；通常对大多数岩石而言，温度较低时(如低于400℃时)，强度的变化较为平缓，随着温度进一步的升高，岩石的强度变化较快。

参考文献

[1] Saari K. 6000 years of building in rock. In the rock engineering alternative. Helsinki: Finnish Tunneling Association, 1988: 199-202.

[2] First Symposium on Rock Mechanics. Quarterly of the Colorado School of Mines, 1956, 51(3): Foreword.

[3] 陈颙. 岩石物理学. 北京: 北京大学出版社, 2001.

[4] 国家煤矿安全监察局网站. http://www.chinasafety.gov.cn. 2019.

[5] 谢和平, 彭苏萍, 何满潮. 深部开采基础理论研究与工程实践. 北京: 科学出版社, 2006.

[6] 何满潮, 郭志飚. 恒阻大变形锚杆力学特性及其工程应用. 岩石力学与工程学报, 2014, 33(7): 1297-1308.

[7] 胡社荣, 彭纪超, 黄灿, 等. 千米以上深矿井开采研究现状与进展. 中国矿业, 2011, 20(7): 105-110.

[8] 爆炸仿真模拟的最新进展. https://www.mining-technology.com/features/feature-top-ten-deepest-mines-world-south-africa/.

[9] Fairhurst C. Deformation, yield, rupture and stability of excavations at great depth//Maury, Fourmaintraux. Rock at Great Depth. Rotterdam: A. A. Balkema, 1989: 1103-1114.

[10] Ortlepp W D. High ground displacement velocities associated with rockburst damage//Yang. Rockburst and Seismicity in Mines. Rotterdam: A. A. Balkema, 1993: 101-106.

[11] 余力. 研究与开发煤炭地下气化技术. 科技导报, 1995, 13(9502): 54-56.

[12] 梁杰. 煤炭地下气化过程稳定性及控制技术. 徐州: 中国矿业大学出版社, 2002: 1-15.

[13] Shafirovich E, Varma A. Underground coal gasification: A brief review of current status. Industrial & Engineering Chemistry Research, 2009, 48(17): 7865-7875.

[14] Blinderman M S, Saulov D N, Klimenko A Y. Forward and reverse combustion linking in underground coal gasification. Energy, 2008, 33(3): 446-454.

[15] Kariznovi M, Nourozieh H, Abedi J, et al. Simulation study and kinetic parameter estimation of underground coal gasification in Alberta reservoirs. Chemical Engineering Research and Design, 2013, 91(3): 464-476.

[16] Stańczyk K, Kapusta K, Wiatowski M, et al. Experimental simulation of hard coal undergroundgasification for hydrogen production. Fuel, 2012, 91(1): 40-50.

[17] 王在泉, 华安增. 煤炭地下气化空间扩展规律及控制方法研究综述. 岩石力学与工程学报, 2001, 20(3): 379-381.

[18] 唐芙蓉. 煤炭地下气化燃空区覆岩裂隙演化及破断规律研究. 徐州: 中国矿业大学, 2013.

[19] Hudson J A. Lesson learned from 20 years of UK rock mechanics research for radioactive waste disposal. International Society For Rock Mechanics News Journal, 1999, 6(1): 27-41.

[20] Hudson J A, Stephansson O, Andersson J, et al. Coupled T-H-M issues relating to radioactive waste repository design and performance. International Journal of Rock Mechanics & Mining Sciences, 2001, 38(1): 143-161.

[21] 天沼倞, 阪田贞弘. 放射性废物处理处置的研究发展. 翻译小组译. 放射性废物处理处置的研究开发. 北京: 中国环境科学出版社, 1988.

[22] Rutqvist J, Börgesson L, Chijimatsu M, et al. Coupled thermo-hydro-mechanical analysis of a heater test in fractured rock and bentonite at Kamaishi Mine-comparison of field results to predictions of four finite element codes. International Journal of Rock Mechanics & Mining Sciences, 2001, 38(1): 129-142.

[23] 金远新, 王驹, 陈伟明, 等. 高放废物地质处置库场址筛选研究. 第四届废物地下处置学术研讨会. 南昌, 2012.

[24] Collin F, Li X L, Radu J P, et al. Thermo-hydro-mechanical coupling in clay barriers. Engineering Geology, 2002, 64(2): 179-193.

[25] Behlau J, Mingerzahn G. Geological and tectonic investigations in the former Morsleben salt mine (Germany) as a basis for the safety assessment of radioactive waste repository. Engineering Geology, 2001, 61(2): 83-97.

[26] 杨春和, 殷建华, Daemen J J K. 盐岩应力松弛效应的研究. 岩石力学与工程学报, 1999, 18(3): 262-265.

[27] William J B. A potential high-level nuclear waste repository at yucca mountain, nevada, USA. International Society For Rock Mechanics News Journal, 1999, 6(1): 44-49.

[28] 郭永海, 王驹, 金远新. 世界高放废物地质处置库选址研究概况及国内进展. 地学前缘, 2001, 8(2): 327-332.

[29] Stephansson O. Rock mechanics research for radioactive waste disposal in sweden. International Society for Rock Mechanics News Journal, 1999,6(1): 18-26.

[30] Stephansson O. Coupled Thermo-hydro-mechanical processes of fractured media: mathematical and experimental studies. International Journal of Rock Mechanics and Mining Sciences. Special Issue: DECOVALEX Ⅰ, 1995, 35(3): 389-535.

[31] Stephansson O. Current understanding of the coupled THM processes related to design and PA of radioactive waste repositories. International Journal of Rock Mechanics and Mining Sciences, Special Issue: DECOVALEX Ⅱ. 2001, 38(1): 1-161.

[32] Stephansson O, Hudson J A, Jing L. International Conference on Coupled T-H-M-C Processes in Geosystems: GeoProc 2003 (DECOVALEX) Stockholm, 2003: 147-152.

[33] Stephansson O. Mathematical and experimental studies of coupled thermo-hydro-mechanical processes in fractured media. Elsevier Science B V, Amsterdam, 1996, 1-24.

[34] Stephansson O. Special Issue on DECOVALEX 2011-Part 1 and 2. Journal of Rock Mechanics and Geotechnical Engineering, 2013, 5(1).

[35] 周宏伟, 谢和平, 左建平. 深部高地应力下岩石力学行为研究进展. 力学进展, 2005, 35(1): 91-99.

[36] Gowd T N, Rummel F. Effect of confining pressure on the fracture behaviour of a porous. International Journal of Rock Mechanics & Mining Sciences, 1980, 17(4): 225-229.

[37] Paterson M S. Experimental deformation and faulting in Wombeyan marble. Bull Geological Society of America bulletin, 1958, 69(4): 465-476.

[38] Mogi K. Pressure dependence of rock strength and transition from brittle fracture to ductile flow. Bull Earthquake Resarch Institute of Tokyo University, 1966, 44: 215-232.

[39] Bridgeman P W. Volume changes in the plastic stages of simple compression. Journal of Applied Physics, 1949, 20(12): 1241-1251.

[40] Brace W F, Paulding B W, Scholz C. Dilatancy in the fracture of crystalline rocks. Journal of Geophysical Research, 1966, 71(16): 3939-3953.

[41] Bieniawski Z T. Mechanism of brittle fracture of rock. Part Ⅰ: Theory of the fracture process; Part Ⅱ: Experimental studies; Part Ⅲ: Fracture in tension and under long-term loading. International Journal of Rock Mechanics & Mining Sciences, 1967, 4(4): 395-430.

[42] Edmond J M, Paterson M S. Volume changes during the deformation of rocks at high pressure. International Journal of Rock Mechanics & Mining Sciences, 1972, 9(2): 161-182.

[43] Kwasniewski M. Laws of brittle failure and of B-D transition in sandstone. In: Maury V, Fourmaintrax D eds. Rock at Great Depth., Rotterdam: A. A. Balkema, 1989: 45-58.

[44] 秦四清. 岩石声发射技术概论. 成都: 西南交通大学出版社, 1993.

[45] 谢卫红. 温度荷载作用下岩石变形破坏的力学研究(博士学位论文). 徐州: 中国矿业大学, 2004.

[46] 左建平, 周宏伟, 鞠杨, 等. 深部岩石脆性-延性转变的机理初探. 谢和平主编. 深部开采基础理论研究与工程实践. 北京: 科学出版社, 2006: 102-111.

[47] Van Karman T. Festigkeits versuche unter all seitigem Druck. Zeitschrift Verein Deutscher Ingenieure, 1911, 55: 1749-1957.

[48] Handin J. An application of high pressure in geophysics: Experimental rock deformation. Translation American Social Mechanics Engineering 1953, 75: 315-324.

[49] Mogi K. Deformation and fracture of rocks under confining pressure: Elasticity and plasticity of some rocks. Bull Earthquake Research Institute of Tokyo University, 1965, 43: 349-379.

[50] Heard H C. Transition from brittle fracture to ductile flow in Solenhofen limestone as a function of temperature, confining pressure, and intertitial fluid pressure. Geological Society of America Bulletin, 1960, 79: 193-226.

[51] Jaeger J C, Cook N G W. Fundamentals of Rock Mechanics. London: Chapman and Hall, 1979.

[52] Sibson R H. Fault rock sand fault mechanism. J. Geological Society of America Bulletin, London, 1977, 133: 191-213.

[53] Sibson R H. Power dissipation and stress levels on faults in the upper crust. Journal of Geophysical Research, 1980, 85(1311): 6239-6247.

[54] Meissner R, Kusznir N J. Crustal viscosity and the reflectivity of the lower crust. Annales Geophysical, 1987, 5B: 365-373.

[55] Ranalli G, Murphy D C. Rheological stratification of the lithosphere. Tectonophysics, 1987, 132(4): 281-295.

[56] Shimada M. Lithosphere strength inferred from fracture strength of rocks at high confining pressures and temperatures. Tectonophysics, 1993, 217(1): 55-64.

[57] Blacic J D. Importance of creep failure of hard rock joints in the near field of a nuclear waste repository//Proceeding Workshop on Nearfield Phenomenon in Geologic Repositories for Radioactive Waste. Seattle., 1981: 121-132.

[58] Pusch R. Mechanisms and consequences of creep in crystalline rock//Comprehensive rock engineering. Oxford: Pergamon Press, 1993: 227-241.

[59] Malan D F. Manuel rocha medal recipient: Simulation the time-dependent behaviour of excavations in hard rock. Rock Mechanics and Rock Engineering, 2002, 35(4): 225-254.

[60] Malan D F. Time-dependent behaviour of deep level tabular excavations in hard rock. Rock Mechanics and Rock Engineering, 1999, 32(2): 123-155.

[61] Singh J. Strength of rocks at depth. In: Maury V, Fourmaintrax D eds. Rock at Great Depth. Rotterdam: A. A. Balkema, 1989: 37-44.

[62] Brauner G. Rockbursts in coal mines and their prevention. Rotterdam: A. A. Balkema, 1994: 144.

[63] Gibowicz S J，Kijko A. An introduction to mining seismology. San Diego: Academic Press, 1994.

[64] Wong T F. Effects of temperature and pressure on failure and post-failure behavior of Westerly granite. Mechanics of Materials, 1982, (1): 3-17.

[65] 许锡昌, 刘泉声. 高温下花岗岩基本力学性能初步研究. 岩石力学与工程学报, 2000, 22(3): 332-335.

[66] Paterson M S, Wong T F. Experimental rock deformation-the brittle field (second edition). New York: Spinger-Verlag, Berlin, 2005.

[67] Kumar A. The effect of stress rate and temperature on the strength of basalt and granite. Geophysics, 1968, 33(3): 501-510.

[68] Perkins R D, Green S J, Friedman M. Uniaxial stress behaviour in porphyritic tonalite at strain rates to 103/second. International Journal of Rock Mechanics & Mining Sciences, 1970, 7(5): 527-535.

[69] Ohnaka M. Frictional characteristics of typical rocks. Journal of Physics of the Earth, 1975, 23(1): 87-112.

[70] Barton N, Choubey V. The shear strength of rock joints in theory and practice. Rock Mechanics, 1977, 10(1-2): 1-54.

[71] Stesky R M, Brace W F. Estimation of frictional stress on the San Andreas fault from laboratory measurements//R L, Nur A. Proceedings of the conference on tectonic problems of the san andreas fault system kovach. Stanford University Publ Geological Sciences, 1973, 13: 206-214.

[72] Donath F A, Fruth L S, Olsson W A. Experimental study of frictional properties of faults//New Horizonsin Rock Mechanics. Hardy H R, Stefanko R. Process of 14th European Symposium. Rock Mechanics. Journal of the Sanitary Engineering Division, American Society of Civil Engineers, 1973: 189-222.

[73] Olsson W A. Effects of temperature, pressure and displacement rate on the frictional characteristics of a limestone. International Journal of Rock Mechanics, 1974, 11(7): 267-278.

[74] Friedman M, Logan J M, Rigert J A. Glass-indurated quartz gouge in sliding-friction experiments on sandstone. Bull Geological Society of America, 1974, 85(6): 937-942.

[75] Brace W F, Byerlee J D. California earthquakes-why only shallow focus. Science, 1970, 168(3939): 1573-1575.

[76] Brace W F. Laboratory studies of stick-slip and their application to earthquakes. Tectonophysics, 1972, 14(3): 189-200.

[77] Drennon C B, Handy R L. Stick-slip of lightly loaded limestone. International Journal of Rock Mechanics & Mining Sciences, 1972, 9(5): 603-615.

[78] Griggs D T, Turner F J, Heard H C. Deformation of rocks at 500℃to 800℃. Geological Society of America Memoir, 1960, 79: 39-104.

[79] Tullis J, Yund R A. Experimental deformation of dry Westerly granite. Journal of Geophysical Research, 1977, 82(36): 5705-5718.

[80] Heard H C, Carter N L. Experimentally induced “nature” intragranular flow in quartz and quartzite. American Journal of Science, 1968, 266(1): 1-42.

[81] Murrell S A F, Chakravarty S. Some new rheological experiments on igneous rocks at temperatures up to 1120℃. Geophysical Journal Royal Astronomical Society, 2010, 34(2): 211-250.

[82] Simpson C. Deformation of granitic rocks across the brittle-ductile transition. Journal of Structural Geology, 1985, 7(5): 503-511.

[83] Ranalli G. Rheology of the lithosphere in space and time//Orogeny through time. London: The Geological Society, 1997, 121(1): 19-37.

[84] Heuze F E. High-temperature mechanical, physical and thermal properties of granitic rocks-a review. International Journal of Rock Mechanics & Mining Sciences, 1983, 20(1): 3-10.

[85] Lau J S O, Gorski B, Jackson R. The effects of temperature and water saturation on mechanical properties of Lae du Bonnet pink granite. 8th international congress on Rock Mechanics. Tokyo, 1995.

[86] Hadley K. Dilatancy in rock at elevated temperatures. EOS Trans America Geophysics, 1975, 56: 1060(abstract).

[87] Johnson B, Gangi A F, Handin J. Thermal cracking of rock subject to show, uniform temperature changes. Proceeding 19th US Symp Rock Mechanics, 1978: 259-267.

[88] Heueckel T, Peano A, Pellegrint R. A constitutive law for thermo plastic behavior of rock: an analogy with clays. Surveys in Geophysics, 1994, 15(5): 643-671.

[89] Van der Molen I. The shift of $\alpha-\beta$ transition temperature of quartz associated with the thermal expansion of granite at high pressure. Tectonophysics, 1981,73(4): 323-342.

[90] 王靖涛, 赵爱国, 黄明昌. 花岗岩断裂韧度的高温效应. 岩土工程学报, 1989, 11(6): 113-118.

[91] 张静华, 王靖涛, 赵爱国. 高温下花岗岩断裂特性的研究. 岩土力学, 1987, 8(4): 11-16.

[92] Shimada M, Liu J T. Temperature dependence of granite strength under high confining pressures and the brittle-ductile hypothesis for seismogenic zones in the crust. Proceedings of the International Conference on “Deformation Mechanism. Rheology and Microstructures”. 1999, 46.

[93] 伏拉罗维奇 MΠ 等. 高温高压下岩石和矿物物理性质的研究. 蒋凤亮, 于允生译. 北京: 地震出版社, 1982.

[94] Jing L, Stephansson O, Tsang C F, et al. DECOVALEX-mathematical models of coupled T-H-M processes for nuclear waste repositories: Executive Summary for Phases I, II, and III. SKI Report 96:58, 1996.

[95] Tsang C F. Coupled hydromechanical-thermochemical processes in rock fractures. Reviews of Geophysics, 1991, 29(4): 537-551.

[96] Booker J R, Savvidou C. Consolidation around a point heat source. International Journal for Numerical & Analytical Methods in Geomechanics, 1985, 9(2): 173-184.

[97] Terzahgi K, Peck R B. Soil mechanics in engineering practice. New York: Wiley, 1967.

[98] Millard A, Durin M, Thoraval A, et al. Discrete and continuum approaches to simulate the thermo-hydro-mechanical couplings in a large, fractured rock mass. International Journal of Rock Mechanics & Mining Sciences, 1995, 32(5): 409-434.

[99] Chan T, Khair K, Jing L, et al. International comparison of coupled thermo-hydro-mechanical models of a multiple-fracture bench mark problem: DECOVALEX phase 1, Bench Mark Test 2. International Journal of Rock Mechanics & Mining Sciences, 1995, 32(5): 435-452.

[100] Chijimatsu M, Fujita T, Sugita Y, et al. Field experiment, results and THM behavior in the Kamaishi mine experiment. International Journal of Rock Mechanics & Mining Sciences, 2001, 38(1): 67-78.

[101] Tsang C F, Jing Lanru, Stephansson O, et al. The DECOVALEX III project: A summary of activities and lessons learned. International Journal of Rock Mechanics & Mining Sciences, 2005, 42(5): 593-610.

[102] Yves Géraud. Variations of connected porosity and inferred permeability in a thermally cracked granite. Geophysical Research Letters, 1994, 21(11): 979-982.

[103] Fredrich J T, Wong T F. Micromechanics of thermally induced cracking in three crustal rocks. Journal of Geophysical Research, 1986, 91(B12): 12743-12764.

[104] 吴晓东. 岩石热开裂的实验研究. 北京: 中国科学院地质与地球物理研究所, 2000.

[105] Cooper H W, Simmons G. The effect of cracks on the thermal expansion of rocks. Earth and Planetary Science Letters, 1977, 36(3): 404-412.

[106] Simmons G, Cooper H W. Thermal cycling cracks in three igneous rocks. International Journal of Rock Mechanics & Mining Sciences, 1978, 15(4): 144-148.

[107] Homand-Etienne F, Houpert R. Thermally induced microcracking in granites: Characterization and analysis. International Journal of Rock Mechanics & Mining Sciences, 1989, 26(2): 125-134.

[108] 胜山邦久. 声发射(AE)技术的应用. 冯夏庭译. 北京: 冶金工业出版社, 1996.

[109] 陈颙, 吴晓东, 张福勤. 岩石热开裂的实验研究. 科学通报, 1999, 4(8): 880-883.

[110] 席道瑛, 陈普刚. 应力或热疲劳对花岗岩凯塞效应的影响. 地震地质, 1995, 17(2): 162-166.

[111] Heard H C. Thermal expansion and inferred permeability of climax quartz monzonite to 300℃ and 27.6MPa. International Journal of Rock Mechanics & Mining Sciences, 1980, 17(5): 289-296.

第 2 章　带加载装置的微细观破坏实验扫描电镜装置

随着新材料的飞速发展，研究微细观尺度条件下材料的破坏行为及其破坏机制越来越受重视。一般来说，材料中裂纹的萌生、扩展和汇聚最终引起材料的破坏，且材料的破坏行为对微小缺陷(如裂纹)十分敏感。为了研究材料的强度，宏观分析(材料强度实验)和断口的微观分析已经可以同时平行进行。金属、复合材料等的微细观破坏机制分析已经获得了很大成功[1]，然而岩石的微细观破坏机制分析还有待更细致的研究。岩石是由多种矿物颗粒、孔隙和胶结物组成的复合体，是典型的非均质和各向异性材料。经过长期的地质演变及复杂的构造运动，使岩石含有不同阶次的随机分布微观孔隙和裂纹。岩石受荷载作用后的宏观断裂失稳和破坏与其变形时内部微裂纹的分布以及微裂纹的产生、扩展和贯通密切相关[2]。Michael 等[3]在一篇力学的新发展方向论文中指出：在细观尺度上对脆延性材料进行深入研究，并建立考虑尺度的力学模型才能真正了解裂纹起裂的机制。通过对岩石微细观结构实验研究，将岩石细观结构量化理论引入力学理论中，能够更好地反映岩石的变形特性，定量、定性分析研究岩石微细观结构，建立岩石力学性质与微细观结构的内在联系，对岩石力学理论进一步深入研究具有一定的科学意义。

在材料微细观研究中，所用的设备主要有显微镜、扫描隧道显微镜(STM)、计算机体层摄影(CT)、扫描电子显微镜(SEM)等。按照显微镜的工作原理可分为光学显微镜及电子显微镜。光学显微镜(optical microscope，OM)是利用光学原理，把人眼不能分辨的微小物体放大成像，以供人们提取微细观结构信息的光学仪器。电子显微镜(electron microscope，EM)是根据电子光学原理，用电子束和电子透镜代替光束和光学透镜，使物质的细微结构在非常高的放大倍数下成像的仪器[4]。透射电子显微镜(transmission electron microscope，TEM)，是把经加速和聚集的电子束投射到非常薄的样品上，电子与样品中的原子碰撞而改变方向，从而产生立体角散射，经放大、聚焦后在成像器件上显示出来。近年来透射电子显微镜的发展非常迅速，研发出了慢扫描电荷耦合器件、球差校正器、单色器、高能量分辨率的新一代能量过滤成像系统等[5]。

STM(scanning tunneling microscope)即扫描隧道显微镜，是一种利用量子理论中的隧道效应探测物质表面结构的仪器，利用电子在原子间的量子隧穿效应，将物质表面原子的排列状态转换为图像信息。STM 的出现极大地延伸了人类视觉感官的功能，人类的视野第一次深入到原子尺度，它不仅是显微科学技术的一次革命，在物理学、化学表面科学、材料科学、生命科学等领域都获得了广泛的应用[6]。

CT(computerized tomography)即计算机断层扫描；根据所采用的不同射线可分为：X 射线 CT、超声 CT、γ 射线 CT 等，能够实现对材料的断面进行无损观测，同时具有高分辨率；其基本工作原理为利用 X 射线穿透物体某断面进行扫描，并收集 X 射线经过断面不同物质衰减后的信息。目前，CT 已经广泛地应用于岩石材料中。李小春等[7]为了观察和度量岩石空隙结构随应力的变化，研制了一种能与微焦 X 射线 CT 系统配套的三轴仪，可以在不卸载压力情况下对试件进行 CT 扫描和渗透系数的测量，且能够实时记录压力和变形等数据。杨更社和刘慧[8]以岩石材料的 CT 图像为研究对象，充分利用 CT 扫描图像资料中的信息，利用数字图像增强技术实现 CT 图像的伪色彩增强，并根据数字图像灰度值方图技术分析岩石损伤演化规律。赵阳升等[9]利用高精度细纹 CT 实验系统对花岗岩进行从常温到 500℃高温下的三维细观破裂显微观测，揭示出花岗岩镜体颗粒尺寸为 100～300μm 的不规则空间结构体。

本书的研究内容主要是基于带加载装置的扫描电镜完成的，下面简要介绍扫描电镜。

2.1 扫描电镜简介

本章主要用的设备为带加载装置的扫描电子显微镜(scanning electron microscope，SEM)，即简称扫描电镜，是用细聚焦的电子束轰击样品表面，通过电子与样品相互作用产生的二次电子、背散射电子等对样品表面或断口形貌进行观察和分析。扫描电镜主要有以下几个优点：分辨率高，由于超高真空技术的发展，场发射电子枪的应用得到普及，现代先进的扫描电镜的分辨率已经达到 1nm 左右；有较高的放大倍数，20 倍～20 万倍之间连续可调；有很大的景深，视野大，成像富有立体感，可直接观察各种试件凹凸不平的表面的细微结构，试件制备简单，可以直接观察大块样品；配有 X 射线能谱仪装置，这样可以同时进行显微组织形貌的观察和微区成分分析。目前，SEM 是显微结构分析的主要仪器，已广泛应用于材料、冶金、矿物、生物学等领域。在岩石方面，左建平等针对我国未来高放射性核废料地质处置及深部开采等重大工程实际需要，开展热处理后岩石的断裂破坏行为研究，采用带加载 SEM 高温实验系统对砂岩和花岗岩进行了拉伸和三点弯曲破坏实验，SEM 可以原位实时观测裂纹的萌生、扩展及演化最终断裂全过程[10~19]。

本章所做实验是在中国矿业大学煤炭资源与安全开采国家重点实验室——北京岩石混凝土破坏力学重点实验室岛津 SEM 全数字液压高温疲劳实验系统上完成，如图 2-1 所示。该设备的扫描电子显微镜型号为 JSM-5410LV，如图 2-2 所示。可以通过旋转观察直径最大为 5in(1in=2.54cm)的试件的整个面积，且可以自动进行一系列操作(如真空抽空系统、聚焦图像观察和拍照)；再者，能量色散 X 射线荧光光谱和一个波长色散 X 射线荧光光谱可以同时附属于一个试件室内。同时，JSM-5410LV 型扫描电镜是一个高性能扫描电子显微镜，能够把它的功能从形态观察到元素分析，而且在低真空(low vacuum)或高真空模式下均可操作。在低真空模式，为了观察不传导试件(无传导涂层)，通过 RP 旋转泵(rotary pump)排空把试件室保持低真空(高压)，而通过 DP(diffusion pump)排空电子枪室和透镜系统保持高真空(低压)。低真空扫描电镜样品需要通入气体适当降低真空度，处在低真空状态中样品上多余的电子被样品室内的残余气体离子中和。JSM-5410LV 型 SEM 外观如图 2-1 所示。其载物台为五轴联动系统，试件在试件室内可做 x、y、z 三个方向的平移以及绕 x 轴和 z 轴的转动。该扫描电镜在低真空下的分辨率可达到 5.5nm，放大倍数范围为 35 倍～200 000 倍。其图像的存储类型为 8bit 的 bmp 标准格式，大小可选 660 像素×495 像素或者 1920 像素×1440 像素。

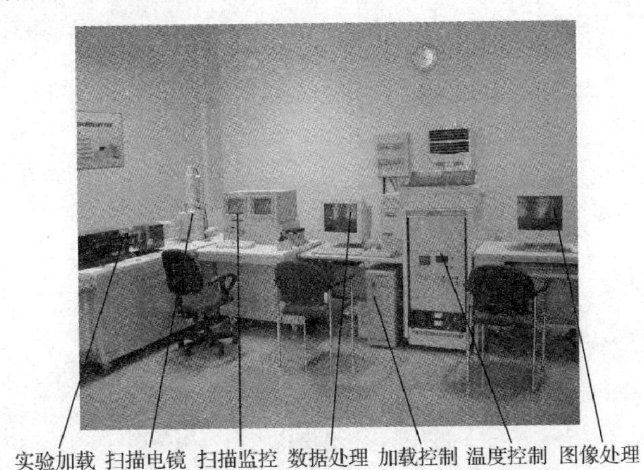

图 2-1　SEM 全数字液压高温疲劳实验系统外观图

图 2-2　JSM-5410LV 型扫描电子显微镜

2.2　带加载装置的原位SEM工作原理

扫描电子显微镜广泛应用于观察各种固态物质表面超微结构的形态和组成，其成像过程首先是在镜体内聚焦扫描入射电子束，照射试件表面，并与原子核和核外电子相互作用激发出诸如会产生二次电子、背散射电子、吸收电子、透射电子、俄歇电子、特征X射线、阴极荧光等各种物理信号(图2-3)，经过检测与放大，最后在计算机显示屏上形成一幅反映试件表面形貌、组成及其他物化性能的扫描图像。

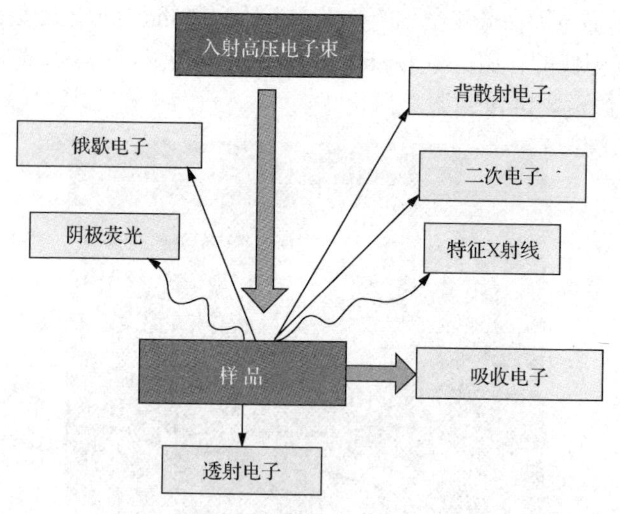

图2-3　电子束与试件作用信息示意图

二次电子是指入射电子与样品相互作用后，使样品原子较外层电子(价带或导带电子)电离产生的电子。二次电子能量比较低，习惯上把能量小于50eV的电子统称为二次电子。二次电子能量低，仅在样品表面5～10nm的深度内才能逸出表面，这是二次电子分辨率高的重要原因之一。背散射电子是指入射电子与样品相互作用(弹性和非弹性散射)之后，由原子核反射回来部分电子，分为弹性散射电子和非弹性散射电子，再次逸出样品表面的高能电子，其能量接近于入射电子能量。背散射电子的产额随样品的原子序数增大而增加，所以背散射电子信号的强度与样品的化学组成有关，即与组成样品的各元素平均原子序数有关。俄歇电子的特点是：具有特征动能，动能的大小取决于原子内有关芯层结合能的强弱。俄歇电子的特征动能具有类似于指纹鉴定的作用，可以用它表征原子的种类与原子所处的化学状态。通常，俄歇谱仪采用的俄歇电子能量在几十个电子伏特(eV)至2300eV的范围内。半导体样品在入射电子的照射下，产生电子-空穴对。当电子与空穴发生复合时，会发射光子，称为阴极荧光。入射电子进入样品后，经多次非弹性散射能量损失殆尽，最后被样品吸收，即吸收电子。如果被分析的样品很薄，那么就会有一部分入射电子穿过薄样品而成为透射电子。

可以产生信号的区域称为有效作用区，有效作用区的最深处为电子有效作用深度。在有效作用区内的信号并不一定都能逸出材料表面、成为有效的可供采集的信号。这是因为各种信号的能量不同，样品对不同信号的吸收和散射也不同。根据作用深度不同，电子束投射试件表面不同，形成的信号用途也不同，如表 2-1 所示。

表 2-1　有效信号作用深度及用途

项目	信号				
	二次电子	背散射电子	特征 X 射线	俄歇电子	吸收电子
作用深度	5～10nm	50～200nm	100～1000nm	0.5～2nm	100～1000nm
用途	形貌分析	成分分析	成分分析	成分分析	成分分析

扫描电镜中，入射电子束在样品上的扫描和显像管中电子束在荧光屏上的扫描是用一个共同的扫描发生器控制。这样就保证了入射电子束的扫描和显像管中电子束的扫描完全同步，保证了样品上的“物点”与荧光屏上的“像点”在时间和空间上一一对应，即“同步扫描”。一般扫描图像是由近 100 万个与物点一一对应的图像单元构成的。正因为如此，才使得扫描电镜除了能显示一般的形貌外，还能将样品局部范围内的化学元素、光、电、磁等性质的差异以二维图像形式显示。

扫描电镜成像过程与电视成像过程有很多相似之处，而与透射电镜的成像原理完全不同。透射电镜是利用成像电磁透镜一次成像，而扫描电镜的成像则不需要成像透镜，其图像是按一定时间、空间顺序逐点形成并在镜体外显像管上显示。

由电子枪发射的电子束最高可达 30keV，经会聚透镜、物镜缩小和聚焦，在样品表面形成一个具有一定能量、强度、斑点直径的电子束。在扫描线圈的磁场作用下，入射电子束在样品表面上按照一定的空间和时间顺序做光栅式逐点扫描。由于入射电子与样品之间的相互作用，将从样品中激发出二次电子。由于二次电子收集极的作用，可将各个方向发射的二级电子汇集起来，再将加速极加速射到闪烁体上，转变成光信号，经过光导管到达光电倍增管，使光信号再转变成电信号。这个电信号又经视频放大器放大并将其输送至显像管的栅极，调制显像管的亮度。因而，在荧光屏上呈现一幅亮暗程度不同的、反映样品表面形貌的二次电子像。二次电子量的多少主要与加速电压、电子束直径大小、真空度大小等有关。

所谓衬度即是图像上相邻部分间的黑白对比度或颜色差。扫描电子像的衬度，根据形成的依据，可以分为形貌衬度、原子序数衬度等。形貌衬度是由于试件表面形貌差异而形成的衬度。利用对试件表面形貌变化敏感的物理信号如二次电子作为显像管的调剂信号，可以得到形貌衬度。试件表面细节形貌差别实际上就是各细节表面相对于入射束的倾角不同，因此，电子束在试件上扫描时任何两点的形貌差别，主要表现为被激发的二次电子量的多少，从而在图像中形成显示形貌衬度，这主要与试件表面的凹凸程度，以及材料包含的电子数或材料表面有关。二次电子像的衬度是最典型的形貌衬度，反映了试件表面的形貌特征，具有较好的景深和立体感强等特征。同时，这些图像已经完全数值化，可以进行编辑或图形识别分析处理，如改变灰度、标注说明文字等，常见的输出文件格式为文本或图片，以便于记录、传输。原子序数衬度是由于试样表面物质原子序数(或化学成分)差别而形成的衬度。利用对试样表面原子序数(或化学成分) 变化敏感的物理信号作为显像管的调制信号，可以得到原子序数衬度图像。背散射电子像、吸收电子像的衬度，都包含有原子序数衬度，而特征 X 射线像的衬度是原子序数衬度。

扫描电子显微镜的一个主要特征为具有较高的二次电子像分辨率及较大的景深。尤其是扫描具有较大起伏表面的试件如岩体中的裂隙面，二次电子像可以同时聚焦清楚这些起伏面。扫描电镜的试件制取方式也比较简单，对于矿物、半导体、金属等试件，不需要超薄切片即可观察。对于不导电或含水分、黏液的植物、动物或医学试件，扫描得到的图像清晰度比较差。因此，通常在扫描此类试件之前，可对试件进行清洗、固定、脱水及导电(蒸涂喷金)等的预先处理。

扫描电镜的组成部分可以细分为电子光学系统、信号收集系统、图像显示及记录系统、真空系统、电源及控制系统五个方面。电子光学系统主要由电子枪、电磁透镜、扫描线圈、样品室等部件组成；其作用主要为获得扫描电子束，作为产生物理信号的激发源，将灯丝发出的电子束通过大小不一的光阑孔聚焦，获得不同景深的扫描图片，并使其在试件表面做二维扫描。电子枪主要功能为利用阴极与阳极灯丝间的高压产生高能量的电子束；电磁透镜是把电子枪的束斑逐渐缩小，从原来直径约为 50μm 的束斑缩小成一个只有数纳米的细小束斑；扫描线圈提供入射电子束在样品表面上，以及阴极射线管内电子束在荧光屏上的同步扫描信号；样品室可同时或分别装置各种试件台、检测器及其他附属装置，可进行原位力学实验及观察；信号收集主要有二次电子和背散射电子收集器、吸收电子检测器、X 射线检测器(波谱仪和能谱仪)；真空系统为了使电子光学系统正常工作，提供高的真空度，防止样品污染，保持灯丝寿命，防止极间放电，确保电子束通路始终处于高真空工作状态；电源电路系统由控制镜体部分的各种电源(如高压电源、扫描电源及各种直流电源) 、图像显示系统及全部电气部分的操作面板构成；控制系统主要是指人机对话的软件和相关控制元件。

扫描电镜有固定像散和非固定轴上像散。固定像散是由电子透镜及光阑加工精度不够引起的。在设备生产过程中，已经将固定像散降低到最低程度，但是，在变更光阑时，配合不好会引起像散，从而使图像清晰度不高。非固定轴上像散是由在扫描过程中，电子束通过带电的光路系统一些相关部件(如物镜下光靴孔和光阑)引起。通常轴上像散的大小和方向是不固定的，因此，流过消散器线圈的电流是可调的，即电像散的大小和方向可根据实际像散数量随意调节，但调节的好坏与使用者的熟练程度和技术有关。由于像散的作用，在观察高倍数图像时，扫描图像的分辨率下降，图像变得模糊。通常在光阑上方设置静电式或电磁式消散器，来消除轴上像散。

试件表面的二次电子的被激发量是影响二次成像质量的一个主要因素，这主要是由入射电子束从试件表层不同部位激发的二次电子数量的变化程度决定。电子束入射条件一定(加速电压、电子束流等）时，二次电子发射量与试件表面自身形貌(凹凸，尤其是尖端和棱角)、组成元素、电子束相对试件的入射角等有密切关系，即决定了原子序数效应、倾斜角效应、边缘效应、加速电压效应、电荷效应等。这些因素影响二次电子发射量，决定扫描图像的质量。

原子序数效应：在原子序数 $Z<40$ 的范围内，背散射电子的产额对原子序数十分敏感。原子序数较高的区域中可得到较多的背散射电子，这些区域就比较亮。因此，扫描图像时，试件表面上的原子序数越小，扫描得到的图像亮度越比原子序数大的差。原子序数接近的材料扫描得到的图像分辨率较低。对于岩石试件来说，为防止试件损失和电荷遗失，提高二次电子发射量，改善图像质量，经常在试件表面均匀蒸涂一层原子序数较大(重金属)的金、铂等金属膜，变原子序数效应为有利因素。

倾斜角效应：电子束的入射方向与试件表面呈不同角度时，图像亮度不同。一般情况下，电子束入射方向垂直于试件表面方向时，图像亮度最小，与表面法线呈一定角度入射(倾斜入射)时，图像亮度增大。任何时候观察试件表面都有不同程度的凹凸，因而由各相应部位(微区)发出的二次电子量也不相同。

边缘效应：入射电子束照射到试件边缘、尖角或边角时，二次电子可以从试件侧面发出。即和一般的起伏部分相比二次电子产率明显增加，图像相应部分显得特别明亮，以致难以辨认所存在的形貌微结构。通过降低加速电压，可减少边缘效应的影响，有利于图像观察和表面形貌结构的辨认。

加速电压效应：提高入射电子束的加速电压，可增加电子束进入试件的深度，扩大电子在试件内部的散射范围。改变加速电压，即改变电子束能量，对试件二次电子发射率有明显影响。适当提高加速电压，可减少电子束斑直径，有利于提高分辨率，改善图像质量。但是，加速电压过高，入射电子束可能击穿试件，引起图像重叠。

电荷效应：观察非导电或含有非导电夹杂物的试件时，必须注意防止电荷效应对扫描图像对比度的影响。试件电荷会使图像出现异常明亮或全黑的区域，严重干扰正常图像的对比度，从而掩盖试件表面的一些形貌细节。入射电子束照射在非导电试件上，部分残存在试件中的电荷不能像在导电试件本身将电荷导向大地，而是在电子束照射点附近产生电荷积累形成负电场，从而干扰电子束正常扫描，引起图像畸变失真。

影响成像质量的另一个因素是真空抽气系统。通常在保证电子光学系统正常工作情况下，真空度不能低于 1×10^{-4}Pa 才能获得高质量图像。真空系统一般包括机械泵和扩散泵，目的是为了保证电子光学系统正常工作，提供高的真空度，防止试件污染，保持灯丝寿命，防止极间放电。目前，扫描电子显微镜采用逻辑电路、气动阀门及各式各样的电磁阀，使真空抽气的排气过程及真空状态完全自动化完成。电子枪与透镜系统之间的隔离阀是为了在更换灯丝时不破坏真空和减少排气时间。如果需要更换试件，同样需要排气和预抽真空，此时，隔离阀使样品室与其他部位分开，从而不影响其他部分的真空度。在扫描时，如遇到紧急情况(突然停电、停水、真空状态显著变化)，可自动“报警”，切断电源。而后，关闭阀门，防止油蒸气反流或损坏有关部件。

在实际扫描工作中，如果真空状态不稳定，易引起高压打火，从而降低灯丝的使用寿命。引起真空状态不稳定的主要因素主要是由电子光学系统及试件污染造成。因此，在扫描时要保持清洁，室内相对湿度应低于 80%；需要定期清洗预真空室，真空密封应常换新真空油纸；操作前，工作人员应认真洗手，以免手汗及油脂进入镜体。

扫描电镜的主要性能有放大倍数、分辨率和信噪比等。仪器设备验收过程中，厂家将对有关性能进行检测。对使用者来说，为了使仪器设备经常保持稳定的高性能状态，必须定期进行维护(如清洗镜筒、更换光阑)和检查仪器主要性能。

显示器上图像宽度与电子束在试件上相应方向扫描宽度之比称为扫描电镜的放大倍数[20]。例如，显示器上图像宽度为 200mm，入射电子束在试件上的扫描宽度为 10μm，则放大倍数为

$$M=\frac{200(\mathrm{mm})}{10(\mu\mathrm{m})}=2\times10^{4}\text{倍} \tag{2-1}$$

改变放大倍数的一种方法是改变观察试件的工作距离。放大倍数范围宽是扫描电镜的一个突出优点，相对较低的倍数可以用于观察试件全貌，而相对较高的倍数可观察部分试件微区表面的精细形貌结构，即其他观察条件一定时，工作距离越小，倍数越高，但通常不用此作为改变扫描倍数的方法。

(1) 将试件表面形貌局部结构放大到人眼能分辨时的放大倍数称为有效放大倍数($M_{有效}$)。一般人眼分辨率为 0.2mm，仪器分辨率为 5nm 时，则有效放大倍数 $M_{有效}=0.2\times10^{6}$nm÷5nm=40000。在实际实验中，往往会把扫描电镜放大到比有效放大倍数高的倍数，这样观察起来更加清晰。由于电子束的扫描宽度一定，当试件与二次电子检测器相对倾斜时，电子束在试件表面的扫描范围将发生改变，倾斜面的放大倍数也将发生改变。扫描电镜的放大倍数、图像聚焦、灰度及衬度都可以独立进行数字或旋钮调节。较大的(几十倍到几十万倍)放大倍数也是扫描电

镜的主要特征之一，如果配一些附件，如能谱、机械手等附属装置等，还可以进行微区元素、电、光性能分析和显微操作，对检测信号及图像进行各种处理等；放大倍数是由分辨率制约，不能盲目看仪器放大倍数指标。

(2) 分辨率。扫描电镜能够清楚地分辨物体上最小细节的能力称为分辨率。一般情况下，人眼在明视距离内的分辨率为 0.1～0.2mm，光学显微镜分辨率为 0.1～0.2μm，扫描电镜二次电子像分辨率为 2～3nm。一般情况下，如果一台扫描电镜的分辨率为 2nm，那么试件表面约 2nm 的细节并不一定都能看清楚。有多种因素制约着试件表面观察的清晰度，如扫描电镜的分辨率、操作条件、试件性质、观察表面的细节形状、照明条件及操作熟练程度等。在一般工作条件下观察试件，和对仪器使用不熟练的操作者很难在短时间内获得高分辨率且清晰的图像。

作为扫描电镜仪器本身可能达到的二次电子像的最高分辨率主要取决于电子束斑直径。电子束斑直径是指经物镜聚焦后射到试件表面的入射电子束斑的大小。一幅扫描图像是由近百万个图像单元组成的，试件上与每个图像单元对应的发射二次电子的范围(物元)无论如何也不会比入射电子束斑直径小，通过减少透镜像差和缩小放大倍数可减少束斑直径，提高仪器分辨率。但随束斑直径减少，入射电子束流将急剧减少，因而从试件中激发的本来已很微弱的二次电子信号将更少，致使信噪比降低，不利于提高分辨率。

束斑 d 与束流 i 之间的关系为

$$d^2 = \frac{0.4i}{Ba^2} \tag{2-2}$$

式中，a 为物镜半张开角，rad；B 为电子枪亮度。

(3) 信噪比。英文为 Signal-Noise Ratio，是指一个电子设备或电子系统中信号与噪声的比例。通常认为，信噪比越高越好。对于扫描电镜来说，为了获得高质量的图像，可提高设备的信噪比。如果入射电子束电流过小，被激发的二次电子量少，因而会导致图像信噪比显著下降，图像质量变差。在检测二次电子信号中所包含的噪声主要有：杂散电子、检测器、放大器噪声等。

(4) 入射电子在试件中的扩散。由于入射电子与试件原子相互作用，将在试件中不断扩展。因此，各种信号的发射范围要比束斑大，即扫描电镜图像分辨率应取决于电子在试件中的扩散范围(或称有效电子束斑)。因二次电子的能量比较低，在产生的二次电子中，只有距试件表面数纳米的范围内的电子才能从试件逸出。入射电子在数纳米的表层中扩散程度较小，一般可以认为二次电子像分辨率等于电子束斑直径。同时，有效束斑尺寸与加速电压和试件性质有关。

要全面评价一幅扫描电镜图像质量，归纳起来，可以大致从图 2-4 所示的评价体系来进行评价。

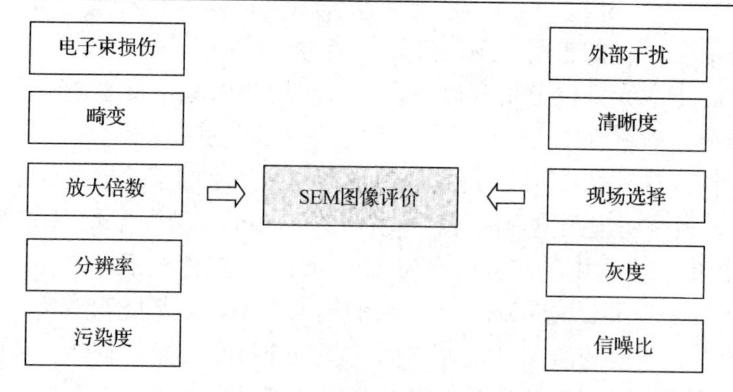

图 2-4　评价 SEM 图像质量的体系

观察条件合适、充分发挥扫描电镜的最高分辨能力才能得到一幅高分辨率的图像。随机带来的一张或数张拍的比较好的图像并附有相关说明(条件)，可依托作为观察条件。实际使用过程中，注意随时积累选择最佳条件，总结经验与教训。特别应该注意以下几点：

(1)加速电压的选择。易导致分辨率下降的一个主要因素是加速电压选择不当，但随加速电压降低，电子束斑直径逐渐变大。加速电压低难以获得仪器固有最高分辨率。因此，可根据不同试件，选取适当的加速电压会取得良好的结果。

(2)光阑孔径的选择。为了选择光阑孔径，须同时兼顾图像、信噪比等条件；在实际观察中，物镜光阑对球差有一定影响。当电子束电流较大时，使用较大的光阑孔径。如果需要提高景深，可改用较小孔径。

(3)镜体内污染。引起分辨率下降的另一个原因是镜体内的污染，如物镜光阑的污染。使用一段时间后，物镜光阑表面会出现试件在高电流照射时产生残留物，或观察的试件含有易挥发的物质也会造成镜体污染，需要及时清理或更换新产品。

(4)外部磁场干扰。扫描电镜周围的磁场会影响其正常工作，当观察磁性试件或被磁化的试件时，图像会出现畸变。

(5)震动影响。由于附近震源的影响，在设备观察时，图像可能会出现锯齿形噪声。为了减少振动，目前大型扫描电子显微镜均配置减震弹簧，可吸收高频率振动。当振动频率低于 5Hz 时，减震弹簧的效果明显降低。

2.3　带加载装置的原位 SEM 加载方式

组成 SEM 系统的另一部分是液压伺服系统，这与常规的液压伺服系统一样，通过液压油缸、液压阀、传感器、试件夹具、软件控制等产生精确的力(位移)。无论是拉伸(拉-拉疲劳或压-压疲劳)还是弯曲(三点弯曲或四点弯曲)均可以进行荷载控制或位移控制。

原位加热：对试件进行加热时，通过外部控制调节所需的温度，设备内部由电阻丝发热、热敏电偶检测温度。为了使试件处于一个相对恒定温度范围内（在温度≤500℃时，加热精度为±1℃；在温度≥500℃时，加热精度为±3℃），设备夹具中设置了冷却水，冷却水的流动可以带走部分热量，进而使温度保持恒定。加热过程中，扫描电子显微镜可以清楚地观察到试件表面结构的微细变化。由于岩石试件是一种复杂的由各种矿物组成的材料，因而，在高温状态下，岩石试件中的遇高温挥发物质易造成镜体的污染；试件发出的热电子和高温时试件发光会成为二次电子像的本底。故图像反差降低、清晰度变差。可以在试件附近上方放置一个处于负电位的栅网，这样可以防止能量低于二次电子的热电子进入检测器，这样就减少了二次电子的影响。

在对材料进行高温实验时，应该充分考虑材料的脱水或易挥发的物质因素的影响，加强试件的前处理准备工作，尽可能地将试件中的水分或其他气体脱净，减少试件中的水分或其他气氛带入电子腔内污染光学系统，从而提高试件观测清晰程度，获得良好的图像[20]。

原位加载：在加载或疲劳实验时，对试件两端施加静载或交变荷载会引起试件表面的变形，如裂纹出现而后演化成裂隙，最后断裂成新的断裂面。扫描电镜可以对试件表面变形、裂纹、裂隙演化过程进行观察。本设备具有多种加载方式，如拉伸、压缩、三点弯曲以及疲劳交变荷载，拉伸和弯曲夹具如图 2-5 所示。为了获得加载过程中的清晰图片，应该根据试件变形大小与加载频率，扫描速率匹配，在最佳状态下进行实时扫描。

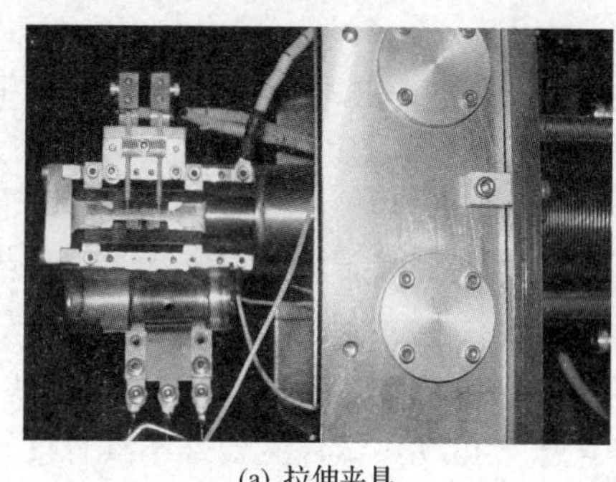

(a) 拉伸夹具

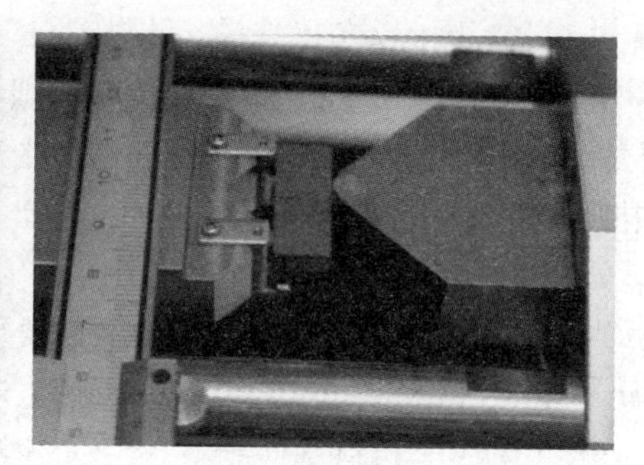

(b) 三点弯曲夹具

图 2-5 实验夹具

实验设备所具有的软件程序可以进行如下实验。

疲劳实验(fatigue test)：对试件施加一个正弦波荷载，记录应力(荷载)-位移(延伸率、应变)数据。在数据处理模式，可以检查、编辑、打印实验过程中的采样数据，此外，应力(荷载)峰值和位移(延伸率、应变)变化可以用图表显示。S-N 曲线(应力-寿命)图表可以根据几次实验结果划分成网格。位移数据不仅可以被活塞冲程处理，而且当使用可选择的伸缩仪时可以被延伸率或应变处理。

静态拉伸实验(static tensile test)：对试件施加恒速度拉荷载，采用位移控制，可以根据荷载(或应力)与位移(或挠度)之间的关系来判定试件的静态特征。数据处理方式可以以图表形式展示荷载(或应力)与位移(或挠度)的关系，并可以计算弹性模量、0.2%的保证应力及吸收的能量。所用试件可为长方形、圆形或其他形状。实验时可以暂停实验，此时仍然保持当前荷载，保持静态；如果需要测量应变，可选择的仪器包括引伸计和放大传感器。

弯曲实验(bending test)：对试件施加一个恒定荷载，从测到的荷载与应变之间的关系计算材料的静态特征。数据处理模式展示了荷载(或弯曲应力)和挠度图，计算弹性模量和吸收能量。

弯曲疲劳实验(bending fatigue test)：对试件施加一个正弦波荷载，在指定的加载圆中需要弯曲应力(或荷载)-偏移数据。在数据处理模式，实验获得的数据可以得到检查、编辑和打印。另外，还可以显示弯曲应力(或荷载)和挠度的变化，以及应力-寿命曲线(S-N)图。

2.4 实验样品准备

不同材料的扫描电镜试件制备方法不同。扫描电镜一般可以直接观察材料表面形貌及其物理特征。在进行扫描电镜观察时，如试件表面不导电或导电性不好，将产生电荷积累和放电，使得入射电子束偏离正常路径，最终造成图像不清晰乃至无法观测。因此，试件制备可以按照试件导电优劣分类。

(1) 导电材料试件制备。金属材料一般具有导电性，其他材料如一些矿物和半导体材料也具有一定的导电性。为了使试件表面细节结构清晰且具有一定的层次感，可根据材料表面粗糙度不同，处理方式分为机械抛光、电解抛光或采用化学表面处理。处理试件表面时，须注意以下几点：①尽可能使试件尺寸小；②加工试件或表面抛光处理时应尽量避免引起试件塑性变形或在表面生成氧化层；③观察表面最好用无水乙醇、丙酮或超声波清洗；④用化学方法或阴极电解方法去除表面氧化层。

(2) 生物医学材料试件制备。生物医学电子显微观察试件主要是不具有良好导电性的，包括动物、植物及人体各器官等的试件。这些试件在用扫描电镜观察前，须进行一系列的较为复杂的处理过程。在蒸涂金属导电膜之前，需要对试件进行清洗、固定、脱水及干燥等一系列处理。对于不同性质的生物试件(各种组织、寄生虫、昆虫、植物等)，它们的制作处理过程一般不同。

(3) 非金属材料试件制备。多指高分子材料、岩石等不导电或导电性很差的非金属材料。在进行扫描电镜图像采集前，需要对切片进行清洗和干燥及镀金。一般采取的步骤为：在乙醇中超声波处理以清除表面杂质；在干燥室进行干燥；采用喷金设备进行喷金，目的是为了消除电荷效应。镀金增强了试件表面的导电导热性，提高了二次电子发射率。导电薄膜厚度要适中，一般为200～300nm，且应喷涂均匀连续。如果导电薄膜过厚会导致蒸发时间延长，试件易受热损伤，且在电子束的照射下，薄膜会产生龟裂进而掩盖试件表面微细观结构。如果导电薄膜太薄，会引起膜厚不均匀，也有可能未被涂上[21]，甚至造成部分没有镀上的可能。

为了研究温度-应力共同作用下岩样的细观力学性质及表面微结构的变化，将砂岩岩样加工成标准试件。根据加载方式的不同，可以加工成拉伸试件及三点弯曲试件两类。试件具体尺寸和实物图分别如图 2-6 和图 2-7 所示。样品首先在岩石切割机上切成尺寸大于试件尺寸的毛坯，厚度要大于试件厚度的几倍(防止在加工试件的时候，试件中间的肋板断裂)，然后用加工好的模具修磨毛坯，直到符合试件尺寸和精度要求。为了保证试件与实验夹具的接触完好性，避免在加载过程中产生应力集中，试件肩部过渡圆弧必须保证加工精度。试件两侧的表面平行、光滑，没有大的划痕。最后将试件一侧表面抛光处理，加工后的砂岩试件的实物图如图 2-7 所示。由于岩石导电性很差，而不导电的物质在高能电子束轰击下将产生电荷效应，同时产生的热量不易散发，一般选用具有较高二次电子发射率的材料进行镀膜，以增加二次电子的产额，防止电荷在样品表面堆积，从而提高成像质量。因此，通常在进行扫描电镜观测前要在其表面进行镀金处理。实验前，用酒精对试件进行表面清洗，防止把灰尘或其他表面杂质带入电镜室；然后对试件的抛光表面和侧面进行喷金处理；采用了 KYKY SBC-12 离子喷溅仪器进行喷金，如图 2-8 所示，通常喷金时间为 1.5～2min。图 2-9 为砂岩试件喷金[10,11]。

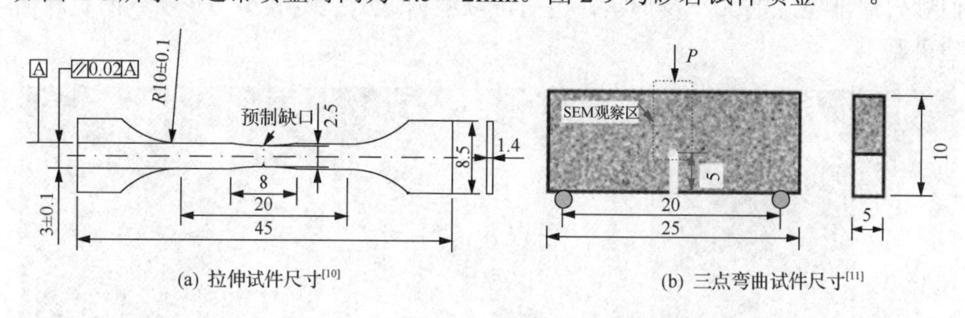

(a) 拉伸试件尺寸[10]　　(b) 三点弯曲试件尺寸[11]

图 2-6　试件尺寸示意图(单位：mm)

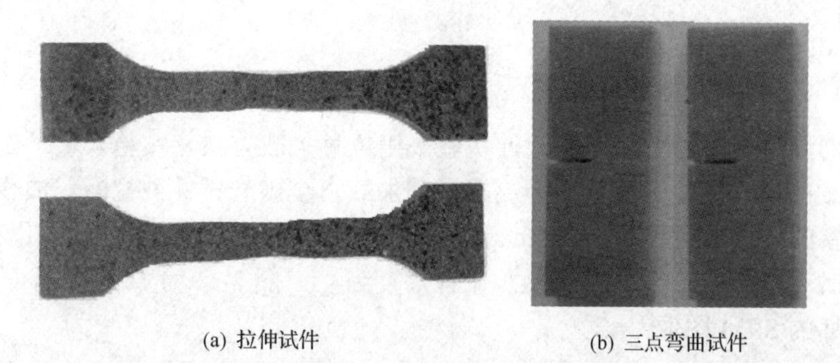

(a) 拉伸试件　　(b) 三点弯曲试件

图 2-7　试件实物图

图 2-8 KYKY SBC-12 离子喷溅仪器

图 2-9 砂岩试件喷金

2.5 典型实验结果

热开裂实验：图 2-10 给出了砂岩在 25℃、137℃、150℃热开裂的 SEM 图像显微结构，放大倍数 100 倍[10, 17]。从这三张热开裂图片可以看出，SEM 可以把加热过程中砂岩热开裂的裂隙演化实时地展现在我们面前，比较直观地诉我们砂岩局部裂隙的大小及形状，进而可以根据这些裂隙大小和形状判断材料断裂机制。

(a) 25℃ (b) 137℃ (c) 150℃

图 2-10 试件 150℃-1 升温过程出现微裂纹 SEM 图(×100)

拉伸原位破坏过程：原位拉伸实验采用位移加载方式，实验采取了先升温后恒温加载的实验流程，由伺服控制器自动加载直至砂岩试件被拉断，加载速率为实验设备的最小加载速率 10^{-4}mm/s。实验系统自动记录了荷载及座动器位移数据，并可实时观察荷载-位移曲线，数据采样周期为 4s。图 2-11 为 150℃时不同荷载时拉伸破坏的 SEM 图像[15]。

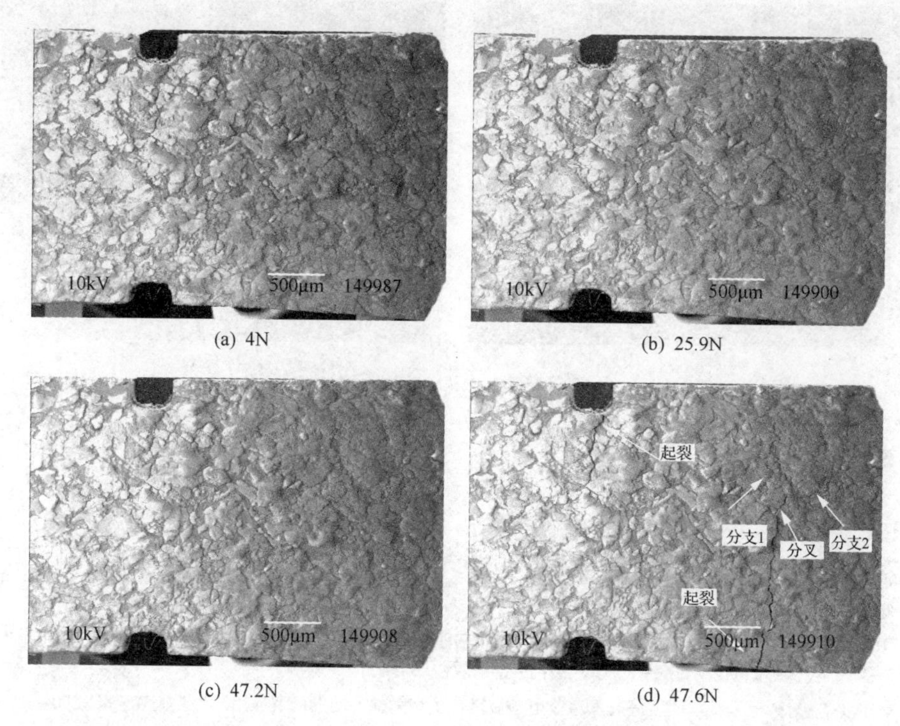

(a) 4N　(b) 25.9N
(c) 47.2N　(d) 47.6N

图2-11　试件150℃-1 150℃不同荷载时破坏过程SEM图(×35)

三点弯曲破坏原位过程：图2-12给出了砂岩试件高温300℃时三点弯曲的裂隙扩展图像[18]。弯曲实验采用位移加载方式，加载速率为本实验机最小的加载速率10^{-4}mm/s。实验中可实时观察荷载-位移曲线，系统自行记录荷载及位移数据，采样周期设置为1s。可以看出，随着时间的推移，裂隙在逐渐扩展延伸，最终断裂[18]。

(a) 5N　(b) 91N

(c) 95N

(d) 37.4N

图 2-12　300℃三点弯曲裂隙扩展过程

参 考 文 献

[1] 杨卫. 宏微观断裂力学. 北京: 国防工业出版社, 1995: 3-6.

[2] 朱珍德, 渠文平, 蒋志坚. 岩石细观结构量化实验研究. 岩石力学与工程学报, 2007, 26(7): 1313-1324.

[3] Michael E K, Nemat-Nasser S, Suo Z G, et al. New directions in mechanics. Mechanics of Materials, 2005, 37: 231-259.

[4] 郭素枝. 电子显微镜技术与应用. 厦门: 厦门大学出版社, 2008.

[5] 李斗星. 透射电子显微学的新进展 I 透射电子显微镜及相关部件的发展及应用. 电子显微学报, 2004, 23(3): 269-277.

[6] 白春礼. 扫描隧道显微术及其应用. 上海: 上海科学技术出版社, 1994: 3-89.

[7] 李小春, 曾志娇, 石露, 等. 岩石微焦 CT 扫描的三轴仪及其初步应用. 岩石力学与工程学报, 2015, 34(6): 1128-1134.

[8] 杨更社, 刘慧. 基于 CT 图像处理技术的岩石损伤特性研究. 煤炭学报, 2007, 32(5): 463-468.

[9] 赵阳升, 孟巧荣, 康天合, 等. 显微 CT 实验技术与花岗岩热破裂特征的细观研究. 岩石力学与工程学报, 2008, 27(1): 28-34.

[10] 左建平. 温度-应力共同作用下砂岩破坏的细观机制与强度特征. 北京: 中国矿业大学, 2006.

[11] 左建平. 地质工程灾害中的岩石破坏研究. 北京: 中国矿业大学, 2009.

[12] 左建平, 周宏伟, 范雄, 等. 三点弯曲下热处理北山花岗岩的断裂特性研究. 岩石力学与工程学报, 2013, 32(12): 2322-2430.

[13] 左建平, 周宏伟, 方园, 等. 含双缺口北山花岗岩的热力耦合断裂特性实验研究. 岩石力学与工程学报, 2012, 31(4): 738-745.

[14] 左建平, 柴能斌, 周宏伟. 不同深度玄武岩的三点弯曲细观破坏实验研究. 岩石力学与工程学报, 2013, 32(4): 689-695.

[15] 左建平, 谢和平, 周宏伟, 等. 温度影响下砂岩的细观破坏及变形场的 DSCM 表征. 力学学报, 2008, 40(6): 786-794.

[16] Zuo J P, Xie H P, Zhou H W. Experimental determination of the coupled thermal-mechanical effects on fracture toughness of sandstone. ASTM: Journal of Testing and Evaluation, 2009, 37(1): 48-52.

[17] Zuo J P, Xie H P, Zhou H W, et al. SEM in-situ investigation on thermal cracking behavior of Pingdingshan sandstone at elevated temperatures. Geophysical Journal International, 2010, 181(2): 593-603.

[18] Zuo J P, Xie H P, Dai F, et al. Three-point bending tests investigation of the fracture behavior of siltstone after thermal effects. International Journal of Rock Mechanics and Mining Science, 2014, 70(9): 133-143.

[19] Zuo J P, Wang X S, Mao D Q. SEM in-situ study on the effect of offset-notch on basalt cracking behavior under three-point bending load. Engineering Fracture Mechanics, 2014, 131: 504-513.

[20] 杜学礼, 潘子昂. 扫描电子显微镜分析技术. 北京: 化学工业出版社, 1986: 148-149.

[21] 王习术. 材料力学行为实验与分析. 北京: 清华大学出版社, 2010: 88-89.

第3章　砂岩热开裂的细观机制及模型

岩石材料在受到高温作用时会产生热开裂。石油开采中通过火烧油层的方法诱发岩石热破裂，达到提高储层渗透性的目的以期提高采收率[1]。高温岩体地热资源的开发中也要利用热开裂[2,3]。在高放射性核废料的深埋地质处置中，由于核素衰变产生的热量会导致围岩温度的升高，有预测表明积聚的热量可使周围温度达到 200～300℃[4]，这会导致围岩发生热开裂。煤地下气化过程能导致顶板岩石升温高达 926℃[5]，这会导致岩石产生热开裂。深部开采中，也遇到长时间高温问题[6]。因此，研究不同温度下岩石的热学和力学性质具有十分广泛的工程应用背景。

砂岩是一种沉积岩，主要是由母岩物理风化及火山喷发产生的碎屑物质经机械沉积作用而成，在煤层附近大量富存。随着深部开采的进行，研究砂岩的热学和力学性质就越显重要，具有深远的工程应用背景。在温度及温度梯度影响下，岩石矿物颗粒之间由于热膨胀系数的不同，以及矿物内部热膨胀各向异性的影响，矿物颗粒之间将会产生局部热应力集中，颗粒内部结构将发生变化，有可能会在颗粒间或者颗粒内部产生新的裂缝；原生裂隙也可能闭合，或者开裂和扩展，使得裂隙相互贯通形成裂隙网格的发展，从而引起岩石的物理和力学性质的变化，如岩石的抗压和抗拉强度、弹性模量、泊松比、孔隙度、渗透率、声速等会发生变化，这通常被称为岩石热开裂。可见温度的变化会对岩石矿物成分和内部微结构产生影响，在细观上表现出各种内部微缺陷的形成和发展，进而对岩石的基本力学性质产生影响。从宏观上很难观察到温度和应力影响下岩石的微裂纹网络的发展，因此，必须重视岩石细观结构的变化，开展岩石细观热开裂的实验研究，从而对岩石的热开裂机制做出更准确、更本质的认识和描述。

现有的研究表明[7~19]，在温度及温度梯度影响下，岩石矿物颗粒之间由于热膨胀系数的不同，以及矿物内部热膨胀各向异性的影响，矿物颗粒之间将会产生局部热应力集中，颗粒内部结构将发生变化，会在颗粒边界或者颗粒内部产生新的裂缝，使得裂隙相互贯通形成裂隙网格，进而影响岩石的物理和力学性质，这是导致岩石发生热开裂的主要原因。有关岩石热开裂的研究已有 30 余年的历史，大部分现象和认识是在实验研究的基础上获得的。Heard[11]发现石英长石的热膨胀系数随温度升高而增加，随着围压增大而减小；热膨胀系数的变化一定程度上反映岩石内部或表面有热开裂发生。Heuze[12]和 Lau 等[13]对一些岩石的变形模量、泊松比、抗拉强度、抗压强度、内聚力、内摩擦角、黏度等参数进行了测定，并讨论了热膨胀系数对温度、侧压的依赖性，以及高温下岩石的蠕变特性。Fredrich 等[14]

从断裂力学的角度研究认为，当裂纹尖端的应力强度因子超过临界值时即可诱发晶内裂缝。Homand-Etienne 和 Honpert[15]对致密花岗岩在热作用下形成裂缝进行了深入研究，发现经热处理后，岩石连通性提高并产生了新裂缝，新裂缝的长度取决于晶粒形状和尺寸。还有一些学者通过声发射(AE)或者弹性波速的变化来研究岩石的热开裂[10,16]，但在建立 AE 数与热开裂的定量关系时也还有待进一步研究。

尽管岩石的热开裂研究取得了很大的进展，但多数实验是把试件进行热处理，待冷却后再转移到扫描电镜下观测岩石的热开裂。这种做法通常会带来一些分析上的麻烦，如有可能观测到一条裂纹，但却无法判断该裂纹是由温度影响产生的，还是在转移试件到扫描电镜观察室过程中机械力产生的，甚至有可能还是岩石的原生裂隙，还有可能是试件冷却时产生的裂纹。如果能在原位在线观察不同温度导致试件表面产生微变形甚至微裂纹的过程，那么这对我们理解岩石的热开裂过程具有重要意义。借助中国矿业大学煤炭资源与安全开采国家重点实验室岛津 SEM 全数字液压高温疲劳实验系统，该系统能实时在线观察砂岩的热开裂现象，本章对不同温度下砂岩的热开裂现象做了详细的研究和探讨，以期获得一些新的认识。

3.1　岩样制备及成分分析

砂岩试件取自平顶山煤业集团公司十矿，该矿位于河南平顶山市区东部，距平顶山市区中心约 6km。地理位置：东经 114°19′20″至 113°23′18″，北纬 33°44′47″至 33°48′45″。井田东西走向长 5km，南北倾斜宽 6.5km，含煤面积约为 32.5km^2。该矿自 1958 年 8 月开工兴建，1964 年 2 月投产使用，近年来随着生产能力的提高及浅埋煤层资源的逐渐减少，开采正在朝深部进行，目前的主采煤层有丁组、戊组和己组三组煤层，这三组煤层都将碰到高温的问题，而且均具有煤与瓦斯突出危险性，地下围岩的稳定性将是制约其高产高效的重要因素之一。针对这些情况，作者对平顶山煤业集团公司十矿进行了现场调研，并在三水平己四组煤层下采取了岩样，埋深约为 1105m，岩样为细粉砂岩。

3.1.1　砂岩试件制备

为了研究温度-应力共同作用下岩样的细观力学性质及表面微结构的变化，将砂岩岩样加工成标准试件，具体尺寸如图 3-1(a)所示。岩样首先在岩石切割机上切成尺寸大于试件尺寸的毛坯，厚度要大于试件厚度的几倍(防止在加工试件的时候，试件中间的肋板断裂)，然后用加工好的模具修磨毛坯，直到符合试件尺寸和精度要求。为了保证试件与实验夹具的接触完好性，避免在加载过程中产生应力集中，试件肩部过渡圆弧必须保证加工精度。试件两侧的表面平行、光滑，没有大的划痕。最后将试件一侧表面抛光处理，加工后的砂岩试件的实物图如图 3-1(b)所示。

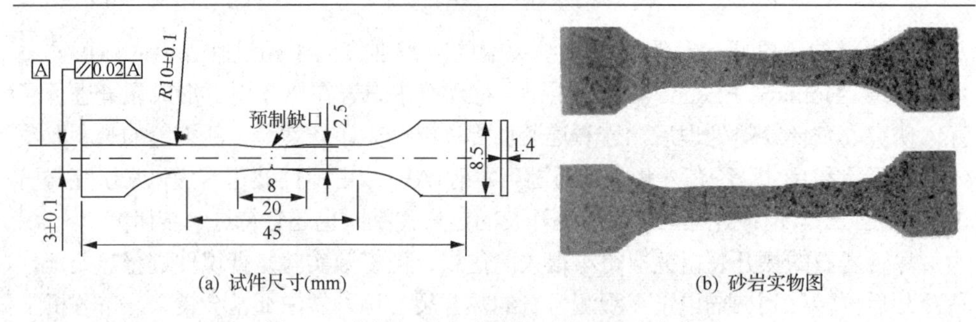

(a) 试件尺寸(mm)　　(b) 砂岩实物图

图 3-1　高温细观实验试件尺寸及砂岩实物图

由于岩石导电性很差，而不导电的物质在高能电子束轰击下将产生电荷效应，同时产生的热量不易散发，一般选用具有较高二次电子发射率的材料进行镀膜，以增加二次电子的产额，防止电荷在样品表面堆集，从而提高成像质量。因此，通常在进行扫描电镜观测前要在其表面进行镀金处理。实验前，用酒精对试件进行表面清洗，防止把灰尘或其他表面杂质带入电镜室；然后对试件的抛光表面和侧面进行喷金处理；采用 KYKY SBC-12 离子喷溅仪器(图 3-2)进行喷金，通常喷金时间为 1.5～2min。

图 3-2　KYKY SBC-12 离子喷溅仪器

3.1.2　砂岩磨片结构分析

砂岩是由多种矿物颗粒组成的，对其做磨片分析如下，图 3-3(a)是一个试件的截面，图 3-3(b)和图 3-3(c)为同一试件的两个截面。可以看出，砂岩中石英颗粒分布不均匀；图 3-3(b)石英含量最高，图 3-3(a)次之，图 3-3(c)最少。图 3-3(a)显示视域内的石英颗粒含量达 60%～70%，普遍发生消光现象，中部石英颗粒断裂，且裂隙被长石黏土类矿物充填，其他为黏土及长石类矿物颗粒充填。图 3-3(b)中显示石英颗粒含量较高，约达 80%左右，视域内的石英颗粒全部发生消光，无显微破裂现象，说明岩石脆性变形与塑性变形均不甚强烈。左侧有菱铁矿出现，约占 3%，黏土及长石类矿物颗粒约占 20%左右。图 3-3(c)中显示视域内石英含量较少，约 25%左右，其他为黏土及长石类矿物颗粒充填，视域中心的石英颗粒发生不均匀消光现象，属浅层次的塑性变形现象。说明岩样在地质构造运动中，受地应力的作用而发生过较为轻微的塑性变形。

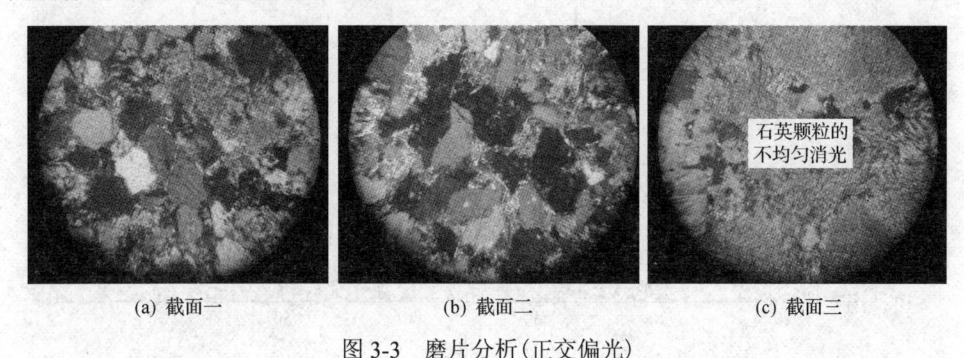

(a) 截面一　(b) 截面二　(c) 截面三

图 3-3　磨片分析(正交偏光)

3.1.3　砂岩成分分析

磨片分析只能大体地判断其所含矿物，并不能准确地知道各矿物所占的百分比，我们对其做了成分分析。X 射线衍射分析是鉴定矿物的最重要的方法之一，它是鉴定、分析、测量固体物质相组成成分的基本方法。对于这类细粉砂岩多晶态物质的 X 射线衍射，把样品研磨成微细的粉末状态或是微细晶粒的聚集体，然后推入 X 射线衍射仪器进行分析，详细结果见图 3-4 和表 3-1。

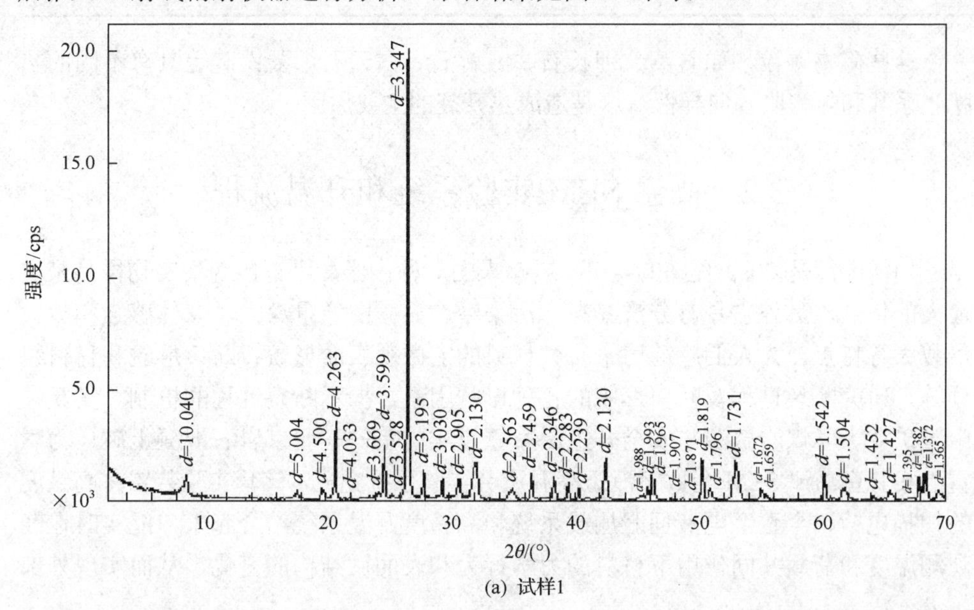

(a) 试样1

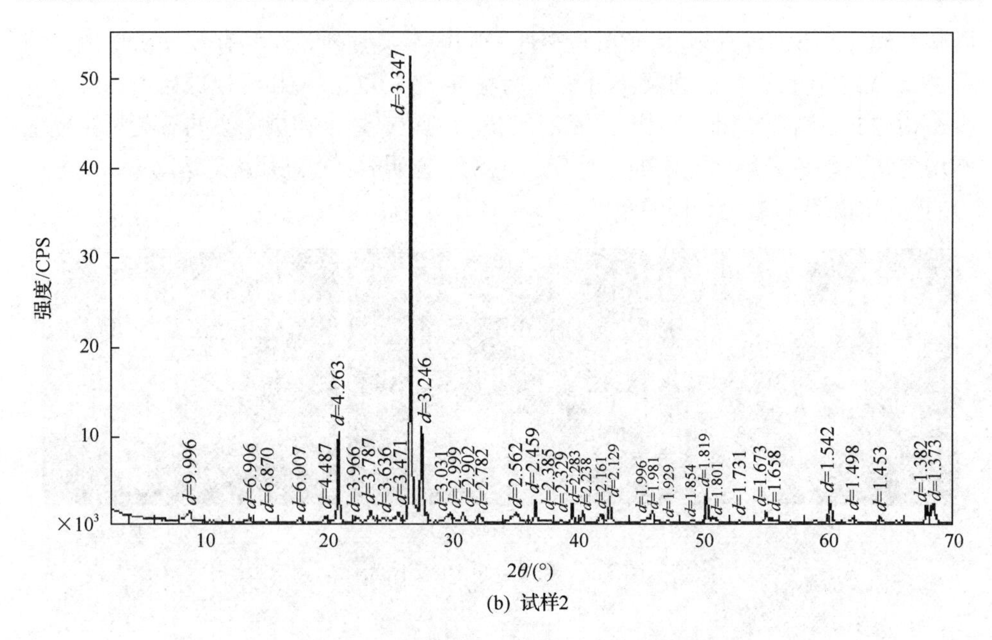

(b) 试样2

图 3-4　平顶山砂岩 X 射线衍射成分分析图谱

表 3-1　平顶山砂岩 X 射线衍射分析报告

砂岩编号	矿物种类和含量/%					
	石英	钾长石	方解石	白云石	菱铁矿	黏土矿物总量
砂岩 1	54.7	17	2.0	3.6	3.1	19.6
砂岩 2	56.1	17.4	1.2	1.9	3.0	20.4

这些矿物颗粒，如石英、钾长石、方解石、白云石、菱铁矿等具有不同的热膨胀系数和热膨胀各向异性，这是造成热开裂的主要原因。

3.2　高温 SEM 实验系统和升温流程

扫描电镜是 20 世纪 60 年代发展起来的一种仪器，可直接观察实物样品是它最大的优点，另外它具有分辨率高、污染轻、显微图像景深大、立体感强和放大倍数大等特点，为人们广泛用来研究材料的宏微观表面形貌、断口形貌和材料组分等，研究断裂过程及断口形貌的各种影响因素，揭示断裂过程的机制。实验在中国矿业大学煤炭资源与安全开采国家重点实验室——北京岩石混凝土破坏力学重点实验室岛津 SEM 全数字液压高温疲劳实验系统完成，该套实验装置将高精度的扫描电镜、全数字电液伺服加载系统和高精度升温系统结合起来，能实时在线观测温度和荷载共同作用下材料的力学行为和表面微结构的变化，从而实现外部应力状态、温度情况与材料力学行为和表面微结构变化的一一对应。实验系统设备外观图如图 3-2 所示。设备的主要技术参数如下。

最大荷载：±10kN。

最大行程：±25mm。

荷载精度：显示值的±0.5%以内。

控制方式：全数字液压伺服。

SEM 扫描放大倍率：最小 35 倍，最大 200000 倍。

扫描速率：0.27～9.6s/f。

温度范围：–30～800℃。

低真空观测能力：非导电材料可以不用镀膜直接进行观测。

实验时，首先将喷金处理后的砂岩试件置于实验夹具(图 3-5)中，并进行物理和几何对中，然后将加载样品台推入电镜真空室并按要求抽真空。根据不同温度的实验方案进行升温：温度低于 50℃的实验采取一次性直接从室温 25℃升到实验预定温度；其他实验为了便于在升温过程中进行实时观测岩石表面微结构的变化及热开裂，采用了分段升温程序，即开始升温到某一中间温度后恒温，恒温一段时间再升温，这两个升温阶段分别称为第一阶段升温和第二阶段升温；降温阶段与此类似，也分为第一阶段降温和第二阶段降温，升温程序示意图如图 3-6 所示。升温速率一般控制在 3～5℃/min 的范围内。选择这个温度范围主要是因为如果升温速率过高，会导致岩石内部产生较大的热应力，从而使实验的结果与实际的情况产生较大的差异；而如果升温速率太低，又会使升温时间过长，从而导致实验系统产生较大的系统误差。

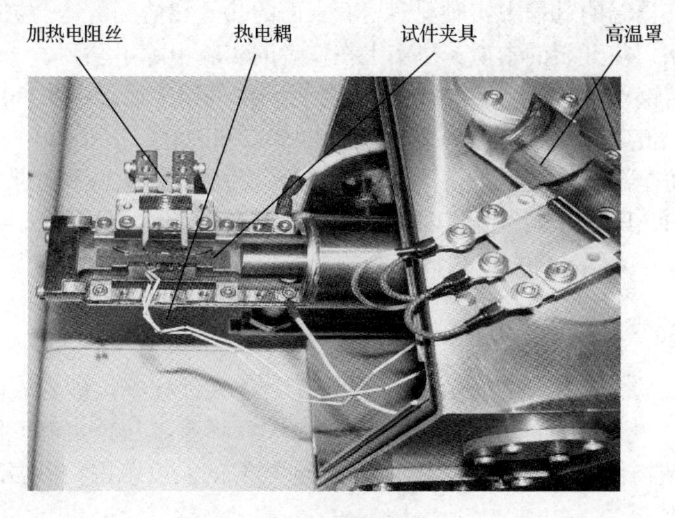

图 3-5　高温夹具

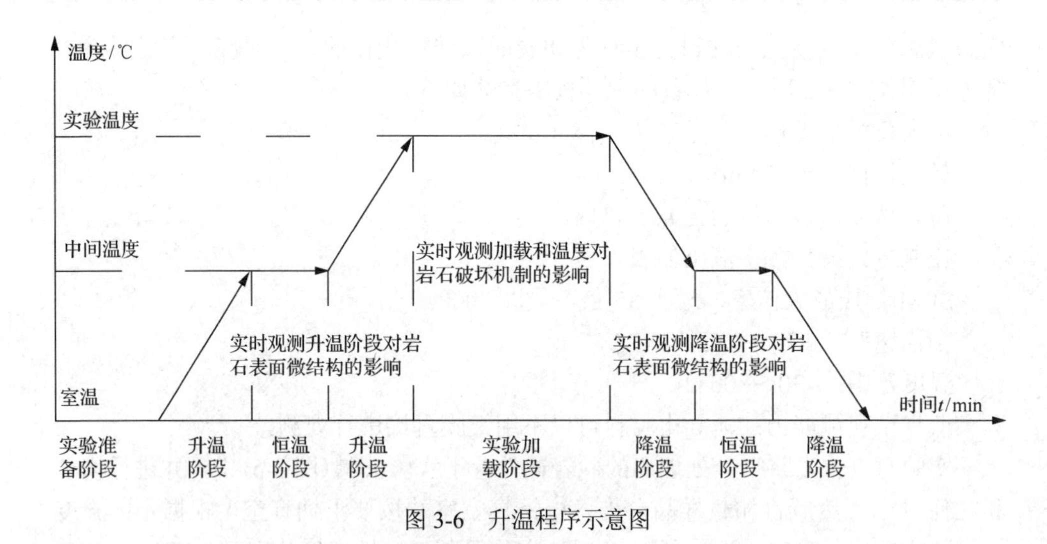

图 3-6　升温程序示意图

3.3　砂岩热开裂的细观实验

尽管很多学者对岩石的热开裂进行了研究，得出了很多有益的结论，但多数实验并不是实时在线观察，多是把经过热处理的岩石冷却之后再放到扫描电镜去观察，这就造成观察到的微裂纹并不完全是在热处理过程产生的热开裂，也可能是在冷却过程产生的冷裂纹，甚至是在把热处理后的岩石转移到扫描电镜观察腔的过程由于人为因素等造成的裂纹。作者通过上述实验设备可以实时在线观察实验现象，即在升温的过程中实时观察岩石表面的热开裂情况，这会更接近真实的情况，更能认识热开裂的本质。事实上在作者的实验中除了得到了一些与前人的研究相似的结论外，也发现了新的实验现象。详细的研究如下：在 30℃、35℃、40℃、45℃、50℃、100℃、150℃、200℃、250℃和 300℃分别对砂岩进行了热开裂实验。对每个温度点进行了三次成功的实验，为了便于实验和记录，对试件进行编号 A℃-B，其中 A 代表温度，B 代表该温度点的第几个试件，如编号 250℃-2 代表实验温度点为 250℃的第 2 个试件。升温速率采用 5℃/min[20]。

3.3.1　温度 30℃、35℃、40℃、45℃和 50℃的热开裂

这五组实验都直接一次升温到预定温度，升温过程中，砂岩表面结构基本不发生变化，没有热开裂发生。升温实验完成后降温，从预定温度降到室温，岩石的表面结构依然没有变化。可见在低于 50℃的温度范围内砂岩表面不会发生热开裂。

3.3.2　温度 100℃的热开裂

对于 100℃的实验，第一阶段升温到 50℃，用时 5min，恒温 10min，用于观察砂岩表面结构的变化；第二阶段升温到 100℃，用时 10min。该组三个试件无论在升温过程还是恒温过程，在视野范围内都没有发现微热裂纹。升温前后试件的表面微结构基本没有变化，见图 3-7，尽管图 3-7(a)和(b)有所区别，这是扫描电镜的问题，由于在拍摄 SEM 图片时，会调节电镜的对比度、亮度等，这会影响拍摄效果，但作者把升温前后的 SEM 图片放大仔细对比，没有发现热开裂。

(a) 室温SEM图

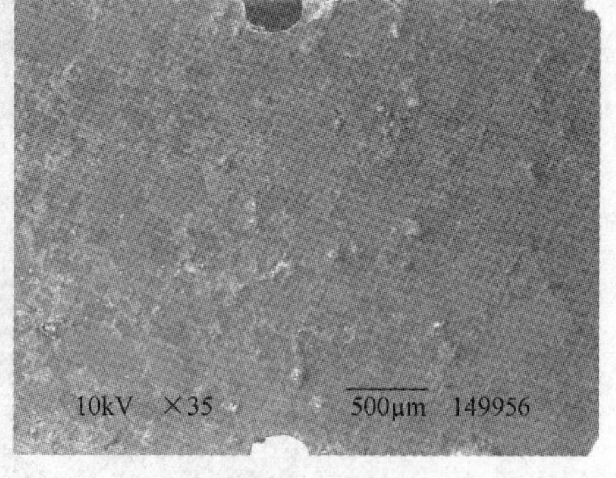

(b) 100℃表面SEM图

图 3-7　试件 100℃-3 升温前后表面 SEM 图

从以上 18 个试件的实验得出，小于 100℃的温度对平顶山砂岩表面微结构几乎不产生影响，不发生热开裂。

3.3.3　温度 150℃的热开裂

对于 150℃的实验，第一阶段升温到 100℃，用时 15min，恒温 10min；第二阶段升温到 150℃，用时 10min。在第一阶段升温过程中，同样没有发现热开裂，这与前面 3.3.1 节和 3.3.2 节的实验结果是对应的，后面更高温度的实验同样验证了这个结论。而在第二阶段升温过程中，试件 150℃-1 表面有微裂纹出现，大概发生在 137～150℃，如图 3-8 所示。另两个试件依然没有发现热开裂。在冷却过程中，试件 150℃-2 的表面出现了微裂纹，为了与热开裂相对应，且称其为“冷开裂”。这是由于矿物颗粒的热膨胀各向异性的原因引起的，使得冷却过程中各矿物颗粒的收缩不均匀，从而也会产生应力集中，当该应力大于砂岩的局部抗破裂强度时，就会导致微裂纹的出现，如图 3-9 所示。

(a) 25℃　　(b) 137℃　　(c) 150℃

图 3-8　试件 150℃-1 升温过程出现微裂纹 SEM 图(×100)

图 3-9　试件 150℃-2 冷却到 102℃时微裂纹 SEM 图(×200)

可见当温度达到 150℃时，砂岩矿物颗粒已发生较大的热膨胀，即便同一颗粒的不同位置的“鼓”起高度也不相同，说明其热膨胀的不均匀性和各向异性；而黏土矿物的热膨胀相对较小，而且较均匀。

该组实验表明 150℃时砂岩表面微结构发生了很大的变化，局部地方会发生热开裂或者有热开裂的趋势。

3.3.4　温度 200℃的热开裂

对于 200℃这组实验，第一阶段升温到 100℃，用时 15min，恒温 10min；第二阶段升温到 200℃，用时 20min。对试件 200℃-1，在第一阶段升温过程中，同样没发现热开裂；在第二阶段升温过程中，大约在 187℃左右发现试件中一些黏土矿物成分开始出现裂纹，如图 3-10(a)所示。黏土矿物产生裂纹的主要原因是由于黏土矿物可能含有水分，而升温导致了水分的蒸发，进而导致黏土出现“干裂”现象。在升温过程中，那些电镜下呈现白色的矿物颗粒如石英、方解石和白云石等开始时并不出现热裂纹，但当长时间恒温时，表面出现了一些热开裂，这是长时间高温下矿物颗粒的物理与力学性能发生了变化的缘故，如图 3-10(b)所示。

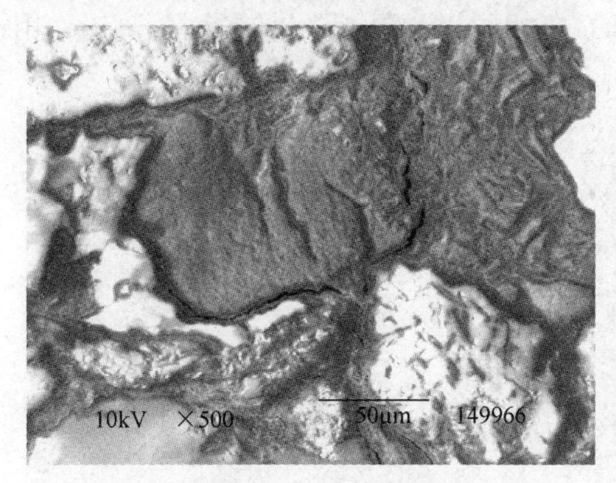

(a) 黏土矿物187℃裂纹SEM图(×500)

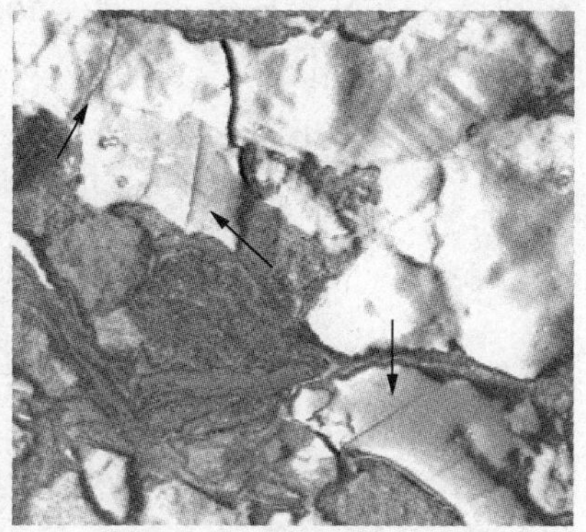

(b) 温度长时间作用下产生的热裂纹(×100)

图 3-10　试件 200℃-1 的裂纹 SEM 图

对试件 200℃-2，在第二阶段升温过程中，发现原先存在表面缺陷，随着温度的升高，缺陷发生闭合现象，如图 3-11 所示。这主要是缺陷附近的矿物成分不同，而且其热膨胀率差异很大，随着温度的升高，缺陷远处矿物热膨胀大，而缺陷近场矿物热膨胀小，从而导致缺陷的闭合。另一可能的原因是，随着温度的升高，热激活导致部分矿物弱化，使缺陷附近局部地方出现卸载情况，从而也会导致缺陷的闭合。

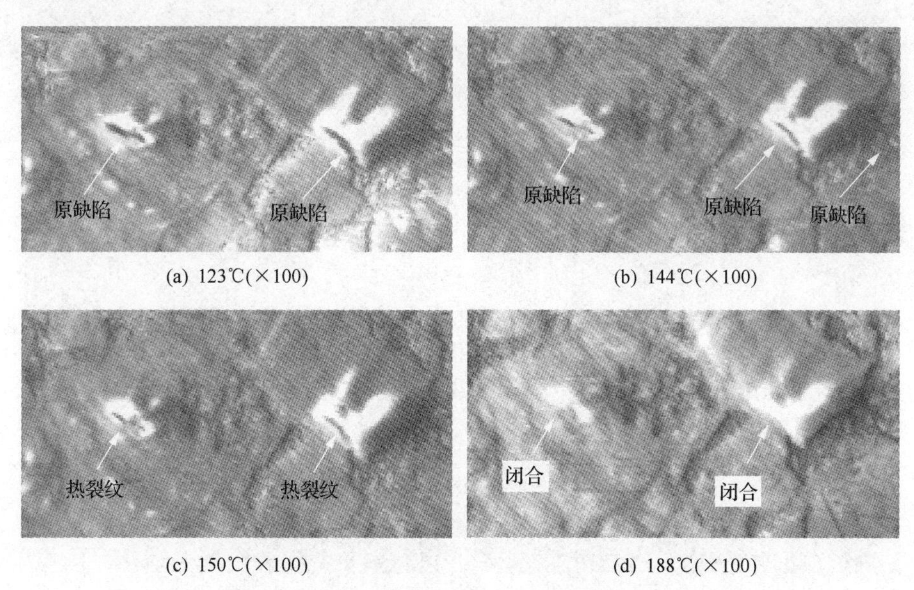

(a) 123℃(×100)　(b) 144℃(×100)

(c) 150℃(×100)　(d) 188℃(×100)

图 3-11　试件 200℃-2 的缺陷闭合过程 SEM 图

在升温过程也捕捉到热开裂现象，如图 3-12 所示。热开裂主要是由于矿物颗粒受热时变形不协调所致。与试件 200℃-1 相同，实验过程由于长时间高温作用也出现了热开裂，如图 3-13 和图 3-14 所示。

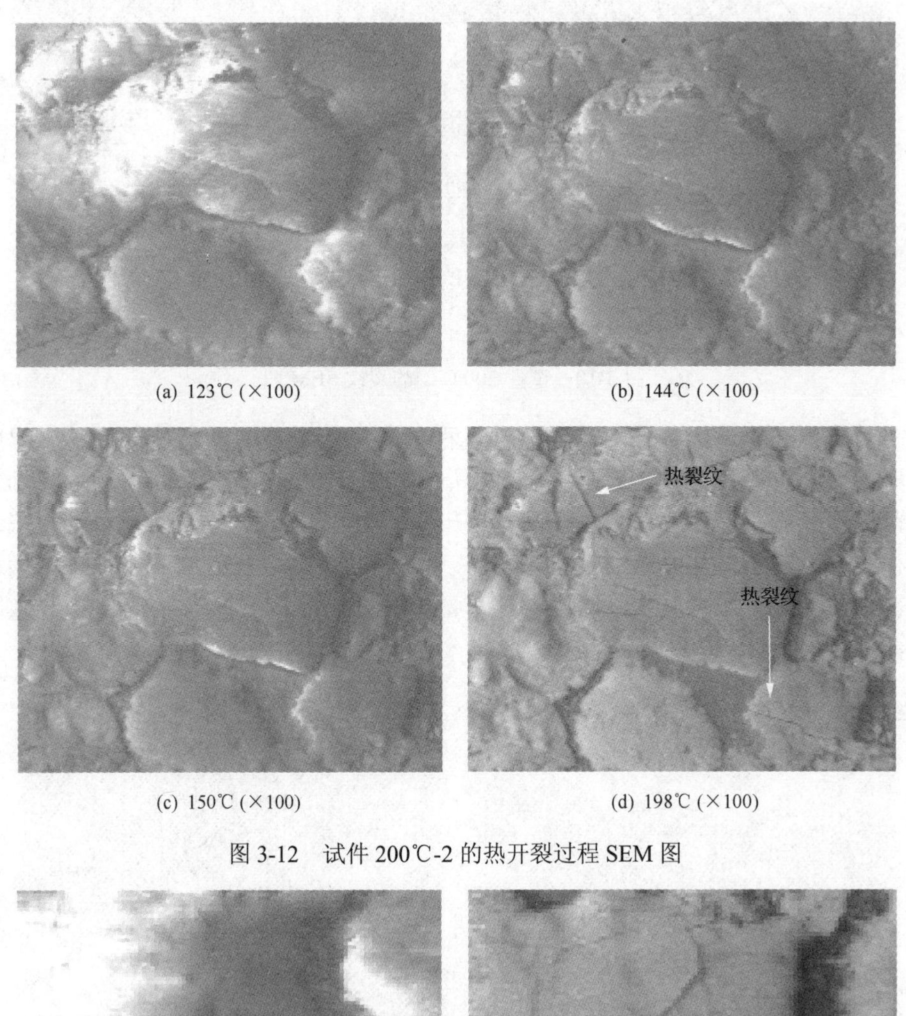

(a) 123℃ (×100)　　(b) 144℃ (×100)

(c) 150℃ (×100)　　(d) 198℃ (×100)

图 3-12　试件 200℃-2 的热开裂过程 SEM 图

热裂纹

(a) 92℃(×100)　　(b) 200℃(×100)

图 3-13　试件 200℃-2 的局部热开裂 SEM 图(一)

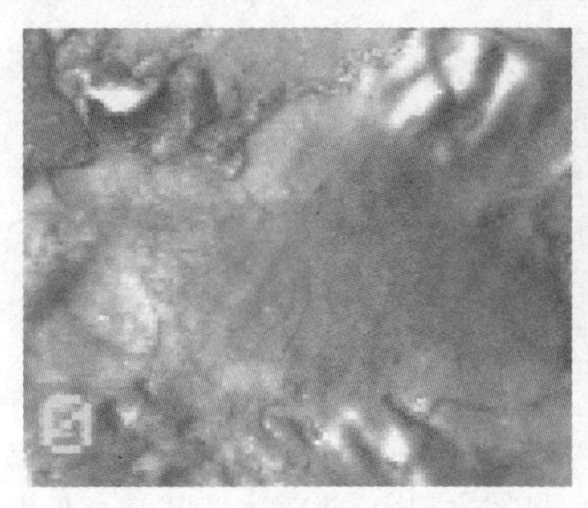

(a) 92℃(×100)

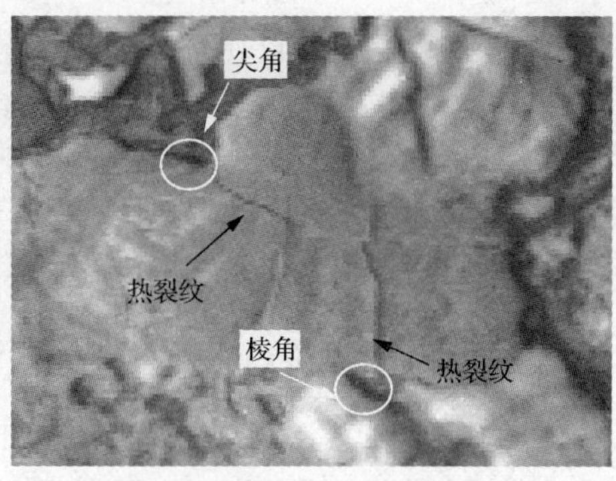

(b) 200℃(×100)

图3-14　试件200℃-2的局部热开裂SEM图(二)

对试件200℃-3，升温过程热裂纹的产生过程如图3-15所示，这主要是由于矿物颗粒受热时变形不协调所致。实验还发现在矿物颗粒上出现了交错的热开裂网络，如图3-16所示，这种热开裂的机制较为复杂，可能是多种机制在起作用。

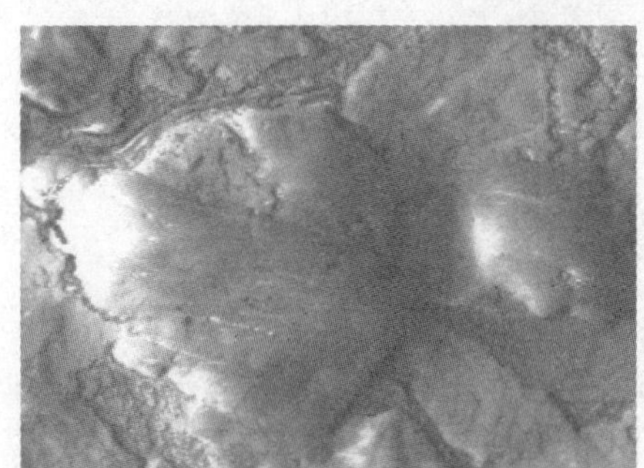

(a) 82℃(×100)

(b) 191℃(×100)

图3-15　试件200℃-3的局部热开裂SEM图

图3-16　试件200℃-3的热开裂网络SEM图(×200)

该组实验表明，在150～200℃开始有了较多的热开裂，除了较软的黏土矿物之间有热“干裂”，一些较硬的矿物，如石英、白云石、方解石等也开始出现热开裂。恒温过程中砂岩表面的热开裂有增多的趋势，这是由于温度长时间作用的结果。在试件 200℃-2 的实验中还观察到了裂纹闭合的现象，验证了在温度升高的过程也可能发生裂纹闭合现象，这主要是由于矿物颗粒之间的热膨胀不匹配、热膨胀各向异性，以及热激活导致的局部卸载等原因造成。

3.3.5　温度 250℃的热开裂

对 250℃这组实验，第一阶段升温到 100℃，用时 15min，恒温 10min；第二阶段升温到 250℃，用时 30min。在第二阶段升温过程中，发现三个砂岩试件表面都出现了很多微热裂纹，如图 3-17～图 3-22 所示。从统计数量上看 250℃实验出现的热裂纹比 200℃出现的热裂纹有很大的增加。对试件 250℃-2，观察到了同一矿物颗粒在不同的温度、在多个地方产生热开裂，如图 3-20 所示。在温度 144.4℃时，首先在 A 位置出现热裂纹，当温度达到 216.4℃时，又在 B 位置出现了热开裂，而在 A 位置 216.4℃的热裂纹比 144.4℃的热开裂无论长度和宽度都有所扩展。

(a) 98℃(×100)　　(b) 250℃(×100)

图 3-17　试件 250℃-1 的热开裂 SEM 图(一)

(a) 119℃(×100)　　(b) 219℃(×100)

图 3-18　试件 250℃-1 的热开裂 SEM 图(二)

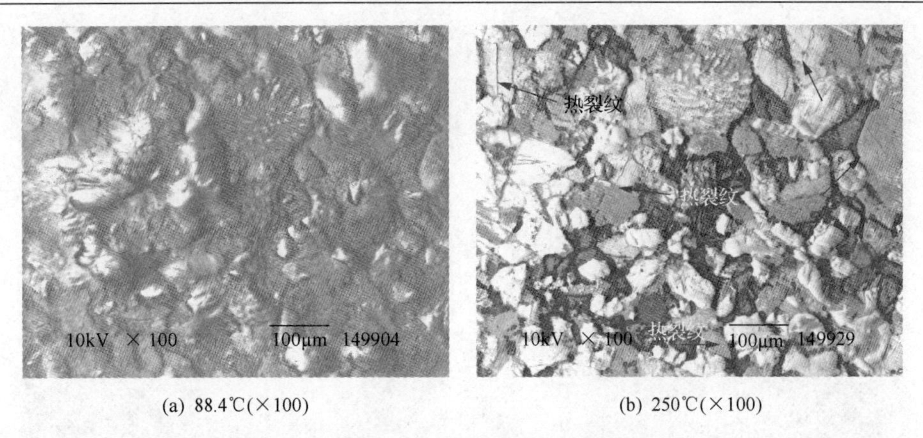

(a) 88.4℃(×100)　　(b) 250℃(×100)

图 3-19　试件 250℃-2 的热开裂 SEM 图(一)

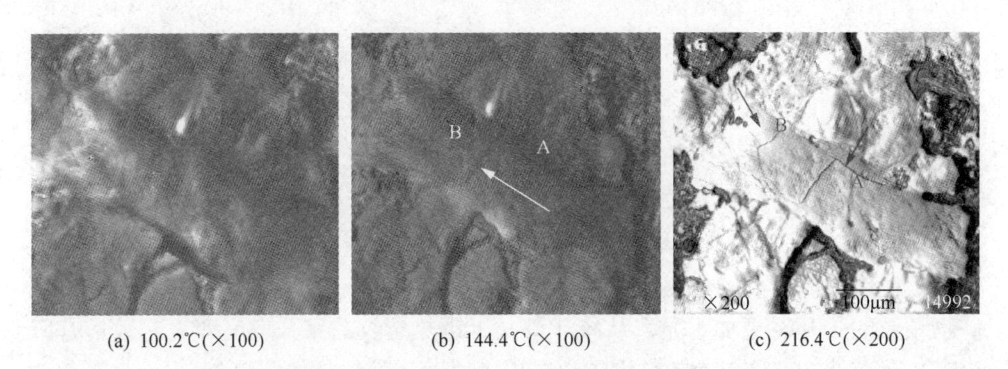

(a) 100.2℃(×100)　　(b) 144.4℃(×100)　　(c) 216.4℃(×200)

图 3-20　试件 250℃-2 的热开裂 SEM 图(二)

(a) 114℃(×100)　　(b) 250℃(×200)

图 3-21　试件 250℃-3 的热开裂 SEM 图(一)

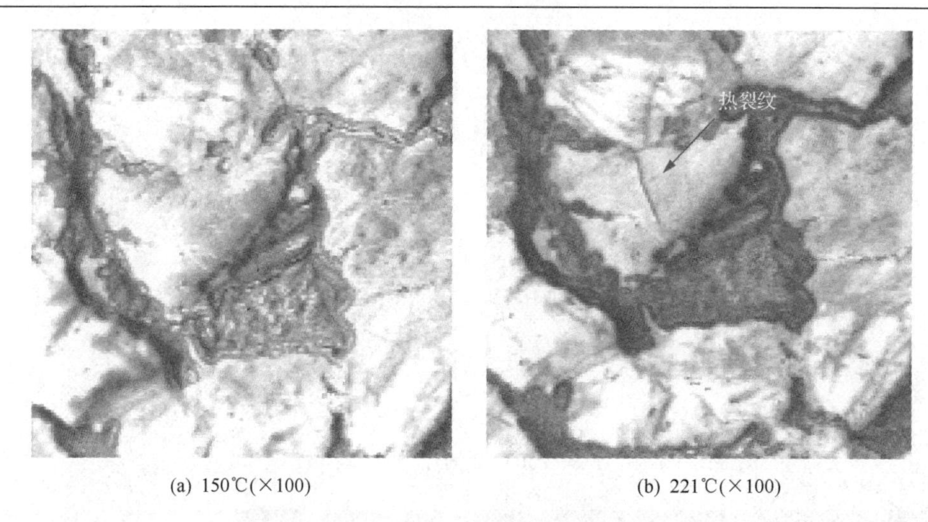

(a) 150℃(×100)　　(b) 221℃(×100)

图 3-22　试件 250℃-3 的热开裂 SEM 图(二)

3.3.6　温度 300℃的热开裂

对 300℃这组实验，第一阶段升温到 150℃，用时 25min，恒温 10min；第二阶段升温到 300℃，用时 30min。在该组三个实验中同样发现砂岩表面的胶结物和矿物颗粒都出现了很多热裂纹，如图 3-23～图 3-25 所示。与前面的热开裂相比，矿物颗粒的热开裂更加明显，从统计意义上讲热裂纹的张开宽度变大，数量有所增多。在试件 300℃-3 冷却过程中也发现了“冷”裂纹，如图 3-26 所示。作者分析，这可能是在 300℃时沿着矿物颗粒边界胶结物出现了热“干”裂纹，在冷却过程随着温度的降低，会出现“冷缩”的现象，由于干裂的胶结物在中间呈孤立的状态，在收缩的过程使得中间部分又出现了开裂。

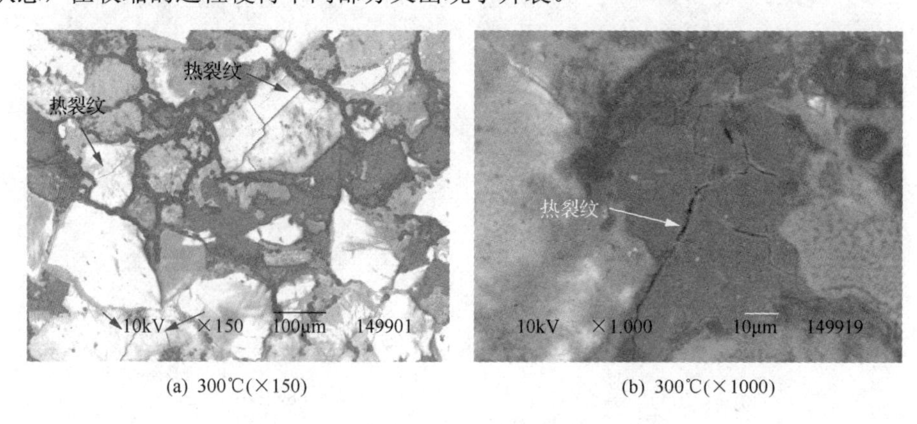

(a) 300℃(×150)　　(b) 300℃(×1000)

图 3-23　试件 300℃-1 的热开裂 SEM 图

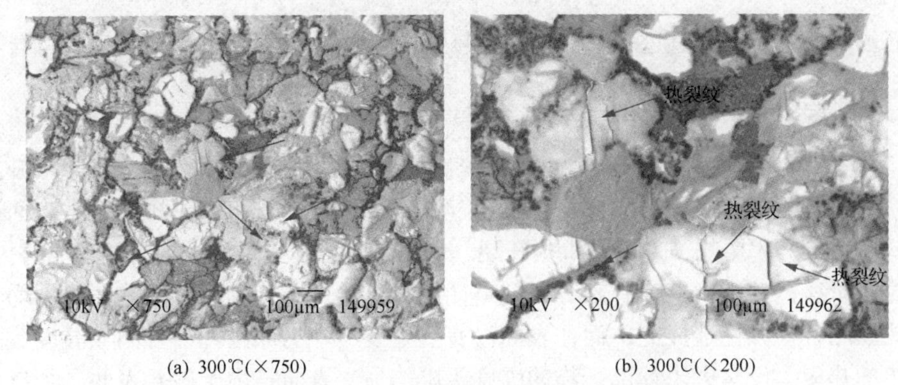

(a) 300℃(×750)　　(b) 300℃(×200)

图 3-24　试件 300℃-2 的热开裂 SEM 图

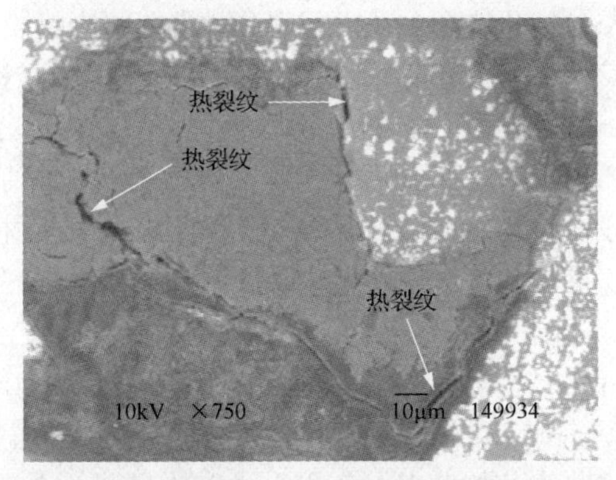

图 3-25　试件 300℃-3 的热开裂 SEM 图(×750)

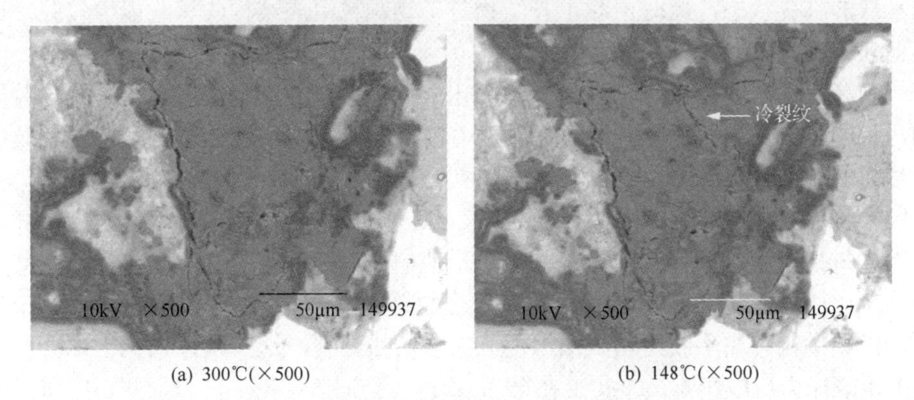

(a) 300℃(×500)　　(b) 148℃(×500)

图 3-26　试件 300℃-3 的“冷”裂纹形成 SEM 图

3.4　砂岩渐进热开裂过程及临界热开裂温度

以上对不同温度下砂岩的热开裂实验做了详细的介绍。实验结果整体表明，岩石的热开裂是个渐进过程，并且存在热开裂临界温度，下面分别对其进行讨论。

3.4.1 砂岩裂缝结构变化的三阶段

热开裂实验表明，在低于 100℃的实验，以及从更高温度实验的第一阶段升温(小于 100℃)过程都未发现热开裂，这表明低于 100℃时温度对平顶山砂岩表面微结构几乎不产生影响，也不产生热开裂。但由于砂岩是孔隙结构丰富的地质材料，在这个阶段，砂岩内部会有部分微裂缝闭合，这是由于矿物颗粒的热膨胀不均匀及热膨胀各向异性造成的。而在表面没有热开裂产生的原因，一方面该温度范围产生的热应力没有大于局部矿物的强度极限；另一方面是由于砂岩表面是个自由面，没有受到任何约束，受热可以较自由地膨胀。因此把 25～100℃认为是第一阶段温度范围，为无表面热开裂产生及内部部分微裂缝闭合阶段。

随着温度进一步升高到 150℃，此时温度对砂岩表面微结构的影响增大，一些矿物颗粒明显凸现出来，但热开裂的现象仍不明显，实验中三个试件的局部地方有热开裂现象或者开裂的趋势。因此把 100～150℃称为第二阶段温度范围，为热开裂萌生和形核阶段。在这个阶段，无论是矿物颗粒还是黏土胶结物都没有出现明显的热开裂，仅仅是个热开裂形核的阶段。由于组成岩石的矿物中一般都存在吸附水、层间水和结构水，吸附水和层间水与矿物的结合比较松弛，在 100～200℃温度下即可脱出，而脱出晶格的结构水的温度则高达 400～800℃。因此在这个阶段，部分黏土矿物水分和孔隙道中的水分被蒸发。本章 3.3 节砂岩的细观变形破坏实验知道，也正是这些水分的蒸发，使得黏土矿物呈现一个良好的结构，达到一个承载的临界状态，此时由黏土胶结物与矿物颗粒组成结构的承载能力较强，比其他任何温度下的承载能力都要高。

当温度进一步升高到 200℃、250℃和 300℃，无论是矿物颗粒还是黏土胶结物，都或多或少出现了热开裂。而且随着温度的升高，从统计意义上讲热裂纹的数量在增加，热裂纹的长度和宽度都有增加的趋势。因此把 200～300℃称为第三阶段温度范围，为热裂纹开裂及扩展阶段，其中 200℃左右为微裂纹开裂的临界温度，这与张渊等[18]的研究结论是相似的。他们认为细砂岩裂缝的发育存在阈值，为 150～210℃，达到这个温度后，细砂岩裂缝数量会有急剧地增长。由于这个阶段，矿物颗粒和黏土胶结物表面出现了大量的热开裂，这在统计意义上都会对砂岩的承载能力造成影响，事实上在第 5 章也会验证该结论。可以预测，随着温度的进一步升高，会产生更多的热开裂。Yves Géraud[21]的研究表明，在 500～600℃，石英的膨胀或者相变(在 573℃时六方晶系的 α 石英转变为三角晶系的 β 石英)会导致裂缝的迅速扩展；当温度达到 700℃时，统计表明，孔隙度将近增加 3 倍，这是由于热开裂的原因引起的。作者由于受到实验设备的限制，没有做更高温度的研究，将来有待进一步研究。

3.4.2　砂岩热开裂的分类

很多学者如 Yves Geraud[21]、Fredrich 和 Wong[14]、吴晓东[1]把热开裂的裂缝分为晶内裂缝(intracrystalline cracking)、晶间裂缝(intergranular, intercrystalline)及穿晶裂缝(transcrystalline cracking)，作者认为这样的分类是在微观层次的分类，而且容易混淆，如晶内裂缝和穿晶裂缝怎么区分？晶间裂缝的分类也没有考虑真实岩石的结构，因为矿物颗粒之间可能含有黏土胶结物，也可能就两个颗粒直接接触，也可能两个晶体直接接触。根据作者查阅的文献[1,11,14,21~23]，在以往的分类中，穿晶裂缝是指完全贯穿晶粒的穿晶热开裂，如图 3-27(a)和(b)所示，晶内裂缝是指不完全贯穿晶粒的穿晶热开裂，如图 3-27(c)和(d)所示，甚至有文献认为晶内裂缝就是指图 3-27(d)的热开裂，可见这两种分类的本质都是穿晶热开裂。而晶间裂缝的范围较广，包括矿物颗粒之间的热开裂、晶体之间的沿晶热开裂、矿物颗粒与黏土胶结物之间的热开裂等，这个分类又显得范围太广，无法抓住本质。鉴于此，作者对其做了更细致的分类。根据实验中砂岩热开裂的位置和路径，在细观层次上，把受温度影响后的砂岩表面的热开裂分为四种微裂缝结构：矿物颗粒上的热开裂，黏土胶结物与矿物颗粒之间界面的热开裂，矿物颗粒与矿物颗粒之间的热开裂，黏土胶结物上的热开裂。而在微观层次上，矿物颗粒上的热开裂可以再细分为沿晶热开裂、穿晶热开裂及两者的混合热开裂，另外微观尺寸上同样有黏土胶结物的热开裂、矿物颗粒与矿物颗粒之间的热开裂、黏土胶结物和矿物颗粒界面的热开裂。而穿晶热开裂又可再分为完全贯穿晶粒的穿晶热开裂图 3-27(a)和(b)及不完全贯穿晶粒的穿晶热开裂图 3-27(c)和(d)。这种分类结合了岩石的真实结构，更符合实际，也更为直观。

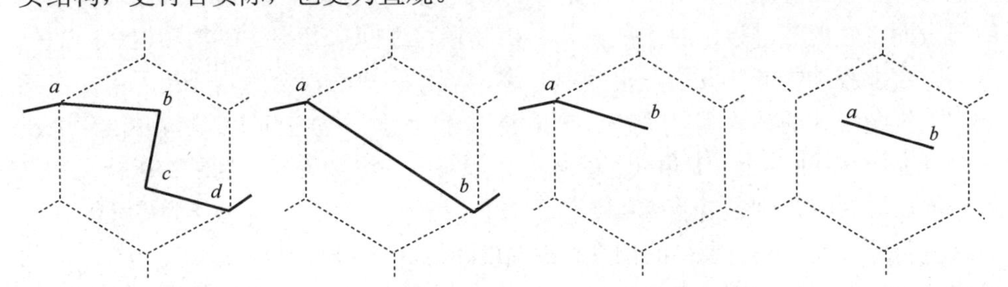

(a) 完全贯通穿晶热开裂　(b) 完全贯通穿晶热开裂　(c) 不完全贯通穿晶热开裂　(d) 不完全贯通穿晶热开裂

图 3-27　穿晶热开裂

3.4.3　砂岩热开裂的临界温度

在实验过程发现，不同类型的岩石矿物颗粒发生热开裂存在着差异，具体表现为其临界温度的不同。多数热开裂都发生在颗粒粒径较大的矿物颗粒上，而粒径较小的颗粒热开裂较少。这从统计意义上说明粒径越大的矿物颗粒，其临界破裂温度相对较低；而粒径越小的矿物颗粒，其临界破裂温度相对较高。热开裂的产生存在一个临界温度，在低于该温度时，热开裂不发生或者变化不明显；但高于该温度后，热开裂会在瞬间发生，热裂纹会迅速得到扩展。在200℃和250℃的实验中，很多热开裂并没完全贯穿整个颗粒，如图3-10(b)、图3-12(d)、图3-13(b)、图3-14(b)、图3-15(b)、图3-16和图3-17(b)所示，这是因为这样的温度所输入的能量不够大，产生的热应力不能让热开裂的裂纹完全贯穿颗粒，因此认为200℃左右的温度为微裂纹开裂的临界温度。随着温度的升高，如到250℃，热裂缝的长度几乎不发生变化，但裂缝宽度和密度却有增加的趋势。当温度达到另一个更高温度300℃时，原来的部分热裂纹会再次被激活得到扩展，一些新热裂纹也会产生，此时热裂纹的宽度、长度和密度都会逐渐增加，并且多数颗粒上的热开裂都贯穿了整个颗粒，如图3-23(a)、图3-24(b)所示。随着温度升高，由于热裂纹的形核、生长、扩展和汇合，使得整个岩石中形成一个发育良好的裂缝网络，这对岩石的强度和渗透性都有很大的影响。可见砂岩的热裂缝长度不仅取决于砂岩原始物质结构、颗粒的形状和尺寸大小，还取决于温度的大小。因此作者认为，对于平顶山砂岩，200℃左右的温度为矿物颗粒热开裂微裂纹的初次开裂的临界温度，而300℃为热开裂微裂纹贯通的临界温度。以下做进一步解释。

200℃的温度是颗粒上开始产生热裂纹的起始温度，热裂纹的扩展也是脆性扩展，甚至可以形容为“爆裂”，但是200～250℃的温度却没有让多数热裂纹贯穿颗粒，作者把这时的热开裂认为是“初次热开裂”，从图3-10(b)、图3-12(d)、图3-13(b)、图3-14(b)、图3-16和图3-17(b)看到的热开裂多数是单条、未贯穿矿物颗粒的热开裂，并且比较直，无大的分叉现象。根据上面砂岩热开裂的分类，砂岩表面产生的裂缝以沿黏土胶结物与矿物颗粒之间热开裂、矿物颗粒之间的热开裂、黏土胶结物的热开裂、沿晶热开裂、沿晶和穿晶混合的热开裂为主，作者把这类裂缝统计的认为多是“初次热开裂”，而且多发生在几个矿物颗粒(三个或三个以上)的接触点处、尖角处、棱角处、颗粒中央区域等。一旦矿物颗粒交界点或边界出现裂缝，则裂缝将继续延伸下去，或者完全终止，也可作为更高温度时裂缝重新伸长或产生新裂缝的位置。当温度超过250℃进一步升高到300℃时，此时先前扩展的热裂纹再次被激发，发生“二次热开裂”，多以穿晶裂纹、需要消耗更多能量的矿物颗粒之间的热开裂、沿晶热开裂及沿晶和穿晶混合的热开裂为主，其主要原因是温度的升高，更多的能量输入岩石内部，产生的热应力也越大，此时矿物颗粒内部原有的裂纹被激发，最终形成贯穿颗粒的热开裂，从图3-23(a)和图3-24(b)中可以看出这时的贯穿颗粒的热开裂有分叉或者拐折的现象。当然在该温度下，一些新的热开裂也会发生，这是由于不同矿物颗粒具有不同的热学性质，其热开裂的临界温度会有所差别。

3.5　砂岩热开裂机制和细观力学模型

前面热开裂的实验表明，当矿物颗粒和黏土胶结物的胶结强度较弱时，热开裂通常发生在矿物颗粒与黏土胶结物的界面上，形成一个类似圆形的“裂纹圈”；当黏土胶结物与矿物颗粒的胶结强度较高时，由于产生的热应力小于胶结强度，此时热开裂通常不发生在界面上，而发生在某个区域内黏土胶结物的中央部位，并且有形成各种网状结构的趋势，这种网状裂缝结构的发展通常以贯通该区域胶结物的某个截面为终止。因为一旦某条热裂纹贯通了该区域的黏土胶结物，使得该区域产生的热应力出现卸载，导致原有的裂缝也暂时停止扩展，直至温度重新升到更高时，产生更大的热应力，这些裂缝才可能进一步扩展。这两类热开裂在我们日常生活中经常碰到，当一条河流干枯时，随着太阳的暴晒，河床上面的泥会出现这样的开裂，人们称之为“干裂”，也有人称之为“龟裂”。这种热开裂主要原因是由于黏土胶结物的水分蒸发造成的干裂，而且黏土胶结物的强度也较低，或者界面的胶结强度较低。关于这类热开裂机制作者用“球形内含物模型”来说明，如图 3-28 所示，并假设一个各向同性的球形物体嵌入在一个无限大的各向同性基质中。

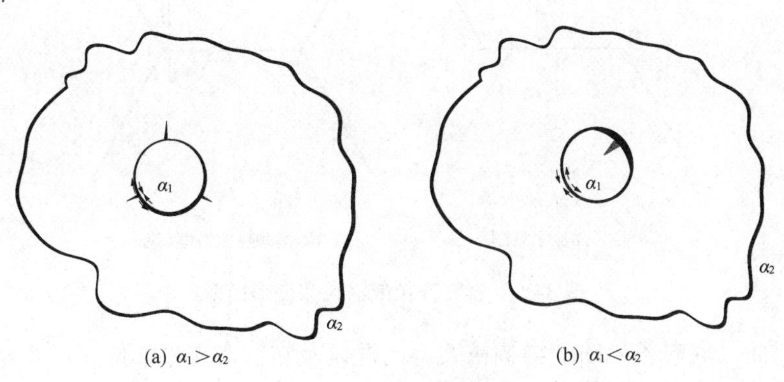

(a) $\alpha_1>\alpha_2$　　(b) $\alpha_1<\alpha_2$

图 3-28　球形内含物模型

如果球形内含物的无约束热膨胀系数 α_1 大于基质无约束热膨胀系数 α_2，如图 3-28(a)所示，温度升高时边界附近的基质就有可能产生径向裂缝，实物 SEM 图如图 3-17(b)、图 3-23(a)和图 3-24(b)所示。如果内含物的热膨胀系数 α_1 远远小于基质的热膨胀系数 α_2 时，如图 3-28(b)，则球形内含物与外部基质容易脱黏，如图中弧形区域所示，实物 SEM 图如图 3-25 和图 3-26(a)所示；如果内含物的热膨胀系数小于基质的热膨胀系数，但相差不大，则有可能在球形内含物上产生热开裂，如图 3-28(b)中内部三角形区域所示，真实情况如图 3-23(b)所示。由于真实的内含物很少是规则的几何形状，这会在内含物与基质接触界面尖角、棱角处等呈较大角度的晶粒边界处产生裂纹，这是因为这些区域的应力集中原因造成的。由于岩石内部的非均质性，有些热开裂是这两种开裂的混合情况，如图 3-10(a)所示既在交界处开裂，也在黏土矿物中间部位开裂。

发生在矿物颗粒上的热开裂主要是由于矿物颗粒的热膨胀各向异性和热膨胀不均匀性造成的；对更小的尺度而言，则是由于晶体的热膨胀各向异性和热膨胀不均匀性造成的。从大量的 SEM 图可以看出，在 200～300℃的温度范围内，矿物颗粒上出现的多是单条裂缝的热开裂。从统计意义上讲，这些单条裂纹的热开裂多发生在尖角、棱角、颗粒的中央部位及短轴方向。关于在尖角、棱角等位置出现的热开裂作者做如下解释。

对于岩石这种多晶地质材料来说，不同矿物颗粒或者晶粒的弹性变形、热膨胀性质都存在差异，而且会受到弹性模量不同的结晶学取向的影响，如图 3-29 给出了四个相邻矿物颗粒交界面或者晶粒晶界区域热变形示意图[24]，图中标示的 1、2、3、4 可以指微观尺度上的晶粒，也可指细观尺度上的矿物颗粒，以下以矿物颗粒来做说明。

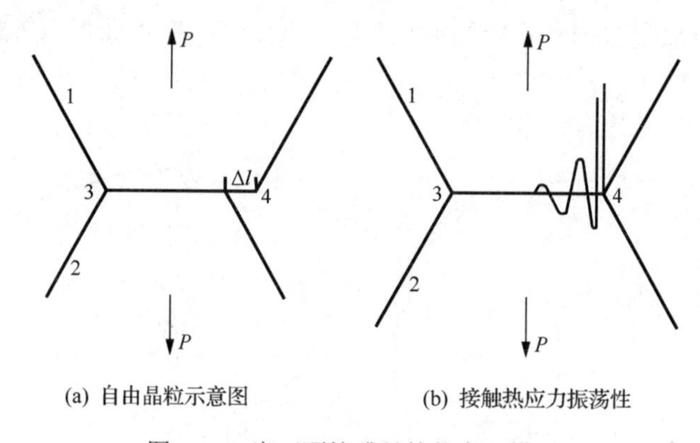

图 3-29　岩石颗粒或晶粒热变形模型

相邻而又取向各异的矿物颗粒的不同性以及它们在交界部位又应互相配合的必要性造成了沿交界区域热膨胀变形具有明显的特点。沿颗粒边界的热膨胀变形的特征是十分复杂而且不均一。相邻颗粒 1 和颗粒 2 具有不同的热膨胀性质，在图 3-29(a)中以差值Δl来表示。由于相邻颗粒之间联系的刚性，从而保证了其边界区域有较多的弹性变形。当对其升高温度时，在矿物颗粒和晶粒的分界处都会产生接触热应力，如图 3-29(b)所示，这种热应力带有振荡特性，可由下式来表示：

$$\sigma_{\mathrm{T}} = \left(\frac{z+a}{z-a}\right)^{i\beta} \tag{3-1}$$

式中，σ_{T}为颗粒边界接触热应力；z 为晶粒分界点的坐标，而热应力振幅的变化可由$1/\sqrt{z^2-a^2}$来表示；a为矿物颗粒边界长度；β为与温度相关的常数。振幅变化的出现是由于在几个颗粒的衔接处边界点的静止性条件$z=\pm a$导致的。

热应力的振荡性是由于颗粒边界点热膨胀不均匀性导致位移不一致的后果。我们可以这样认为，对多晶材料而言，多晶体的晶界相当于复合材料中的刚性骨架，它们承载着相邻的不同晶粒。热应力振荡的振幅可以是很大的，这与相邻晶粒边界点的位移值有关。对于绝对静止的点$z=\pm a$，理论上应力会趋于无穷大。而实际多晶中，在受热时所有的点均会产生一定的位移，因而在晶粒处的应力集中可能是很大的。自然而然的，在热应力峰值点相对应的局域将更容易产生热开裂，即容易在尖角、棱角等位置出现热开裂。

关于在矿物颗粒中间出现的热开裂，作者通过“两颗粒”力学模型来做相应的解释，这与两体力学模型[25]是相似的，但这里是应用到微细观机制的研究。假设在平面上两个各向同性的矿物颗粒 a 和颗粒 b，热膨胀系数$\alpha_a<\alpha_b$，如图 3-30所示。温度升高时，颗粒交界处会产生应力集中，这会导致热膨胀系数较小的颗粒 a 在交界处产生拉应力，而热膨胀系数较大的颗粒 b 在交界处产生压应力。如果颗粒 a 和颗粒 b 的抗破裂强度是一样的，并且假设颗粒的抗拉强度远小于抗压强度，则容易在受到拉应力作用的颗粒上产生热开裂。由于两颗粒交界面通常不规则，这会导致在两颗粒边界尖角、棱角等呈较大角度的位置处产生颗粒内部裂纹，这是由于尖角、棱角处的应力集中所造成的。另外就是由于界面附近的物质通常能够承受较大的变形，这样界面附近的颗粒受到的约束力较小，因而产生的热应力可以通过颗粒的变形来协调，这样导致产生的热应力不至于达到该区域岩石材料的破坏强度；而中间部位的晶粒由于受到周围很多矿物晶粒的约束，虽然此时或许晶体的变形依然在弹性范围内，但由于产生的热应力作用在中间部位的晶粒上的变形来不及传到周边时，此时的热应力已经达到了该区域晶粒的临界破坏强度，因此导致了热开裂的产生。而为什么热开裂多发生在短轴方向，如图 3-10(b)、图 3-14(b)、图 3-15(b)和图 3-18(b)所示，这是因为在短轴方向的破

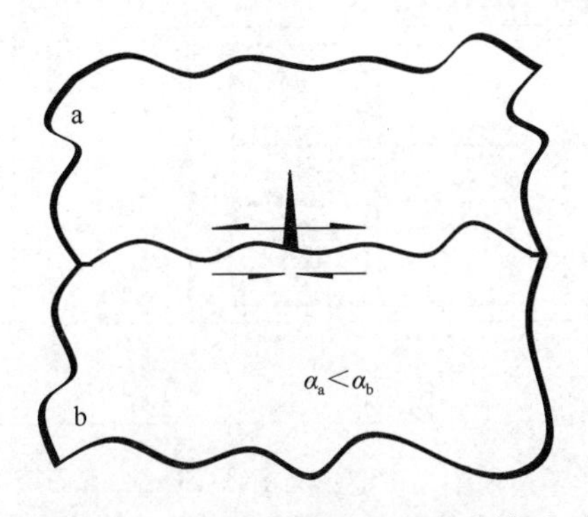

图 3-30　两颗粒热开裂细观力学模型

坏需要消耗较少的能量，而沿着长轴方向破坏需要消耗更多的能量，根据最小耗能原理，热开裂更容易发生在短轴方向。该模型在解释温度作用下在岩石矿物颗粒内部产生热裂纹有一定的作用，但在解释颗粒间或者沿晶热开裂的扩展和延伸时受到了一定的限制。

对于图 3-16 中热开裂发生在长轴方向，这可能是由于该颗粒的长轴方向是优势结晶取向，如果沿着短轴方向扩展，即垂直于结晶取向的方向扩展，可能需要消耗更多的能量。这可用日常的生活常识来解释，如一根竹子，如果顺着竹子纤维或者长度方向去破坏竹子很容易，但要垂直竹子纤维的方向去破坏竹子就很难了。这两个问题有类似之处。

3.6　不同温度影响下砂岩热裂纹的统计

在 35 倍的放大倍率条件下，试件表面大约 2.2mm×2.4mm 的区域可被观察到。但我们无法借助 SEM 在低倍数下观测到岩石表面的热裂纹。为了研究在微细观尺度的热开裂行为，我们在操作过程中不断地改变放大倍率来获取有关热裂纹的更多信息。为了获得 2.2mm×2.4mm 观察区域的裂纹的详细信息，组合了两个垂直和水平方向上的六幅图像。但是实验过程中记录 SEM 图像时，每个图像的位置不能被高精度地控制。虽然获取的 SEM 图像局部相邻的边界会出现重叠，但重构裂纹网络的整个图像需要这些重叠区域，图像在一些地方上有边界重叠，图形观察区域示意图如图 3-31 所示。当六幅图像组合起来，就可以在加热前后获得样品整个表面形貌。我们可以在该区域获得热开裂产生的热裂纹数量、长度及其夹角。作为初始施加荷载方向的函数，可以在统计上计算和分析。

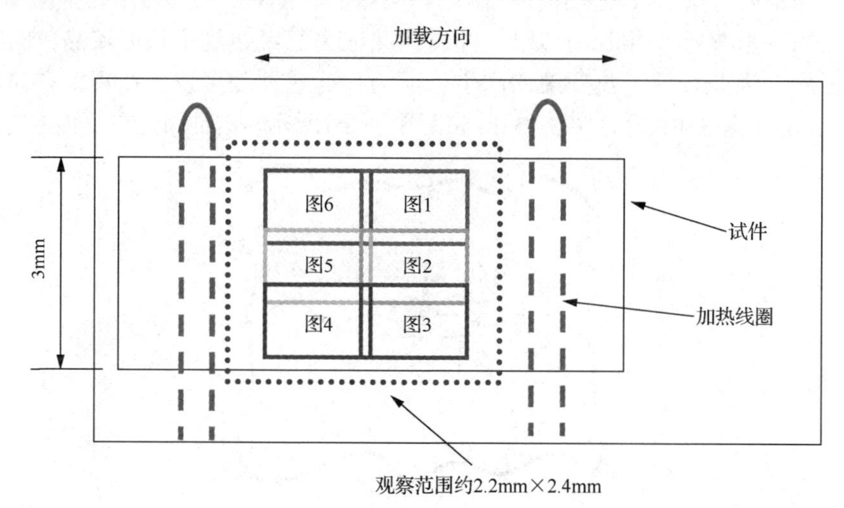

图 3-31　SEM 照相区域分布示意图

在我们的研究中，通过多次反复的对比分析，把同一加热位置升温前后变化超过 5 个像素的，就定义该区域有热裂纹发生。图 3-32 表示的是热裂纹数目和相对于所施加的负载方向角度的函数关系。这些数据很清楚地表明，热裂纹的数量随温度的升高而增加。实验数据表 3-2 表明，当温度低于 125℃时没有出现热裂纹。当温度超过 150℃时，开始出现热裂纹。当温度上升到大于 200℃，热裂纹的数量急剧增加。如图 3-32 所示，我们可以得到热裂纹数量和相对于该预荷载方向的角度分布之间的关系。图 3-32(b)和图 3-32(c)表明，当温度低于 250℃，大多数热裂纹发生在 60°～90°和 90°～120°，这是大致垂直于加载轴的两个区域。这种负载引起的裂缝的类似规律在此前已经被发现[26,27]。当温度超过 250℃时，预负荷大大影响热裂纹的分布。然而，当温度超过 250℃，所施加的负载对于热裂纹方向的影响明显减小，如图 3-32(d)所示。而且热裂纹的角度分布变得更加随机。在这种情况下，岩石组成矿物和其高温特性显得尤为重要。在 250～300℃的热裂纹和 150℃的热裂纹存在明显不同。其差异特征将在后面热裂纹的分形模型中进行讨论。

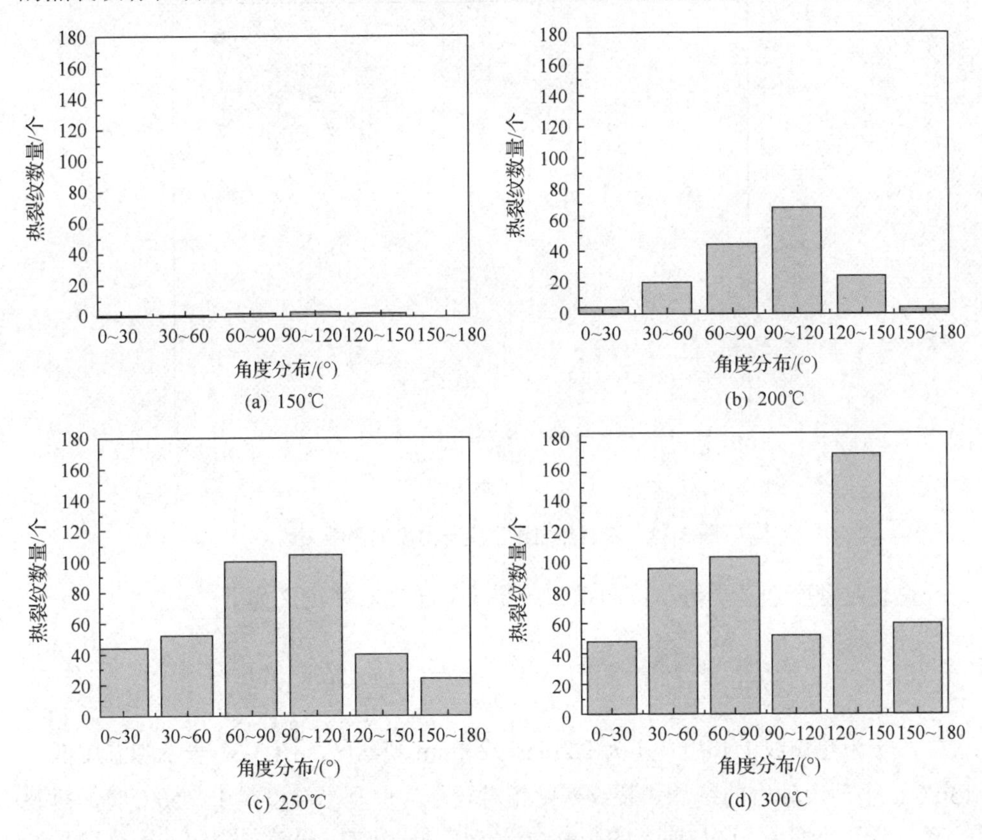

图 3-32　不同温度下岩石热开裂角度分布图

表 3-2　不同温度热裂纹数量

温度/℃	热裂纹数量/个
100	0
125	0
150	9
175	25
200	164
250	364
300	536

图 3-33 表示了热裂纹密度和温度之间的函数关系。有关热裂纹密度在之前的研究中存在几种定义[14,15,28]。例如，O′Connell 和 Budiansky[28]定义了热裂纹密度参数ε，充分体现了裂缝组合。但由于扫描电镜获得的表面微观结构和热裂纹的图像是平面的，我们采用 Homand-Etienne 和 Honpert[15]的定义。

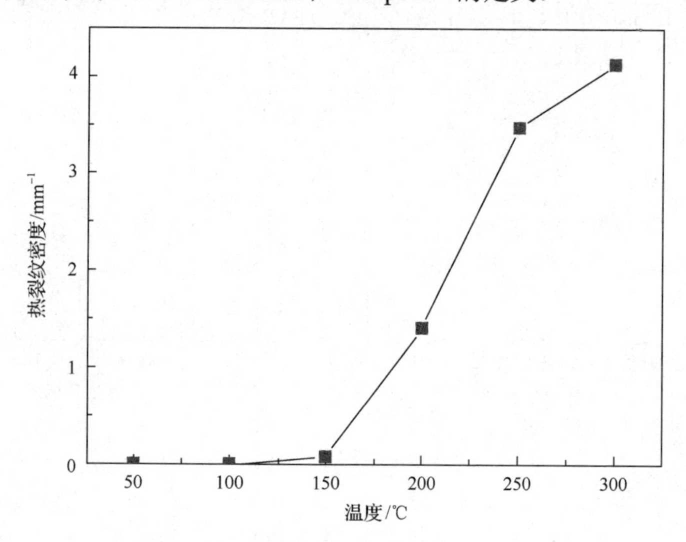

图 3-33　岩石热裂纹密度与温度的函数关系

热裂纹密度是基于每单位面积的热裂纹的长度，并定义如下：

$$\text{热裂纹密度}=\frac{\sum a_i}{A}\ (i=1,2,\cdots,n) \tag{3-2}$$

式中，a_i为热裂纹的长度；A为 2.2mm×2.4mm 观察区。图 3-33 表示当温度低于 150℃，平顶山砂岩的统计热裂纹密度相对较小，但是当温度大于 150℃时，热裂纹密度会迅速增大，这与前人的研究结果[14,15]是一致的。虽然热裂纹的密度和数量和以前的研究结果规律类似，但热裂纹的长度和宽度分别比之前的研究多约 10%和 30%。主要的原因是我们的实验是在不断加热的条件下实时进行的，而先前的实验都是试样经过加温冷却后做出来的。而在冷却过程中，热开裂会产生收缩变形。此外我们认为，冷却后热开裂沿着宽度方向的收缩大于沿长度方向上的收缩。

以上实验结果表明，砂岩热开裂有两种不同的阈值温度。大多数沿晶热裂纹的阈值温度比晶内和两者混合热裂纹的阈值温度要低。之前的文献已定性地解释了产生这种现象的原因[15,25,29,30]，但是在定量方法上仍然缺乏对不同热开裂机制的解释，在下面的章节中，我们试图采用分形模型来解释热开裂现象。

3.7　不同温度影响下砂岩热开裂的分形演化特征

大量实验表明，当温度超过热开裂的临界温度时，热开裂的裂缝会迅速地增加，但如何来表征不同温度下的热开裂是个难题。Yves Géraud[21]认为随着温度的逐渐升高，裂纹的分布会逐渐向较多裂纹区域移动，并且分布范围变宽，这表明整个热处理过程中发生了裂缝的生长、张开以及集结等过程。一些学者也得到了类似的结论[31]。但从作者的实验并没有确凿的证据来验证这个结论，因为实验表明热裂纹很随机地分布在岩石表面。作者仔细分析后认为 Yves Géraud[21]和其他学者[1]的结论并不是绝对，是有适用条件的。岩石的热开裂一方面受到温度的影响，另一方面主要与矿物颗粒的热膨胀不匹配或热膨胀各向异性相关。作者在升温实验中发现，在低温阶段，由于不同矿物颗粒存在着差异，抵抗热应力较差的颗粒先出现热开裂；在高温阶段，抵抗热应力较强的颗粒也会产生热开裂，以及部分原有的热开裂会被再次激活得到扩展。由于实验观察到的热开裂都是发生在试件的表面，这使得产生热开裂裂缝附近的高应力会在一定程度上得到释放，当要再次在这附近产生热裂纹则需要消耗更多的能量；而在岩石内部，则与此相反，随着热开裂的产生，内部热裂纹附近会积聚很多的由于裂纹扩展而释放的能量，这使得只要温度再稍微升高，附近区域的裂纹就会再次被激发而扩展，而别处的裂纹也会逐渐向此区域汇集，从而产生如 Yves Géraud[21]指出的那样“裂纹的分布会逐渐向较多裂纹区域移动”。因此作者认为，Yves Géraud[21]的观点仅适合岩石内部的热开裂，但事实上岩石内部的热开裂我们无从得知。而对岩石表面的热开裂则主要由岩石矿物颗粒本身的热力学性质来决定，实验表明多为随机的分布。

近 30 年来，分形[32]被广泛地应用到各个学科分支领域，并迅猛发展，这主要归因于分形可将以前不能定量描述或难以定量描述的复杂对象用一种较为便捷的方法表述出来。在研究过程中，研究对象的物理信息可以通过各种途径加以记录，其中包括各种图形图像结果。

经典的断裂力学理论指出当裂纹扩展力大于裂纹的扩展阻力时，裂纹就会扩展。脆性材料如玻璃，其抵抗裂纹扩展的阻力由形成扩展裂纹的新表面所需的表面能提供。因此，裂纹临界扩展力定义为[33]

$$G_{\mathrm{crit}} = 2\gamma_{\mathrm{s}} \tag{3-3}$$

式中，γ_{s}为单位宏观量度的表面能；2 代表形成两个平面。当高温产生的热应力大于颗粒的破坏强度时，热开裂将为主要破坏形式。同样的，假设热开裂仅和矿物颗粒之间每单位面积上的表面能有关，则热裂纹临界扩展力 G_{T} 可表示为

$$G_{\mathrm{T}} = 2\gamma_{\mathrm{T}} \tag{3-4}$$

式中，γ_{T} 为每单位面积发生热开裂行为所需要的表面能；G_{T} 为出现热裂纹所消耗的临界耗散能。对于 Irwin[33]提出的裂纹临界扩展力准则，该准则认为裂纹是沿平直的路径扩展的。然而，实际砂岩高温热裂纹通常会沿一条或者多条不规则路径扩展，热裂纹路径如图 3-34、图 3-35 和图 3-36 所示。热裂纹扩展路径和许多脆性材料中产生的不规则裂纹类似[31,33]，故可认为热裂纹有分形的基本特征，即自相似性。

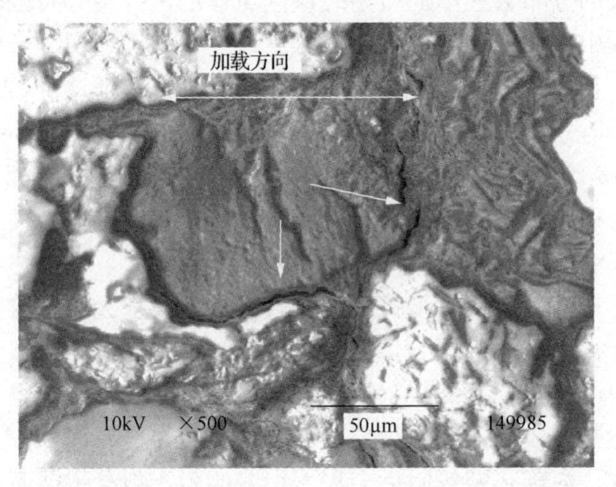

图 3-34　砂岩试件 200℃-1 表面 187℃黏土和颗粒交界处的颗粒边界热开裂

(a) 150℃的表面图(×75)

(b) 200℃的表面热开裂图(×200)

图 3-35　砂岩试件 200℃-3 在不同温度的表面形貌对比图(同一区域)

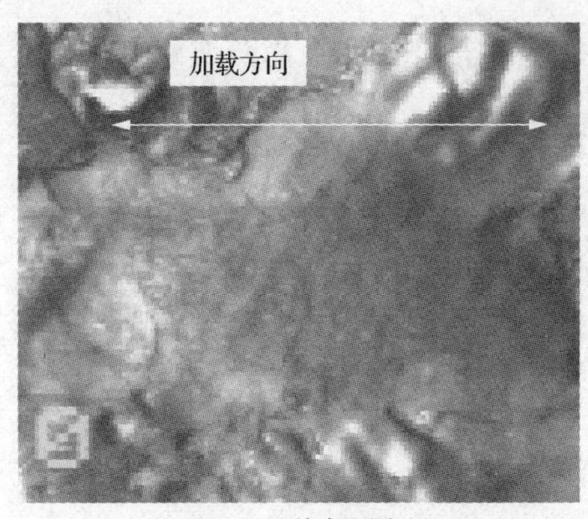

(a) 92℃的表面图

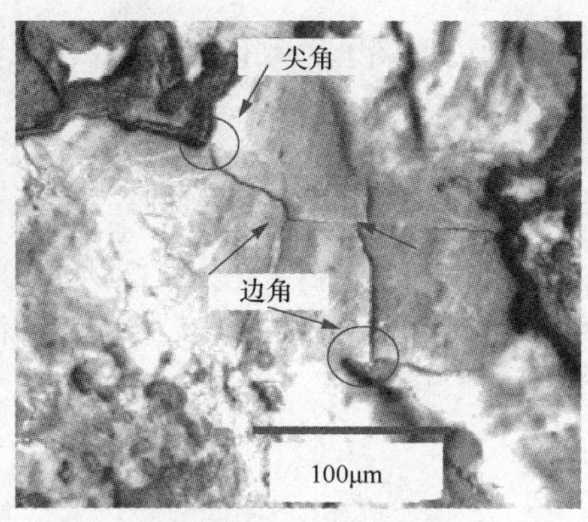

(b) 200℃的表面热开裂图

图 3-36　砂岩试件 200℃-2 在不同温度的表面形貌对比图(同一区域)

实际上，真实的断裂表面面积比裂纹平直扩展的面积要大得多，每个试样单位厚度的断裂面积可以表示为[34]

$$A_{\text{true}} = \left(L_{(\delta)} / L_{0(\delta)}\right) A \tag{3-5}$$

式中，δ 为热裂纹折线长度的度量尺度；$L_{0(\delta)}$ 为分形曲线的直线长度。因此，裂纹临界耗散能可以表达为

$$G_{\mathrm{T}} = 2\left[L_{(\delta)} / L_{0(\delta)}\right] r_{\mathrm{T}} \tag{3-6}$$

式(3-6)指出研究的矿物颗粒尺度越小，分形面的实际面积就越大。Mandelbrot[35]提出了分形曲线长度的估算式：

$$L_{i(\delta_i)} = L_0^D \delta_i^{(1-D)} \tag{3-7}$$

本章选取 L_0 为单位长度，且作为被用作尺度的矿物颗粒的特性参数，可由式(3-6)和式(3-7)得到如下方程：

$$G_{\mathrm{T}} = 2 r_{\mathrm{T}} l^{(1-D)} \tag{3-8}$$

本节实验中由扫描电镜拍摄到的 SEM 图，如图 3-34～图 3-36 所示，热开裂主要的方式为沿晶热开裂、穿晶热开裂及二者的混合热开裂，且热裂纹的扩展路径很不规则，使得热裂纹具有统计自相似性，并且可以借助分形曲线模拟。

Lung 和 March[36]及谢和平[34]分别针对金属和岩土解释了晶断裂，六边形系统已广泛地被用来作为晶体材料的地球物理和材料科学的物理或机械模型[37~40]。本章研究的平顶山砂岩最主要成分是石英，石英属于菱形晶系。另一个组成成分白云石，也属于菱形晶系。为方便起见，本章假定分形模型为六边形模型。我们使用六边形格子大致代表矿物颗粒。热裂纹会沿晶或穿晶，或两者的组合形式进行扩展[41]。

3.7.1　沿晶热裂纹的分形模型

本章中的分形模型如图 3-37 所示，被用来解释沿矿物晶粒边界的热裂纹。粗实线表示热裂纹，虚线六角形线的路径代表矿物颗粒。根据自相似分形[34]，分形维数可由下式计算：

$$D = -\lg N / \lg r_{(N)} \tag{3-9}$$

式中，假设生成元是由 N 条等长折线组成；r 为折线长度与生成元起始点到终点之间的距离之比。

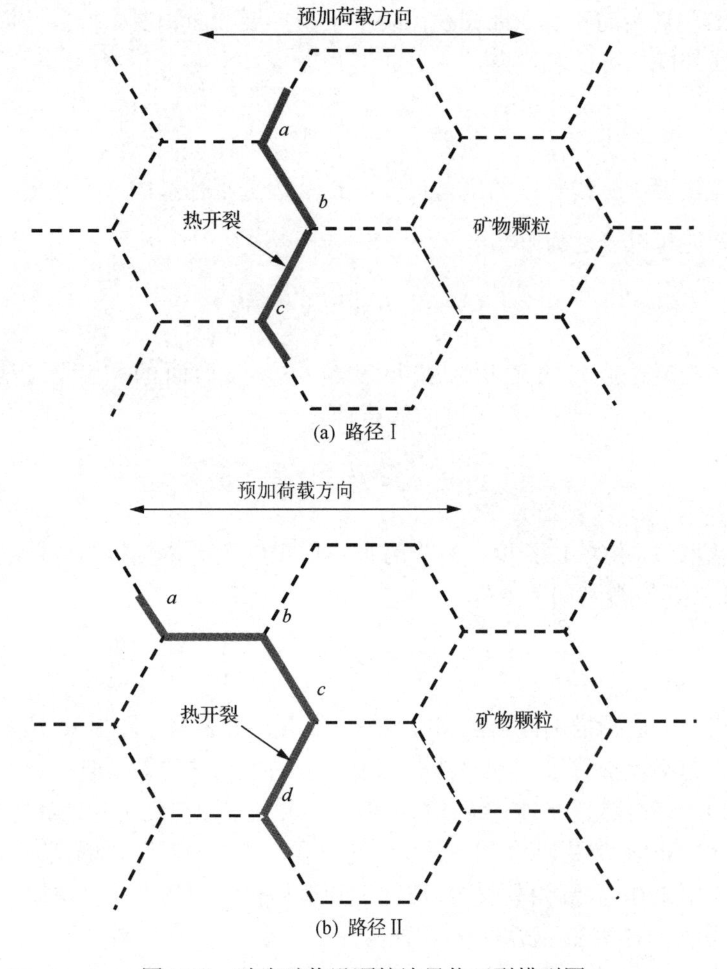

图 3-37　砂岩矿物沿颗粒边界热开裂模型图

由图 3-37(a)和图 3-37(b)，可计算得出分形维数：

$$N = 2, r = 1/1.732, D = -\lg N / \lg r = 1.26 \tag{3-10}$$

$$N = 4, r = 1/3, D = -\lg N / \lg r = 1.26 \tag{3-11}$$

由式(3-6)、式(3-7)和式(3-8)和分形理论可得出，热裂纹扩展临界耗散能可表示为

$$G_{\mathrm{T}} = 2r^{(1-D)}r_{\mathrm{T}} \tag{3-12}$$

在图 3-37 所示的两种路径下，其热裂纹临界耗散能可由式(3-12)计算得出：

$$\text{路径 I：} G_{\mathrm{T}} = 1.73^{0.26} \times 2r_{\mathrm{T}} = 1.15 \times 2r_{\mathrm{T}} \tag{3-13}$$

$$\text{路径 II：} G_{\mathrm{T}} = 3^{0.26} \times 2r_{\mathrm{T}} = 1.33 \times 2r_{\mathrm{T}} \tag{3-14}$$

结果表明，图 3-37(a)所示的热裂纹扩展路径比图 3-37(b)热裂纹扩展路径更容易发生。最主要的原因是路径 I 耗能小。这也有可能是由于裂纹扩展路径与加载方向呈 90°产生的结果。裂纹扩展路径很大程度上取决于预荷载的方向，特别是当颗粒硬度大于基质硬度时。

3.7.2　晶内热裂纹的分形模型

在较高温度下，试样通常产生晶内热裂纹。晶内热裂纹的主要特征大致和断裂力学理论中非平坦解理断裂面相似，如图 3-38 所示。

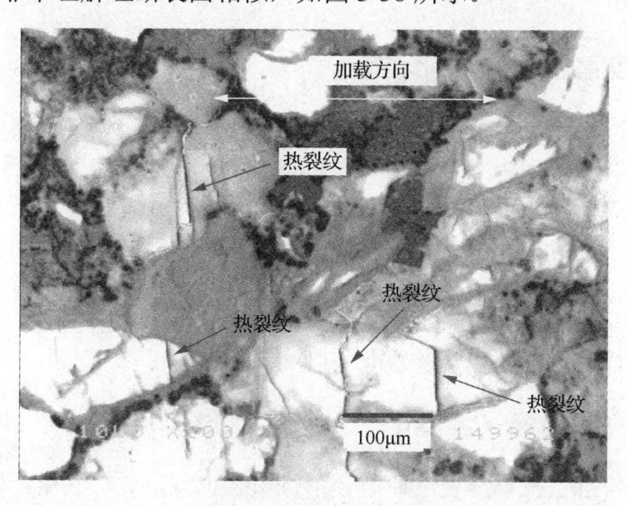

图 3-38　砂岩试件 300℃-2 在 300℃的热开裂

穿晶热裂纹对应的分形模型如图 3-39 所示。

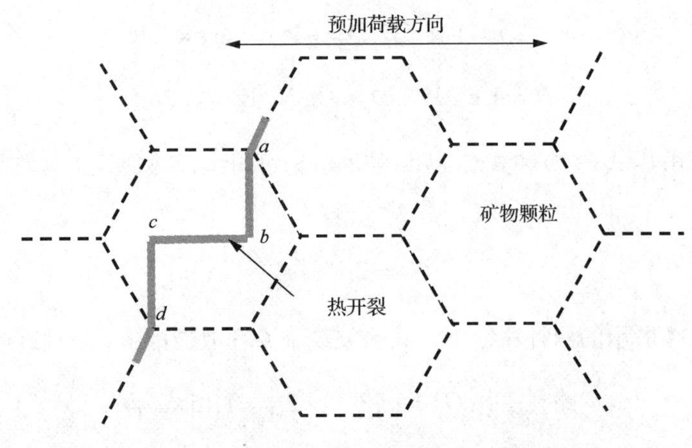

图 3-39　砂岩矿物穿晶热裂纹分形模型图

由图 3-39 可得

$$N = 3, r = 1/2.236, D = -\lg N/\lg r = 1.365 \tag{3-15}$$

因此，穿晶热裂纹其临界耗散能可计算得到

$$G_{\mathrm{T}} = 2.236^{0.365} \times 2r_{\mathrm{T}} = 1.34 \times 2r_{\mathrm{T}} \tag{3-16}$$

式(3-13)、式(3-14)和式(3-16)明确的得出，和 $2r_{\mathrm{T}}$ 相比，穿晶热裂纹的临界消耗能量大于沿晶热裂纹的临界消耗能量，这可以定性地解释为什么穿晶热裂纹比沿晶热裂纹所需温度更高。

3.7.3　沿晶和穿晶热裂纹的分形模型

沿晶和晶内热裂纹的轮廓通常可在 SEM 图像中观测到。微裂纹、微孔隙、夹杂物和尖角局部热应力集中是造成混合热裂纹的主要原因。热裂纹的混合模式结合了两种类型的分形模型的特性图，如图 3-40 所示。

由图 3-40 我们可得到

$$N = 5, r = 1/3.605, D = -\lg N/\lg r = 1.255 \tag{3-17}$$

因此，混合热裂纹其临界耗散能可以计算为

$$G_{\mathrm{T}} = 3.605^{0.255} \times 2r_{\mathrm{T}} = 1.38 \times 2r_{\mathrm{T}} \tag{3-18}$$

上述分析得出了三个热裂纹模型分形维数。也就是说，沿晶断裂的分形维数、穿晶断裂的分形维数和两个混合断裂模式分形维数分别是：1.260、1.365 和 1.255。代表三种热裂纹相应临界消耗能量也不同，但是很显然，针对不同的裂缝长度比

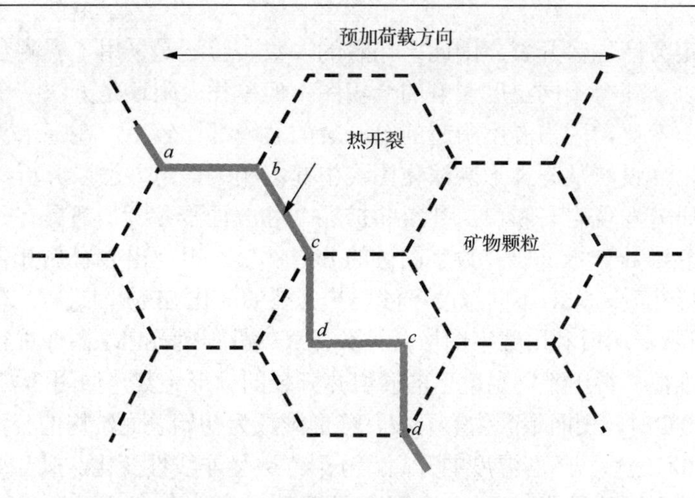

图 3-40　砂岩矿物沿颗粒和穿颗粒热开裂模型图

较其耗散能量是不合理的。因此，我们应该提出和分析相同长度的三种热裂纹的临界能量消耗。

在这项工作中，大部分平顶山砂岩矿物颗粒的长度为 0.1～0.4mm，长度尺度决定了矿物颗粒的特征参数 L，表 3-3 清楚地表明，对于相同的热裂纹长度，沿晶和混合热裂纹扩展比晶内热裂纹扩展需要更少的能量。也就是说，产生沿晶和混合热裂纹对应的门槛温度较低，而产生晶内热裂纹对应的门槛温度则较高。对于较低温度下产生的热裂纹，其形成消耗较低的能量。而在高温下，一个完整的矿物颗粒或黏土矿物产生热裂纹则消耗较多的能量。因此，我们基于这些实验结果认识到产生热裂纹临界温度的差别。平顶山砂岩产生热裂纹的第一阈值温度约为 150℃，其中热裂纹主要发生在黏土颗粒和矿物之间的接口、压力奇点尖角和边缘。第二阈值温度约为 250～300℃。这种状态下大多数热裂纹发生在一个完整的中间矿物颗粒，作为晶内热裂纹。

表 3-3　不同热开裂形式的分形维数和 G_T

热开裂形式	分形维数	相同开裂长度的临界耗散能 G_T，$l=0.1\sim0.4$mm，$G_T=2r_sl^{(1-D)}$	相同 r_s，热开裂纹的发生	相应温度临界值
混合热开裂	1.255	$(1.26\sim1.80)\times2r_s$	易	低
沿晶热开裂路径 I	1.260	$(1.27\sim1.82)\times2r_s$	易	低
沿晶热开裂路径 II	1.260	$(1.27\sim1.82)\times2r_s$	易	低
穿晶热开裂	1.356	$(1.40\sim2.32)\times2r_s$	难	高

随着温度的升高，岩石表面热开裂产生的微裂缝也在不断发展，而这种热开裂的产生同样具有离散性和随机性的特点，虽然从上述的局部图(放大倍数通常大于 100 倍)中可以观察到热开裂的产生，但这并不能完全反映出整体形貌的变化，而且事实上要在整个实验中始终观察那么一个小区域，代价非常大，因为这个区

域最终不一定会产生热开裂。因此，作者的多数实验还是采用了观测全貌的方式进行实验，以期获得不同温度影响的全貌图。但单凭人眼还是无法从全貌图中辨别热开裂微小变化，因为温度引起的热开裂的裂缝都比较小，在毫米甚至微米量级上。为此，需设法从整体形貌演化图像中提取相关信息并加以分析。事实上，很多学者的研究发现岩石断口、裂纹的扩展[32]和表面形貌[42,43]都具有分形效应。作者通过计盒维数分析，研究数字图像的分形性质，也得出砂岩热开裂的演化也同样具有分形性质。先对不同温度下砂岩热开裂的演化 SEM 图进行二值化处理，如图 3-41 所示，然后利用数字图像盒维数计算软件[43]对 SEM 图像进行分析处理计算了分形维数，得出不同温度下的砂岩热开裂的分形维数，如图 3-42 所示。在温度低于 150℃时，表面不产生热开裂，分形维数为初始表面结构的分形维数；当温度大于 150℃之后，随着温度的升高，分形维数呈非线性变化，拟合得出温度与分形维数的关系服从经典 Boltzmann 的统计分布：

$$D=\begin{cases} D_0 & T<150℃ \\ \dfrac{A_1+A_2}{1+\mathrm{e}^{(T-T_0)/\delta}}+A_2 & T\geqslant 150℃ \end{cases} \tag{3-19}$$

式中，A_1、A_2、T_0、δ 为拟合常数；D 为不同温度下砂岩表面的分形维数；D_0 为初始表面的分形维数；T 为温度。因此这说明随着温度的升高，砂岩表面热开裂的裂纹演化具有分形效应；有关砂岩内部热开裂是如何演化发展的，则有待进一步研究，而目前的 CT 技术将是一种可行的研究手段。

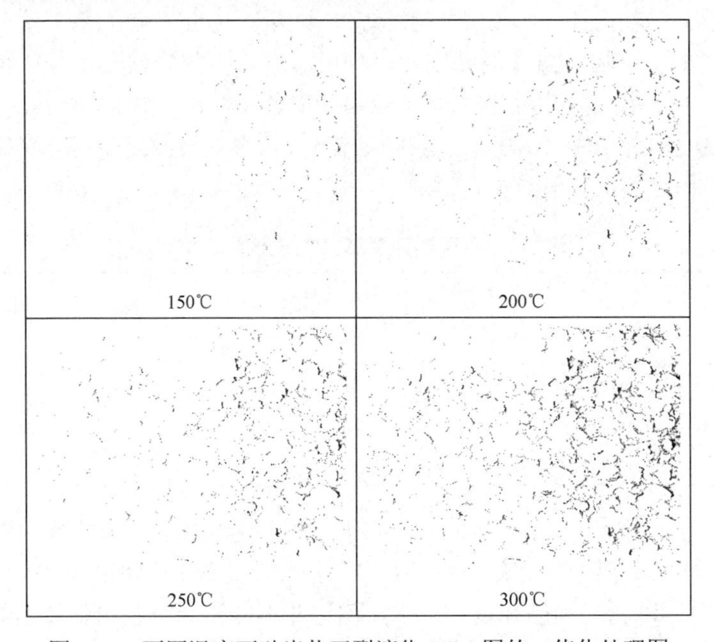

图 3-41　不同温度下砂岩热开裂演化 SEM 图的二值化处理图

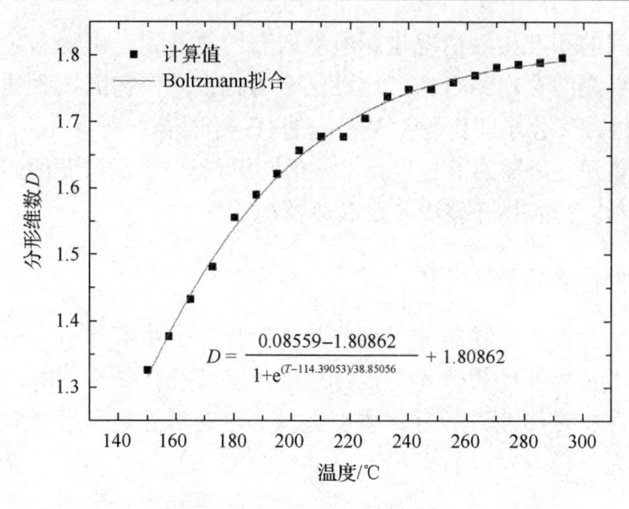

图3-42　温度与分形维数的关系

可见，这里的分形维数具有明确的物理含义，即代表不同温度下砂岩表面热开裂的裂纹的演化规律。

3.8　砂岩热开裂的影响因素

影响砂岩热开裂的因素很多，这里分别从内因和外因两个方面来讨论，内因如岩石矿物成分、岩石矿物结构、岩石黏土胶结类型和胶结程度、矿物颗粒粒径大小及形状等；外因如升温速率等。

3.8.1　岩石矿物成分的影响

岩石是多种矿物组成的聚集体，由于各种矿物成分的性质或多或少的存在差异，因而对岩石的热开裂也会产生显著的影响。首先，不同矿物具有不同的热膨胀系数(如花岗岩为(0.6～6)×10^{-3}/℃，石英岩为(1～2)×10^{-3}/℃，石灰岩为(0.3～3)×10^{-3}/℃，页岩为(0.9～1.5)×10^{-3}/℃，白云岩为(1～2)×10^{-3}/℃等)及热膨胀各向异性(如温度为20℃条件下，方解石热膨胀系数α_{11}=5.5×10^{-6}/℃，α_{33}=25.37×10^{-6}/℃，石英的热膨胀系数α_{11}=13.6×10^{-6}/℃，α_{33}=7.4×10^{-6}/℃)。在温度作用下，由于矿物的热膨胀系数不同以及热膨胀各向异性，矿物颗粒之间将会产生热应力。热膨胀性质不同，产生的热应力大小和作用也不同。其次，不同的矿物晶体的结晶方向和空间排列方式不同，因而其晶格能也存在差异，3.4节及3.5节的解释都证明了这一点。岩石的热开裂微观机制有沿晶热开裂、穿晶热开裂和两者的混合热开裂，这三种热开裂所需破坏的岩石矿物的结构是不同的，作者也通过引入分形计算得出不同热开裂模式所需消耗的能量也是不同的。最后，岩石矿物颗粒之间的相互接触情况也影响着岩石的热开裂。矿物晶粒之间或胶结物晶粒与矿物晶粒之间存在结合力，这种结合力把许多矿物晶粒联结在一起，不同矿物之间的接触，其分子间作用力是不同的(石英-石英、石英-长石、长石-长石等晶粒之间产生热开裂所需的能量也是不同的)。可见，组成岩石的矿物成分在不同程度上都影响着岩石的热开裂程度及破坏情况。

3.8.2　岩石矿物结构的影响

岩石内部包含很多矿物晶体，这些晶体颗粒的大小可能不尽相同，但晶体内部的原子或分子按周期性规律重复地排列的结构特征都是相似的，即严格的晶体结构具有周期性和对称性。所有矿物也是以一定的对称要素组合为其特征的，同其他晶体的晶系一样，对岩石矿物也可归结为如下的七个晶系：三斜晶系、单斜晶系、斜方晶系、三方晶系、四方晶系、六方晶系和等轴晶系。不同的晶系结构对岩石的物理力学性质和热学性质会有影响，而岩石的热开裂首先与矿物内部晶系、固体中原子、分子间键的断裂有关。另外对岩石来讲，由于其在成岩过程及其漫长的地质运动过程中，使得其内部存在大量连通的或孤立的孔隙结构。这些结构的存在，将在不同程度上影响岩石的强度、热开裂的程度以及裂纹扩展趋势。

3.8.3　矿物颗粒大小及形状的影响

颗粒粒径的大小和形状会直接影响岩石的强度。在研究陶瓷材料的过程中，发现陶瓷材料的强度与晶粒尺寸之间符合 Hall-Petch 关系，即：

$$\sigma = \sigma_{\infty} + \sigma_1 D^{-\frac{1}{2}} \tag{3-20}$$

$$\sigma' = \sigma_1 D^{-a} \tag{3-21}$$

式中，σ 为强度；D 为晶粒直径；σ_1、σ_{∞}、a 分别为材料常数。Carniglia[44]研究了陶瓷的晶粒大小与强度的关系，得出的实验结果与式(3-20)很吻合。如果把式(3-20)变换一下，用 σ' 代替 $(\sigma - \sigma_{\infty})$ 可以得到类似式(3-21)：$\sigma' = \sigma_1 D^{-\frac{1}{2}}$，可见该两式都表明强度与晶粒尺度呈指数关系，且随着晶粒尺度的增加，强度有下降的趋势。这个关系在陶瓷的实验研究中得到了证实。由于陶瓷和岩石都是脆性材料，它们之间具有一定的相似性，因此近似认为岩石的强度与颗粒粒径之间存在上述关系，即组成岩石的颗粒粒径小，其强度相对较大；组成岩石的颗粒粒径大，岩石强度相对较低。而作者的实验同样发现热开裂开始多发生在大粒径颗粒上，小粒径颗粒发生热开裂相对难些，这主要还是由于小粒径的矿物颗粒抗破裂强度较大，需要更高的温度才能破裂。另外当粒径尺寸越小，热开裂破坏时形成新的表面积也就越大，热开裂所需的破裂表面能也就越大，因而热开裂所需的温度越高。而且大颗粒所包含的杂质、孔隙、第二相粒子和缺陷也多，这都趋向减弱其抗热开裂强度。Richter 和 Simmons[45]认为当矿物组成和热膨胀系数基本相同的岩石，矿物颗粒粒径的大小会影响岩石的破裂温度，Cape Neddick 辉长岩的粒径是 Frederick 辉绿岩粒径的5～10倍，Cape Neddick 辉长岩的临界破裂温度是330℃，而 Frederick 辉绿岩临界破裂温度为560℃，这表明，粒径越大，临界破裂温度越小；粒径越小，临界破裂温度越大。

3.8.4　黏土胶结类型和胶结程度的影响

岩石的胶结物是指除构成岩石骨架的碎屑颗粒以外的物质成分，所谓胶结作用是指松散的沉积颗粒，被化学沉淀物质或其他物质充填联结的作用，结果使沉积物变为坚固的岩石。通常按成分可将其分为泥质、钙质、硅质、硫酸岩及铁质胶结物质等。由于岩石胶结成分、胶结类型以及胶结程度的差异，因此不同温度对岩石热开裂的影响也不同，如在作者的实验中有些黏土物在 187℃即发生热开裂，如图 3-10(a)所示；而有些黏土物在 300℃左右才发生热开裂，如图 3-23(b)、图 3-25 和图 3-26(a)所示；也有在冷却阶段产生冷开裂，如图 3-26(b)所示。

3.8.5　升温速率的影响

对于同样的物体，在相同加热条件下，如果初始条件和边界条件不同(即加热方式不同)，由于热传导在时间和空间分布上的迟滞效应，整个物体的温度场在受到外部热影响时并不能瞬时达到均匀，这通常会在物体内部产生一个空间温度梯度，而这种温度分布的差异将导致物体中应力大小和分布的差异。另外根据傅里叶热传导规律，对于各向异性的材料，其各个方向的热传导规律也会不同。因此加热速率能明显影响材料的热膨胀性质。对于岩石这种非均质材料来讲，较快的加热速率会在内部产生较大的温度梯度，而较大的温度梯度直接影响着岩石的热开裂。Todd 等[46]研究不同升温速率下花岗岩的 AE 数，以 2℃/min、5℃/min、8℃/min 的升温速率将花岗岩从室温加热到 300℃，实验结果表明：以 2℃/min 的升温速率几乎没有统计到 AE 数，以 5℃/min 的升温速率加热花岗岩将引起新破裂，8℃/min 的加热速率产生的 AE 数最多，大约是 5℃/min 发生的 AE 数的 2 倍，而声发射的数量直接与岩石的热开裂相关。Chen 和 Wang[47]利用声发射方法研究了岩石矿物各向异性和升温速率对岩石热开裂的影响程度，认为在较低升温速率(1～2℃/min)下岩石中的变化主要是矿物各向异性的影响，而在较高升温速率(大于 5℃/min)下岩石中的变化主要是温度梯度的影响。在相同温度下实验，升温速率从 0.4℃/min 变化到 12.5℃/min 时，AE 积累数量增加了大约 10 倍。这些都说明升温速率直接影响着岩石的热开裂。

总体而言，本章通过实时在线观察和研究了不同温度下砂岩的热开裂实验，详细地分析了实验结果，并对砂岩热开裂机制及相应的细观模型做了详细的研究。本章具体结论如下。

(1)观察到不同温度下砂岩的热开裂现象，发现温度低于 150℃时几乎没有热开裂发生，温度超过 200℃后大量的热开裂发生，其中温度 150℃左右是平顶山砂岩热开裂的阈值温度。大量的实验表明不同矿物成分发生热开裂的阈值温度并不完全相同，因此这个阈值温度只是统计意义有效。实验表明砂岩热开裂主要受到矿物颗粒热膨胀不匹配和热膨胀各向异性的影响，作者通过球形内含物模型、两颗粒力学模型、矿物颗粒或晶粒热变形模型等细观模型对部分实验现象做了定性的解释。实验还观察到砂岩表面微缺陷闭合的全过程和冷却过程也有“冷裂纹”形成等现象，出现这种现象的原因可能是由于矿物颗粒之间的热膨胀不匹配、热膨胀各向异性以及热激活导致的局部卸载等原因造成。可以推测微缺陷的闭合过程也会发生在砂岩内部，将来有待进一步研究。

(2)针对实验现象，把砂岩的热开裂分为三个阶段：25～100℃的范围是第一阶段温度范围，为无表面热开裂产生及内部部分微裂缝闭合阶段。100～150℃为第二阶段温度范围，为微裂缝萌生和形核阶段；200～300℃为第三阶段温度范围，为微裂纹开裂及扩展阶段。而在 200～250℃的温度范围热裂纹多数没有贯穿颗粒，把这时的热开裂认为是“初次热开裂”，其中 200℃左右为微裂纹初次开裂的临界温度；而温度达到 300℃，此时已有的热裂纹再次被激发，发生“二次热开裂”，或者产生一些新的热开裂，且多为贯穿颗粒的热开裂，因此把 300℃左右作为热开裂微裂纹贯通的临界温度。

(3)根据热开裂的路径，在细观层次上把砂岩表面的热开裂分为四种微裂缝结构：矿物颗粒上的热开裂、黏土胶结物与矿物颗粒的界面的热开裂、矿物颗粒与矿物颗粒之间的热开裂、黏土胶结物上的热开裂；在微观层次上，矿物颗粒上的热开裂才可以再细分为沿晶热开裂、穿晶热开裂及两者的混合热开裂。另外对文献中的晶内裂缝、晶间裂缝和穿晶裂缝做了概念上的澄清，并与本书的分类进行了比较，认为现在的分类更符合实际情况，也更为直观。

(4)很多文献指出“裂缝产生一般起源于颗粒边界几何形状发生急剧变化的位置，如尖角、棱角以及多颗粒接触点等位置”，这个结论得到了一些实验的验证，也有很好的理论基础，从本章的部分实验也证实了这个结论。但更多的实验表明，很多热开裂直接发生在颗粒的中间部位，即便从颗粒边界起裂也不一定是几何形状发生急剧变化的位置，文中通过了两颗粒力学模型做了解释，归根到底是由于热膨胀不匹配和热膨胀各向异性在与几何形状发生急剧变化的位置引起的应力集中现象的竞争过程占了优势，所以导致多在中央地方发生热开裂。因此作者认为文献中的提法是有条件的，即矿物颗粒对热不敏感；而对热较敏感的矿物颗粒，热开裂多发生在颗粒中间。

(5)借鉴谢和平院士的研究思想，给出了三种微观开裂模式的分形模型，计算了热裂纹分形维数及其对应的临界耗散能，定量地解释了三种微观热开裂模式中穿晶热开裂最难发生，而沿晶热开裂及混合热开裂相对较容易发生。

(6)随着温度的变化，砂岩表面热开裂的裂纹演化具有分形性质。在温度低于150℃时，表面不产生热开裂，分形维数变化不明显；当温度大于150℃之后，随着温度的升高，分形维数也在升高，是个非线性变化过程，服从经典的 Boltzmann 统计分布，这主要由不同矿物颗粒的热学和力学性质来确定。这也证实 Yves Geraud[21]及很多文献的观点只适合岩石内部的热开裂演化，事实上这只是推测，并没有实验验证，将来还有待进一步的研究，而 CT 技术将是可能的办法。并且这里的分形维数具有明确的物理含义，即不同温度下砂岩表面热开裂的裂纹演化规律。

(7)影响岩石的热开裂是多种因素共同作用的结果，分别从内因和外因两方面进行了定性的解释，内因有岩石矿物成分、岩石矿物结构、岩石黏土胶结类型和胶结程度、矿物颗粒粒径大小及形状等；外因有升温速率等，这些因素共同影响着岩石的热开裂。

参 考 文 献

[1] 吴晓东. 岩石热开裂的实验研究(博士学位论文). 北京: 中国科学院地质与地球物理研究所, 2000.

[2] 赵阳升, 万志军, 康建荣. 高温岩体地热开发导论. 北京: 科学出版社, 2004.

[3] 何满潮. 中国中低焓地热工程技术. 北京: 科学出版社, 2004.

[4] Hudson J A, Stephansson O, Andersson J, et al. Coupled T-H-M issues relating to radioactive waste repository design and performance. International Journal of Rock mechanics and Mining Science& Geomechanics Abstracts, 2001, 38(1): 143-161.

[5] 崔勇, 梁杰, 王旋. 基于非稳态渗流传递的煤炭地下气化数值模拟. 煤炭学报, 2014, 39(S1): 231-238.

[6] 左建平, 谢和平, 周宏伟. 温度压力耦合作用下的岩石屈服破坏研究. 岩石力学与工程学报, 2005, 24(16): 2917-2921.

[7] 韩学辉, 楚泽涵, 张元中. 岩石热开裂及其在工程学上的意义. 石油实验地质, 2005, 27(1): 98-100.

[8] 谢鸿森, 周文戈, 李玉文, 等. 高温高压下蛇纹岩脱水的弹性特征及其意义. 地球物理学报, 2000, 43(6): 313-320.

[9] Johnson B, Gangi A F, Handin J. Thermal cracking of rock subject to slow uniform temperature changes. Proceeding 19th US Symposiun on Rock Mechanics978, 259-267.

[10] 陈颙, 吴晓东, 张福勤. 岩石热开裂的实验研究. 科学通报, 1999, 4(8): 880-883.

[11] Heard H C. Thermal expansion and inferred permeability of climax quartz monzonite to 300℃ and 27.6MPa. International Journal of Rock Mechanics & Mining Sciences & Geomechanics Abstracts, 1980, 17(2): 289-296.

[12] Heuze F E. High-temperature mechanical, physical and thermal properties of granitic rocks-a review. International Journal of Rock Mechanics & Mining Sciences & Geomechanics Abstracts, 1983, 20(1): 3-10.

[13] Lau J S O, Gorski B, Jackson R. The effects of temperature and water saturation on mechanical properties of Lae du Bonnet pink granite. Tokyo: 8th international congress on Rock Mechanics, 1995: 1167-1172.

[14] Fredrich J T, Wong T F. Micromechanics of thermally induced cracking in three crustal rocks. Journal of Geophysical Research Solid Earth, 1986,91(B12): 12743-12764.

[15] Homand-Etienne F, Honpert R. Thermally induced micro cracking in granites: Characterization and analysis. International Journal of Rock Mechanics & Mining Sciences & Geomechanics Abstracts, 1989, 26(2): 124-134.

[16] Jones C, Keaney G, Meredlth P G, et al. Acoustic emission and fluid permeability measurements on thermally cracked rocks. Physics and Chemistry of the Earth, 1997, 22(1-2): 13-17.

[17] 左建平. 温度-应力共同作用下砂岩破坏的细观机制与强度特征(博士学位论文). 北京: 中国矿业大学, 2006.

[18] 张渊, 张贤, 赵阳升. 砂岩的热破裂过程. 地球物理学报, 2005, 48(3): 656-659.

[19] 谢卫红, 高峰, 谢和平. 细观尺度下岩石热变形破坏的实验研究. 实验力学, 2005, 20(4): 628-634.

[20] 左建平, 谢和平, 周宏伟, 等. 不同温度作用下砂岩热开裂的实验研究. 地球物理学报, 2007, 50(4): 1150-1155.

[21] Yves Géraud. Variations of connected porosity and inferred permeability in a thermally cracked granite. Geophysical Research Letters, 1994, 21(11): 979-982.

[22] Cooper H W, Simmons Gene. The effect of cracks on the thermal expansion of rocks. Earth and Planetary Science Letters, 1977, 36(3): 404-412.

[23] Simmons Genne, Cooper H W. Thermal cycling cracks in three igneous rocks. International Journal of Rock Mechanics & Mining Sciences & Geomechanics Abstracts, 1978, 15(4): 144-148.

[24] 帕宁 B E. 物理介观力学和材料的计算机辅助设计. 北京: 冶金工业出版社, 2002.

[25] 谢和平, 陈忠辉, 周宏伟, 等. 基于工程体与地质体相互作用的两体力学模型初探. 岩石力学与工程学报, 2005, 24(9): 1457-1464.

[26] Paterson M S, Wong T F. Experimental rock deformation -the brittle field (Second edition), Berlin: Springer-Verlag, 2005.

[27] 王习术, 梁锋, 曾燕屏, 等. 夹杂物对超高强度钢低周疲劳裂纹萌生及扩展影响的原位观测. 金属学报, 2005, 41(12): 1272-1276.

[28] O'Connell R J, Budiansky B. Seismic velocities in dry and saturated solids. Journal of Geophysical Research, 1974, 79(35): 5412-5426.

[29] David C, Menéndez B, Darot M. Influence of stress-induced and thermal cracking on physical properties and microstructure of La Peyratte granite. International Journal of Rock Mechanics & Mining Sciences, 1999, 36(4): 433-448.

[30] Menéndez B C, Martinez D, Nistal A. Confocal scanning laser microscopy applied to the study of pore and crack networks in rocks. Computers & Geosciences, 2001, 27(9): 1101-1109.

[31] 谢和平, 陈至达. 岩石类材料裂纹分叉非规则性几何的分形效应. 力学学报, 1989, 21(5): 613-617.

[32] 谢和平. 分形岩石力学导论. 北京: 科学出版社, 1993.

[33] Irwin G R. Fracture dynamics. Fracturing of metals, Cleveland: Am. Soc. Metals, 1948, 47-166.

[34] 谢和平. 动态裂纹扩展中的分形效应. 力学学报, 1995, 27(1).

[35] Mandelbrot B B. The fractal geometry of nature. New York: W H Freeman, 1982.

[36] Lung C W, March N H. Mechanical properties of metals: atomistic, fractal and continuum approaches. Singapore: World Scientific, 1999.

[37] Jech J, Psencik I. Kinematic inversion for qP- and qS-waves in inhomogeneous hexagonally symmetric structures. Geophysical Journal International, 1992, 8(2): 604-612.

[38] Liu J Z, Zheng Q S, Wang L F, et al. Mechanical properties of single-walled carbon nanotube bundles as bulk materials. Journal of the Mechanics and Physics of Solids, 2005, 53(1): 123-142.

[39] Barthelat F, Tang H, Zavattieri P D, et al. On the mechanics of mother-of-pearl: A key feature in the material hierarchical structure. Journal of the Mechanics and Physics of Solids, 2007, 55(2): 306-337.

[40] Roberts J, Asten M. A study of near source effects in array-based (SPAC) microtremor surveys. Geophysical Journal International, 2008, 174(1): 159-177.

[41] Zuo J P, Xie H P, Zhou H W, et al. SEM in-situ investigation on thermal cracking behavior of Pingdingshan sandstone at elevated temperatures. Geophysical Journal International, 2010, 181(2): 593-603.

[42] 彭瑞东. 基于能量耗散及能量释放的岩石损伤与强度理论(博士学位论文). 北京: 中国矿业大学, 2005.

[43] Zuo J P, Wang X S. A novel fractal characteristic method on the surface morphology of polythiophene films with self-organized nanostructure. Physica E, 2005, 28(1): 7-13.

[44] Carniglia S C. Reexamination of experimental Strength-vs-Grain size data for ceramics. Journal of the American Ceramic Society, 1972, 55(5): 243-249.

[45] Richter D, Simmons G. Thermal expansion behavior of igneous rocks. International Journal of Rock Mechanics & Mining Sciences & Geomechanics Abstracts, 1974, 11(10): 403-411.

[46] Todd T, Simmons G, Baldridge W S. Acoustic double refraction in low porosity rocks. Bulletin of the Seismological Society of America, 1973, 63(6): 2007-2020.

[47] Chen Y, Wang C Y. Thermally induced acoustic emission in westerly granite. Geophysical Research Letters, 1980, 7(12): 1089-1092.

第4章　热力耦合作用下砂岩的细观拉伸破坏

岩石力学主要是探讨在荷载、温度、应变率和环境等条件下岩石的变形和破坏特性，并提出合乎实际而又便于计算和分析的理论模型、本构关系和破裂条件。在深部开采、煤地下气化、核废料处置、地热开发等工程中，围岩受到“高温度、高应力、高渗透”耦合作用，岩石的变形、强度、破坏机制与室温相比都表现出不同特征[1]，热力耦合作用下岩石的变形与强度理论以及实验研究越显重要。

当岩石的应力状态发生变化时，岩石内部及表面的温度场会发生变化，这被大量的实验，特别是有关红外方面的研究所证实[2,3]。外部荷载对岩石所做的功，一部分被岩石作为弹性变形能存储起来；一部分被岩石矿物颗粒的塑性变形或摩擦等因素耗散掉；另一部分则转变为岩石的热能。当热能产生的速率大于向外传导热能的速率时，将造成岩石内部热量积累，引起温度场的变化，从而改变岩石的应力状态。而外部温度场的变化也会对岩石矿物成分和内部微结构产生影响，矿物颗粒之间由于热膨胀系数不同以及热膨胀各向异性的影响，将会产生热应力集中，在细观上表现为各种内部微缺陷的形成和发展，使得裂隙相互贯通形成裂隙网格。温度的升高促进了岩石矿物晶体的塑性、增加了矿物晶间胶结物的活化性能等而导致强度的降低，还会引起岩石矿物成分中的水分被蒸发，使通道畅通，改变岩石微结构，从而影响岩石的物理和力学性质。

温度和应力耦合作用下岩石的力学行为异常复杂，对于具体岩石工程来讲，该过程发生在相当大的时间和空间尺度范围内，岩石本身内部就存在大量随机分布的微缺陷，再加上其他因素影响，如水、化学腐蚀、生物圈、地震、冰川、小行星、陨石等的影响，问题就变得更为复杂[4~7]。在一定的温度和压力作用下，岩石的主要破坏形式会由脆性破裂转变为塑性流动的现象。文献[8]总结了岩石强度与温度的关系，认为多数岩石的强度随温度的升高而有所下降，而下降的趋势又与岩石的种类息息相关。文献[9]对三峡花岗岩的研究得出同样的结论：在 20～500℃温度区域内，单轴抗压强度从 183MPa 减少到 128MPa。文献[10]认为，不同温度的循环影响和孔隙结构等都是影响岩石强度和变形的重要因素。文献[11]研究了温度梯度对斜长石的变形和再结晶的影响。文献[12]从理论上简单地推导了岩石的热弹性方程和线性孔隙弹性方程，并通过无量纲参数定量地描述了温度和应力耦合作用下的强度，该文把热弹性耦合参数定义为存储的弹性应变能与存储热能的比值，而这个参数通常比较小，因此，尽管温度场影响着应力和应变，而应力和应变对温度场的影响则较小。文献[13]将岩石的屈服破坏过程视为能量释放和能量耗散的过程，并根据最小耗能原理从理论上导出了温度压力耦合作用下的深部岩石屈服破坏准则，并且该准则具有明确的物理意义。

就目前的有关温度和应力耦合机制的研究，主要是从宏观的角度出发，而从微细观的角度来讨论不同温度和应力作用下岩石的破坏机制还很少，原因主要有两点：一是细观高温实验条件的限制；二是加工细观岩石试样也较难。对温度-应力共同作用下岩石的破坏可这样描述：温度-应力共同作用对岩石力学性质的影响，主要表现在对岩石矿物成分及其微结构的影响，从而影响岩石矿物性质、内部价键状态、微裂隙和孔洞等，这些影响最终从宏观上由应力-应变关系表现出来。因此在宏观上发生的破坏行为本质上是由微细观尺度内确定的力学过程所制约。这就有可能从微细观的角度来研究岩石的破坏机制，从而指导我们认识岩石的宏观破坏行为。本章将通过细观实验来研究温度-应力共同作用下砂岩的变形破坏[14~17]。

4.1　拉伸破坏加载制度

实验是在中国矿业大学煤炭资源与安全开采国家重点实验室岛津 SEM 高温疲劳实验系统完成(图 2-1)，该套实验装置将高精度的扫描电镜、全数字电液伺服加载系统和高精度升温系统结合起来，能实时在线观测温度和荷载共同作用下材料的力学行为和表面微结构的变化，从而实现外部应力状态与温度情况和材料力学行为和表面微结构变化的一一对应。在第 3 章的热开裂实验之后，我们恒温进行单轴拉伸实验。实验过程中，由伺服控制器进行自动加载直至砂岩试件被拉断，且全程观察了其破坏过程。由于岩石在这样小的一个尺寸范围内，通常表现出脆性破裂形式，能承受的荷载比较小(全部实验之后统计最大的断裂荷载仅为 50.8N)，因此，采用位移加载方式，加载速率采用了实验设备所能控制的最小加载速率 10^{-4}mm/s。实验系统可以自动记录加载过程的荷载及座动器位移数据并实时绘制荷载-位移曲线，数据采样间隔为每 4s 记录一次数据。试件拉伸过程中表面的形貌演化、破坏形态及裂纹扩展形态可通过扫描电镜进行实时观察并分多帧拍摄下来。本章主要的实验温度范围为室温至 300℃。

4.2　低温热力耦合作用下砂岩的原位细观破坏过程

本节的低温是指室温(25℃)至 100℃的温度，主要是依据第 3 章热开裂的临界温度 125℃左右来界定，该温度范围里面几乎没有热开裂。我们通过带加载装置高温 SEM 装置对砂岩试件进行了单向拉伸实验，不同温度下砂岩试件的破坏过程如下。

4.2.1　室温 25℃时的破坏过程

对试件 25℃-1，荷载加到 11.9N 时微裂纹开始萌生，如图 4-1(b)所示；当荷载加到 12.7N 时裂纹继续扩展，如图 4-1(c)所示；当达到最大荷载 13.3N 时试件突然断裂，由于断裂位置超出了观察范围，没有观察到试件完全断裂的 SEM 图，如图 4-1(d)所示。初始萌生裂纹离下预制缺口约 0.7mm 处(为了叙述方便，根据 SEM 图把缺口分为上下预制缺口)，继续向前扩展的裂纹超过了视野，没能观察到。从微裂纹的萌生到突然断裂发生在非常小的荷载变化范围内，这是典型的脆性断裂。仔细观察还可发现在最终断裂的主裂纹附近，还有很多微小的支裂纹。

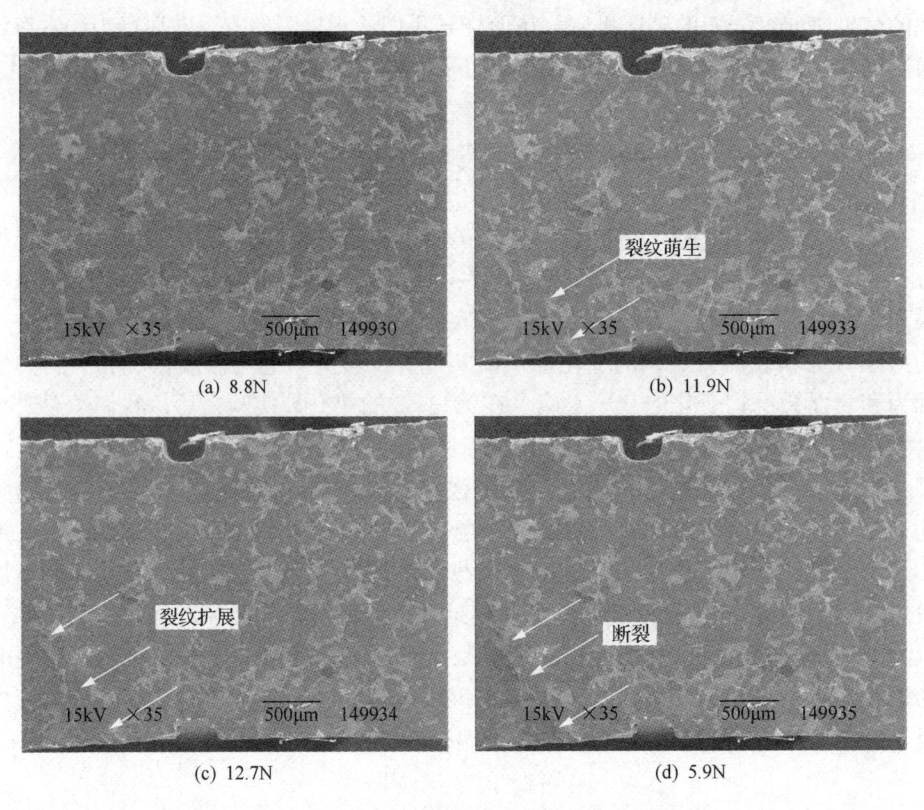

(a) 8.8N　(b) 11.9N　(c) 12.7N　(d) 5.9N

图 4-1　试件 25℃-1 破坏过程及表面裂纹 SEM 图

对试件 25℃-3，荷载加到 13.3N 试件突然断裂，表面没有微裂纹产生就突然断裂，断裂过程如图 4-2(a)和图 4-2(b)所示。图 4-2(c)是图 4-2(b)的局部放大图，可见主裂纹绕过一些较大的颗粒，发生沿颗粒破坏；也可穿过一些颗粒，发生穿颗粒破坏。

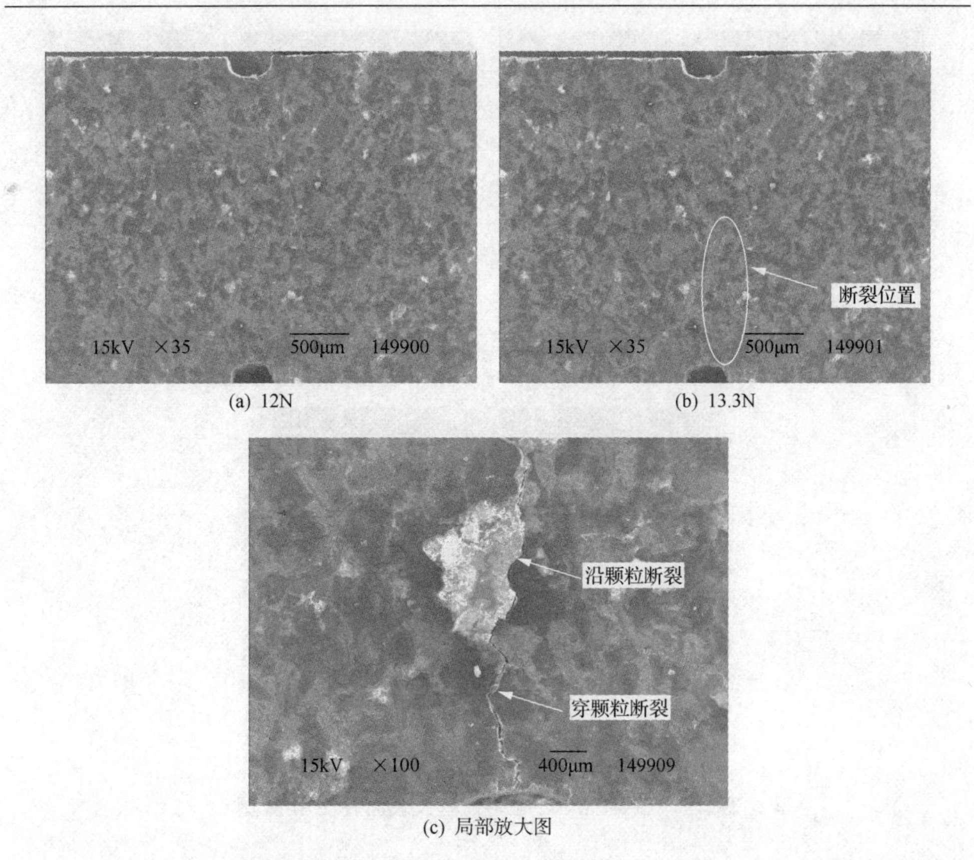

(a) 12N

(b) 13.3N

(c) 局部放大图

图 4-2　试件 25℃-3 破坏过程及局部放大 SEM 图

4.2.2　温度 30℃时的破坏过程

对试件 30℃-2，裂纹最先在预制缺口处出现，这是由于预制缺口处应力集中现象明显，导致该处的应力最先达到破坏极值。由于荷载的作用，试件其他地方也开始出现微裂纹。当荷载达到极限荷载时，试件突然断裂，并把起裂位置及其他微裂纹连接起来，如图 4-3 所示。可见初始起裂位置和表面微裂纹都对试件的断裂有影响。另外从 SEM 图中也可看出，裂纹扩展有的是破坏矿物颗粒前进，也有的是绕过颗粒前进，如图 4-3(c)所示。

试件 30℃-1 的断裂位置远离预制缺口，而对试件 30℃-3，由于试件表面抛光不好，造成的观察效果很差。但这三个试件的断裂都是荷载达到承载极限时突然断裂，其中试件 30℃-1 在峰后依然可以承受很小荷载，后面的实验发现了类似的现象，这会在实验讨论中做解释。

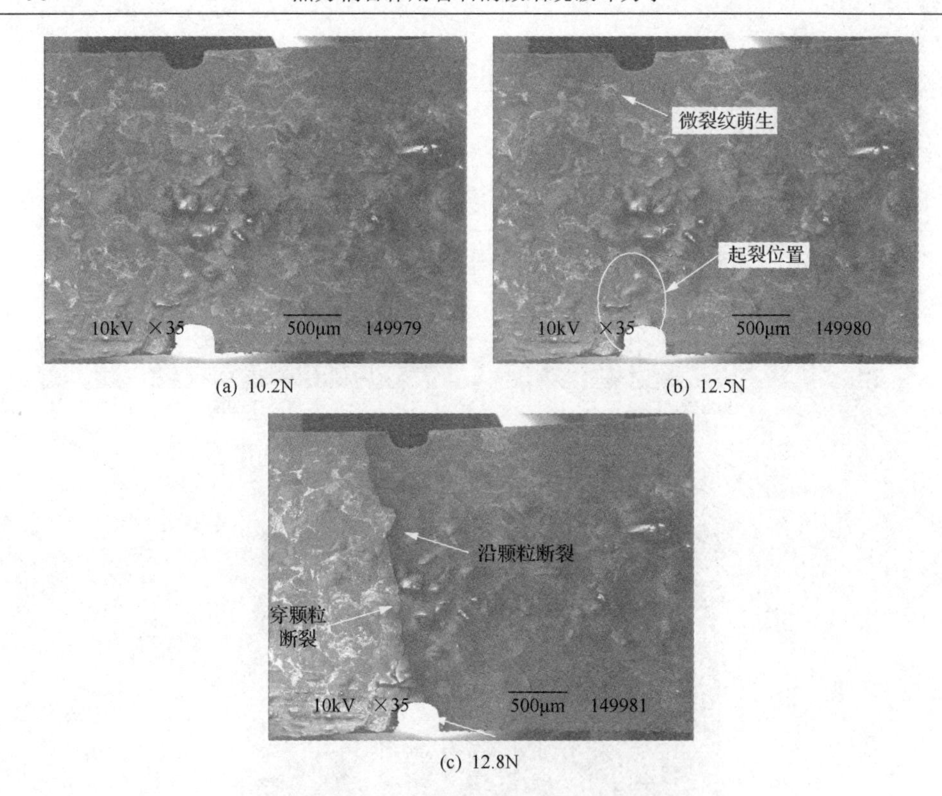

(a) 10.2N　　(b) 12.5N

(c) 12.8N

图 4-3　试件 30℃-2 破坏过程及表面裂纹 SEM 图

4.2.3　温度 35℃时的破坏过程

温度 35℃下三个试件的断裂都远离预制缺口，在 SEM 的视野范围内没能观察到微裂纹。从实验的荷载-位移曲线来看，当荷载达到试件所能承受的最大荷载后，试件就发生断裂，这些断裂以脆性机制为主。

4.2.4　温度 40℃时的破坏过程

当荷载加到 10.8N 时，试件 40℃-2 的中央部位出现开裂，如图 4-4(b)所示；随着荷载继续增加，裂纹朝两个方向，一个扩展方向朝着下预制缺口，这是由于缺口附近的应力集中所导致的；而另一扩展方向可能是沿着砂岩试件的局部弱面，该弱面在与上预制缺口的应力集中竞争过程占了优势，所以裂纹扩展没有朝预制缺口处扩展，而是沿着较弱面扩展，如图 4-4(b)所示。试件 40℃-1 和试件 40℃-3 的破坏过程没有观察到。从荷载-位移曲线看试件 40℃-1 和试件 40℃-2 表现为脆性破坏，而试件 40℃-3 在峰后承载能力缓慢减少，当荷载降到峰值荷载的 50%左右时，突然断裂，该试件的断裂机制是复杂的，可能是脆性机制与延性机制在共同作用，而砂岩的非均质性也是个重要的影响因素，这可能会导致不同的时期有不同矿物骨架在承载。

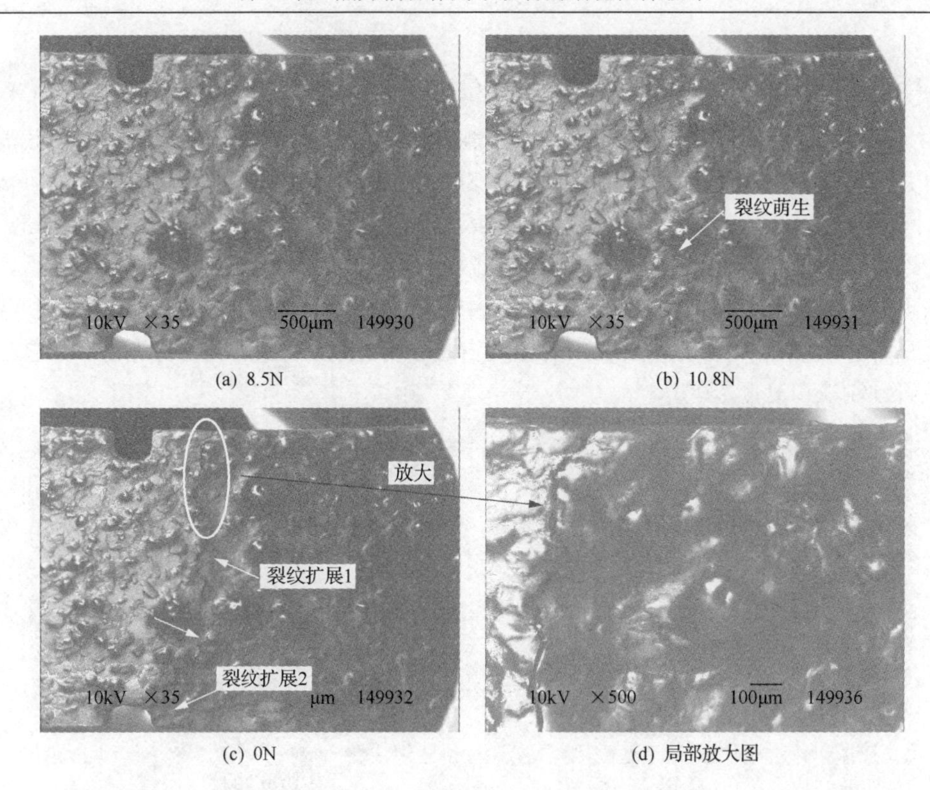

(a) 8.5N　(b) 10.8N

(c) 0N　(d) 局部放大图

图 4-4　试件 40℃-2 破坏过程及局部放大 SEM 图

4.2.5　温度 45℃时的破坏过程

对试件 45℃-1，当荷载加到 12.8N 时，试件表面没有出现任何破坏的征兆；当荷载达到最大荷载 13.2N 时，试件突然断裂，如图 4-5 所示，该试件的破坏以脆性机制为主。由于 SEM 观察视野的限制，另外两个试件的破坏过程没能捕捉到，但从荷载位移曲线来看，也以脆性破坏机制为主导。

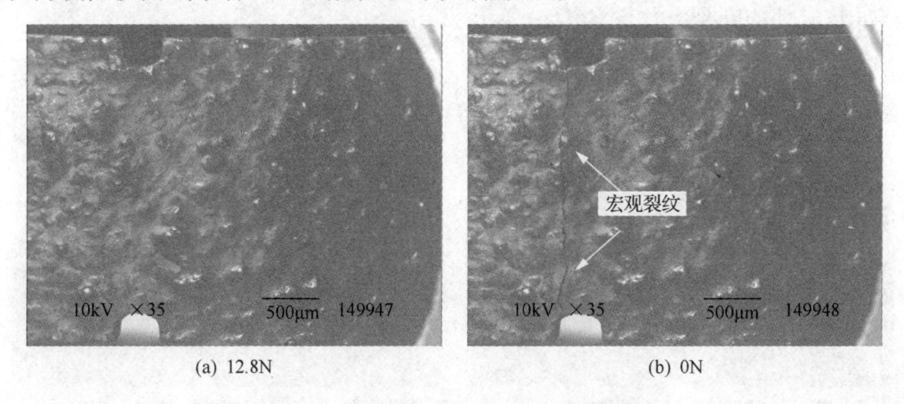

(a) 12.8N　(b) 0N

图 4-5　试件 45℃-1 破坏过程 SEM 图

4.2.6 温度 50℃时的破坏过程

对试件 50℃-1，当荷载加到 13.4N 时，出现了微裂纹，但此时砂岩的承载能力并没有下降；当荷载进一步增加到 18.8N，微裂纹扩展成一条宏观裂纹，此时试件承载能力突然下降，最终断裂，如图 4-6 所示。断裂发生在离预制缺口约 1.54mm 的地方，砂岩内部存在很多随机分布的微缺陷可能是造成砂岩破坏的主要因素。从理论上讲，预制缺口附近会有应力集中现象，但此时在微缺陷、应力集中和温度三种影响因素作用下，微缺陷的影响占了主导地位，这就导致了断口并不总是沿着预制缺口处断裂。

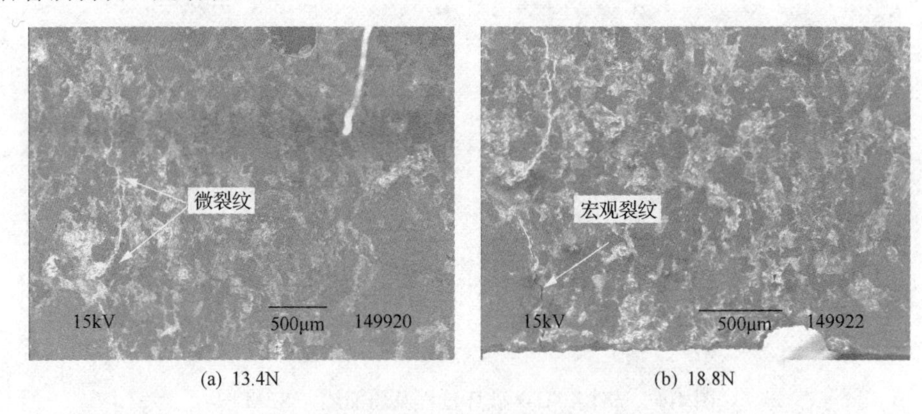

(a) 13.4N (b) 18.8N

图 4-6 试件 50℃-1 表面裂纹 SEM 图

对试件 50℃-2，随着荷载的增加，试件表面出现很多弥散分布的微裂纹，当荷载为 6N 时，微裂纹开始扩展和汇合，如图 4-7(b)所示；当荷载为 10.2N 时，微裂纹汇合成一条宏观可见的主裂纹，其他一些支裂纹，特别是主裂纹附近的支裂纹，由于主裂纹的形成改变了支裂纹附近的应力场，这种局部区域的卸载会使支裂纹或二次裂纹停止扩展；当荷载加到 14.2N 时，裂纹交汇形成一条宏观主裂纹，最终导致试件的断裂，如图 4-7(d)所示。

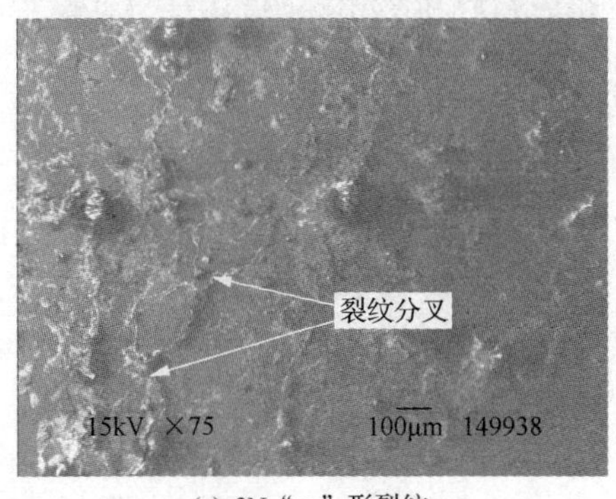

(a) 3N“∝”形裂纹

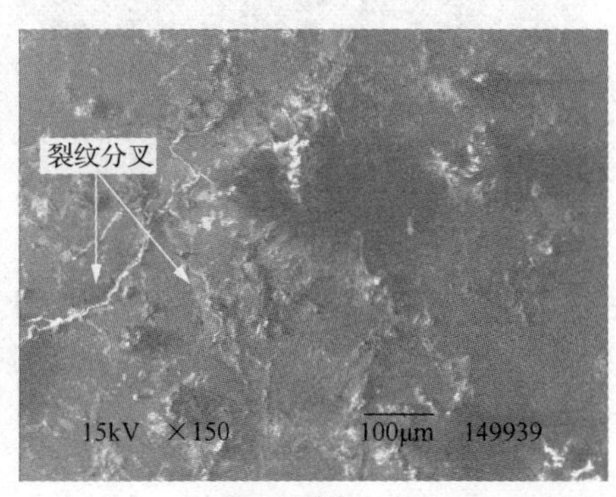

(b) 6N裂纹分叉

(c) 10.2N支裂纹和二次裂纹

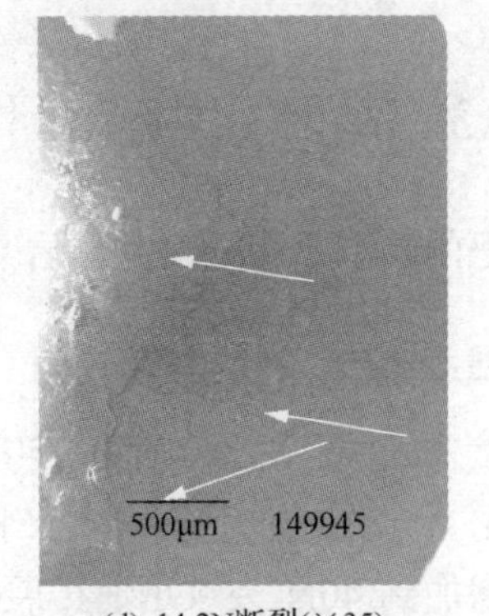

(d) 14.2N断裂(×35)

图 4-7　试件 50℃-2 表面裂纹及断裂 SEM 图

由此可见，在荷载初期，裂纹是随机分布在试件表面的，随着荷载进一步增加，微裂纹沿着垂直于拉应力的方向聚集和扩展，最终形成与拉应力方向垂直的宏观主裂纹。由于砂岩含有石英、白云石和方解石等多种矿物颗粒，造成了裂纹扩展路径的曲折性，在该试件中即形成了类似于“∝”形的裂纹。也有很多微裂纹没有继续扩展或者进行了微量的扩展，最终没能形成主裂纹。由于预制缺口附近应力集中的原因，一定程度上导致了裂纹在扩展过程中，逐渐朝两个应力集中点附近汇集，这两个应力集中点如同两个吸引子，对裂纹扩展路径产生了根本性的影响。此时，应力集中的因素在和微缺陷的竞争过程中占主导地位，最终形成的主裂纹把两个预制缺口连接起来，这与试件 40℃-1 的断裂有所不同。

对试件 50℃-3，没有观察到试件的断裂过程，这可能是由于试件加工的弧度与实验夹具配合不好的缘故，或者在远离缺口处有较大的裂纹、缺陷或杂质，这些因素在与预制缺口竞争的过程中占主导地位，导致了断裂发生在离预制缺口约 12mm 的地方。

4.2.7　温度 100℃时的破坏过程

对试件 100℃-1、试件 100℃-2 和试件 100℃-3，三个试件的断裂都远离预制缺口，所以没能观测到微裂纹的萌生及扩展过程，温度对试件表面形貌的影响不大。其中试件 100℃-1 的断口离预制缺口最远，为 10.2～10.3mm；试件 100℃-2 和试件 100℃-3 的断口离预制缺口较近，分别为 2.5～2.8mm 和 3.5～4.3mm。

由第 3 章可知在 100℃的温度范围内，无论升温还是降温过程中，都没有发现热开裂或冷开裂；再从本章的 100℃温度范围内的细观破坏实验可以看出，这个温度范围对砂岩的内部微结构及破坏强度特性影响很小。由于温度不高，砂岩内部原生的微缺陷的影响在起作用，即便有预制缺口的存在，也导致了断裂位置具有很大的差异性。

4.3　高温热力耦合作用下砂岩的原位细观破坏过程

这里的高温是指能引起砂岩热开裂的温度，本节是指 125～300℃的温度。

4.3.1　温度 125℃时的破坏过程

对试件 125℃-1，在加载过程中试件表面没有大的变化，初始试件表面形貌如图 4-8(a)所示；当加载到 36.7N 时，预置缺口附近裂纹萌生，如图 4-8(b)所示；当荷载增加到 40N 裂纹迅速扩展，在前方遇到一长条形黏土矿物阻止了裂纹扩展路径，如图 4-8(c)所示；当荷载增加到最大破坏荷载 40.9N 时，裂纹破断该长条形黏土矿物，导致试件最终破坏，如图 4-8(d)所示。该实验最大的发现就是脆性裂纹扩展垂直遇到长条形矿物颗粒时，由于裂纹垂直于该长条形矿物，并且该矿物较大，试图阻止裂纹前进。但当裂纹扩展的能量足够大时，能破坏该矿物，导致最终试件破坏。

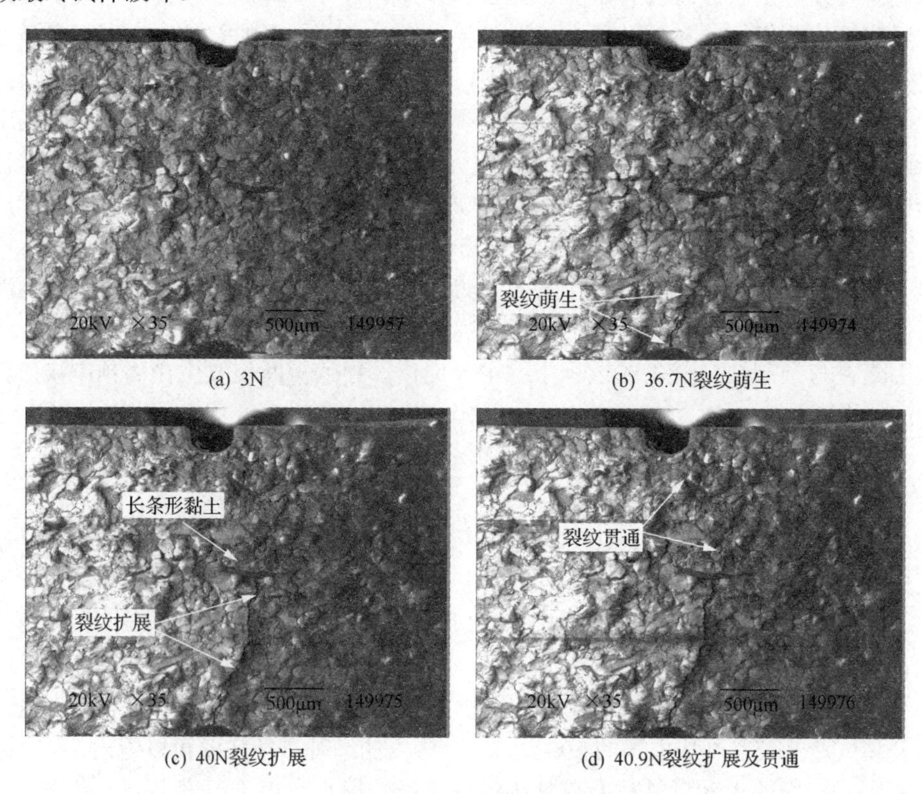

(a) 3N　(b) 36.7N裂纹萌生

(c) 40N裂纹扩展　(d) 40.9N裂纹扩展及贯通

图 4-8　试件 125℃-1 破坏过程 SEM 图

对试件 125℃-2，初始试件表面形貌如图 4-9(a)所示；在加载过程中，试件表面形貌变化不大。当加载到 23.7N 时，预置缺口附近裂纹萌生，如图 4-9(b)所示；当荷载增加到 26.6N 裂纹迅速扩展，如图 4-9(c)所示；当荷载增加到最大荷载 27.7N 时，导致试件最终破坏，如图 4-9(d)所示。就整体试件而言，裂纹曲折向前扩展并导致试件最终破断。

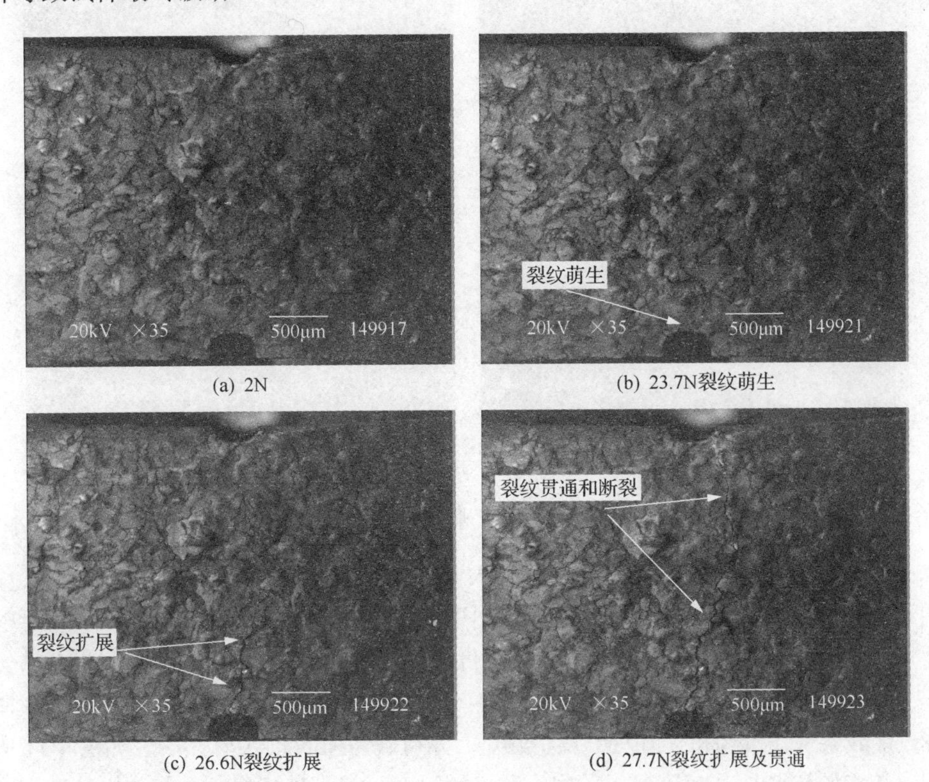

(a) 2N　(b) 23.7N裂纹萌生

(c) 26.6N裂纹扩展　(d) 27.7N裂纹扩展及贯通

图 4-9　试件 125℃-2 破坏过程 SEM 图

4.3.2　温度 150℃时的破坏过程

对试件 150℃-1，在加载过程中试件表面没有大的变化，如图 4-10(a)、图 4-10(b)和图 4-10(c)所示；当加载到 47.6N 时，仅仅是 0.4N 的荷载变化，试件突然断裂，这说明此时的砂岩仍表现出脆性破坏特性。而有意思的是断裂发生在两处地方，一处通过上预制缺口，另一处离下预制缺口约 2.07mm，破坏过程如图 4-10(d)所示。该实验最大的发现就是脆性断裂也可发生在两个不同的地方，不一定仅由一条主裂纹起主导作用，也可由两条甚至多条主裂纹起主导作用。

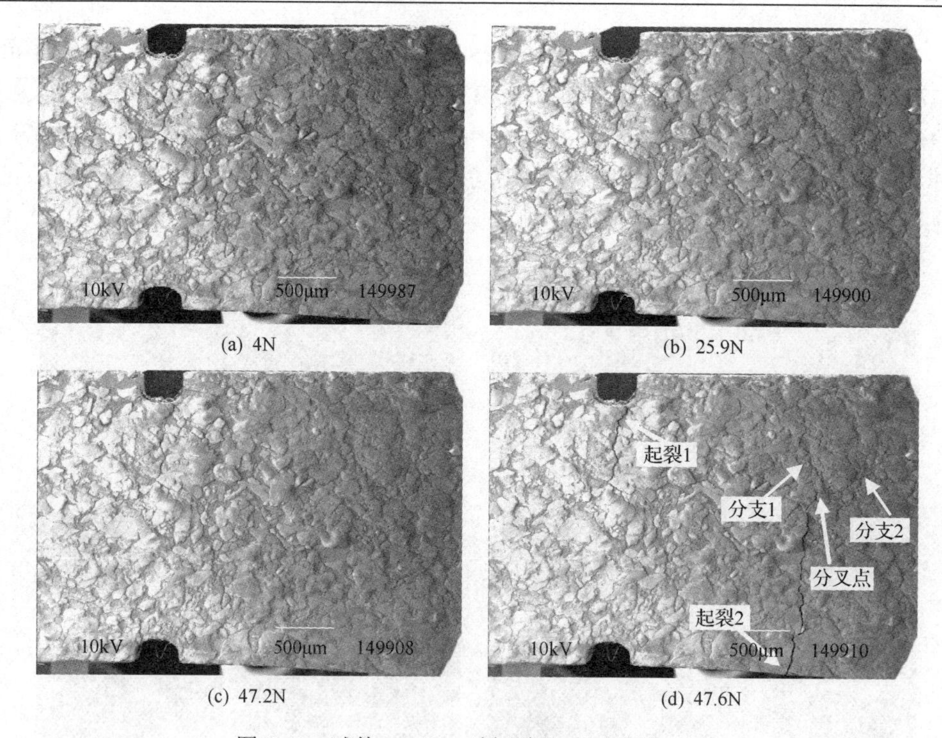

(a) 4N (b) 25.9N

(c) 47.2N (d) 47.6N

图 4-10 试件 150℃-1 破坏过程 SEM 图(×35)

对试件 150℃-2，当荷载达到 45.8N 时，试件下缺口附近出现了微破裂，如图 4-11(c)所示，可以断定这是试件开始出现劣化的标志；在荷载达到最大荷载 46.7N 之后，从实验设备记录的数据来看，此时试件并没有完全失去承载能力，设备依然记录了 6 个荷载点，分别为 46.5N、46.1N、46N、45.6N、44N 和 45N，这期间大概 28s(加载条件设置为每 4s 记录一次数据)，当荷载为 45N 时突然断裂，如图 4-11 所示。该实验清楚地观察到对于砂岩这种脆性材料，多种破坏机制在起作用，有直接破开矿物颗粒的，如图 4-11(c)所示；多数沿着颗粒边缘破裂，如图 4-11(d)所示。

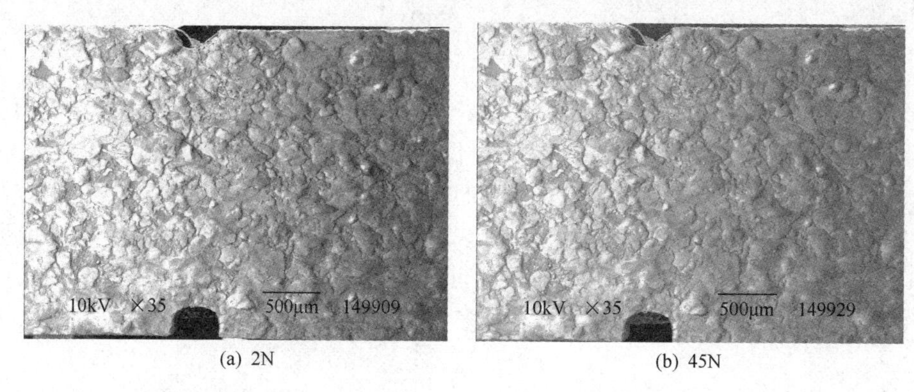

(a) 2N (b) 45N

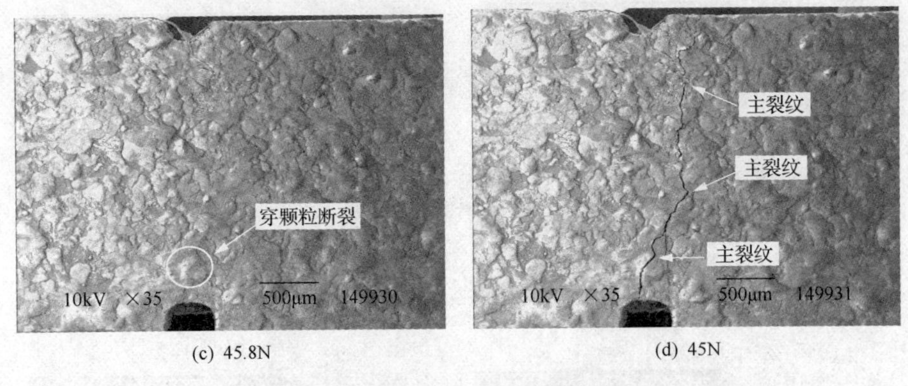

(c) 45.8N　　　　(d) 45N

图 4-11　试件 150℃-2 破坏过程 SEM 图

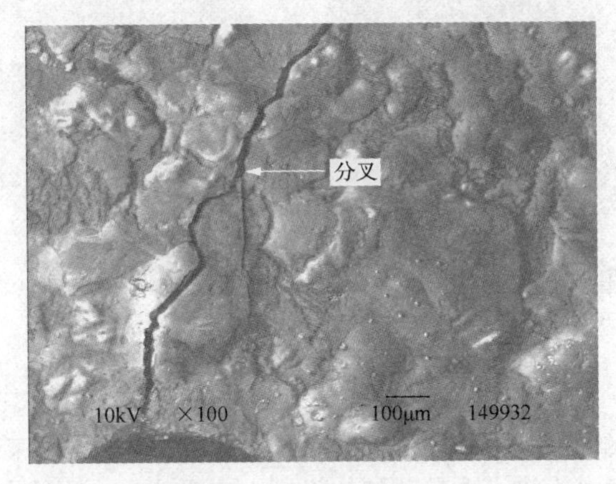

图 4-12　裂纹分叉 SEM 图

可以认为这是穿颗粒断裂和沿颗粒断裂的细观机制在共同起作用，后面会详细解释。该实验再次发现脆性断裂时的裂纹分叉现象，如图 4-12 所示。宏观裂纹首先试件中上部出现，然后向下扩展，在接近下缺口时裂纹突然分叉，一边朝着前面已经劣化的地方扩展，一边朝着其他薄弱的地方扩展。

对试件 150℃-3，由于预制缺口开的较大，相比另外两个试件它在较小的荷载就破坏了。当荷载达到 27.6N 时试件突然断裂，破坏前没有征兆，如图 4-13 所示。在该实验中，同样清楚地观察到多种破坏机制在起作用，为穿颗粒断裂和沿颗粒断裂的耦合机制在共同起作用；裂纹在最后扩展阶段也有分叉发生，如图 4-13(d)所示。

在 150℃的这一组实验中，温度对砂岩表面的微结构有影响，三个试件的局部地方已经有热开裂的现象或者开裂的趋势。从实验现象来分析，砂岩的破坏是由多种机制在共同作用，有沿颗粒断裂、穿颗粒断裂及其混合断裂。在实验中可以这样描述，荷载初期，砂岩内部强度较高的矿物骨架起主体承载作用；在加载过程中，当某些主体承载矿物颗粒发生了穿颗粒破坏时，导致了试件整体的承载能

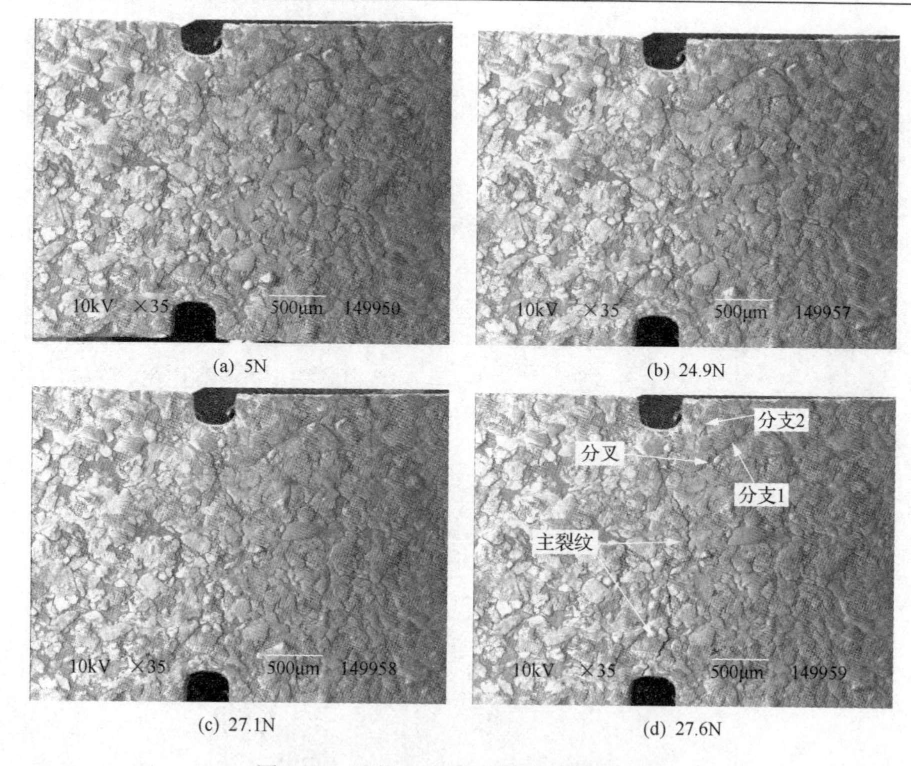

(a) 5N　(b) 24.9N　(c) 27.1N　(d) 27.6N

图 4-13　试件 150℃-3 破坏过程 SEM 图

力下降；接下来瞬间的脆性破坏过程中发生了穿颗粒断裂和沿颗粒断裂等多种破坏模式，从统计意义上讲沿颗粒断裂的机制占主要地位，这是由于沿颗粒破坏消耗的能量较小，而穿颗粒断裂消耗的能量较多的缘故。

4.3.3　温度 175℃时的破坏过程

对试件 175℃-1，在加载过程中试件表面没有大的变化，如图 4-14(a)和(b)所示；当加载到 40.7N 时，仅仅是 1.8N 的荷载变化，预置缺口附近裂纹萌生和扩展，

(a) 5N　(b) 38.9N

(c) 40.7N　　(d) 41.8N

图 4-14　试件 175℃-1 破坏过程 SEM 图(×35)

如图 4-14(c)所示。当荷载增加到 41.8N 时，试件突然断裂，如图 4-14(d)所示。从荷载-位移曲线也可以看出，试件在最大破坏荷载时迅速破坏，这说明此时的砂岩仍表现出脆性破坏特性。

对试件 175℃-2，试件初始表面形貌图如图 4-15(a)所示。当荷载增加到 35.2N 时，预置缺口附近的矿物颗粒出现萌生出裂纹，如图 4-15(b)所示；当荷载增加到

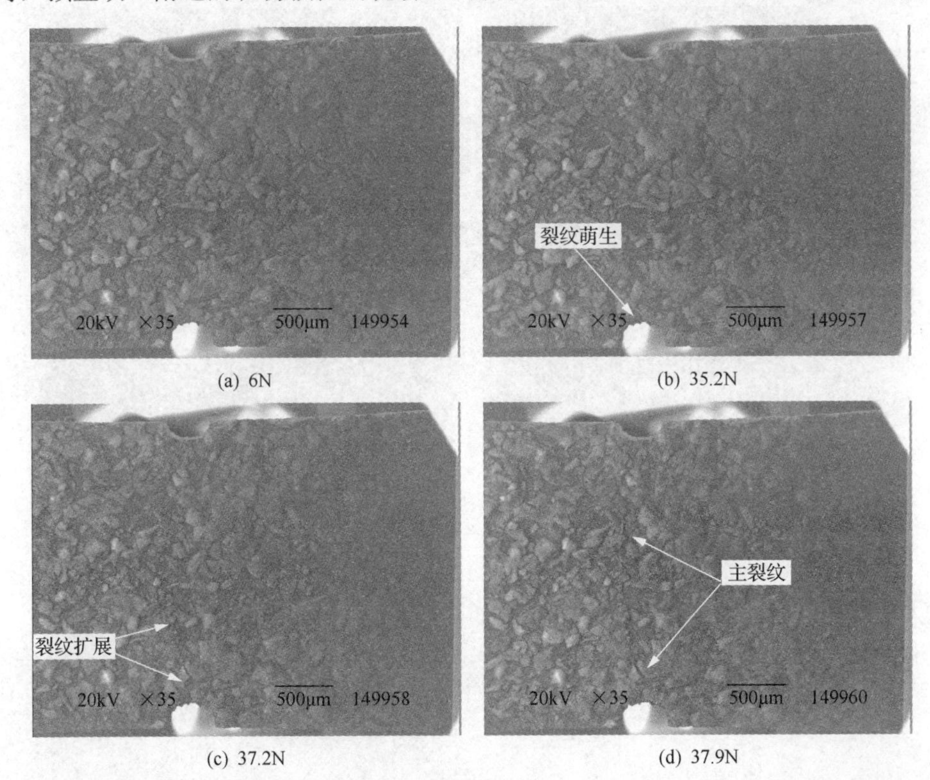

(a) 6N　　(b) 35.2N

(c) 37.2N　　(d) 37.9N

图 4-15　试件 175℃-2 破坏过程 SEM 图

37.2N 时，裂纹继续曲折扩展，如图 4-15(c)所示；当荷载增加到最大破坏荷载 37.9N，裂纹完全贯通，导致试件破坏，如图 4-15(d)所示。

4.3.4 温度 200℃时的破坏过程

对试件 200℃-1，在加载过程中，试件下缺口附近一些矿物颗粒开始破裂，这些颗粒可能是开始承载的主要基体，如图 4-16(c)所示；主要承载颗粒破坏后，它们之间的岩桥(这里主要是黏土胶结物及其他矿物颗粒)开始交汇形成一条主裂纹，如图 4-16(d)所示；当主裂纹形成之后，裂纹继续向上扩展，而且逐渐往应力集中的地方延伸，最后与上缺口贯通，导致了试件最终的整体破坏。主裂纹穿过上预制缺口，离下预制缺口中心约 0.473mm。断口局部还出现了“3”字形裂纹，如图 4-17(b)所示，这种形状的裂纹很少见，形成原因可能是：一是裂纹扩展过程中局部的应力集中现象非常显著；二是裂纹在快速扩展过程中碰到颗粒交界面或者较硬的矿物颗粒，导致扩展裂纹改变前进方向；三是两个不在同一平面上扩展的裂纹通过撕裂中间薄弱部分连接起来，这可能是产生该种形状裂纹的主要原因。

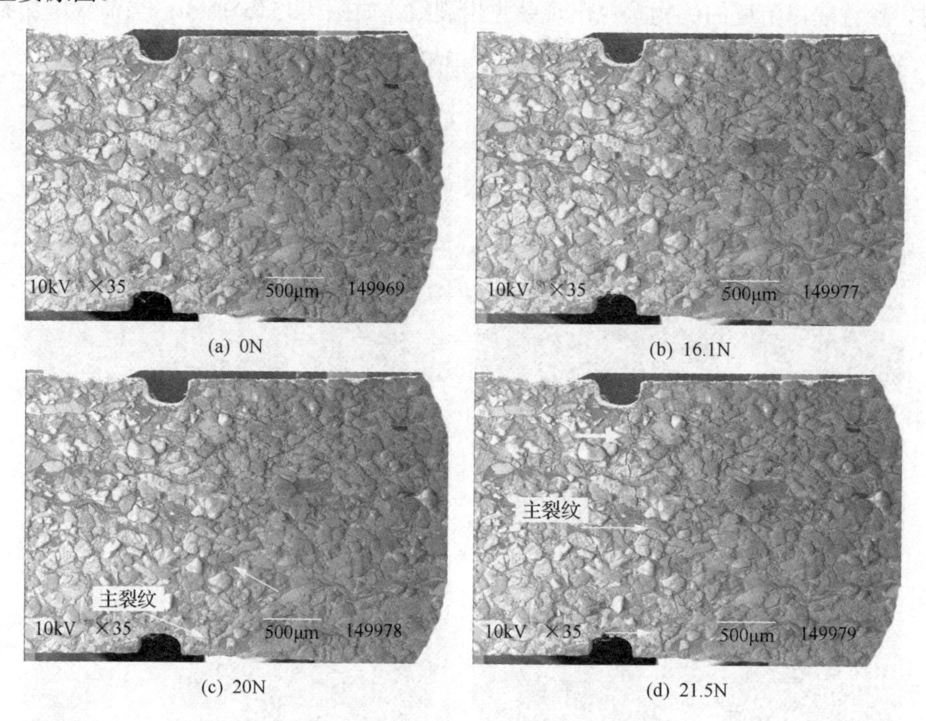

(a) 0N　(b) 16.1N　(c) 20N　(d) 21.5N

图 4-16　试件 200℃-1 破坏过程 SEM 图

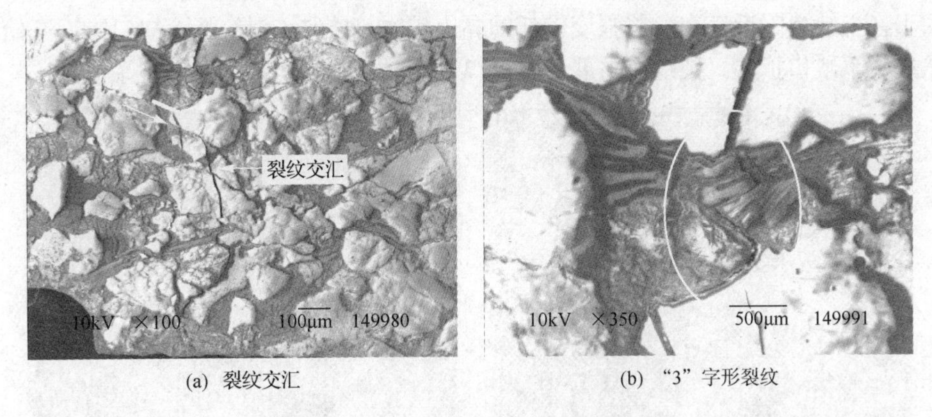

(a) 裂纹交汇　(b) “3”字形裂纹

图 4-17　试件 200℃-1 的裂纹 SEM 图

对试件 200℃-2，断裂发生在两预制缺口之间，破坏全程图如图 4-18 所示。

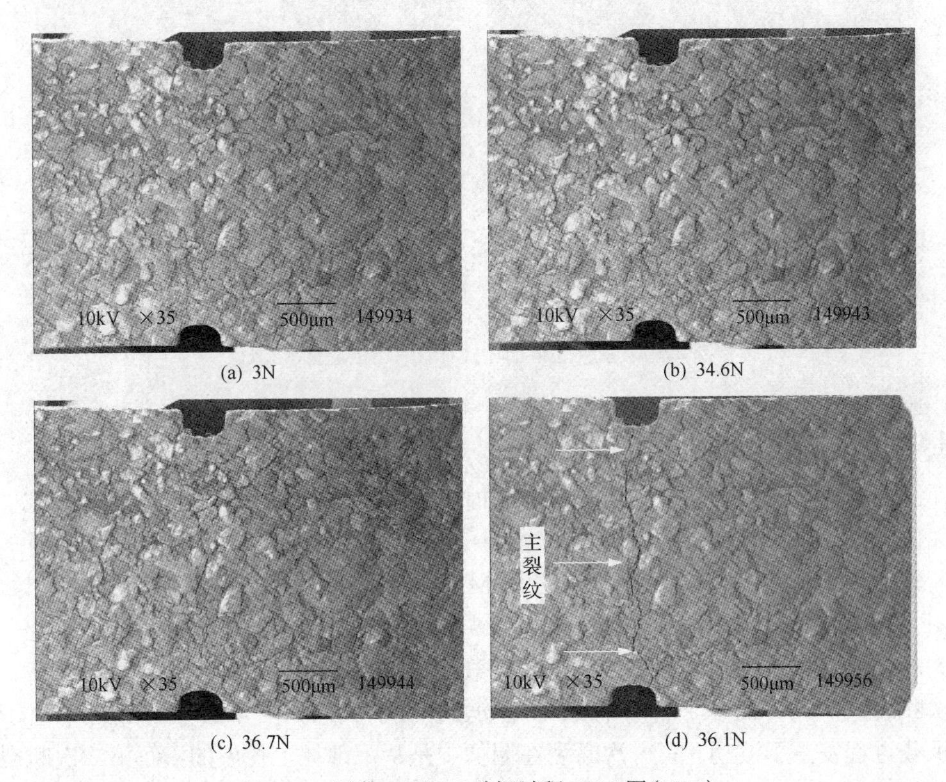

(a) 3N　(b) 34.6N

(c) 36.7N　(d) 36.1N

图 4-18　试件 200℃-2 破坏过程 SEM 图(35×)

对试件 200℃-3，破坏之前没有预兆，试件突然破坏，试件破坏全程图如图 4-19 所示。尽管试件下缺口比上缺口开的深，应力集中影响也显著，但裂纹并没有从下预制缺口附近产生，而是在上缺口附近产生，作者仔细对照了 SEM 图，可能是由于在上缺口附近存在一些强度较低的黏土矿物，导致了裂纹从上缺口附近开始，然后往下缺口扩展。裂纹在扩展到下缺口附近时，一些矿物颗粒出现了旋转。

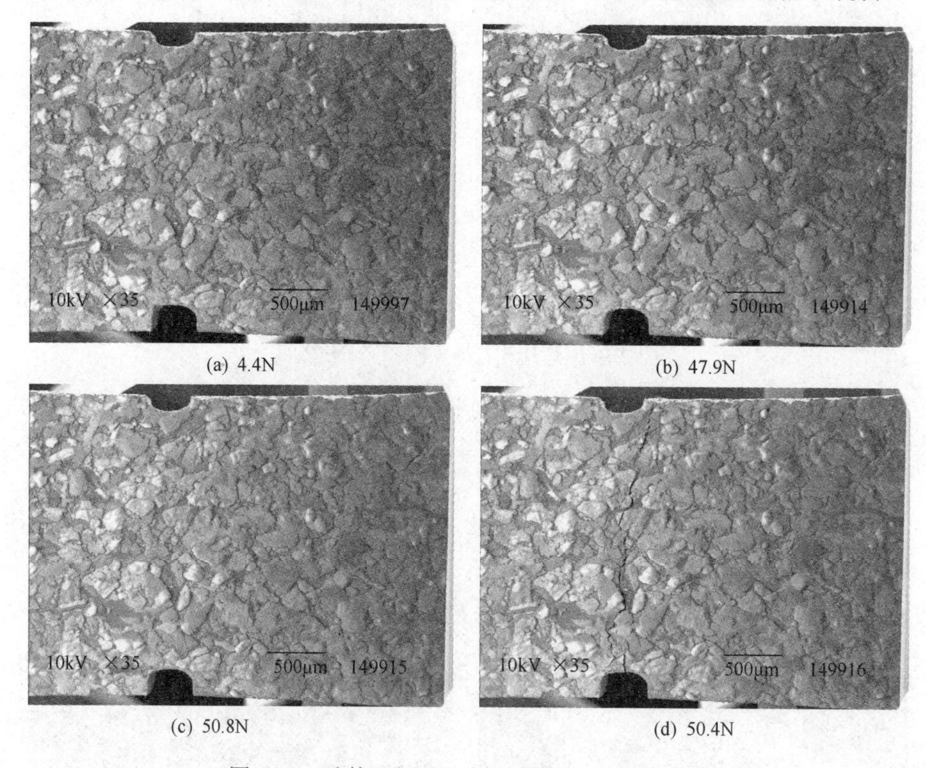

(a) 4.4N　(b) 47.9N

(c) 50.8N　(d) 50.4N

图 4-19　试件 200℃-3 破坏过程 SEM 图(35×)

4.3.5　温度 250℃时的破坏过程

对试件 250℃-1，当加载到 23.8N 时，试件下方少数承载颗粒出现了破裂，如图 4-20(b)所示。当荷载继续增加到 27.5N 时试件发生了第一次断裂，由于断裂太快，作者没能观察到断裂的 SEM 图，而是拍到了 15.7N 的 SEM 图，如图 4-20(d)所示，图中下半部分出现了破裂。继续加载，发现试件并没有完全丧失承载能力，还可继续承载。当继续加载到 22.4N，在试件上半部分发生了第二次断裂，如图 4-20(f)所示。荷载与座动器位移的关系如图 4-21 所示，图中显示承载过程发生了波动。第一次断裂在图像中是从下部往上扩展的，而第二次断裂是从上部往下扩展的，而且不在一个平面上扩展。由于这两次裂纹扩展存在一个时间差，当第二次断裂发生时，由于脆性裂纹扩展的速度非常快，使得两条扩展裂纹在交汇时超过了一个距离，但随后中间的薄弱岩桥即被撕裂，两条裂纹汇合在一起，最终导致了试件的整体破坏。可见在脆性破坏过程中，裂纹也可能沿着直线扩展一定距离后停下来，随着继续加载，接着又从另外一个部位开始破裂。这与试件 150℃-1 的破坏有相似之处。这两个实验现象说明砂岩在承受拉应力的过程中，可能并不是全部截面的矿物颗粒都在承载，或许开始时只是某截面的一部分矿物颗粒和黏土胶结物在承载，当这部分矿物被破坏，截面的另外一些矿物颗粒和黏土胶结物开始承载，这两部分颗粒如同并联在一个横截面上，起主要承载作用。这证明了很多学者在用并联杠杆研究岩石的损伤行为在某些情况下是符合实际的[18]。

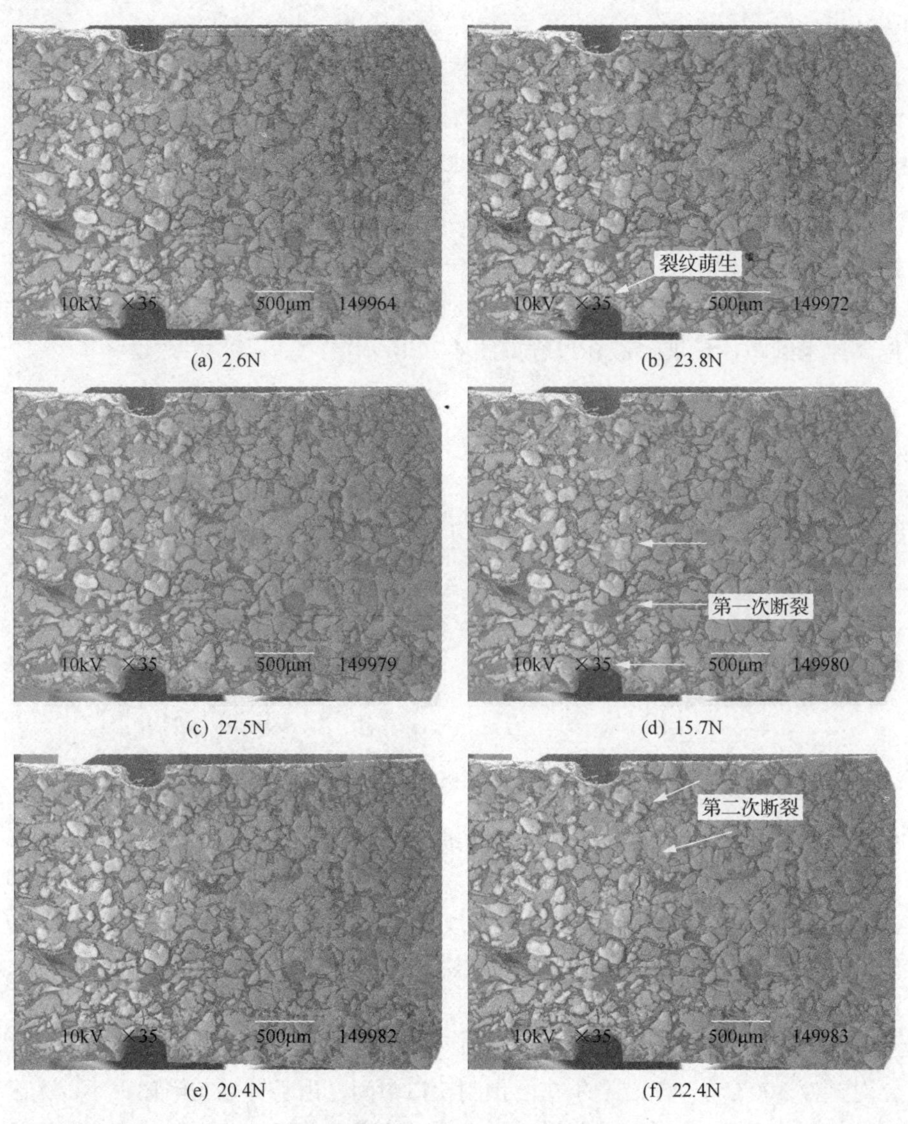

(a) 2.6N　(b) 23.8N

(c) 27.5N　(d) 15.7N

(e) 20.4N　(f) 22.4N

图 4-20　试件 250℃-1 破坏过程 SEM 图(×35)

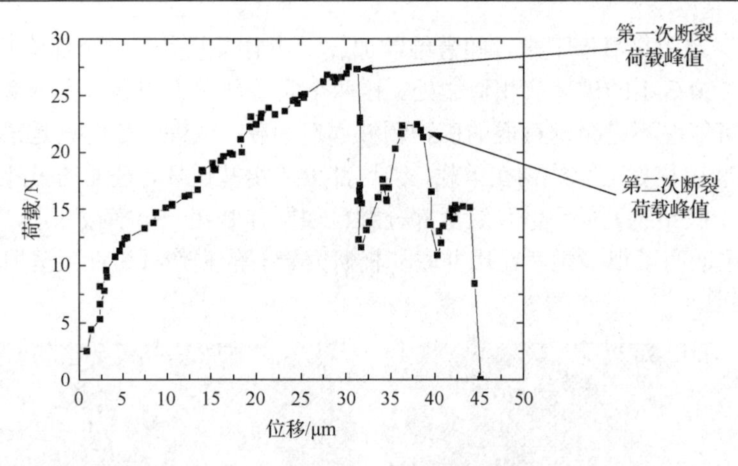

图 4-21 试件 250℃-1 荷载-位移曲线

对试件 250℃-2，当荷载达到 45.6N 时试件突然断裂，但在平行于主裂纹的地方，图中用椭圆标示的地方，也出现了一个微小的断裂。破坏时断裂从图中上缺口开始，当一大半的截面断裂后，局部地方出现了拉伸与剪力共同作用，导致裂纹偏离原来的路径扩展，破坏过程如图 4-22 所示。

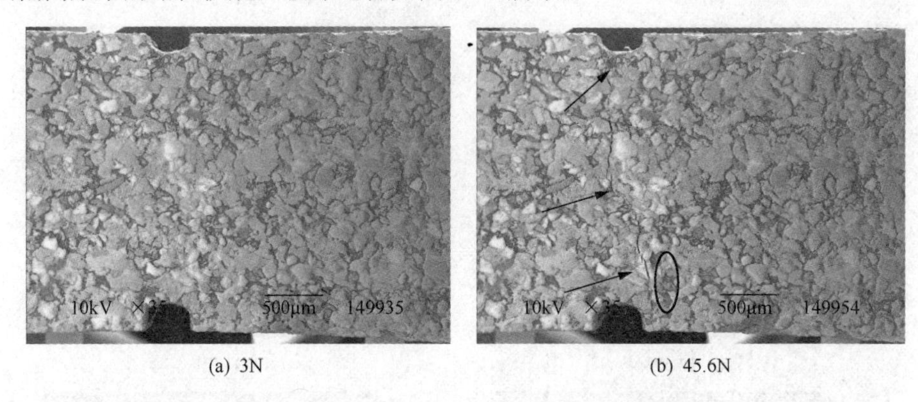

(a) 3N (b) 45.6N

图 4-22 试件 250℃-2 破坏过程 SEM 图(×35)

对试件 250℃-3，断裂发生在离预制缺口大约 4.5mm 的地方，因此没能观察到断裂过程。实验后取下试件发现断口有一颗较大的菱铁矿夹杂，而且断口出现很大的不规则性，由于菱铁矿的形状多为块状物，造成了局部区域出现较大的应力集中，该菱铁矿可能是造成试件破坏的主要原因。

4.3.6 温度 300℃时的破坏过程

对试件 300℃-1，断裂发生在两预制缺口中间，由于开始的断口很小，人眼看不清，如图 4-23(b)所示，但降温后，由于“冷缩”的缘故，断口才完全张开，如图 4-23(c)所示。

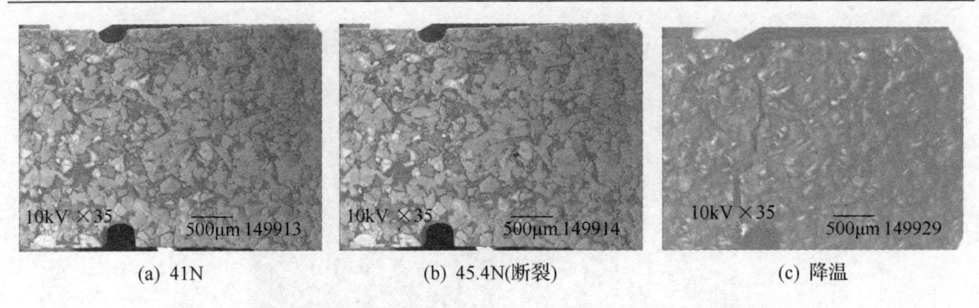

(a) 41N　(b) 45.4N(断裂)　(c) 降温

图 4-23　试件 300℃-1 破坏过程 SEM 图(×35)

对试件 300℃-2，破坏时依然是脆性断裂，一边穿过预制缺口，另一端离预制缺口不远(图 4-24)。

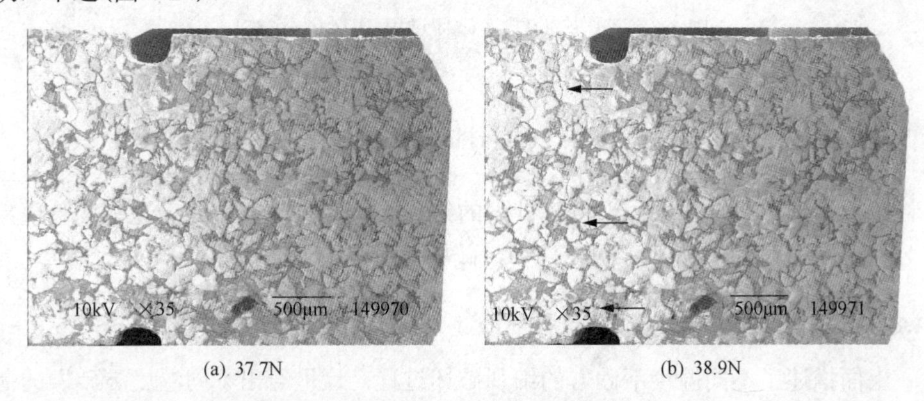

(a) 37.7N　(b) 38.9N

图 4-24　试件 300℃-2 破坏过程 SEM 图(×35)

对试件 300℃-3，当荷载加到 28.4N 时，首先在一个三角形形状的矿物颗粒和黏土胶结物之间出现了沿颗粒破裂，如图 4-25(b)所示。随着荷载的进一步增加，裂纹逐渐向上扩展，当荷载为 29.6N 时最终导致了整个试件的破坏，破坏时两边都穿过预制缺口，如图 4-25(c)所示。事实上，该三角形颗粒也发生了旋转，而这些旋转可能是深部岩石出现脆延转变的重要机制，这从实验上验证了文献[19]的观点。

(a) 4N

(b) 28.4N

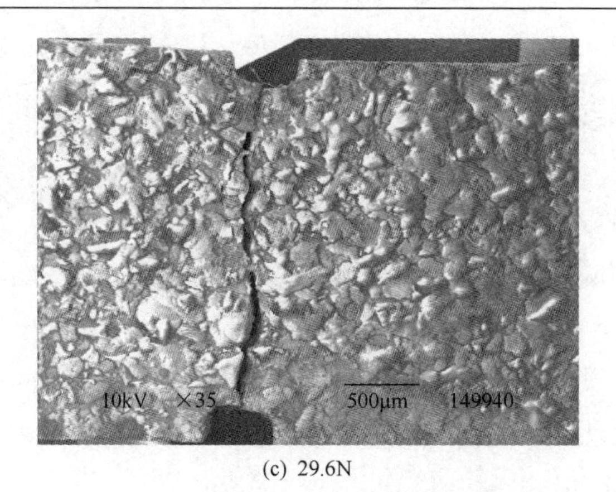

(c) 29.6N

图 4-25　试件 300℃-3 破坏过程 SEM 图(×35)

4.4　热力耦合作用砂岩破坏实验参数

以上详细地研究了不同温度下砂岩的细观破坏实验，下面针对这些实验现象来分析不同温度对砂岩破坏荷载-位移、破坏荷载和破坏位置的影响。

4.4.1　不同温度下砂岩的荷载-位移曲线

上面描述了不同温度下砂岩的细观破坏过程，这里给出不同温度下砂岩的荷载-座动器位移曲线，如图 4-26 所示，由实验设备自动记录而来。可以看出，温度低于 100℃的荷载-位移曲线具有很大的离散性，而温度高于 150℃之后，可以看出荷载-位移曲线除了峰值荷载有所差别，其他变化规律基本上是一致的，可以看出温度升高后导致岩石的变形协调能力得到加强。

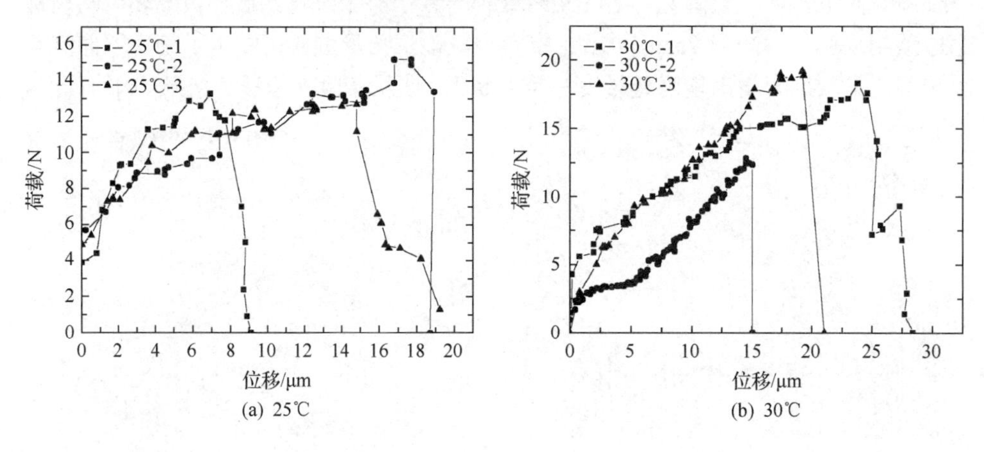

(a) 25℃　　(b) 30℃

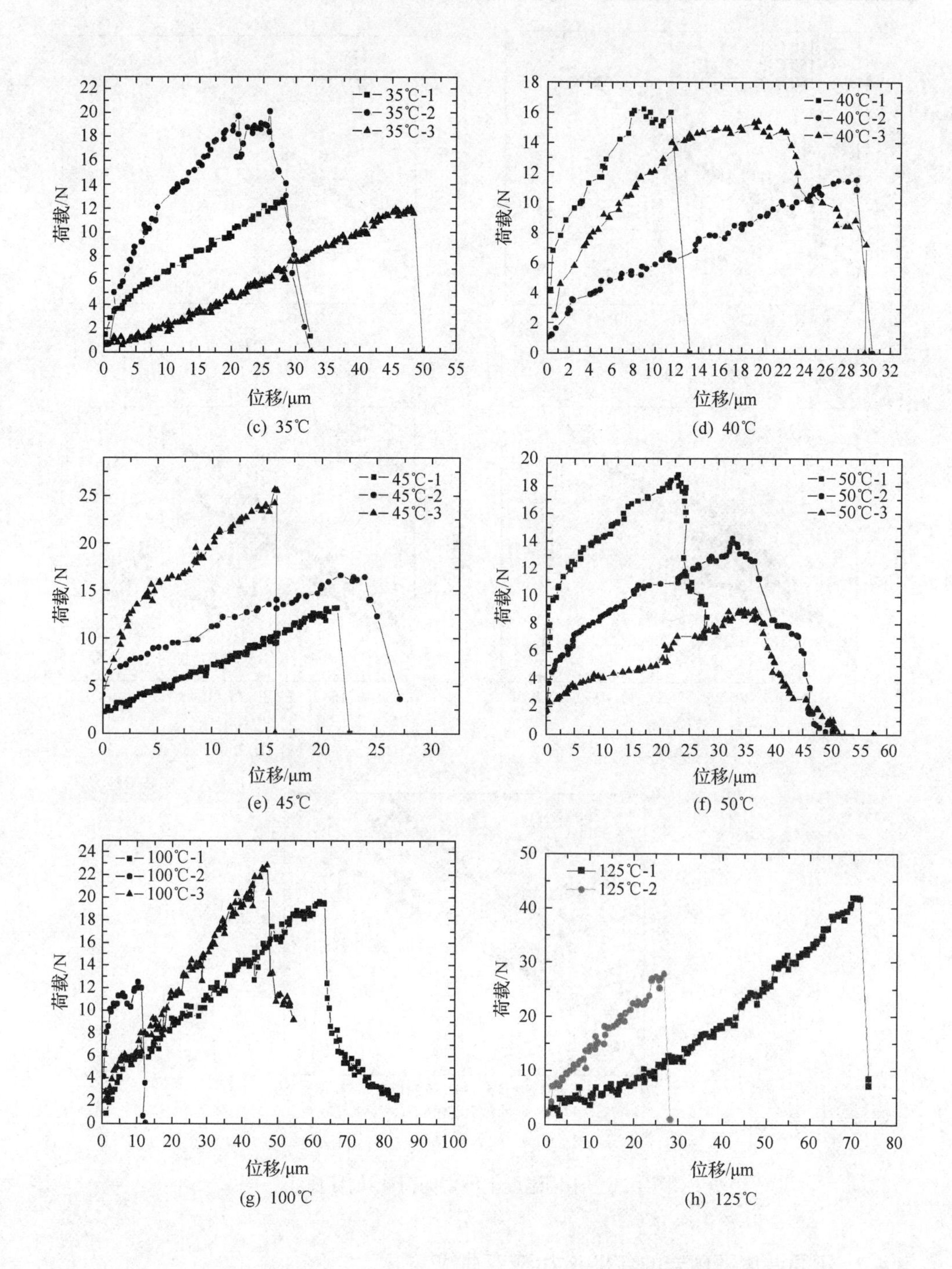

(c) 35℃

(d) 40℃

(e) 45℃

(f) 50℃

(g) 100℃

(h) 125℃

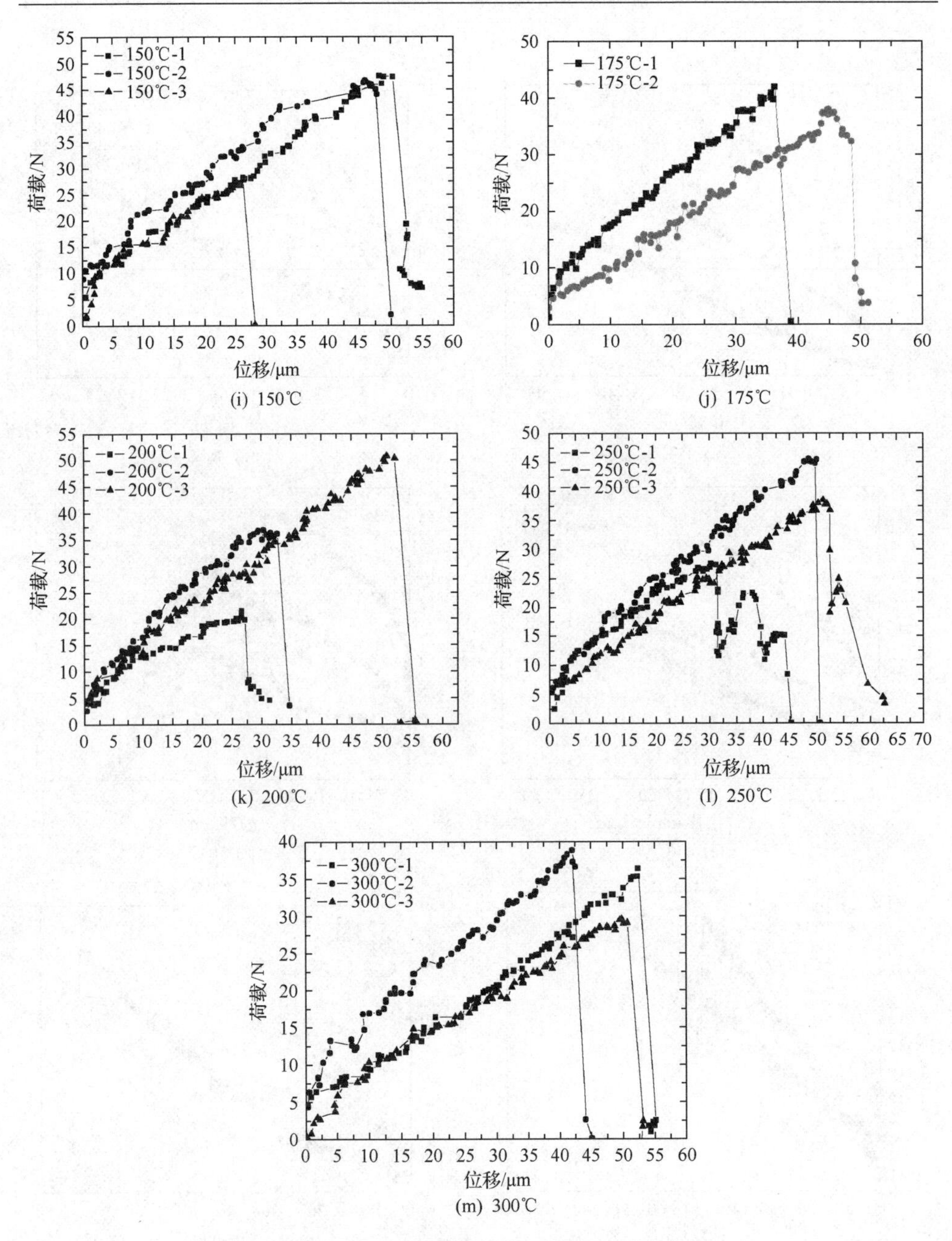

(i) 150℃　(j) 175℃　(k) 200℃　(l) 250℃　(m) 300℃

图 4-26　不同温度下砂岩的荷载-位移曲线

4.4.2　不同温度下砂岩的名义应力-应变曲线

名义应力-应变曲线中的应力由荷载除以实际断口的面积计算而来，应变由位移除以试件的有效长度而来。由于作者的实验采用了开预制缺口的试件，所以称其为名义应力-应变曲线，如图 4-27 所示。

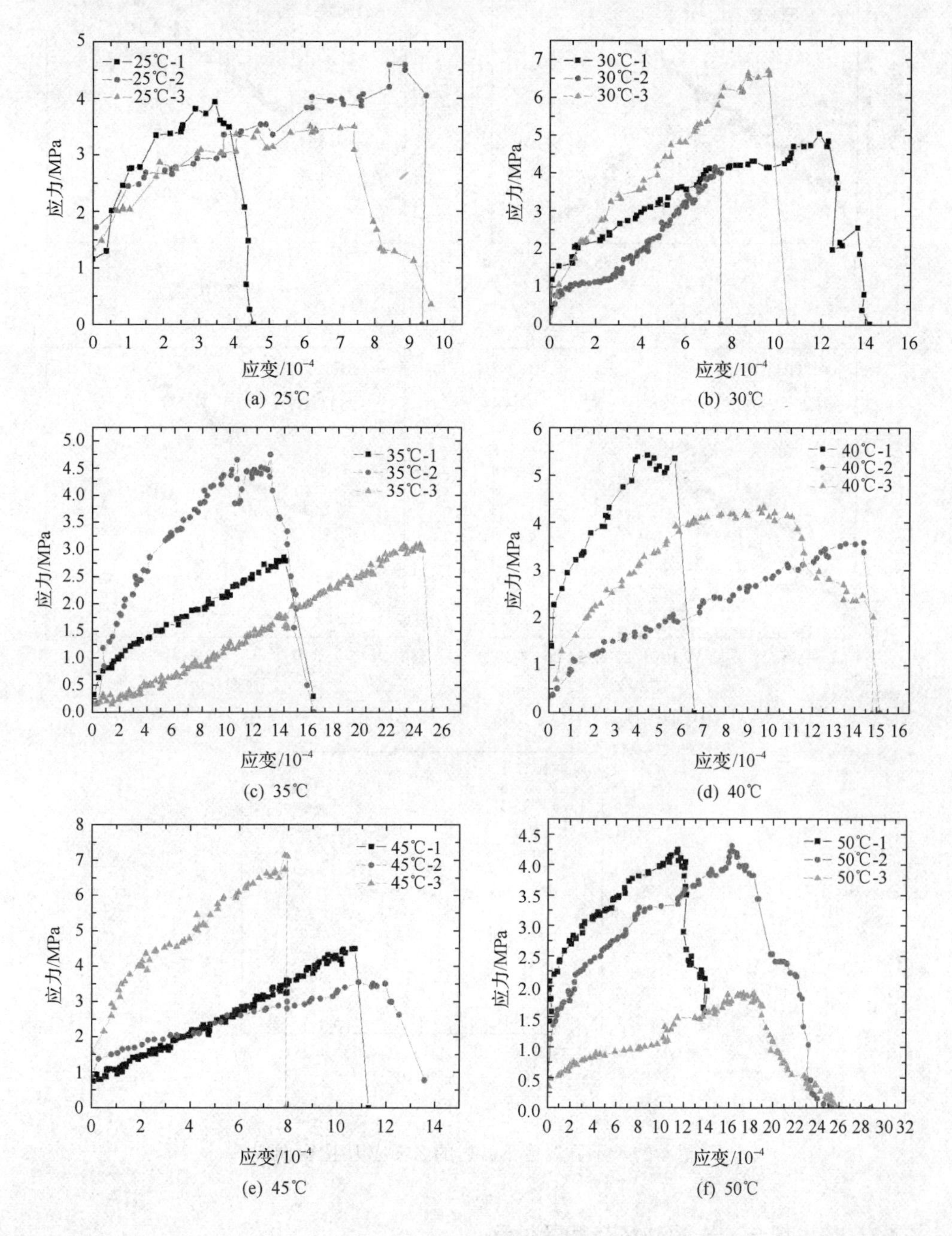

(a) 25℃　(b) 30℃

(c) 35℃　(d) 40℃

(e) 45℃　(f) 50℃

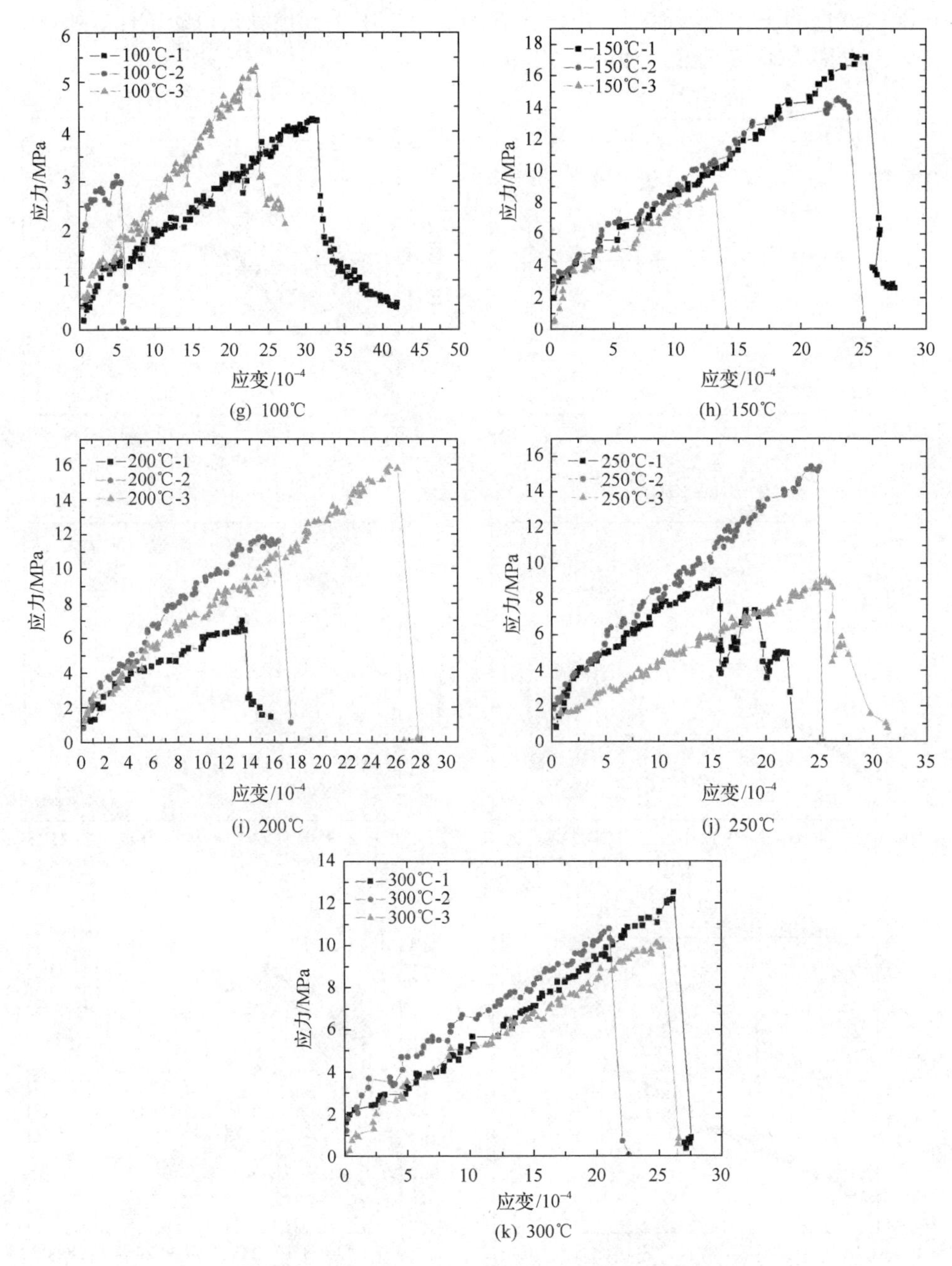

(g) 100℃

(h) 150℃

(i) 200℃

(j) 250℃

(k) 300℃

图 4-27　不同温度下砂岩的名义应力-应变曲线

4.4.3　热力耦合砂岩的破坏荷载及位移

不同温度下砂岩试件的断裂荷载的关系用图 4-28 表示，从统计意义上可以看出，150℃之后砂岩的承载能力有了明显的提高。预制缺口的深度基本上在 0.16～0.23mm，如图 4-29 所示，这样的加工精度相对岩石这种材料来讲是算高的。图 4-30 给出了所有试件断裂时座动器的最大位移。由于所有试件的尺寸变化较小，为了便于比较，作者把各个温度下最大位移取了平均值，如图 4-31 所示。表 4-1 给出了详细的实验情况记录。

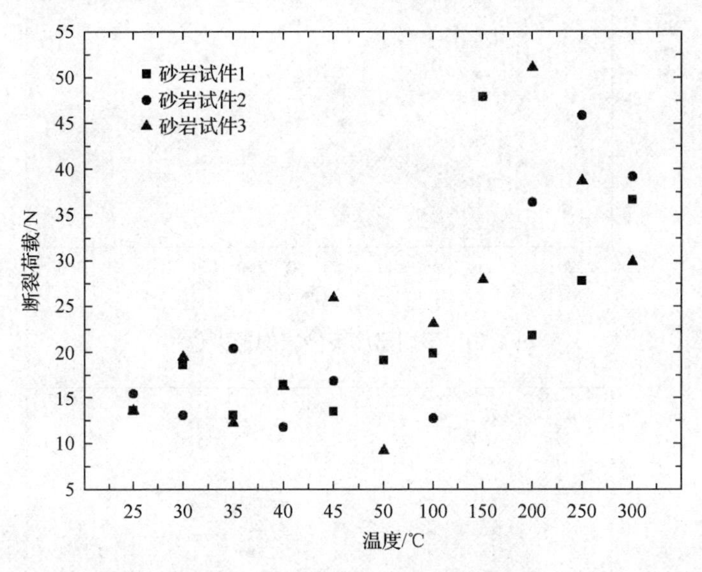

图 4-28　不同温度下砂岩的断裂荷载

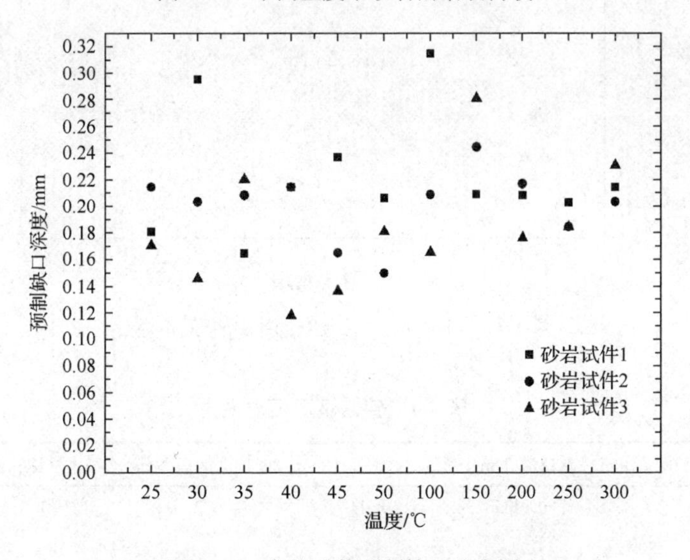

图 4-29　全部试件预制缺口分布图

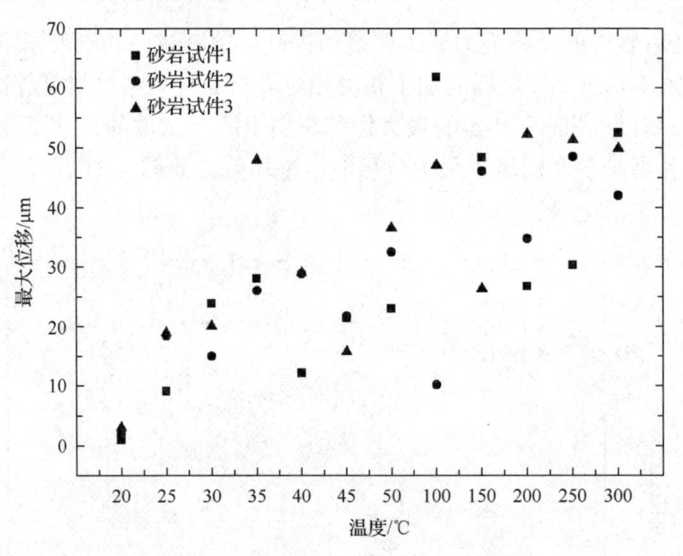

图 4-30　不同温度下砂岩的最大位移

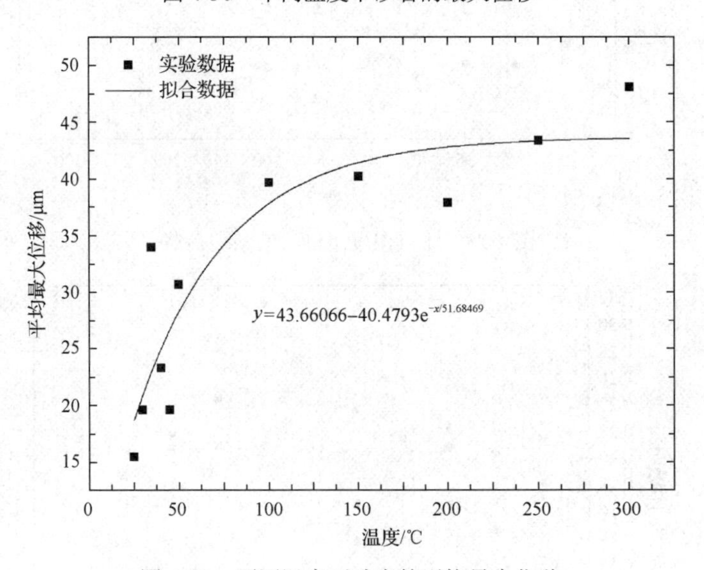

图 4-31　不同温度下砂岩的平均最大位移

表 4-1　实验情况汇总表

试件编号	缺口距离/mm	缺口深度/mm	断口离缺口 1/mm	断口离缺口 2/mm	最大位移/μm	断裂荷载/N
25℃-1	2.1	0.1805	0.611	2	9.1	13.3
25℃-2	2.29	0.214	6	6.6	18.4	15.2
25℃-3	2.36	0.17	0	0	18.9	13.3
30℃-1	2.15	0.2945	5.1	5.4	23.8	18.3

续表

试件编号	缺口距离/mm	缺口深度/mm	断口离缺口 1/mm	断口离缺口 2/mm	最大位移/μm	断裂荷载/N
30℃-2	2.13	0.203	0	0.166	15	12.8
30℃-3	2.09	0.1455	0	0	20	19.2
35℃-1	2.12	0.164	8.5	8.3	28	12.8
35℃-2	2.1	0.208	6	6	26	20.1
35℃-3	2.17	0.22	2	2.4	47.9	12
40℃-1	2.03	0.214	0.715	0.421	12.1	16.2
40℃-2	2.08	0.214	0	0.556	28.8	11.5
40℃-3	2.22	0.118	2.5	1.84	29	16
45℃-1	2.09	0.2365	0	0	21.4	13.2
45℃-2	2.39	0.1645	8	8.1	21.7	16.6
45℃-3	2.25	0.136	1.8	1.9	15.7	25.6
50℃-1	2.587	0.206	1.52	1.59	23	18.8
50℃-2	2.4	0.1495	0	0	32.5	14.2
50℃-3	2.28	0.1805	11.7	12	36.5	9
100℃-1	2.1	0.314	10.2	10.3	61.8	19.6
100℃-2	2.394	0.2085	2.8	2.5	10.2	12.5
100℃-3	2.41	0.165	3.5	4.3	47	22.8
125℃-1	2.27	0.1444	0	0.116	73.5	41.9
125℃-2	2.233	0.161	0	0	26.9	27.7
150℃-1	1.97	0.2085	0	2.07	48.3	47.6
150℃-2	2.2	0.244	0	0	46	47.6
150℃-3	2.09	0.2805	0.2	0	26.3	27.6
175℃-1	2.228	0.175	0	0.367	36.4	41.8
175℃-2	2.172	0.161	0	0	44.9	37.9
200℃-1	2.09	0.208	0	0.473	26.7	21.5
200℃-2	2.12	0.2165	0	0	34.7	36.1
200℃-3	2.14	0.176	0.3	0	52.2	50.8
250℃-1	2.07	0.2025	0.411	0	30.3	27.5
250℃-2	2.04	0.184	0.08	0.311	48.5	45.6
250℃-3	2.02	0.184	4.5	4.5	51.2	38.4
300℃-1	2.11	0.214	0.2	0.2	52.4	36.4
300℃-2	2.11	0.203	0.467	0	42	38.9
300℃-3	2.133	0.2305	0	0	49.8	29.6

4.4.4　温度对砂岩抗拉强度的影响

图 4-27 显示，温度低于 100℃的应力-应变曲线具有很大的离散性，并且表现出峰值前是曲线，而其切线模量的逐渐较小说明砂岩在逐渐劣化，曲线表现出向上凸的特征；峰值应力之后，砂岩试件不是立即破坏，而是强度逐渐丧失的过程，曲线表现出向上凸的特征，但与峰值前的凸有所区别，峰前曲线是向左上凸，峰后曲线是向右上凸。而当温度达到 150℃或者更高温度时，从图 4-27(h) 至图 4-27(k) 看到应力-应变曲线发生了变化，每组实验三个试件的破坏规律基本一致。试件破坏之前，应力-应变关系几乎呈直线，而且每组实验的切线弹性模量大致相同，破坏的趋势也类似，只是强度的大小有所不同，这与很多岩石的压缩实验有类似之处，即岩石强度的离散性很大。但与计算出来的抗拉强度来比较，温度 150℃、200℃、250℃和 300℃的抗拉强度都远远高于温度低于 100℃的抗拉强度，如图 4-32 所示。可以看出只有试件 200℃-1 的抗拉强度值 6.99505MPa 比试件 45℃-3 的抗拉强度 7.13848MPa 低，其余 150℃、200℃、250℃和 300℃试件抗拉强度都比温度低于 100℃试件抗拉强度高。对每组实验的抗拉强度取平均值明显看出，温度从 25℃升到 150℃后，砂岩试件的抗拉强度有了明显的提高，温度 150℃、200℃、250℃和 300℃的实验中试件的平均抗拉强度值为温度低于 100℃的平均抗拉强度值的 2.1155～3.9969 倍；随着温度进一步升高到 300℃，抗拉强度略有下降，如图 4-33 所示。可见 150℃左右是抗拉强度变化的临界温度，这与前面的章节结论都是吻合的。

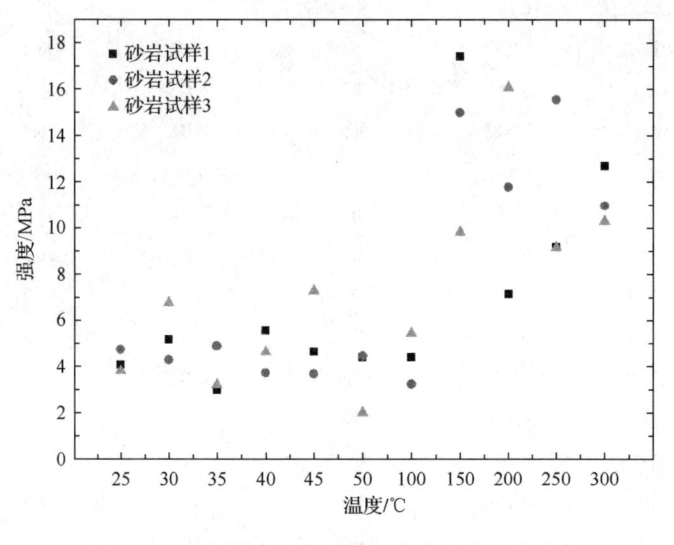

图 4-32　不同温度砂岩单轴拉伸实验的名义强度

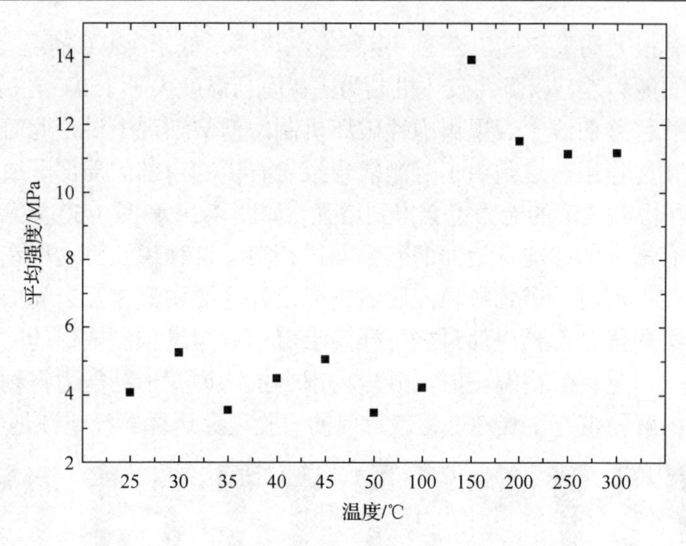

图 4-33　不同温度砂岩单轴拉伸实验的平均强度

4.4.5　热力耦合砂岩破坏位置分布

从理论上讲，砂岩试件应该在预制缺口处发生断裂，因为一方面通过预制缺口的截面积最小，另一方面预制缺口会改变其附近的应力场，导致应力集中出现，在外部荷载作用下，其附近区域最先达到破坏极限。但事实上实验结果并非如此。从 33 个实验中的试件破坏后的断口分布图 4-34 可以看出，温度低于 100℃的实验破坏后断口分布具有很大的分散性，21 个试件中只有 6 个试件在预制缺口处断裂，其余都随机分布在试件的各个截面，有的甚至发生在面积很大的截面上，即离预制缺口很远；而 125℃、150℃、175℃、200℃、250℃和 300℃的 16 个试件中有 15 个试件从预制缺口处或附近断裂，试件 250℃-3 没从中间断裂的原因是试件局部地方有菱铁矿。这一定程度上也说明了，温度低于 100℃实验中砂岩试件的破坏以脆性断裂机制为主导作用，断裂的位置有很大的离散性；而温度为 125℃、150℃、175℃、200℃、250℃和 300℃的实验中，由于加热电阻丝离预制缺口较近，此时砂岩试件的局部区域受到温度的强烈影响，断裂都发生在受热部位附近的区域，即在预制缺口附近断裂，此时砂岩的破坏以延性断裂机制为主导作用。作者对此是这样解释的，在温度低于 100℃的实验中，由于温度较低，脆性机制占主导，因而导致了裂纹在扩展时具有很大的随机性。由于砂岩内部存在很多随机分布的微裂纹，在荷载初期，这些随机分布的微裂纹在未扩展前都“想”朝穿过预制缺口横截面扩展，但由于脆性机制占主导，一旦裂纹发生扩展时，这些裂纹的扩展是灾变性的、突发的，再加上岩石的强非均质性，这些裂纹会“无法控制”自身的扩展，或许连裂纹自己本身都无法知道自己会向哪个方向扩展，因而导致了断裂位置分布具有很大的离散性。这在一定程度上说明了低于 100℃的温度时，砂岩内部协调变形的能力差，以脆性破坏机制为主。而当温度大于 150℃之后，此时尽管从宏观上荷载位移曲线上表现出脆性破坏机制，但从细观上讲，此时的破坏机制有延性机制在起作用，这是由于热激活导致岩石矿物内部的局部区域延性性质增强，而抵抗和协调变形的能力也会得到增强，如图 4-29 和图 4-30 显示最终断裂时的最大位移有增大的趋势，后面的研究同样证实了这种说法。这样在外部荷载作用下，裂纹在扩展时，矿物颗粒及胶结物能很好地协调好相互之间的变形，这也好像岩石各组成部分都预先商量好一样，沿着一条穿过预制缺口的主裂纹扩展最终导致断裂。可见在较高温度时，砂岩内部自主协调变形的能力得到了提升。尽管作者这样的解释带有主观性，但就目前的实验现象这样解释或许是可行的。

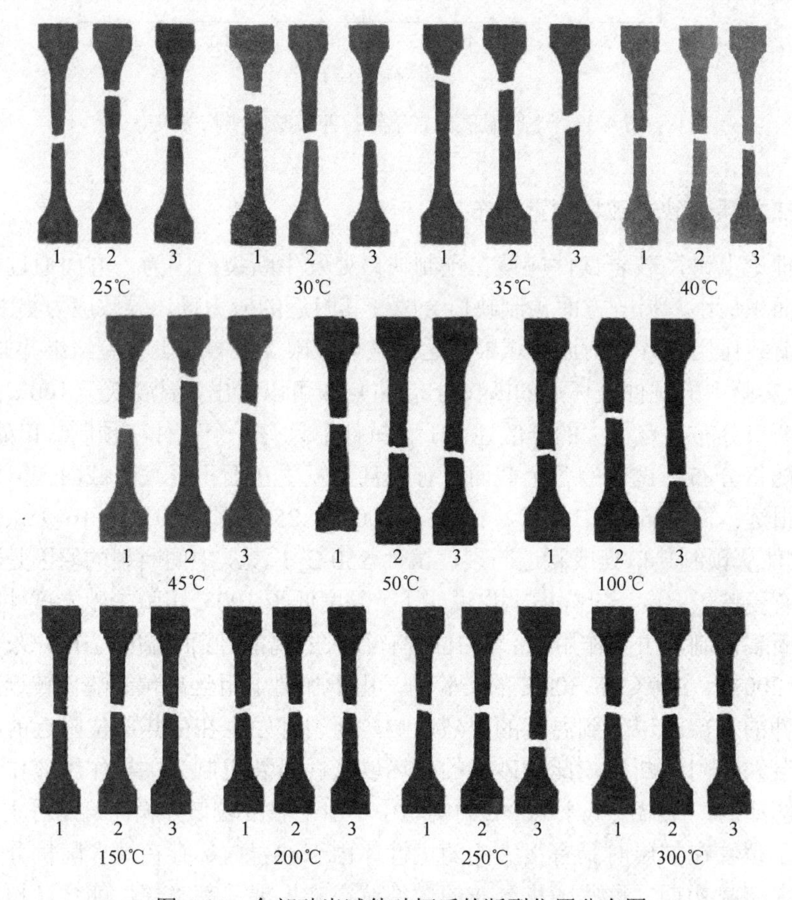

图 4-34　全部砂岩试件破坏后的断裂位置分布图

砂岩试件最后断裂的最大位移与温度的关系呈现出指数关系，如图 4-31 所示，经拟合可用下式表示：

$$y = y_0 - A_1 \exp\left(-\frac{T}{t_1}\right) \tag{4-1}$$

式中，y 为任意温度下岩石的最大位移；T 为温度；y_0、A_1 和 t_1 为拟合常数，与岩石的性质和温度相关，且为正值。式(4-1)也表明，无论温度如何高，对某一具体试件而言总有一个位移极值，这由岩石材料的具体性质来确定。

在温度低于 125℃的实验中，砂岩试件表面弥散分布着一些支裂纹或二次裂纹，例如室温 25℃、30℃、40℃和 50℃的实验都观察到；而当温度大于 150℃之后，砂岩试件的主裂纹附近很少出现其他的支裂纹，这在一定程度上说明随着温度的升高，破坏的机制在由脆性机制向延性机制的转变，或者说有这种转变的趋势。

实验表明砂岩的承载能力在 150℃之后有了很大的提高，如图 4-27 所示，事实上这并非偶然，在第 3 章热开裂实验中同样发现 150℃是个特征温度，即热裂纹开始萌生的温度。作者对比了所有试件的预制缺口的深度，如图 4-28 所示，总体说来 150℃的三个试件的预制缺口都偏大，但其承载能力却偏高，从断裂力学的角度上讲，这是不合常理的；而从 250℃的三个试件来看，预制缺口的深度与温度低于 150℃的那些试件几乎相同，但其承载能力要却比低温试件的强度高，所有这些都只能说明一点，此时的温度对试件承载能力的影响是很大的。另外 250℃三个试件的预制缺口深度都比 150℃三个试件的预制缺口深度要小，而其承载能力从统计意义上讲却要小些，这也再次说明了 150℃是承载能力达到极值的温度，即 25℃到 150℃之间，承载能力随着温度的升高而增加，并且到 150℃时承载能力达到极值；当温度超过 150℃之后，承载能力又会有所下降，这主要是由于热开裂的影响。

4.5　热力耦合作用砂岩破坏分析和讨论

由前面得到温度从 25℃升到 150℃后，砂岩试件的抗拉强度有了明显的提高；而随着温度进一步升高到 300℃，抗拉强度有所下降。这与第 1 章绪论中宏观研究结论不完全相符，因为多数宏观实验的研究表明，随着温度的升高，岩石的强度会有所下降，如图 1-8 所示，而不会出现前面一段强度升高的现象。造成上述结果的原因，作者认为是细观尺寸及温度对岩石矿物的行为产生了影响。

就细观尺寸而言，一方面是尺寸效应的问题；另一方面在这样一个小的尺度下，岩石试件的边界效应变得更为明显，而在温度的影响下，其边界条件更为不确定。由于受温度影响下的这种小尺度岩石试件的拉伸强度研究还少有报道，结论的正确与否还有待进一步的实验研究。

岩石矿物颗粒及黏土矿物均受到温度的影响。一般来说，矿物颗粒受温度影响较小，而黏土矿物受温度影响较大。因此，出现上述的结果主要是由于黏土矿物在起重要的影响作用。实验采用的平顶山砂岩黏土胶结物的含量约为 20%，其他矿物成分约为 80%。通常来讲，砂岩整体的强度会由矿物颗粒和黏土矿物共同决定，根据最弱环原理：最危险裂纹的失稳破坏会导致材料的整体破坏。由于矿物颗粒通常强度较高，而黏土胶结物的强度较低，从统计意义上讲最危险的裂纹在黏土胶结物或者黏土胶结物与矿物颗粒的交界处更容易产生。当矿物颗粒与黏土胶结物的强度相差较远时，岩石的整体强度在很大程度上受到较弱物质的影响，此时岩石的破坏取决于黏土胶结物的破坏；而当矿物颗粒与黏土胶结物的强度相差程度比前者有所减少时，此时岩石的整体强度更多的是受到矿物颗粒和黏土胶结物共同的影响。或者说，此时岩石的破坏更多意义上是矿物颗粒和黏土胶结物组成的整体结构的破坏失稳。温度较低时(如 50℃和 100℃)，由于黏土胶结物的强度较低，导致了砂岩的拉伸强度较低；而当温度进一步升高到 150℃时，温度的升高改变了黏土矿物内部物质的组成结构，部分原因还可能是由于内部吸附水或层间水分的蒸发导致了黏土胶结物强度升高，从而导致岩石整体的拉伸强度提高。这里需要说明的是，通常组成岩石的矿物一般都存在吸附水、层间水和结构水，吸附水和层间水与矿物的结合比较松弛，通常在 100～200℃温度下即可脱出，而脱出晶格的结构水的温度则较难，通常温度要高达 400～800℃才有可能脱出，不同种类的岩石内部的结合水脱出的温度会有所不同。黏土胶结物会因为水分的脱出而强度有所升高的现象可以通过我们日常的生活来简单的说明。淤泥的强度很低，或者说其就是流体几乎没有强度可言，如果让其慢慢干燥或者直接把水分蒸发，淤泥会变成固体，其强度会得到很大的提高。另外就是制作陶瓷的瓷土，其初始强度也是较低的，经过一定的制作工艺之后，其强度得到了很大的提高，工艺中较重要的部分就是烧瓷的“火候”问题，其实就是控制好其温度的问题。作者认为这些问题有类似之处，即在作者的实验中温度升高后，黏土胶结物的强度会有所提高。但同样黏土物质强度的提高也有“火候”问题，根据作者的实验结果，这个临界温度就是 150℃。

先从实验数据比较，在 150℃的实验中，拉伸强度超过 14MPa 的有 2 个试件(试件 150℃-1 和试件 150℃-2)，而 200℃，250℃和 300℃的实验中各有 1 个试件的拉伸强度超过 14MPa(试件 200℃-3、试件 250℃-2 和试件 300℃-1)，而 50℃和 100℃的实验中没有。从概率上讲，在 150℃的温度下实验测得较高拉伸强度的概率大，而实际上在 150℃的平均拉伸强度也是最大的，如图 4-32 和图 4-33 所示。另外，作者在实验过程通过 SEM 观察到的热开裂现象同样表明[20]，在 150℃的实验中 3 个试件的黏土胶结物及矿物颗粒表面几乎都没有出现热开裂；而在 200℃，250℃和 300℃的实验中都或多或少发现了黏土胶结物表面出现了很多热开裂的现象，而且矿物颗粒表面上也出现了开裂的现象。这在一定程度上说明，在 150℃的实验时黏土胶结物的强度较高，其处于最佳承受荷载的工作状态；而在更高温度 200℃，

250℃和 300℃时由于局部的黏土胶结物表面出现了热干裂及矿物颗粒表面的热开裂现象，这一方面会引起黏土胶结物的强度下降，另一方面会引起胶结物与矿物颗粒的脱离，从而导致整体结构比 150℃时的整体结构更容易破坏失稳。

作者对经 300℃影响后的砂岩做磨片分析证实了这个观点，如图 4-35 所示，视域内的石英颗粒较粗，全部发生消光现象；脆性变形与塑性变形均不甚强烈；部分石英颗粒断开，局部石英颗粒表面似有脱落物脱落而使其表面不平，这可能是由于外部荷载和温度共同影响造成的，比起室温的磨片分析图 3-3 有明显的不同。

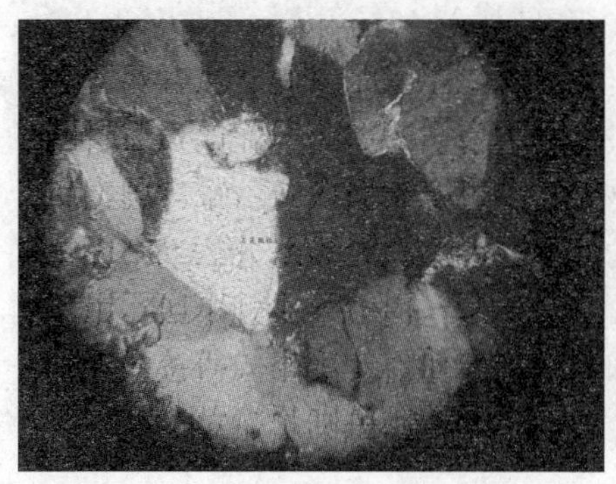

(a) 试件300℃-1

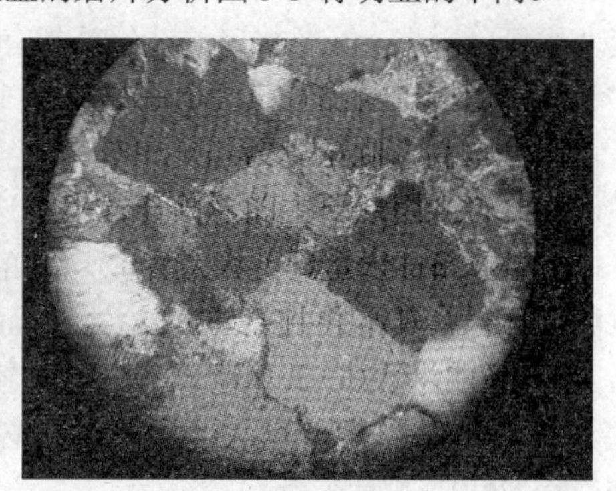

(b) 试件300℃-2

图 4-35　磨片分析(300℃，正交偏光，×25)

另外在 150℃、200℃、250℃和 300℃的 12 个试件的实验中，有三个试件的实验现象值得说明，试件 150℃-1 的断裂发生在两个不同的地方，而试件 250℃-1 和试件 250℃-3 在突然的断裂之后，承载能力并没有完全消失。这三个试件的实验现象一定程度上说明此时岩石的破坏虽然依然是脆性机制占主导地位，但此时的脆性破坏并不是灾害性的，其强度并不完全丧失，这或许是由于内部有塑性变形机制在起一定的作用。事实上，后面第 8 章断口微观机制的研究中也可以看出，在温度大于 150℃的实验中砂岩试件断口出现了大量的塑性变形，这种塑性变形使得外界要破坏砂岩试件需要消耗更多的能量，从宏观上表现出砂岩试件抗拉强度的提高。这样就解释了图 4-32 和图 4-33 的现象，温度从 50℃升到 100℃，拉伸强度会缓慢升高，但变化不大，部分原因是随着温度的升高，黏土胶结物的强度性能有所提高，但不明显；部分原因是岩石实验的离散性造成的，这是由于岩石这种地质材料的非均质性造成的；温度从 100℃升到 150℃时，拉伸强度会突然升高，一方面是细观尺寸的实验的原因，具体尺寸和边界效应的影响还有待进一步研究；另一方面由于温度升高导致黏土胶结物内部结构发生了变化，黏土胶结物的强度得到了很大的提高，从而导致了黏土胶结物和矿物颗粒组成的整体结构拉伸强度得到了很大的提高；而温度从 150℃升到 200℃，250℃和 300℃，拉伸强度又会有所下降，这是由于过高的温度会导致黏土胶结物和矿物颗粒表面出现了热开裂及温度过高，从而导致矿物颗粒与黏土胶结物脱离，而 200℃，250℃和 300℃的平均拉伸强度的差异可认为是岩石的非均质性及实验的离散性造成的[15, 16]。

以上的分析可近似说明，在温度低于 100℃的实验中，砂岩的破坏机制还主要为脆性破坏机制，这导致了其破坏特征有很大的不同，或者通俗的说，同一类砂岩试件在破坏时有很大的随机性。这里作者把破坏的随意性同脆性破坏的机制联系等同起来。而在 150℃、200℃、250℃和 300℃的实验中主裂纹附近没有发现支裂纹，一定程度上说明砂岩的断裂有延性机制在起作用。但就全部实验的应力-应变曲线可以看出，好像得出的结论总是有些相矛盾的地方，因为从温度低于 100℃实验的应力-应变曲线的弯曲程度来看，此时的岩石破坏好像表现出塑性变形的特征，而温度大于 150℃的实验应力-应变曲线在破坏之前几乎都是直线，这似乎又说明此时脆性变形机制在起主导作用。这或许是个非常有意思的探讨，或许也是一个非常愚蠢的讨论，因为这样的讨论的本身看上去就是相互矛盾的。但就第 8 章的分析，温度大于 150℃的实验中砂岩的断口确实发生了塑性变形。由此作者认为，对岩石这种非均质性材料来说，其细观的变形机制同宏观表现的行为不能等同起来，因此分析岩石的变形机制时还必须考虑岩石自身的矿物结构、矿物成分、胶结物的性质等因素。

4.6 基于实验的热力耦合作用砂岩的分段强度理论

本章给出了大量的论据都证实，对于平顶山砂岩而言，从 25℃升到 100℃后，砂岩试件的抗拉强度有缓慢变化；温度由 100℃升到 150℃后，抗拉强度有了明显的提高；而随着温度进一步升高到 300℃，抗拉强度又会有所下降。基于我们的实验研究和分析讨论，作者在建立理论模型是这样考虑的：在低于 150℃的实验中，随着温度的升高砂岩的抗拉强度会有所升高，这主要是由于温度升高影响了其硬化参数，因此在这个阶段可以由一个随着温度升高而升高的硬化参数来表示。温度进一步升高后，砂岩的抗拉强度又会有所下降，这是因为砂岩表面已经出现热开裂或其他一些劣化，这也会影响到硬化参数，此时可通过一个随温度变化的损伤变量和硬化参数来综合表示。可见在临界温度 150℃的前后，不同温度对砂岩抗拉强度的影响机制是不同的，因此不能通过某一对称函数来描述，只能采用非线性的分段函数来对此研究。

假设在 25℃时砂岩试件的抗拉强度是个恒定的常数 σ_0，针对抗拉强度在温度低于 100℃时变化缓慢，而在 100℃到 150℃的过程会在某个范围内有突增的过程，假设用一个指数增函数来表示温度对岩石抗拉强度的影响：

$$\sigma = \sigma_0 + A\mathrm{e}^{T/T_0} \tag{4-2}$$

式中，σ 为温度在 25～150℃任意温度砂岩的抗拉强度；σ_0 为 25℃时砂岩的抗拉强度；T 为 25～150℃任意温度；A 和 T_0 为特征常数，受到砂岩自身的性质和温度的影响。

当温度超过 150℃之后，此时抗拉强度又会有所下降，为了与前面相对应，作者采用指数减函数的形式来综合表示损伤和硬化参数的影响，但还要受到实验测量的不同温度下砂岩最大和最小强度的限制，而 Boltzmann 分布正好是这样的分布，因此假设 150～300℃时不同温度下砂岩的抗拉强度可表示为

$$\sigma = \sigma_{\min} + \frac{\sigma_{\max} - \sigma_{\min}}{1 + e^{(T - T_0)/\mathrm{d}x}} \tag{4-3}$$

式中，σ 为温度为 150～300℃任意温度砂岩的抗拉强度；T 为 150～300℃任意温度；$\sigma_{\max}$ 和 $\sigma_{\min}$ 分别为实验确定的最大强度和最小强度；$\mathrm{d}x$ 和 T_0 为拟合特征常数，由砂岩的性质和温度来确定。通过部分实验 25℃、100℃、150℃和 300℃的实验结果进行了拟合，得到式(4-4)：

$$\sigma = \begin{cases} 4.24643 + 6.64765 e^{T/15.65118} \times 10^{-4} & 25℃ < T \leqslant 150℃ \\ 11.15 + \dfrac{13.983 - 11.15}{1 + e^{(T - 183.37)/8.6909}} & 150℃ < T \leqslant 300℃ \end{cases} \tag{4-4}$$

由式(4-4)与其他温度的实验结果做比较，如图 4-36 所示，得到理论模型的分析预测与实验结果还是很吻合的。据于此，我们还可以对其他未实验的温度点的抗拉强度做大概的预测，这可为工程设计提供指导。

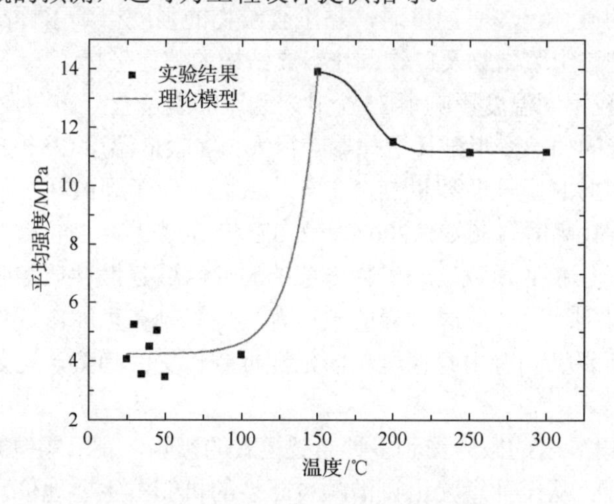

图 4-36　分段强度理论模型与实验对比

本章研究了不同温度下砂岩的细观变形破坏过程及不同温度对砂岩的变形破坏特性的影响，实时在线观察和研究了温度-应力共同作用下砂岩的细观破坏过程，观察到砂岩的脆性断裂可同时在不同地方发生、不同矿物可能是独立承载、裂纹分叉等新现象。针对不同温度下的砂岩细观破坏做了详细的分析和研究，得出了150℃左右是细观砂岩承载能力变化的临界温度，并且随着温度的升高，砂岩的细观断裂机制有由脆性机制向延性机制转变的趋势，抵抗和协调变形的能力也会得到增强，这是温度影响砂岩强度变化的表现。本章小结如下。

(1)实时在线观察和研究了温度-应力共同作用下砂岩的细观破坏过程，加深了对砂岩细观破坏机制的认识：发现砂岩的脆性断裂可在两个甚至多个地方起裂；不同截面的矿物甚至同一截面的不同矿物可能是独立承载的；砂岩在承载过程中，可能并不是所有的矿物都参与承载，或许开始时只是截面的某一部分矿物在承载，当这部分矿物被破坏，截面的另外一部分矿物，或者另一个截面的矿物开始承载，直到破坏；实验发现了温度-应力共同作用下砂岩的脆性断裂过程中也存在分叉现象。

(2)发现150℃左右是细观断裂韧性变化的临界温度：温度从25℃升到100℃，砂岩试件的断裂韧性几乎不发生变化或者变化很缓慢；从100℃升到150℃时，断裂韧性升高，并且达到极值；而150℃升到更高温度(如200℃、250℃和300℃)，由于热开裂的原因断裂韧性又有所下降。150℃是还是拉伸强度变化的临界点，温度从50℃升到150℃时，拉伸强度会有所升高；而150℃升到200℃，250℃和300℃，拉伸强度又会有所下降。这一方面是由于细观尺寸的影响；另外，较低温度时砂岩拉伸强度主要受到强度较低的黏土矿物的影响，此时砂岩的破坏可以近似认为是黏土胶结物的破坏；较高温度时，黏土胶结物的强度得到了提高，此时砂岩的破坏可以认为是黏土胶结物及矿物颗粒组成结构的整体破坏。

(3)通过比较不同温度影响下33个砂岩宏观断裂位置分布图及表面的支裂纹，说明温度对砂岩的局部变形破坏规律影响很大：在较低温度(25～100℃)时断裂位置的离散性说明此时脆性断裂机制占主导，从而导致了裂纹在扩展时具有很大的随机性；而温度较高时(150℃、200℃、250℃和 300℃)断裂位置几乎都通过预制缺口，这是由于热激活导致砂岩矿物内部的局部区域延性性质增强，抵抗和协调变形的能力也得到增强，此时砂岩的破坏有延性机制在里面，这说明随着温度的升高，砂岩的断裂机制有由脆性机制向延性机制转变的趋势，这是温度影响强度变化的表现。

(4)细观尺度砂岩的破坏受到多种断裂模式的影响，有沿颗粒断裂、穿颗粒断裂及其混合断裂。从统计意义上讲沿颗粒断裂的机制占主要地位，这是由于沿颗粒破坏消耗的能量较小，而穿颗粒断裂则需消耗更多的能量。

参考文献

[1] 周宏伟, 谢和平, 左建平. 深部高地应力下岩石力学行为研究进展. 力学进展, 2005, 35(1): 91-99.

[2] 邓明德, 耿乃光, 崔承禹, 等. 岩石应力状态改变引起岩石热状态改变的研究. 中国地震, 1997, 13(2): 179-185.

[3] Wu L X, Wu Y H, Liu S J, et al. Infrared radiation of rock impacted at low velocity. International Journal of Rock Mechanics and Mining Sciences, 2004, 41(2): 321-327.

[4] 陈四利, 冯夏庭, 周辉. 化学腐蚀下砂岩三轴细观损伤机制及损伤变量分析. 岩土力学, 2004, 25(9): 1363-1367.

[5] 白冰. 核废料储库周边介质热力耦合数值分析. 岩土力学, 2004, 25(12): 1989-1993.

[6] Hudson J A, Stephabsson O, Andersson J. Guidance on numerical modeling of thermo-hydro-mechanical coupled processes for performance assessment of radioactive waste repositories. International Journal of Rock Mechanics and Mining Sciences, 2005, 42(5-6): 850-870.

[7] Rutqvist J, Barr D, Datta R, et al. Coupled thermal-hydrological-mechanical analyses of the yucca mountain drift scale test-comparison of field measurements to predictions of four different numerical models. International Journal of Rock Mechanics and Mining Sciences, 2005, 42(5-6): 680-697.

[8] Wong T F. Effects of temperature and pressure on failure and post-failure behavior of Westerley granite. Mechanics of Materials, 1982, 1(1): 3-17.

[9] 许锡昌, 刘泉声. 高温下花岗岩基本力学性能初步研究. 岩土工程学报, 2000, 22(3): 332-335.

[10] Inada Y, Kinoshtta N, Ebisawa A, et al. Strength and deformation characteristics of rocks after undergoing thermal hysteresis of high and low temperatures. International Journal of Rock Mechanics and Mining Sciences, 1997, 34(3-4): 688.

[11] Rosenberg Claudio L, Stunitz H. Deformation and recrystallization of plagioclase along a temperature gradient: an example from the Bergell tonalite. Journal of Structural Geology, 2003, 25(3): 389-408.

[12] Zimmerman R W. Coupling in poroelasticity and thermoelasticity. International Journal of Rock Mechanics and Mining Sciences, 2000, 37(1): 79-87.

[13] 左建平, 谢和平, 周宏伟. 温度压力耦合作用下的岩石屈服破坏研究. 岩石力学与工程学报, 2005, 24(16): 2917-2921.

[14] 左建平, 谢和平, 周宏伟, 等. 温度影响下砂岩的细观破坏及变形场的 DSCM 表征. 力学学报, 2008, 40(6): 786-794.

[15] 左建平, 周宏伟, 谢和平, 等. 温度和应力耦合作用下砂岩破坏的细观实验研究. 岩土力学, 2008, 29(6): 1477-1482.

[16] 左建平, 周宏伟, 谢和平. 不同温度影响下砂岩的断裂特性研究. 工程力学, 2008, 25(5): 124-130.

[17] Zuo J P, Xie H P, Zhou H W. Experimental determination of the coupled thermal-mechanical effects on fracture toughness of sandstone. ASTM: Journal of Testing and Evaluation, 2009, 37(1): 48-52.

[18] 谢和平. 岩石混凝土损伤力学. 徐州: 中国矿业大学出版社, 1990.

[19] 左建平, 周宏伟, 鞠杨, 等. 深部岩石脆性-延性转变的机理初探//谢和平主编. 深部开采基础理论研究与工程实践. 北京: 科学出版社, 2006: 102-111.

[20] 左建平, 谢和平, 周宏伟, 等. 不同温度作用下砂岩热开裂的实验研究. 地球物理学报, 2007, 50(4): 1150-1155.

第5章 热力耦合作用下砂岩拉伸断裂韧性及微变形测量

针对深部开采和核废料处置等重大工程需求，对温度-应力共同作用下岩石的力学行为研究具有十分重要的意义。本章主要介绍了不同温度影响下砂岩的拉伸断裂韧性及微变形场测量，以及扫描电镜下断口表面的三维重建及分形维数的测量。

自20世纪70年代以来，岩石断裂力学的研究得到了长足的发展[1,2]。随着煤炭资源开采逐渐向深部发展和核废料深埋地质处置的实施，研究不同温度下岩石的断裂特性及强度特性就显得十分重要。在热力(TM)耦合下岩石的行为异常复杂[3~8]，如断裂特性、强度特性与室温相比都有很大不同。文献[8]的细观实验研究表明，平顶山砂岩的强度随着温度在一定范围内先升高后降低。文献[9]～[11]的研究表明多数宏观尺度岩石的强度随温度的升高而有所下降，而下降的趋势又与岩石的种类相关。其他因素，如湿度、试件厚度、尺寸和围压等也对脆性材料的变形破坏与断裂特性有影响[12~16]。近几年来有关温度对岩石的断裂韧性的影响也有研究[17,18]。文献[17]通过巴西圆盘实验研究了高温高围压情况的石灰岩的断裂韧性，发现其实验最高温度116℃下纯I型裂纹断裂韧性比室温情况下的断裂韧性高出0.25倍，并且石灰岩在高温和高围压情况下展现出延性行为。文献[18]通过单边缺口圆棒弯曲(SENRBB)实验和半圆棒弯曲(SCB)实验研究了室温至200℃的Kimachi砂岩的断裂韧性，实验表明Kimachi砂岩的断裂韧性从室温至125℃变化不大，但高于125℃温度后，断裂韧性随着温度而升高，而200℃时I型断裂韧性较之室温的断裂韧性高出40%。在温度和围压的综合影响下断裂韧性也发生了相似的变化，如围压7MPa时，砂岩的断裂韧性随着温度升到75℃时有所减少，而在75℃至100℃又有所提高。

以上很多研究是通过大尺度三点弯曲实验或者巴西圆盘实验来讨论宏观尺寸下岩石的断裂韧性，而在细观尺度上双边缺口的岩石断裂特性研究较少。另外如文献[17,18]的研究仅局限于温度低于200℃的研究，得到的断裂韧性在该温度范围多呈单调增加的趋势，而更高温度下岩石的断裂韧性又会如何？为了加深对不同温度下岩石断裂特性的认识，本章通过实验研究了室温至300℃的情况下细观尺度砂岩双边缺口拉伸试件的断裂特性，并获得了一些新的认识。

5.1　不同温度影响下砂岩的拉伸断裂韧性

5.1.1　实验介绍

砂岩试样取自平顶山煤业集团公司十矿，工作面标高−850m，地面标高+300m，岩样为细粉砂岩。经 XRD 分析，该岩样主要包含石英、钾长石、方解石、白云石、菱铁矿和黏土矿物等成分，其中石英约占 55%，黏土矿物约占 20%，其他成分约占 25%。颗粒粒径多在 0.01～0.3mm。试样由岩块切磨而成，规格为厚(*B*) 1.4mm、宽(*W*) 2.5mm、中间有效长(*L*) 20mm，如图 5-1 所示。双边缺口开在试件中间，用厚约为 0.1mm 的薄锯片锯其尖端，使裂纹长度控制在 0.2mm 左右。加工试件 37 块，预制裂纹长度在 0.118～0.314mm，多在 0.2mm 左右，全部试件预制裂纹长度的分布情况如图 5-2 所示。

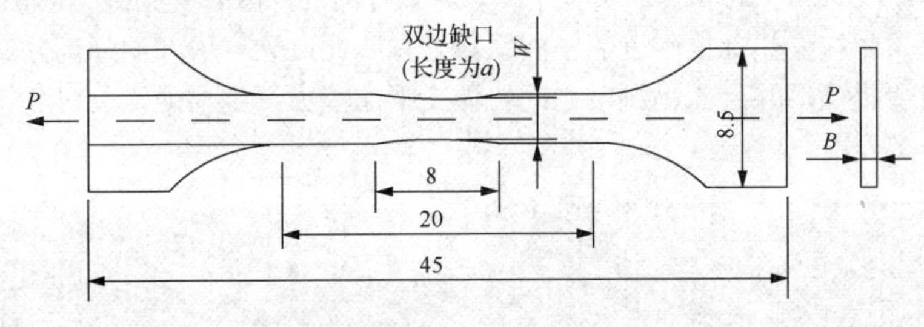

图 5-1　双边缺口试件尺寸(单位：mm)

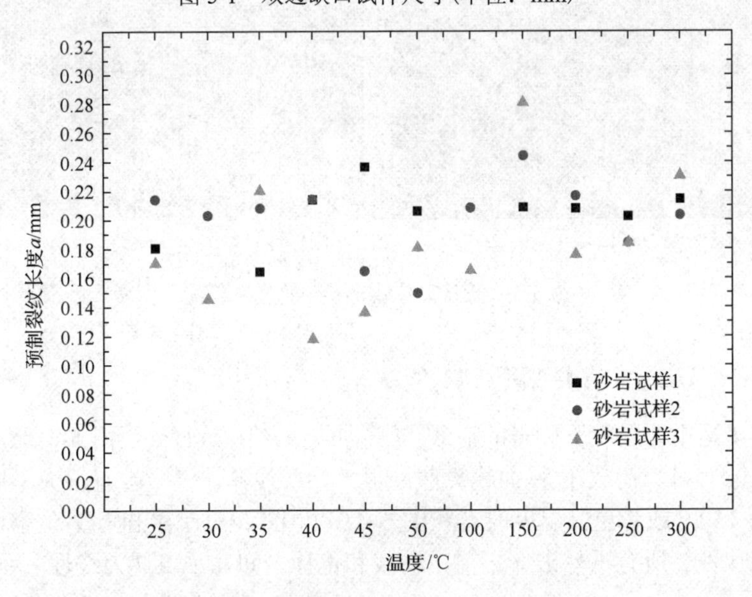

图 5-2　全部试件预制裂纹长度分布

5.1.2 热力耦合作用下砂岩拉伸断裂实验结果

1. 不同温度影响下岩石裂纹的扩展模式

通过扫描电镜(SEM)观察发现，在温度低于100℃的实验中试件表面的脆性裂纹或者主裂纹附近的支裂纹被大量观察到，如图5-3所示。而在温度大于150℃的实验过程中，主裂纹附近很少出现支裂纹。从全部33个试件的实验情况看，共有17个试件在预制缺口处断裂；其中在150℃、200℃、250℃和300℃的12个试件的实验中11个从预制断口处断裂，而在低于100℃的21个试件的实验中只有6个从预制缺口处断裂，断口位置具有很大的随机性。这说明随着温度的升高，砂岩破坏机制有由脆性断裂向延性断裂转变的趋势。在低温(小于100℃)的实验中，由于温度较低，脆性机制占主导地位，因而导致裂纹在扩展时具有很大的离散性；而在较高温度(150～300℃)的实验中，砂岩试件的局部区域受到温度的强烈影响，断裂主要发生在受热部位附近的中间区域，说明此时砂岩内部的局部区域塑性变形能力有所提高，并且矿物颗粒之间协调变形的能力得到增强，此时延性断裂机制在起一定作用。

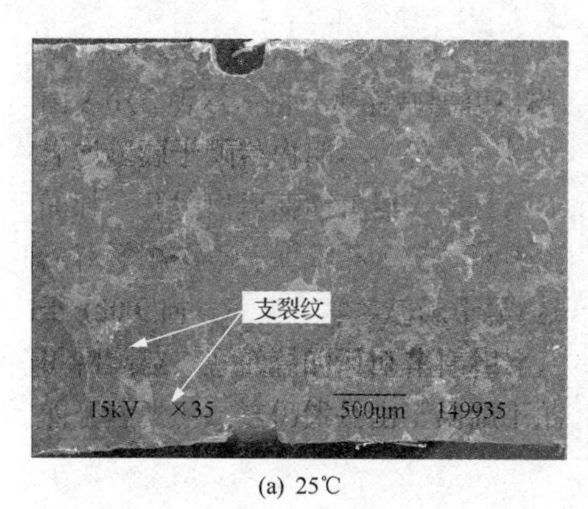

(a) 25℃

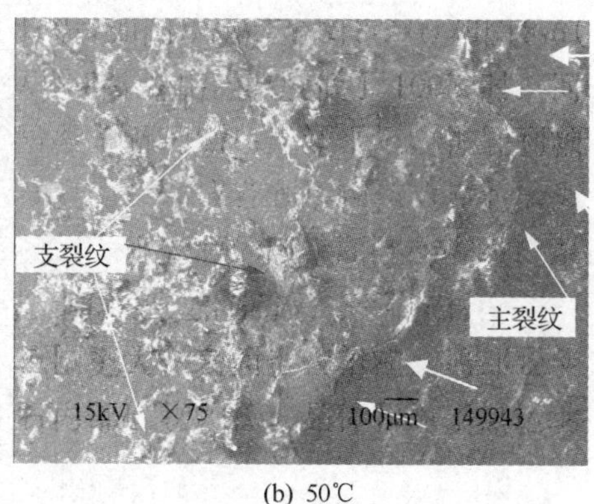

(b) 50℃

图5-3　低温实验砂岩表面的脆性裂纹

2. 不同温度影响下典型的荷载-位移曲线

图5-4是不同温度下砂岩的荷载-位移曲线。从图5-4(a)至图5-4(c)看出，温度低于100℃时，荷载-位移曲线离散性很大，切线弹性模量也有很大不同。而当温度达到150℃或者更高温度时，从图5-4(d)至图5-4(f)看出荷载-位移曲线具有一定的规律性。所有试件破坏之前，荷载和位移之间几乎表现为线性关系。

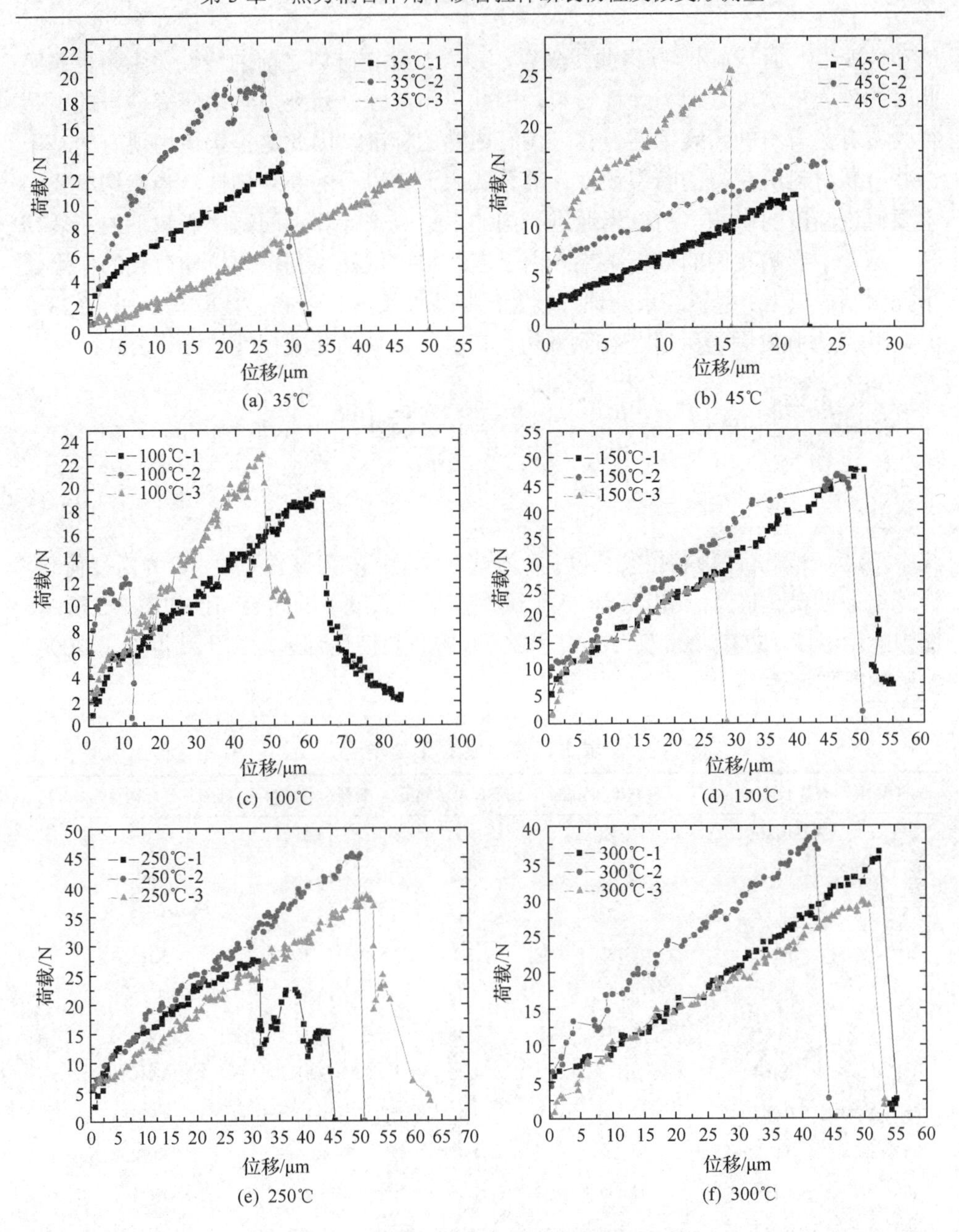

图 5-4　不同温度下砂岩的荷载-位移曲线

5.1.3　热力耦合作用下砂岩的断裂韧性分析

1. 不同温度影响下砂岩的断裂韧性

从实验过程中 SEM 的观察表明，试件在破坏前预制缺口附近几乎看不出明显的塑性变形，而从荷载-位移曲线来看，砂岩试件在破坏之前的线性关系，也表明此时的砂岩依然可近似为弹性材料，因此可用线弹性断裂力学来研究砂岩的断裂行为。有关岩石的断裂韧性计算还没有成熟的标准，因此这里仍借用现有的基于一些金属材料所获得的断裂韧性计算公式来计算岩石的断裂韧性，当然这里我们主要讨论温度的影响，所以当通过相同的表达式来计算不同温度影响下的断裂韧性，这并不影响我们的分析结果。由于双边缺口试件受到轴向拉伸荷载的作用，可把预制缺口当 I 型裂纹来处理。最大预制裂纹长 0.314mm，且最大 $2a/W=0.23<0.7$，由应力强度因子手册[19]得到双边切口拉伸试件的断裂韧性的计算公式：

$$K_{\mathrm{Ic}}=\frac{Pa^{1/2}}{BW}\left[1.98+0.36\left(\frac{2a}{W}\right)-2.12\left(\frac{2a}{W}\right)^2+3.42\left(\frac{2a}{W}\right)^3\right](\text{适用于}2a/W\leqslant 0.7) \tag{5-1}$$

式中，a 为砂岩试件预制裂纹长度；B 为试件厚度；W 为试件宽度；P 为断裂荷载。计算结果见表 5-1。计算出所有 33 个试件在不同温度下的断裂韧性如图 5-5 所示。图中显示温度 150℃、200℃、250℃和 300℃的断裂韧性都远远高于温度低于 100℃实验的断裂韧性。

表 5-1　实验数据汇总表

试件编号	裂纹长度 a/mm	试件宽度 W/mm	试件厚度 B/mm	断裂荷载 P/N	断裂韧性/(MPa · mm$^{1/2}$)
25℃-1	0.1805	2.461	1.35	13.3	3.39811
25℃-2	0.214	2.718	1.4	15.2	3.69109
25℃-3	0.17	2.7	1.45	13.3	2.79936
30℃-1	0.2945	2.739	1.4	18.3	5.16257
30℃-2	0.203	2.536	1.36	12.8	3.3398
30℃-3	0.1455	2.381	1.38	19.2	4.45466
35℃-1	0.164	2.448	1.45	12.8	2.91834
35℃-2	0.208	2.516	1.46	20.1	4.98365
35℃-3	0.22	2.61	1.42	12	3.03252
40℃-1	0.214	2.458	1.45	16.2	4.19791
40℃-2	0.214	2.508	1.4	11.5	3.02524
40℃-3	0.118	2.456	1.37	16	3.26377
45℃-1	0.2365	2.563	1.39	13.2	3.59607
45℃-2	0.1645	2.719	1.43	16.6	3.46073
45℃-3	0.136	2.522	1.39	25.6	5.38201
50℃-1	0.206	2.999	1.45	18.8	3.92112

续表

试件编号	裂纹长度 a/mm	试件宽度 W/mm	试件厚度 B/mm	断裂荷载 P/N	断裂韧性/(MPa·mm$^{1/2}$)
50℃-2	0.1495	2.699	1.37	14.2	2.96751
50℃-3	0.1805	2.641	1.45	9	1.99532
100℃-1	0.314	2.728	1.389	19.6	5.77454
100℃-2	0.2085	2.811	1.4	12.5	2.89769
100℃-3	0.165	2.74	1.4	22.8	4.82525
150℃-1	0.2085	2.387	1.4	47.6	12.98472
150℃-2	0.244	2.688	1.4	47.6	12.47078
150℃-3	0.2805	2.651	1.4	27.6	7.85213
200℃-1	0.208	2.506	1.36	21.5	5.74546
200℃-2	0.2165	2.553	1.43	36.1	9.18703
200℃-3	0.176	2.492	1.37	50.8	12.4735
250℃-1	0.2025	2.475	1.35	27.5	7.39677
250℃-2	0.184	2.408	1.39	45.6	11.67441
250℃-3	0.184	2.388	1.45	38.4	9.50291
300℃-1	0.214	2.538	1.35	36.4	9.81346
300℃-2	0.203	2.516	1.472	38.9	9.45178
300℃-3	0.2305	2.594	1.3935	29.6	7.84798

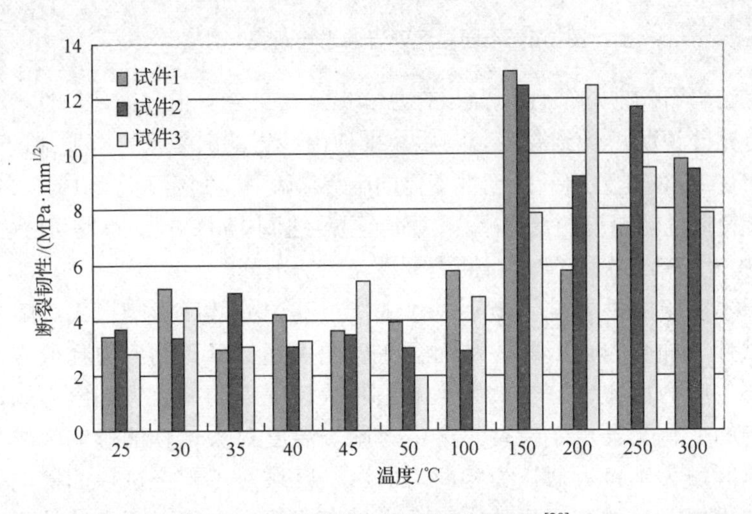

图 5-5　不同温度下砂岩的断裂韧性[20]

可以看出，在温度为 150℃、200℃、250℃和 300℃的实验中，即便最小的断裂韧性值(试件 200℃-1 的断裂韧性值 5.74546MPa·mm$^{1/2}$)与低于 100℃实验中最大的断裂韧性值(试件 100℃-1 的断裂韧性值 5.77454MPa · mm$^{1/2}$)是几乎相同的；而高温实验中最大的断裂韧性(试件 150℃-1 的断裂韧性值 12.98472MPa · mm$^{1/2}$)是后者最小的断裂韧性(试件 50℃-3 的断裂韧性为 1.99532MPa · mm$^{1/2}$)的 6.51 倍。图 5-6 是不同温度下砂岩的平均断裂韧性，清晰显示出温度 150℃、200℃、250℃和 300℃的断裂韧性都远高于温度低于 100℃实验的断裂韧性，也表现出温度对断裂韧性的非线性影响关系。

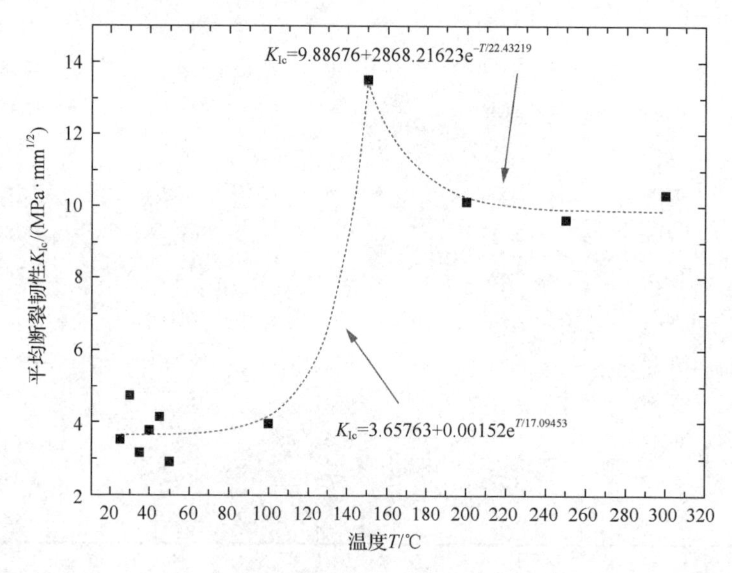

图 5-6 不同温度砂岩的平均断裂韧性[21,22]

考虑到岩石的非均质性，岩石的力学实验结果会有很大的离散性，但以上的结果还是充分说明，受到温度影响后，平顶山砂岩的断裂韧性有明显的变化。可以得出 150℃左右是砂岩断裂韧性变化的临界温度，即在温度低于 100℃的实验中，砂岩的断裂韧性随温度的变化不大；而当温度达到 150℃时，断裂韧性达到峰值；当温度进一步升高到 300℃时，断裂韧性又有所下降。

由于本实验的砂岩试件是小尺寸试件，其边界效应影响很大。随着温度的升高，试件表面会自由膨胀，从而会在表面引起部分矿物应力释放；而在试件内部会产生应力聚集，这会大大影响预制缺口附近的裂纹尖端应力场，裂纹尖端应力场的变化又会诱发新裂纹产生。同一温度对大试件的影响区域与对小试件的影响区域大小可近似认为相同，但这个区域对于整个试件的影响效果却是不同的。由于温度的变化导致力学行为的变化很小，但对于小试件而言，这种变化可能得到充分的体现；而对于大尺度试件，这种影响没完全体现出来，被岩石自身的非均质性或者实验机的特性给屏蔽掉。这是温度影响边界所引起的尺寸效应。作者认为，这是本实验与一些宏观实验结果有所差别的主要原因。另外由于砂岩是一种沉积岩，且其矿物颗粒粒径大小不一，在温度的影响下，一些颗粒和黏土胶结物会产生脱黏，从而对测试的断裂韧性造成影响，这是颗粒大小所引起的尺寸效应。由于有关双边缺口岩石断裂韧性的研究少见报道，将来还有待进一步证实。

砂岩矿物颗粒及黏土物质在加热过程中都或多或少受到热影响。一些资料研究表明，在 573℃六方晶系的 α 石英转变为三角晶系的 β 石英；菱铁矿在 400℃左右发生分解；白云石在 500℃左右发生降解；方解石在大约 855℃发生分解。而黏土矿物中通常含有少量水分，其中吸附水和层间水与黏土矿物的结合比较松弛，通常在 100～200℃即可脱出，而脱出晶格的结构水的温度较高一些。可见，实验中低于 300℃的温度很难对矿物颗粒产生大的影响，而对黏土矿物的影响是很大的。平顶山砂岩中黏土矿物占了很大比例(约 20%)，实验中也发现当温度升到 150℃左右时，电镜腔中有雾汽，可以判断是温度升高后导致了水分蒸发。因此我们推测断裂韧性在 150℃左右发生变化也受到黏土物质的影响。

由于试件上有两预制缺口，在外部荷载作用下预制缺口附近会产生应力集中，这容易在缺口附近产生微裂纹，由于矿物颗粒通常强度较高，而黏土胶结物的强度较低，从统计意义上讲这些微裂纹易在黏土胶结物或者黏土胶结物与矿物颗粒的交界处产生。当矿物颗粒的强度远远大于黏土胶结物的强度时，岩石的断裂很大程度上受到较弱物质的影响，此时岩石的破坏取决于黏土胶结物的破坏，这也是众所周知的最弱环理论；而当矿物颗粒的强度与黏土胶结物的强度相差无几时，此时砂岩的断裂更多的是受到矿物颗粒和黏土胶结物共同的影响，或者说，此时岩石的断裂更多意义上是矿物颗粒和黏土胶结物组成的整体结构的断裂。

因此，温度较低时(如低于 100℃)，由于黏土胶结物的强度较低，导致了砂岩的断裂韧性较低；而当温度进一步升高到 150℃时，温度的升高改变了黏土矿物内部物质的组成结构，部分原因还可能是由于内部吸附水或层间水分的蒸发导致了黏土胶结物物质结构发生变化，此时是由矿物颗粒和黏土胶结物组成的整体结构在承载，从而导致砂岩整体断裂韧性提高。而 150℃之后断裂韧性又有所下降，这部分原因是热开裂造成的。

实验过程中发现，在低于 150℃的实验试件表面不出现热开裂；而在 200℃、250℃和 300℃的实验试件表面或多或少都出现了热开裂，典型情况如图 5-7 所示。这也说明，随着温度升高到 150℃，砂岩试件抵抗裂纹扩展和变形破坏的能力在升高；而在更高温度 200℃、250℃和 300℃时由于局部的黏土胶结物表面出现了热干裂及矿物颗粒表面的热开裂现象，而这些热开裂又会导致砂岩的断裂韧性有所下降。

图 5-7　热开裂 SEM 图(300℃)

以上分析表明，150℃是断裂韧性变化的临界温度。

通常来讲，砂岩双边缺口试件在受到轴向荷载时，预制 I 型裂纹的扩展受到矿物颗粒和黏土物质共同的影响，根据线弹性断裂力学分析，对于岩石类脆性材料，由于裂纹尖端塑性区的尺寸相对较小，那么在描述裂纹尖端应力场和位移场只需要应力强度因子一个参量即可，因此失稳断裂的判据可表示为

$$K_{\mathrm{I}} \geqslant K_{\mathrm{Ic}} \tag{5-2}$$

式中，K_{I} 为应力强度因子，与外部荷载和试件的几何形状相关；K_{Ic} 为断裂韧性，如果针对某一特定几何形状及外部条件，断裂韧性是个常数。但当外部条件，如温度发生变化时，断裂韧性也会发生变化，因此，此时的断裂韧性还与温度条件是相关的。为此，我们分段对断裂韧性与温度的关系进行了非线性拟合，如图 5-6 所示。

$$\begin{cases} K_{\mathrm{Ic}} = 3.65763 + 0.00152\mathrm{e}^{T/17.09453} & 25℃ \leqslant T \leqslant 150℃ \\ K_{\mathrm{Ic}} = 9.88676 + 2868.21623\mathrm{e}^{-T/22.43219} & 150℃ < T \leqslant 300℃ \end{cases} \tag{5-3}$$

式(5-3)中两式的相关系数分别为 0.97329 和 0.96934。可见断裂韧性 K_{Ic} 与温度 T 近似存在指数对应关系。在温度低于 150℃时，存在指数升的关系；当温度大于 150℃时，存在指数降的关系。把室温 25℃代入式(5-3)，可近似预测室温的断裂韧性 K_{Ic}=3.664MPa · mm$^{1/2}$，与实验得到了室温 25℃的平均断裂韧性值 3.52378MPa · mm$^{1/2}$ 很近似。由此同样可预测其他未实验温度点的断裂韧性，这对工程实践有一定指导意义，也可节省大量的实验费用。

综合考虑各种因素，把细观尺度上岩石断裂韧性与温度的关系概况为

$$
\begin{cases}
K_{Ic}(T) = K_{Ic}(A_1 + B_1 e^{C_1 T}) & 25℃ \leqslant T \leqslant 150℃ \\
K_{Ic}(T) = K_{Ic}(A_2 + B_2 e^{C_2 T}) & 150℃ < T \leqslant 300℃
\end{cases}
\tag{5-4}
$$

式中，$K_{Ic}(T)$为不同温度下的断裂韧性；K_{Ic}为室温下测试的断裂韧性，可由实验测定；T为温度；A_1、A_2、B_1、B_2、C_1和C_2为拟合常数，与岩石的物理性质、几何形状及外部荷载条件、温度相关。在临界温度之前，表现为指数升的关系，即C_1为正值；在临界温度后，由于出现了热开裂，又表现为指数降的关系，即C_2为负值。

2. 分析与总结

由于在试件中部预制了双边缺口，因此通过预制缺口的有效承载截面积最小。另外预制缺口也会改变其附近的应力场，导致应力集中出现，在外部荷载作用下，其附近区域最先达到破坏极限。因此理论上讲，砂岩试件容易在预制缺口处发生断裂。但实验结果并非完全如此。在温度低于 100℃的实验中，断裂位置有很大的随机性，很多没有在预制缺口处断裂，甚至离预制缺口很远；而在温度大于 150℃的实验中，很多断裂发生在预制缺口处或预制缺口附近。在温度低于 100℃的实验中，砂岩试件表面弥散分布着一些支裂纹或二次裂纹，例如室温 25℃、30℃、40℃和 50℃的实验都观察到；由于温度较低，脆性机制占主导，因而导致了裂纹在扩展时具有很大的随机性，包括断裂后的主裂纹附近都有很多支裂纹。在荷载初期，砂岩内部随机分布的微裂纹在未扩展前都“想”向着穿过预制缺口的横截面扩展，但由于脆性机制占主导，一旦裂纹发生扩展时，这些裂纹的扩展是灾变性的、突发的，再加上岩石的强非均质性，这些裂纹会“无法控制”自身的扩展，或许连裂纹自身都无法得知自己会向哪个方向扩展，因而导致了断裂位置分布具有很大的离散性。这在一定程度上说明低于 100℃时，砂岩内部协调变形的能力差，以脆性破坏机制为主。而当温度大于 150℃后，试件表面由于矿物颗粒的热膨胀，由此导致砂岩表面脆性机制在一定程度会降低，而延性机制得到增强，这是由于热激活导致岩石矿物内部的局部区域延性性质增强，而抵抗和协调变形的能力也会得到增强。事实在温度大于 150℃之后，砂岩试件的主裂纹附近很少出现其他的支裂纹，这在一定程度上说明随着温度的升高，破坏的机制在由脆性机制向延性机制的转变，或者说有这种转变的趋势。这样在外部荷载作用下，裂纹在扩展时，矿物颗粒及胶结物能很好地协调好相互之间的变形，这也好像岩石各组成部分都预先协调好一样，沿着一条穿过预制缺口的主裂纹扩展最终导致断裂。可见在较高温度时，砂岩内部自主协调变形的能力得到了提升。

实验表明砂岩的断裂韧性在 150℃之后有了很大的提高，如图 5-5 所示，事实上这并非偶然。作者对比了所有试件预制缺口的深度，总体说来 150℃的三个试件的预制缺口都偏大，即有效承载面积是偏小，但实验所获得的断裂韧性却偏高；而从 250℃的三个试件来看，预制缺口的深度与温度低于 150℃的那些试件几乎相同，但其断裂韧性却比低温试件的高，所有这些都只能说明一点，此时的温度对试件断裂韧性产生了很大的影响。另外 250℃三个试件的预制缺口深度都比 150℃三个试件的预制缺口深度要小，而其断裂韧性从统计意义上讲却要小些，这也再次说明了 150℃是断裂韧性达到极值的温度，即 25℃到 150℃，断裂韧性随着温度的升高而增加，并且到 150℃左右时断裂韧性达到极值；当温度超过 150℃之后，断裂韧性又有所下降，这可能是由于热开裂的影响导致的[23]。

5.2 不同温度影响下拉伸砂岩断裂的微变形场测量

从现有的研究看出，岩石多数表现出脆性破坏，并且裂纹尖端的变形很小，在突然破坏的瞬间，很难被人眼捕捉到。但实际上变形发生了，因此需要发展分析方法来获取岩石脆性材料的微小变形测量。数字散斑相关方法(Digital Speckle Correlation Method，DSCM)，或者称为数字图像相关方法(Digital Image Correlation Method，DICM)最早是 20 世纪 80 年代由日本 Yamaguchi[24]和美国南卡罗来纳大学的 Peters 和 Ranson[25]相继独立提出来的，是一种迅速发展计算机辅助的光力学测量技术。数字散斑相关测量法主要用于对材料或者结构表面在外载或其他因素作用下的变形场进行测量，通过 CCD 摄像机和计算机摄取物体表面的图像，对变形前后物体表面的两幅散斑图进行相关处理来实现物体位移和变形的测量，它具有全场测量、非接触、光路相对简单、测量视场可以调节、不需要光学干涉条纹处理、可适用的测试对象范围广、对测量环境无特别要求等突出的优点。与以往的干涉计量法相比具有光路简单、对测量环境要求低、自动进行数据处理等优点，可以进行全场、非接触测量，但是为了寻求相关最大点，需要进行大量烦琐重复的相关运算，使得计算量非常庞大，处理数据的过程相当慢。10 余年来国内外实验力学工作者围绕这一技术的理论研究以及其应用研究等开展了大量的工作，取得了一批重要的研究成果。在国内，对数字散斑相关方法的研究起始于 20 世纪 80 年代晚期，高建新等[26,27]首先在我国开始进行了数字散斑相关方法的研究。在随后的 20 余年中，特别是近年来，随着计算机以及图形分析方法的迅速发展，该方法在固体力学问题研究和工程应用方面所显现出的与众不同的特点正在逐渐被人们所认可。

目前，该方法在理论上逐步完善，在各个技术环节上正在逐步地改进，其应用研究的领域也在不断扩大，同时在工程应用、固体力学问题研究以及材料性能分析等领域正在得到越来越多的关注，并且已经取得了进展。DSCM 已经在材料的力学行为测试与分析方面有着许多应用。特别是对于低维膜材料、生物材料、一些特殊材料如木头材料、纸张以及纳米涂层材料等变形场的定量测试；随着现代制造技术的发展，DSCM 对低维金属、非金属材料在微电子、微机械等领域的应用也逐渐广泛。研究它们的力学行为对于预测零部件的失效有很大的帮助。Wang 等[28,29]用该方法测量了铜箔材料的断裂韧性，结果表明，铜箔材料的断裂韧性在一定厚度范围内是厚度的函数，并讨论了铜箔的尺寸效应与晶粒尺寸对断裂韧性的影响。Kang 等[30]研究了高分子材料的含湿量与时间效应的等效关系，即对于材料性能而言，延长荷载的作用时间与增加材料的湿度含量等效，为进一步研究湿度因素影响下的高分子材料的力学性能提供了实验依据。Chevalier 等[31]分析了高分子材料在单轴和双轴荷载条件下的力学行为，建立了一种超弹性模型来模拟此类材料的力学行为，得到了一个类似的应力-应变关系。岩石类材料由于具有非均质、非线性、各向异性的特点，其全场变形测量的过程中存在许多困难。马少鹏等[32]将数字散斑相关方法应用到大理岩的单轴压缩以及花岗岩地黏滑实验中，较好地解决了这个问题，但其研究是宏观的。数字散斑相关方法在微尺度力学实验测量方面也具有优势，该方法的优点之一是其视场可大可小，并且其精度不受视场大小的影响。该方法与扫描电子显微镜(SEM)、扫描隧道显微镜(STM)、原子力显微镜(AFM)以及高分辨率光学显微镜结合可以实现细观、微观，甚至纳观尺度测量。王怀文[33]最近把该方法用于表征扫描电镜下混凝土断裂过程和监测相似模拟中岩层移动，并取得了很好的效果。Lockwood 和 Reynolds[34]利用数字散斑相关方法和扫描电镜相结合实现了断裂面的三维特征描述。Pascal 和 Michel[35]测量了扫描电镜下多相材料局部应变场。

细观岩石的破坏过程中变形局部化问题的研究中，如何来识别和表征局部变形场一直是个难题，仅仅通过扫描电镜很难准确地判断其变形局部化问题，而通过 DSCM 来表征细观岩石的变形破坏将是一种可行的方法，本章正是基于此做的一些初探性的研究。

5.2.1　岩石断裂微变形场测试原理

数字散斑相关方法的基本原理在很多文献中得到阐述，其基本过程为通过处理物体在不同变形状态或者不同变形时刻的图像从而得到面内位移分量和面内位移梯度。其变形识别过程是：分别采集物体变形前后的两幅数字散斑图，如果将变形前的图像中的一小块图像定义为样本子区，变形后的图像中与样本子区相对应的那一小块图像定义为目标子区，则只要找出目标子区和样本子区之间的一一对应关系，就可以实现变形量的提取。

对于一张二维散斑示意图，见图 5-8，分析物体变形前后的散斑图，得到散斑沿 u 和 v 方向的相对位移，即物体沿横向和纵向的相对变形。变形前后的两幅散斑图存在相关性。在变形不大的情况下，物体表面的散斑场的灰度变化可以忽略

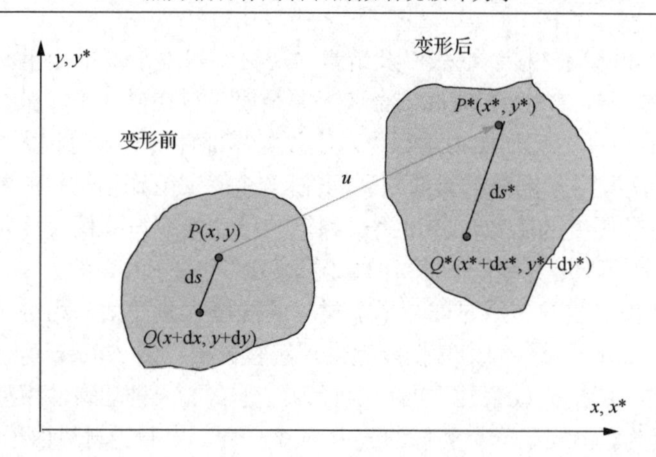

图 5-8　二维变形理论示意图

不计。设(x, y)是变形前的一点，(x^*, y^*)是变形后的相应点，两者的关系为

$$\begin{cases} x^* = x + u + \Delta x \dfrac{\partial u}{\partial x} + \Delta y \dfrac{\partial u}{\partial y} \\ y^* = y + v + \Delta x \dfrac{\partial v}{\partial x} + \Delta y \dfrac{\partial v}{\partial y} \end{cases} \tag{5-5}$$

用函数$f(x_i, y_j)$表示变形前某一点(x_i, y_j)处的灰度值，$g(x_i^*, y_j^*)$表示变形后对应点(x_i^*, y_j^*)处的灰度值，由概率与数理统计理论可知，两者的相关系数为

$$C = \frac{\sum_{i=1}^{m_c}\sum_{j=1}^{m_c}[f(x_i, y_j) - \bar{f}][g(x_i^*, y_j^*) - \bar{g}]}{\sqrt{\sum_{i=1}^{m_c}\sum_{j=1}^{m_c}[f(x_i, y_j) - \bar{f}]^2}\sqrt{\sum_{i=1}^{m_c}\sum_{j=1}^{m_c}[g(x_i^*, y_j^*) - \bar{g}]^2}} \tag{5-6}$$

式中，$0 \leqslant C \leqslant 1$，$C=1$时两者完全相关，$C=0$时两者完全不相关；分母分别为两者的均方根；分子为两者的相关矩；$\bar{f}$和$\bar{g}$分别为$f(x_i, y_j)$和$g(x_i^*, y_j^*)$的平均值。只要两者相关，则以位移为变量的相关函数$C(u, v)$曲面为一单峰曲面。当位移u, v分别固定时，C则为一正态分布曲线。通过求解上式的极小值，即可实现变形量的提取。以上数学模型成立的条件为：①假设物体表面上的每一点在变形前后的灰度值是不变的；②物体的变形为面内位移，忽略了离面位移；③离面位移的导数比面内位移的导数要小得多。

把 DSCM 方法与扫描电镜 SEM 实验装置结合起来的测试实验系统示意图如图 5-9 所示[36]。

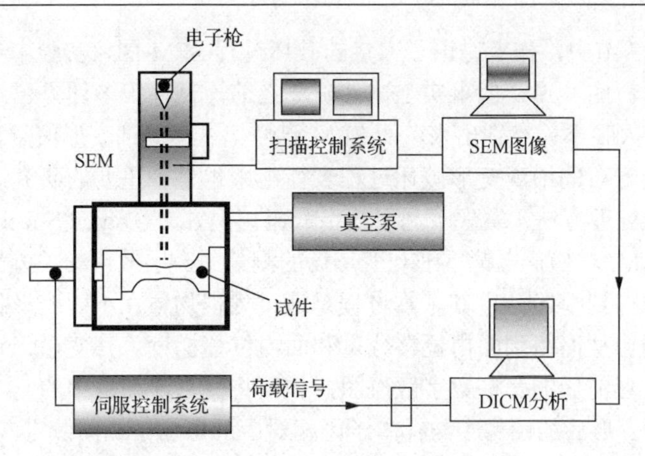

图 5-9　DSCM 与 SEM 结合的测试系统

5.2.2　砂岩拉伸断裂过程局部微变形测量

实验过程中，由伺服控制器进行自动加载直至砂岩试件被拉断。由于岩石在这样小的一个尺寸范围内，通常表现出脆性破裂形式，能承受的荷载比较小，因此加载过程采用位移加载方式，加载速率采用了实验设备所能控制的最小加载速率 10^{-4}mm/s。实验系统可以自动记录加载过程的荷载及作动器位移数据并实时绘制荷载-位移曲线，数据采样间隔为每 4s 记录一次数据。试件拉伸过程中的表面的形貌演化、破坏形态及裂纹扩展形态可通过扫描电镜进行实时观察并分多帧拍摄下来。试件在不同荷载下的裂纹附近扫描电镜照片如图 5-10 所示。

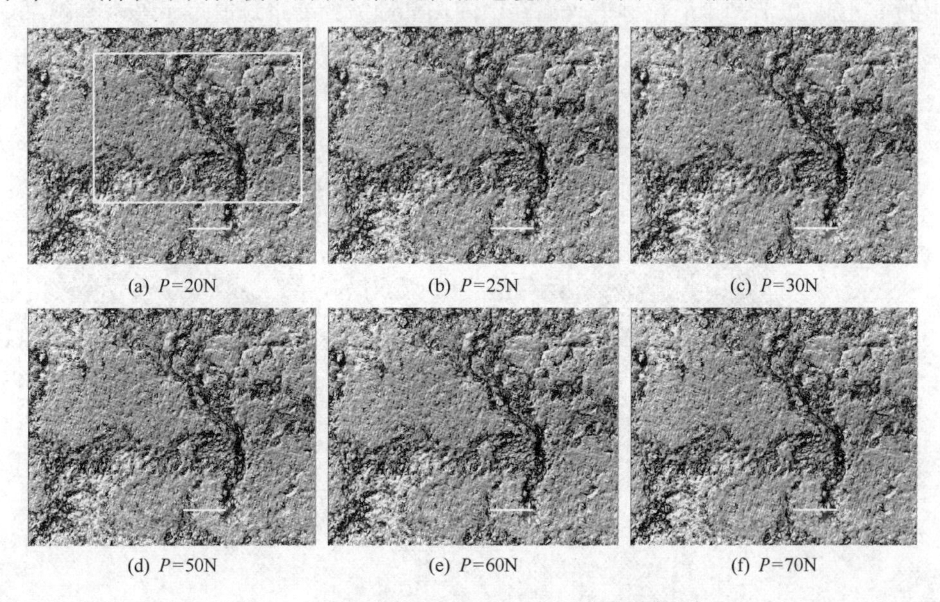

(a) $P=20$N　(b) $P=25$N　(c) $P=30$N

(d) $P=50$N　(e) $P=60$N　(f) $P=70$N

图 5-10　不同荷载下细观砂岩表面的局部变形场

在本章 3.3 节中，作者讨论了大量的破坏过程 SEM 图，实验中试件在破坏时几乎看不到岩石的变形，但事实上试件破坏之前，试件很多地方已经出现了局部化变形，只是人眼不能辨别出来，而 SEM 已经把这些局部变形信息记录下来，因此如何把整个岩石的细观变形破坏过程表征出来也是个重要的研究课题。本节通过相关的图像处理方法，实现了利用数字散斑相关方法(Digital Speckle Correlation Method，DSCM)对扫描电镜下细观变形场的测量。数字散斑相关方法的基本原理在很多文献中得到阐述[28]，其基本过程是通过处理物体在不同变形状态或者不同变形时刻的图像从而得到面内位移分量和面内位移梯度。其变形识别过程是：分别采集物体变形前后的两幅数字散斑图，如果将变形前图像中的一小块图像定义为样本子区，变形后的图像中与样本子区相对应的那一小块图像定义为目标子区，则只要找出目标子区和样本子区之间的一一对应关系，就可以实现变形量的提取。作者将 SEM 和 DSCM 相结合，从而达到在 SEM 下测量变形场的目的。

从图 5-10 中我们很难判断出岩石的表面发生过变形，而事实上，我们通过一定的方法是可以发现的，在岩石的微裂纹附近的局部地方出现了较大的变形。作者将 SEM 和 DSCM 相结合，从而达到 SEM 下变形场测量的目的。为了细致地研究加载过程中砂岩表面局部变形场，本章在进行相关计算时，采用的基准是荷载为 20N 的 SEM 图像，即图 5-10(a)所示。在这种情况下，所计算的位移场结果与采用加载前作为计算的基准相差一个常数的变形场，这个常数的变形场为加载前到荷载等于 20N 之间的变形。所选取的计算区域以及坐标系统如图 5-10(a)中白色框架所示。利用数字散斑相关方法所结算的变形场结果分别如图 5-11 所示。从图中的 U 场可以清楚地看出砂岩表面在中间局部地方的变形场产生了一个阶越，这说明在中间部位裂纹附近的变形较大，随着荷载的增加，到 ΔP=30N 至 ΔP=50N 时，虽然局部变形场的趋势是一样，但是变形的大小几乎出现了量级的变化。而从 V 场可以看出，不同部位的变形场还出现了旋转变形。总之，随着实验的继续，这个阶越的高度差变大，在图像上表现为局部变形场的增大。

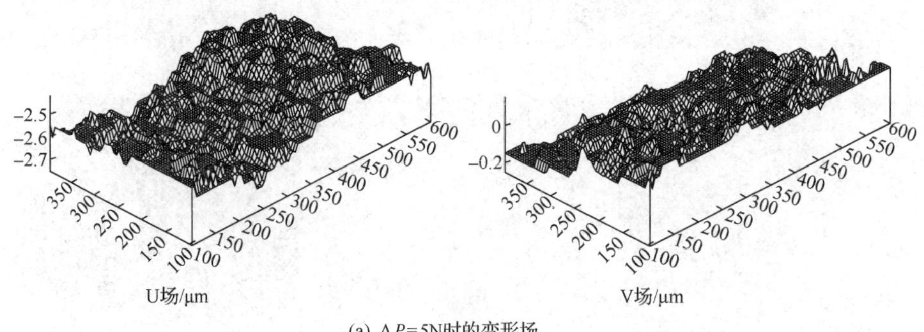

(a) ΔP=5N时的变形场

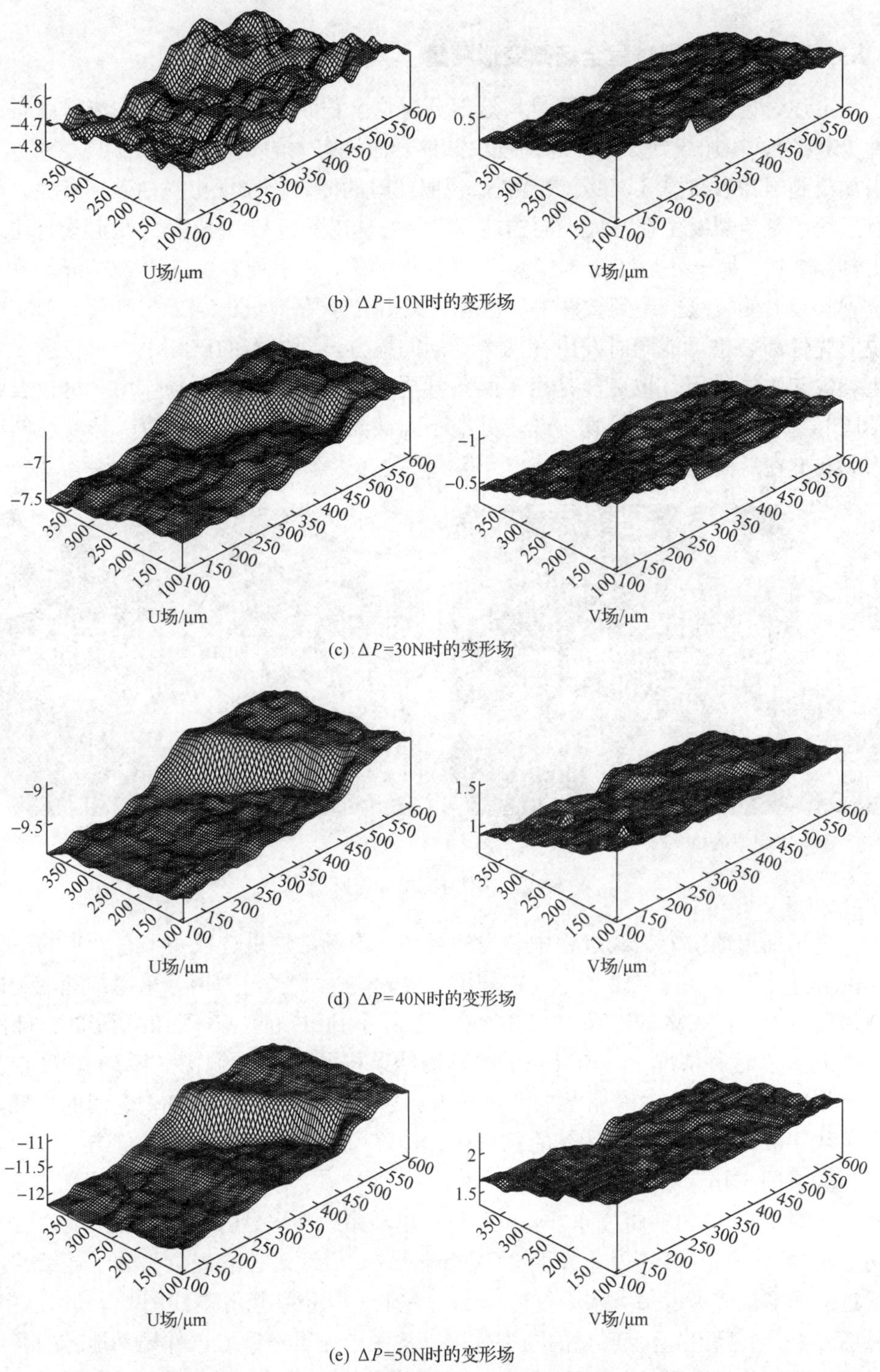

(b) ΔP=10N时的变形场

(c) ΔP=30N时的变形场

(d) ΔP=40N时的变形场

(e) ΔP=50N时的变形场

图 5-11　不同荷载的变形场[36]

5.2.3　砂岩拉伸断裂过程全场微变形测量

上述讨论的是局部变形测量，这部分讨论全程断裂过程微变形的测量。对试件 150℃-1，在加载到 25.9N 的过程中试件表面没有大的变化，如图 5-12(a)所示，当加载到 47.6N 时，试件突然断裂，说明此时的砂岩仍表现出脆性破坏特性。而有意思的是断裂发生在两处不同的地方，一处是在图 5-12 中位置 A 处起裂，通过上预制缺口；另一处是在图 5-12 中位置 B 处起裂，离下预制缺口约 2.07mm，在 B 位置起裂后的裂纹扩展到试件中央位置时又出现分叉，如图 5-12(b)所示。该实验说明脆性断裂也可能同时发生在两个不同的地方，即岩石的破坏不一定仅由一条主裂纹起主导作用，也可能是由于两条甚至多条主裂纹在起主导作用。这也表明不同时刻可能有不同的矿物，或者处在不同截面的矿物在承载。有关该实验的变形场我们在后面做了分析。

(a) 25.9N　　(b) 47.6N

图 5-12　试件 150℃-1 破坏过程

为了细致地研究加载过程中砂岩的局部变形场，这里选取一个有特点的破坏事例进行计算，如图 5-12 所示。在利用 DSCM 进行相关计算时，采用的基准是荷载为 25.9N 的 SEM 图，即图 5-12(a)，计算了到 47.6N 破坏时的变形场，即图 5-12(b)。在这种情况下，所计算的位移场结果与采用加载前作为计算的基准相差一个常数的变形场，这个常数的变形场为加载前到荷载等于 25.9N 之间的变形。利用数字散斑相关方法所计算的位移场、位移场等高线、位移场矢量结果分别如图 5-13、图 5-14 和图 5-15 所示。

从图 5-13 中的轴向拉伸方向位移场可以清楚地看出砂岩试件的变形场产生了两个阶越，表征了断裂发生在两个不同的位置，表现为裂纹处位移的不连续性，附近的变形也较大，最大水平位移有 2μm 左右。从位移场等高线图 5-14、位移矢量图 5-15 也可看出两个明显的断裂位置。从图中还看出砂岩试件局部地方的变形场还出现了旋转及不均匀变形，这与实验观察的结果是相同的。这表明利用 DSCM

进行细观岩石破坏变形场的连续式测量是可行的，无论是位移场图和位移矢量图，都能让宏观人眼不能识别的位移场得到很好的表征，这也为将来表征微细观尺度岩石的变形场提供了一种新的研究思路。

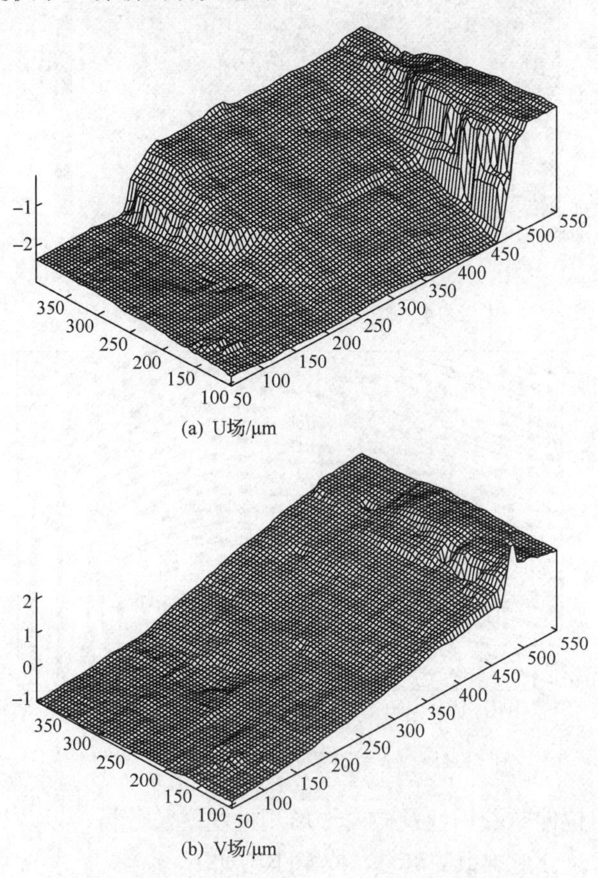

(a) U场/μm

(b) V场/μm

图 5-13　ΔP=21.7N 时的位移场图[20]

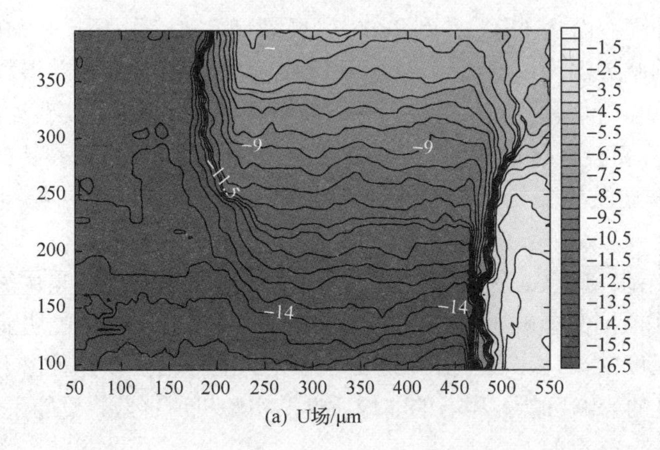

(a) U场/μm

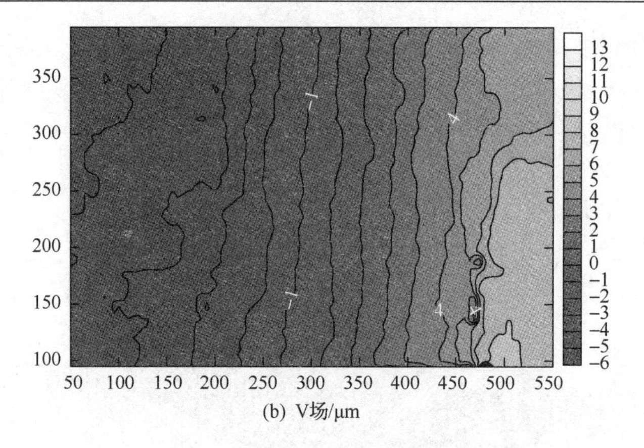

(b) V场/μm

图 5-14　ΔP=21.7N 时的位移等高线图

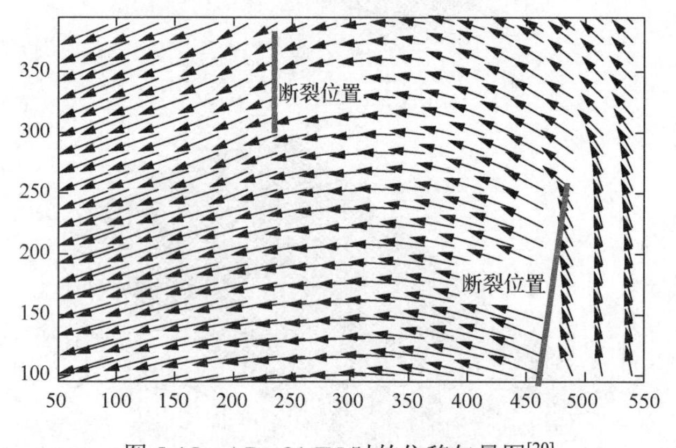

图 5-15　ΔP＝21.7N 时的位移矢量图[20]

通过砂岩的拉伸断裂韧性及微变形场测量观察及分析，以及扫描电镜下断口表面的三维重建及分形维数的测量，本章小结如下。

(1)对于细观尺度双边缺口拉伸试件，温度从 25℃升到 150℃时，砂岩的断裂韧性会有所升高；而从 150℃升到 300℃，断裂韧性又有所下降，其中 150℃是断裂韧性变化的临界温度；给出了温度与平顶山砂岩断裂韧性存在指数非线性关系式(5-4)，该式可近似预测其他温度条件下的断裂韧性，为工程实践提供设计依据。

(2)温度升高会引起砂岩的断裂机制有由脆性断裂向延性断裂转变的趋势；温度引起断裂韧性发生变化的主要原因是受细观尺寸、黏土胶结物和热开裂的共同影响。

(3)实验结果与多数宏观实验结果有所不同的根本原因是：采用的试件是细观尺度试件，其抵抗变形破坏的能力较弱，因此温度的影响效应能明显体现出来；而对于宏观尺度的试件，由于其抵抗变形破坏的能力较强，并且由于实验机自身的特点，温度的影响可能被岩石的非均质性及实验机所屏蔽，没能完全体现出来。

(4)本章对数字散斑相关方法(DSCM)在扫描电镜下应用的过程进行了研究，通过细观岩石的单轴拉伸实验为内容，实现了利用数字散斑相关方法对扫描电镜下细观变形场的测量，得到了细观岩石试件随着荷载的变化而变化的表面细观变形场。从不同荷载下变形场的变化可以明显地看出岩石局部的变形场。通过对局部变形场的分析，可以看出岩石的局部地方出现了转动现象及其不均匀变形。本章工作表明，利用数字散斑相关方法表征岩石的局部变形场的连续式测量是完全可行的，从而扩展了数字散斑相关方法的应用范围。

参考文献

[1] 李贺, 尹光志, 许江, 等. 岩石断裂力学. 重庆: 重庆大学出版社, 1988.

[2] Atkinson B K. Fracture mechanics of rock. London: Academic press, 1987.

[3] 吴忠, 秦本东, 谌论建, 等. 煤层顶板砂岩高温状态下力学特征实验研究. 岩石力学与工程学报, 2005, 24(11): 1863-1867.

[4] Hudson J A, Stephansson O, Andersson J. Guidance on numerical modeling of thermo-hydro-mechanical coupled processes for performance assessment of radioactive waste repositories. International Journal of Rock Mechanics and Mining Sciences, 2005, 42(5-6): 850-870.

[5] Rutqvist J, Barr D, Datta R, et al. Coupled thermal-hydrological-mechanical analyses of the Yucca Mountain Drift Scale Test-Comparison of field measurements to predictions of four different numerical models. International Journal of Rock Mechanics and Mining Sciences, 2005, 42(5-6): 680-697.

[6] 周宏伟, 谢和平, 左建平. 深部高地应力下岩石力学行为研究进展. 力学进展, 2005, 35(1): 91-99.

[7] 左建平, 谢和平, 周宏伟. 温度压力耦合作用下的岩石屈服破坏研究. 岩石力学与工程学报, 2005, 24(16): 2917-2921.

[8] 左建平. 温度-应力共同作用下砂岩破坏的细观机制与强度特征(博士学位论文). 北京: 中国矿业大学, 2006.

[9] 孟召平, 李明生, 陆鹏庆, 等. 深部温度、压力条件及其对砂岩力学性质的影响. 岩石力学与工程学报, 2006, 25(6): 1177-1181.

[10] Wong T F. Effects of temperature and pressure on failure and post-failure behavior of Westerley granite. Mechanics of Materials, 1982, 1(1): 3-17.

[11] 许锡昌, 刘泉声. 高温下花岗岩基本力学性能初步研究. 岩土工程学报, 2000, 22(3): 332-335.

[12] Wang X S, Wu B S, Wang Q Y. Online SEM investigation of microcrack characteristics of concretes at various temperatures. Cement and Concrete Research, 2005, 35(7): 1385-1390.

[13] 寇绍全. 热开裂损伤对花岗岩变形及破坏特征的影响. 力学学报, 1987, 19(6): 550-556.

[14] 张静华, 王靖涛, 赵爱国. 高温下花岗岩断裂特性的研究. 岩土力学, 1987, 8(4): 11-16.

[15] 黄有爱, 夏熙伦. 岩石断裂韧度的物理性状效应. 岩土工程学报, 1987, 9(4): 91-96.

[16] Schmidt R A, Lutz J J. KIC and JIC of westerly granite-effects of thickness and in-plane dimensions in fracture mechanics applied to brittle materials. ASTM Special Technical Publication, 1979, 678: 166-182.

[17] Al-Shayea N A, Khan K, Abduljauwad S N. Effects of confining pressure and temperature on mixed-mode (I-II) fracture toughness of a limestone rock. International Journal of Rock Mechanics and Mining Sciences, 2000, 37(4): 629-643.

[18] Funatsu T, Seto M, Shimada H, et al. Combined effects of increasing temperature and confining pressure on the fracture toughness of clay bearing rocks. International Journal of Rock Mechanics and Mining Sciences, 2004, 41(6): 927-938.

[19] 中国航空研究院. 应力强度因子手册. 北京: 科学出版社, 1981.

[20] 左建平, 谢和平, 周宏伟, 等. 温度影响下砂岩的细观破坏及变形场的 DSCM 表征. 力学学报, 2008, 40(6): 786-794.

[21] 左建平, 周宏伟, 谢和平. 不同温度影响下砂岩的断裂特性研究. 工程力学, 2008, 25(5): 124-130.

[22] Zuo J P, Xie H P, Zhou H W. Experimental determination of the coupled thermal-mechanical effects on fracture toughness of sandstone. ASTM: Journal of Testing and Evaluation, 2009, 37(1): 48-52.

[23] 左建平, 谢和平, 周宏伟, 等. 不同温度作用下砂岩热开裂的实验研究. 地球物理学报, 2007, 50(4): 201-206.

[24] Yamaguchi I. Laser speckle strain gauge. Journal of Physics E: Scientific Instrument, 1981, 14(11): 1270-1273.

[25] Peters W H, Ranson W F. Digital imaging techniques in experimental stress analysis. Optical Engineering, 1982, 21(3): 427-431.

[26] 高建新. 数字散斑相关方法及其在力学测量中的应用. 北京: 清华大学, 1989.

[27] 高建新, 周辛庚. 变形测量中的数字散斑相关搜索方法. 实验力学, 1991, 6(4): 333-339.

[28] Wang H W, Kang Y L. Digital speckle correlation test for fracture of thin film//10th International conference on fracture, Honolulu, 2001~12~02~06. Oxford: Elsevier Science.

[29] Wang H W, Kang Y L, Zhang Z F, et al. Size effect on fracture toughness of thin metallic foil. International Journal of Fracture, 2003, 123(3-4): 177-185.

[30] Kang Y L, Zheng G F, Qin Q H. Effect of moisture on mechanical behavior of polymer by experiments. Key Engineering Materials, 2003, 25(1-2): 7-12.

[31] Chevalier L, Calloch S, Hild F, et al. Digital image correlation used to analyze the multiaxial behavior of rubber like materials. European Journal of Mechanics~A/Solids, 2001, 20(2): 169-187.

[32] 马少鹏, 金观昌, 潘一山. 岩石材料基于天然散斑场的变形观测方法研究. 岩石力学与工程, 2002, 21(6): 792-796.

[33] 王怀文. 数字散斑相关方法在扫描电镜下及岩层移动仿真实验中应用的研究. 北京: 中国矿业大学, 2005.

[34] Lockwood W D, Reynolds A P. Use and verification of digital image correlation for automated 3~D surface characterization in the scanning electron microscope. Materials Characterization, 1999, 42(2): 123-134.

[35] Pascal D, Michel B. Micromechanical application of digital speckle correlation techniques//Jacquot P, Fournier JM. Conference on Interferometry in Speckle Light: Theory and Applications, Lausanne, 2000~09~25~28. Berlin: Springer Verlag Press, 2000: 67-74.

[36] Zuo J P, Zhao Y, Chai N B, et al. Measuring micro/meso deformation field of geo-materials with SEM and digital image correlation method. Advanced Science Letters, 2011, 4(4-5): 1556-1560.

第 6 章　不同温度处理后细观砂岩三点弯曲破坏机制

砂岩是一种沉积岩，主要是由母岩物理风化及火山喷发产生的碎屑物质经机械沉积作用而成，在煤层附近大量富存。随着深部开采的进行，研究砂岩的热学和力学性质就越显重要，具有深远的工程应用背景。一些研究表明，多数宏观尺度岩石的强度随温度的升高而有所下降，而下降的趋势又与岩石的种类相关，其他因素，如湿度、试件厚度、尺寸和围压等也都不同程度对岩石的变形破坏与断裂特性有影响[1~8]。文献中的研究多集中于温度对宏观尺度岩石试件的影响[1~8]，温度对岩石微细观破坏机制影响的研究还较少，而基于扫描电镜(SEM)原位观测受温度影响后岩石的裂纹扩展及对断裂韧性的评价就更为少见[9]。作者最近的研究表明，对受温度影响的细观尺度的砂岩而言，其力学特性与很多宏观尺度岩石试件的实验结果可能不一样[9~11]。这可能的原因有两个，一是岩样的不同，二是温度对不同尺度岩石影响的效果不同，对于宏观尺度的岩石，温度的影响可能被实验仪器的误差所屏蔽；而对于小尺度试件，温度的影响能够充分体现。文献[11]通过单轴拉伸实验探讨了温度对小尺度砂岩断裂韧性的影响，本章将继续通过三点弯曲实验来探讨温度对细观尺度砂岩的断裂韧性的影响，并基于 SEM 对裂纹扩展及破坏机制做了探讨。有关三点弯曲实验已被诸多学者用于测试混凝土、岩石等脆性材料的断裂韧性[12~14]。文献[12]用三点弯曲法测定了大理岩的断裂韧性，并探讨了加载速度、裂纹长度和裂纹几何性质对断裂韧性的影响。文献[13]通过模型和三点弯曲实验研究了混凝土断裂全过程及亚临界扩展的细观机制，并发现裂纹扩展具有分形性质。文献[14]通过单边缺口圆棒三点弯曲实验(SENRBB)和半圆棒三点弯曲(SCB)实验研究了室温至 200℃的 Kimachi 砂岩的断裂韧性，实验表明 Kimachi 砂岩的断裂韧性从室温到 125℃变化不大，但高于 125℃温度后，断裂韧性随着温度而升高，而 200℃时 I 型断裂韧性较之室温的断裂韧性高出 40%。在温度和围压的综合影响下断裂韧性也发生了相似的变化，如围压 7MPa 时，砂岩的断裂韧性随着温度升到 75℃时有所减少，而在 75℃至 100℃又有所提高。

本章将通过三点弯曲实验研究受不同温度影响后砂岩的断裂韧性，并通过扫描电镜(SEM)实时在线观察其破坏过程，试图从细观角度来解释温度对砂岩断裂机制的影响[15~17]。

6.1 三点弯曲砂岩试件制作及实验介绍

6.1.1 三点弯曲砂岩试件尺寸

岩样取自平顶山煤业集团公司十矿，细粉砂岩，埋深 1150m[9]。颗粒粒径多在 0.06～0.30mm。所有试件均取自同一大块岩样，朝同一方向切割加工而成，这是为了尽量避免或减少由于加工试件所引起的误差。试件外形尺寸参照 SEM 加载系统和断裂实验标准确定为 25mm×10mm×5mm（$L\times B\times W$），中间有效跨距长 l= 20mm，如图 6-1 所示。尽管很多文献提出开 V 形缺口来测试材料的断裂韧性，但对岩石材料而言，V 形缺口很难实现，因为裂纹尖端很难达到数学意义上的尖端，缺口放大后观察近乎 U 形。因此我们把试件缺口加工成 U 形，实物图如图 6-2 所示。

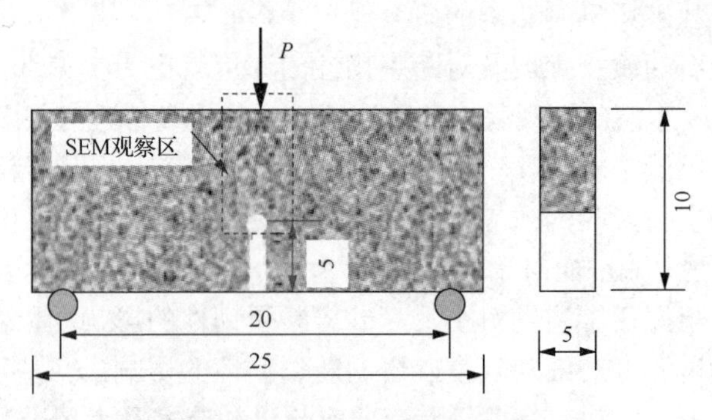

图 6-1　三点弯曲加载方式及试件尺寸形状（单位：mm）

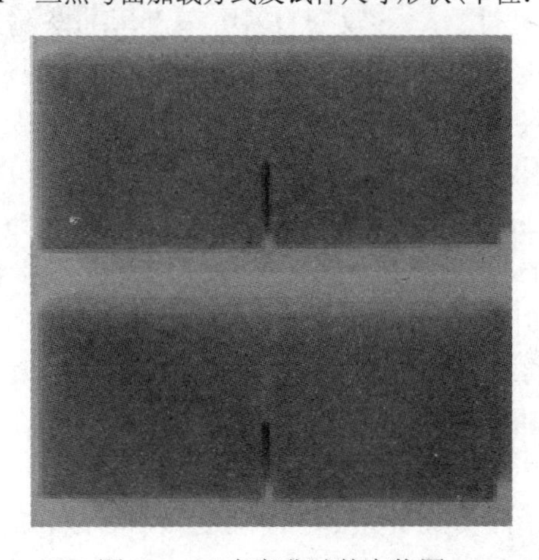

图 6-2　三点弯曲试件实物图

试件加工严格遵循我国岩石力学学会规定的要求达到的加工精度，以满足我国岩石实验方法标准[18]。根据三点弯曲实验标准以及便于观察裂纹扩展，裂纹深度与试件高度之比设计为 0.5，利用金刚石锯片在试件中部精心加工了一个深度大约为 5mm，宽度为 0.4～0.5mm 的裂纹。由于加工误差，裂纹长度稍微有所不同。全部试件尺寸及预制裂纹长度的分布情况如表 6-1 和图 6-3 所示。试件高度基本没有误差，裂纹的深度稍微有些误差，但考虑到砂岩的矿物颗粒的大小，这样的加工精度基本满足实验要求。试件的观察面经过抛光处理，而其他面没有经过任何处理。这是为了便于观察表面微结构及裂纹的演化。为了便于实验和记录，对试件进行编号 A-B，其中 A 代表温度，B 代表该温度点的第几个试件，如编号 100-1 代表实验温度点为 100℃的第一个试件。后文均以这种编号来命名试件。

表 6-1　实测试件尺寸及裂纹长度

试件编号	尺寸长 L×高 B×宽 W /mm×mm×mm	裂纹深度 a/mm	裂纹宽度/mm	试件编号	尺寸长 L×高 B×宽 W /mm×mm×mm	裂纹深度 a/mm	裂纹宽度/mm
25℃-1	25.20×10.03×5.15	4.99	0.516	175℃-2	25.18×10.02×5.14	4.67	0.489
50℃-1	25.30×10.06×5.14	4.86	0.462	175℃-3	25.24×10.02×5.16	4.83	0.494
50℃-2	25.26×10.02×5.14	4.84	0.483	200℃-1	25.20×10.02×5.14	5.13	0.528
50℃-3	25.20×10.04×5.16	4.56	0.495	200℃-2	25.16×9.96×5.08	4.52	0.500
100℃-1	25.20×10.02×5.16	4.68	0.538	200℃-3	25.16×10.06×5.14	4.76	0.522
100℃-2	25.18×10.04×5.10	4.44	0.494	300℃-1	25.20×9.98×5.16	4.62	0.517
100℃-3	25.22×10.02×5.20	4.42	0.528	300℃-2	25.18×10.04×5.14	4.60	0.489
125℃-1	25.20×10.04×5.16	4.90	0.522	300℃-3	25.20×10.02×5.12	4.55	0.483
125℃-2	25.16×10.06×5.14	4.89	0.500	400℃-1	25.30×10.02×5.14	4.59	0.528
125℃-3	25.16×10.04×5.18	4.83	0.478	500℃-1	25.40×10.02×5.16	4.71	0.461
150℃-1	25.22×10.00×5.14	4.89	0.483	500℃-2	25.30×10.04×5.12	4.72	0.500
150℃-2	25.20×10.00×5.16	4.66	0.489	600℃-1	25.36×10.02×5.12	4.51	0.472
150℃-3	25.20×10.04×5.14	5.05	0.511	600℃-2	25.30×10.06×5.18	4.76	0.472
175℃-1	25.30×10.04×5.18	4.59	0.528				

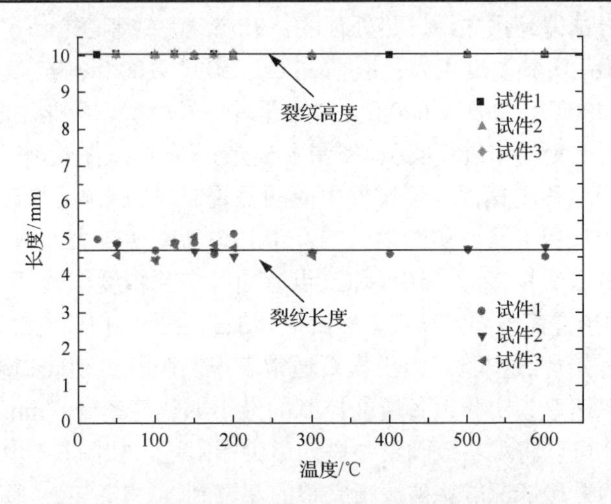

图 6-3　全部试件预制裂纹长度及试件高度分布图

6.1.2　三点弯曲砂岩试件热处理过程

实验总共做了 29 个试件。试件经过了不同温度下的热处理。参考前人的经验，采用升温速率控制在 5～10℃/min，恒温 1h，炉内冷却。根据实验研究的目的把温度点分为：25℃、50℃、100℃、125℃、150℃、175℃、200℃、300℃、400℃、500℃、600℃。其中 25℃(常温)2 个，经过 50℃、100℃、125℃、150℃、175℃、200℃、300℃热处理的试件各有 3 个。经过 400℃、500℃、600℃热处理的试件各 2 个。常温 25～200℃的试件热处理设备为电热鼓风干燥箱[图 6-4(a)]；300～600℃用箱式电阻炉[图 6-4(b)]。其中，由于人为因素，造成 25℃和 400℃各有一个试件实验失败。

(a) 电热鼓风干燥箱

(b) 箱式电阻炉

图 6-4　热处理设备

6.1.3　三点弯曲砂岩破坏实验流程

实验的砂岩试件是预先经过热处理的，升温速率控制在 3～5℃/min，达到预期温度后恒温 1h，实验温度点为：室温(25℃)、50℃、100℃、125℃、150℃、175℃、200℃、300℃、400℃、500℃、600℃。热处理后炉内冷却。冷却后的试件放入 SEM 实验系统三点弯曲夹具中进行实验，如图 6-5 所示，先把试件放于三点弯曲夹具上，然后用一重物轻敲移动试件，使试件中间的预置裂纹与右端加载圆柱的中心线相重合。为了减少加载卡具对实验的影响，卡具头为刚度较大、抛光度较高的圆柱头，与试件本身成线性接触，这保障三点弯曲的实验精度。调好试件位置后，先施加一约 5N 的预置荷载固定试件，然后把该加载台推入扫描电镜室。电镜室抽完真空后就可以开始加载实验。由于岩石通常表现出脆性，因此加载过程采用位移加载模式，加载速率为实验设备所能控制的最小加载速率 10^{-4}mm/s。由于事先预置了缺口，因此可以将观察范围集中在切口尖端附近，如图 6-1 中虚线方框所示。这样裂纹尖端的扩展情况能够被清晰完整的观察到。

图 6-5　三点弯曲实验夹具

6.2　不同温度热处理后砂岩三点弯曲细观破坏过程

下面分别对室温(25℃)、50℃、100℃、125℃、150℃、175℃、200℃、300℃、400℃、500℃和 600℃处理后的砂岩试件细观三点弯曲实验进行了详细的分析比较，结合 SEM 图片和荷载位移曲线，分析说明不同温度荷载水平下，试件的破坏过程。为了节省篇幅，只节选了每个温度下具代表性的试件进行说明。注意本章中注明的“试件的初始状态”是指试件刚推入扫描电镜时的状态，此时试件受到的荷载并不是零。

6.2.1　室温 25℃的破坏过程

对于室温 25℃只做成功了一个试件，荷载加到 93.4N，试件在预制缺口中心附近开始起裂，如图 6-6(b)所示。这是由于预制缺口处应力集中现象明显，导致该处的应力最先达到破坏极值。由于荷载的作用，试件其他地方也开始出现微裂纹。当荷载经过峰值点 95.4N，裂纹迅速扩展，但由于黏土胶结物的作用，试件并没有完全断裂，如图 6-6(c)所示。此时随着变形的增加，承受的荷载在逐渐减少，当荷载降低到 43.9N 时试件几乎完全断裂，形成一条贯通很明显的主裂纹，如图 6-6(d)所示。从中也可以看出，裂纹扩展基本上是绕过颗粒前进，如图 6-6(d)所示。

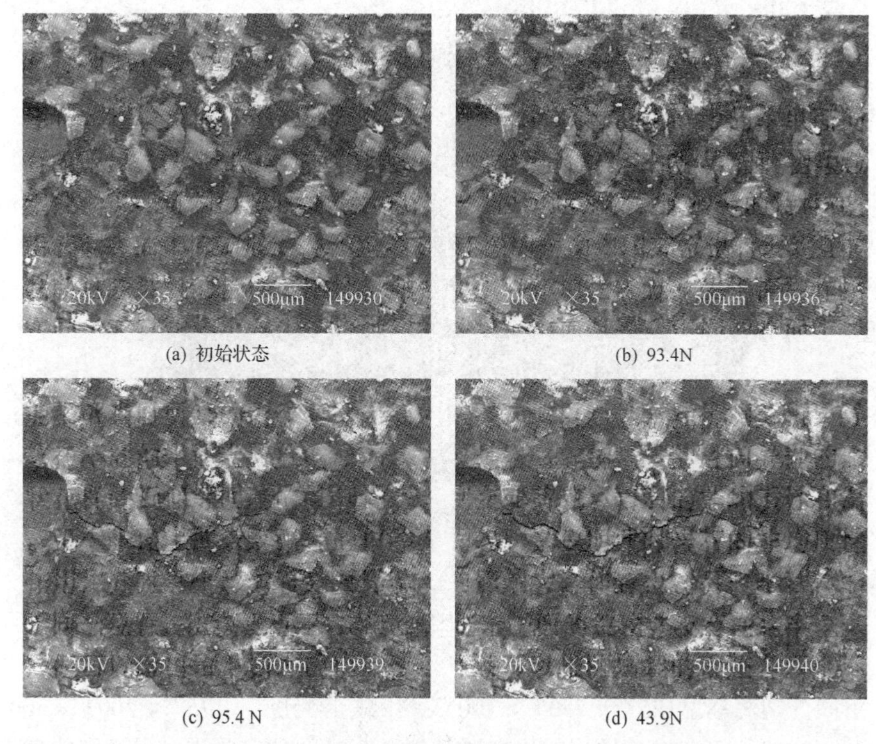

(a) 初始状态　　(b) 93.4N

(c) 95.4 N　　(d) 43.9N

图 6-6　试件 25℃-1 破坏过程及表面裂纹 SEM 图(×35)

6.2.2　温度 50℃的破坏过程

对于经历 50℃热处理的试件 50℃-1，从 SEM 图片可以看出，当荷载加到 85.3N 时，试件在预制缺口中央偏下的地方起裂，如图 6-7(b)所示。随着荷载的继续增加，裂纹延伸。裂纹扩展基本是绕着颗粒前进。和 25℃的试件一样，也是在经过荷载峰值点后，在荷载位移曲线的稳定破坏阶段试件突然断裂，其中破坏荷载为 96.6N。以后的实验，试件同样是在荷载-位移曲线的稳定破坏阶段断裂。只是不同试件断裂时的荷载值并不一样。

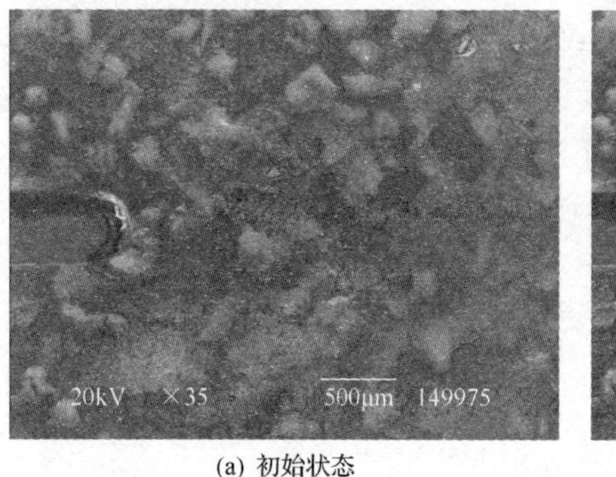

(a) 初始状态

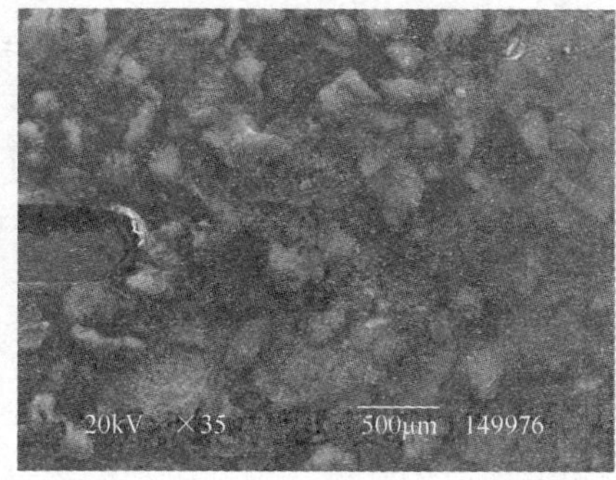

(b) 85.3N

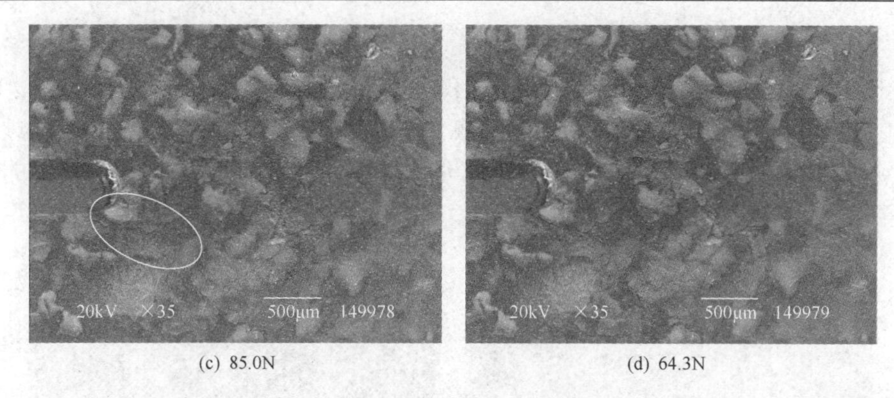

(c) 85.0N　(d) 64.3N

图 6-7　试件 50℃-1 破坏过程及表面裂纹 SEM 图(35×)

对于试件 50℃-2，裂纹起裂于中央部位偏上部分，与水平位置大致成 45°角的方向开裂，如图 6-8(b)所示。随着荷载的增加，形成了一条贯通的主裂纹。除了主裂纹之外，还观察到试件很多地方都有裂纹出现，但是这些裂纹并没有彼此贯通和汇合。裂纹扩展基本是绕过颗粒前进，通过试件 50℃-2 的 SEM 图，可以明显看见裂纹绕过颗粒前进这一事实和过程。该试件的最大荷载为 106.3N，在荷载值达到稳定破坏阶段的 64.3N 时，试件完全断裂。

(a) 初始状态　(b) 82.7N

(c) 84.5N　(d) 66.7N

图 6-8　试件 50℃-2 破坏过程及表面裂纹 SEM 图(35×)

试件 50℃-3，实验出现了不同其他试件的现象。在荷载达到 90.7N 时开始起裂，所不同的是，裂纹同时起裂于中央和中央偏上两个部位。由于实验限制，我们不知道这两条裂纹谁先起裂。通过 SEM 图，我们观察到两条裂纹并没有绕过一个颗粒集中块体后汇合[图 6-9(d)]所示，形成一条主裂纹；而是中央偏上部位的裂纹继续朝前扩展，而中央裂纹扩展停止，只是形成了一条小裂纹。同时我们观察到，在两条裂纹汇合的道路上出现了一个颗粒。以后随着荷载的增加，裂纹继续扩展，扩展方式同样是绕过颗粒前进。

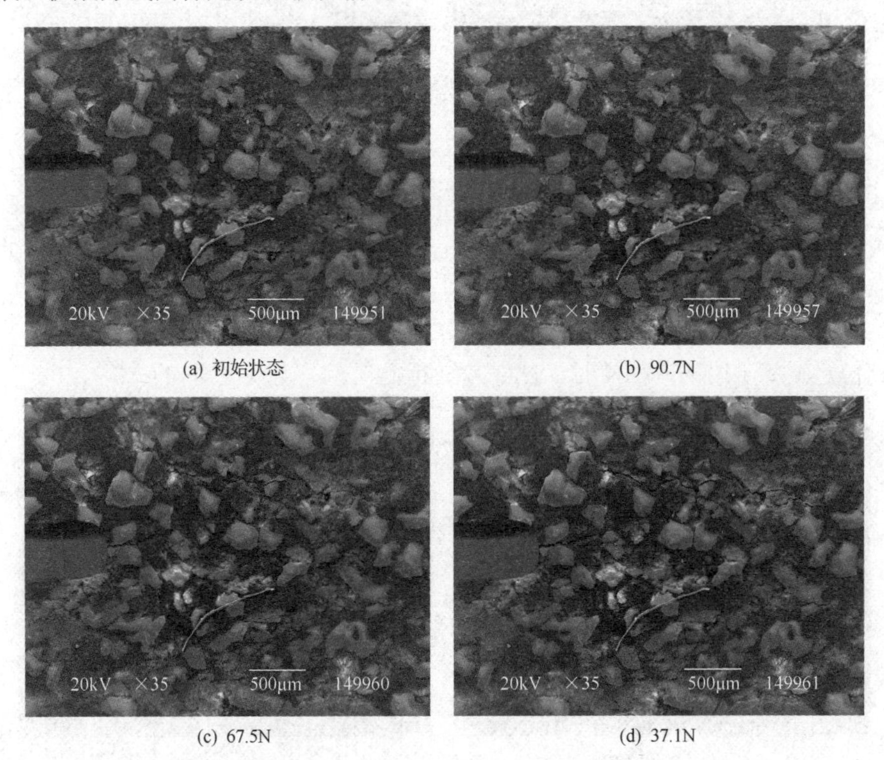

(a) 初始状态　(b) 90.7N

(c) 67.5N　(d) 37.1N

图 6-9　试件 50℃-3 破坏过程及表面裂纹 SEM 图(×35)

6.2.3　温度 100℃的破坏过程

图6-10(a)是初始预置荷载5N时所对应的表面形貌SEM图。当荷载加到91.0N时，在预置缺口中部附近沿水平方面大约 25°方向起裂，如图 6-10(b)所示；随着荷载进一步增加，当达到峰值荷载约 101.3N 时砂岩断裂，但由于断裂速度较快，而 SEM 的扫描速率较慢，来不及捕捉到断裂瞬间，因此在峰后约 95.0N 时扫描完该表面图，如图 6-10(c)所示。尽管试件断裂，但其并没有完全丧失承载能力，这是黏土及矿物颗粒之间还有一定的黏结力的缘故，因此我们在 37.4N 再拍摄了一张 SEM 图，如图 6-10(d)所示。图 6-10(d)较图 6-10(c)可以清晰地看到在裂纹有

明显张开。从试件的瞬时断裂及记录的荷载-位移曲线来看，砂岩断裂以脆性断裂机制为主导。从图 6-10(c)和图 6-10(d)中看到，在裂纹的扩展路径上，大部分断裂是绕过颗粒的，而穿颗粒断裂很少。

(a) 5.0N　(b) 91.0N

(c) 95.0 N　(d) 37.4 N

图 6-10　试件 100℃-1 破坏过程及表面裂纹 SEM 图(×35)

对于试件 100℃-2，当荷载加到 96.3N 时，裂纹开始起裂，如图 6-11(c)。当荷载过了试件承载能力的峰值点，到达稳定破坏阶段的 42.4N 时，试件断裂，如图 6-11(d)所示。断裂时，产生了较大的位移，基本以脆性断裂为主。试件起裂于预制裂纹中央偏下的部位，以后沿着试件的薄弱部位扩展，并且基本绕颗粒破坏。在本试件中，可以看见很多由于热处理产生的微裂纹。但是试件断裂的主裂纹在扩展过程中并没有和这些微裂纹贯通起来，基本上是沿着试件薄弱地方在扩展。

(a) 初始状态　(b) 53.2N

(c) 96.3N　(d) 42.4N

图 6-11　试件 100℃-2 破坏过程及表面裂纹 SEM 图(35×)

对于试件 100℃-3，当荷载加到 84.8N 时，裂纹起裂。当荷载加到稳定破坏阶段的 45.0N 时，试件完全断裂，如图 6-12 所示。试件起裂于中央部位偏上的地方。穿过一个由于热处理产生了开裂的颗粒，继续向前扩展，并从两颗粒的中间穿过，裂纹基本上没有从石英、白云石、方解石等矿物颗粒中穿过前行。断裂时产生了一定的位移变形，断裂并不突然。

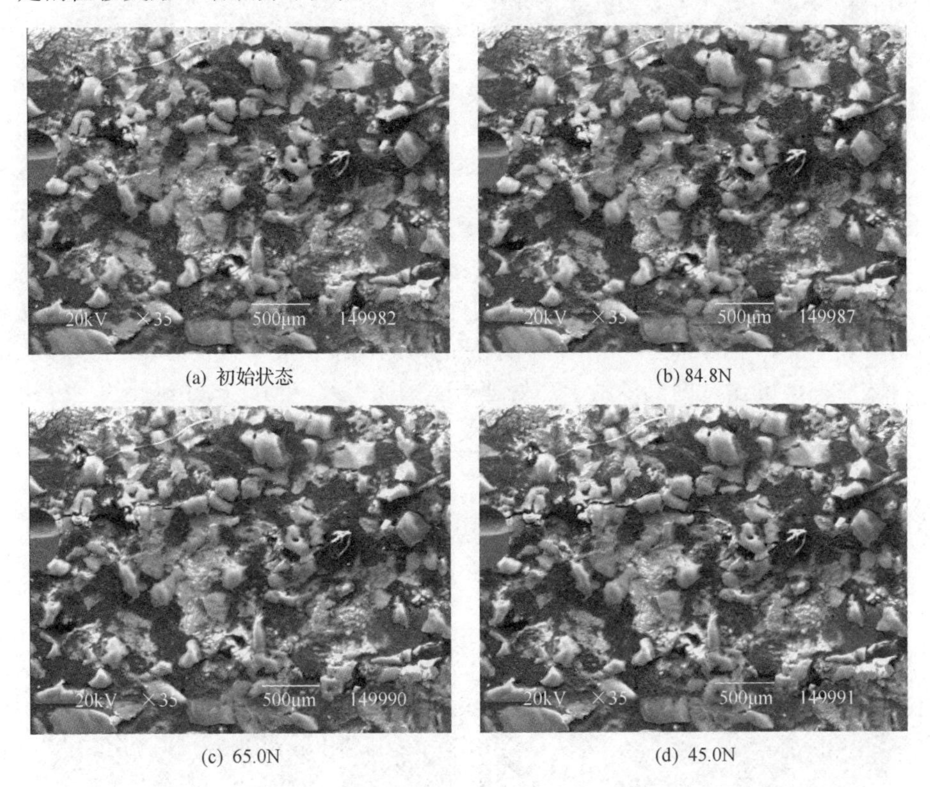

(a) 初始状态　(b) 84.8N

(c) 65.0N　(d) 45.0N

图 6-12　试件 100℃-3 破坏过程及表面裂纹 SEM 图(×35)

6.2.4　温度 125℃的破坏过程

对于试件 125℃-1，当荷载加到 90.9N 时，开始起裂；随着荷载的增加，经过试件承载能力的峰值点，到试件荷载位移曲线稳定破坏阶段的 37.3N 时，试件完全断裂，如图 6-13 所示。裂纹起裂始于预制缺口的正中部位，这可能是由于中间出现缺陷，较为薄弱的缘故。在裂纹的扩展方向上，看见裂纹先是穿过了离预制缺口中央很近的几个颗粒，然后再绕过颗粒扩展，这是与前几个试件不同的地方。

(a) 初始状态　(b) 90.9N

(c) 65.5N　(d) 37.3N

图 6-13　试件 125℃-1 破坏过程及表面裂纹 SEM 图(×35)

对于试件 125℃-2，但荷载加到 87.5N 时，试件开始起裂。荷载达到荷载位移曲线稳定破坏阶段的 37.3N 时，试件断裂。起裂始于预制缺口偏上的地方，如图 6-14 所示。和试件 125℃-1 一样，裂纹的扩展也是先在预制缺口中央附近破开几个颗粒前进，然后都是沿着颗粒的边界向前扩展。形成的主裂纹并没有和热处理产生的微裂纹贯通起来，而是独立向前扩展。

(a) 初始状态　　(b) 87.5N

(c) 75.9N　　(d) 37.3N

图 6-14　试件 125℃-2 破坏过程及表面裂纹 SEM 图(×35)

对于试件 125℃-3，起裂时的荷载为 102.0N，当荷载达到试件承载能力峰值点之后的稳定破坏阶段 37.0N 时，试件断裂。试件起裂于预制缺口的正中。穿过一个很大的颗粒后，继续向前扩展，如图 6-15 所示。同 125℃的前两个试件一样，裂纹扩展之初，同样穿过了矿物颗粒，所不同的是，试件 125℃-3 的裂纹穿过的颗粒要大，但穿过的颗粒数要少。主裂纹独立向前扩展，没有和热处理后的微裂纹贯通起来。

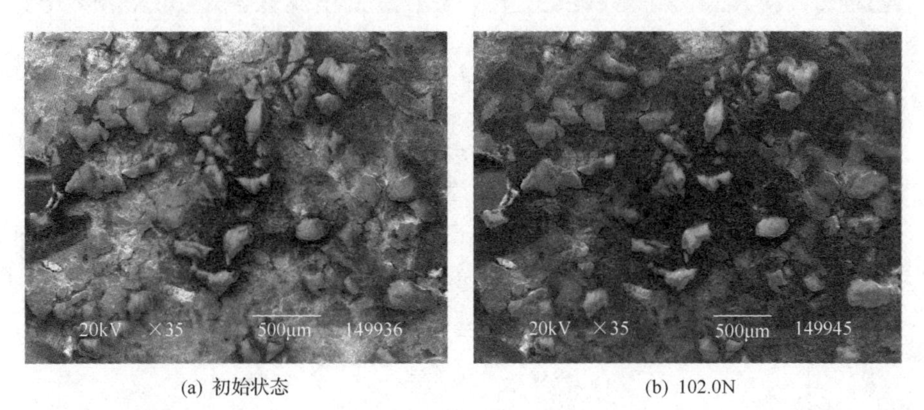

(a) 初始状态　　(b) 102.0N

(c) 78.4N　　(d) 37.0N

图 6-15　试件 125℃-3 破坏过程及表面裂纹 SEM 图(×35)

可见，经过 125℃热处理的三个砂岩试件和经过前面几个温度点热处理的试件裂纹的扩展方式并不一样。经过 25℃、50℃和 100℃不同热处理试件裂纹的扩展方式均为沿着颗粒的边界向前扩展，属于绕行方式，断裂属于沿颗粒断裂；而经过 125℃热处理的试件裂纹的扩展方式是一开始在预制缺口附近破开一颗或者几颗矿物颗粒之后，再沿着颗粒边界向前扩展。先是破坏矿物颗粒前进，而后在绕行。断裂属于穿过颗粒断裂和沿颗粒断裂的细观机制共同作用。因此我们认为 125℃是砂岩试件三点弯曲实验裂纹扩展方式发生变化的临界点，这在后面的实验也得到证实。

6.2.5　温度 150℃的破坏过程

对于试件 150℃-1，在加载过程中试件表面没有大的变化，当荷载达到接近峰值点的 86.1N 时，试件开始起裂，如图 6-16(b)所示，起裂始于预制裂纹中央偏下位置。荷载达到稳定破坏时候的 37.5N 时，试件完全断裂。比较图 6-16(a)和图 6-16(d)，发现导致试件突然断裂的主裂纹并不是独立发展的了。而是在延伸贯通了试件初始状态由于热处理产生的许多热开裂裂纹后形成了导致试件断裂的主裂纹。这是以前几个温度点试件所没有的现象。我们分析认为：热处理产生的热开裂裂纹被试件 150℃-1 的主裂纹所贯通汇合，成了试件 150℃-1 主裂纹的一部分，使其不再独立。可见 150℃这个温度点产生的热开裂裂纹对试件的裂纹扩展产生了影响。在主裂纹的扩展方向，也有几个矿物颗粒被破断。与 125℃的三个试件不同的是，试件 150℃-1 主裂纹破开的颗粒已经不仅仅限制在预制裂纹附近了，如图 6-16(d)所示。

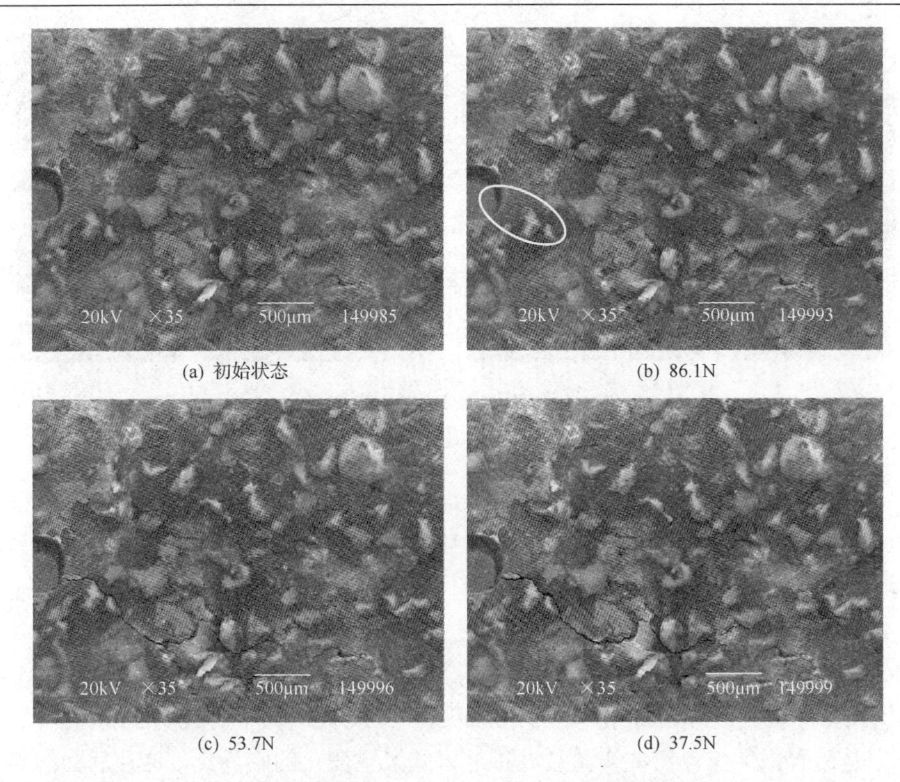

(a) 初始状态　　(b) 86.1N

(c) 53.7N　　(d) 37.5N

图 6-16　试件 150℃-1 破坏过程及表面裂纹 SEM 图(×35)

对于试件 150℃-2，当荷载达到接近峰值点的 90.5N 时，试件起裂，起裂始于预制缺口中央偏上的位置，如图 6-17(b)所示。当达到稳定破坏阶段的 36.8N 时，试件突然断裂。比较图 6-17(a)和图 6-17(d)，我们发现了与试件 150℃-2 一样的现象：热处理产生的热开裂裂纹被主裂纹融会贯通，使得主裂纹不再独立扩展；而且，此现象在试件 150℃-2 上表现的更加突出明显。在主裂纹扩展的方向上，我们同样看见了主裂纹有破开矿物颗粒前进的现象，而且，破开的矿物颗粒显现的比以前更加的坚硬。矿物颗粒距离预制缺口中央有了很长一段距离。

(a) 初始状态　　(b) 90.5N

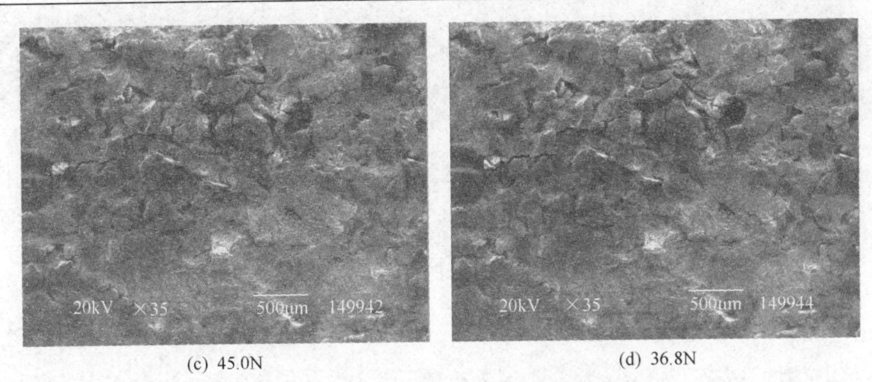

(c) 45.0N　　(d) 36.8N

图 6-17　试件 150℃-2 破坏过程及表面裂纹 SEM 图(×35)

对于试件 150℃-3，当荷载达到接近峰值点的 67.9N 时，试件起裂，起裂始于预制缺口中央稍偏上的位置，如图 6-18(b)所示。当荷载继续增加达到稳定破坏阶段的 37.5N 时，试件突然断裂。主裂纹贯通热开裂产生的裂纹现象同样显著。而且，在主裂纹扩展到一个矿物颗粒群时出现了裂纹分叉现象。比较图 6-18(a)和图 6-18(d)发现，此矿物群的两边都产生过热开裂裂纹，导致这附件较为薄弱，使其在裂纹尖端上方位置又引申出一条新裂纹。先前的裂纹由于在扩展方向上有较大矿物颗粒，扩展阻力较大，因此停止扩展；而新出现的裂纹则绕过颗粒群继续向前扩展。

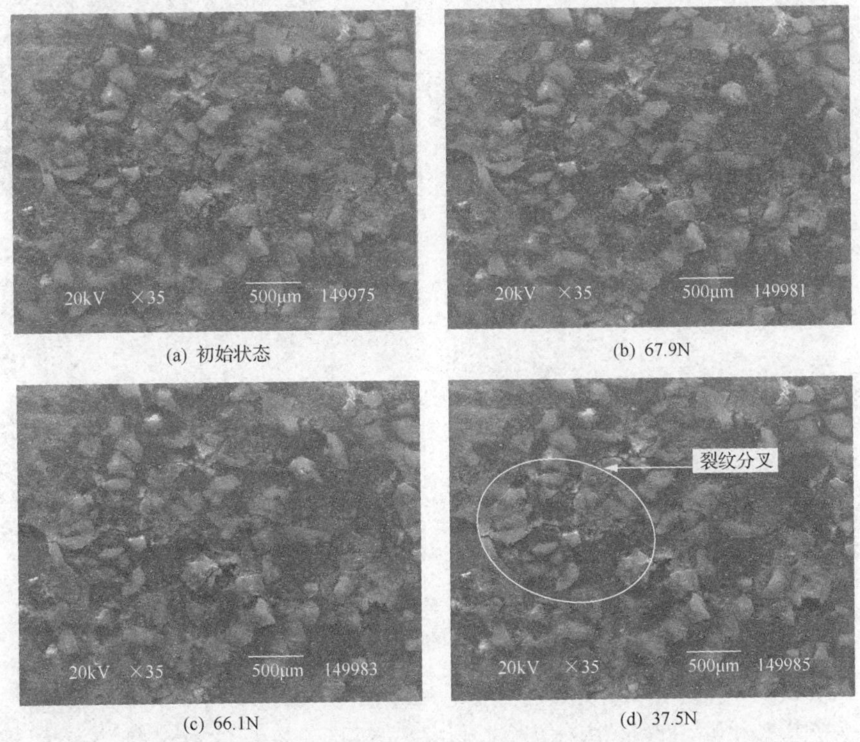

(a) 初始状态　　(b) 67.9N

(c) 66.1N　　(d) 37.5N

图 6-18　试件 150℃-3 破坏过程及表面裂纹 SEM 图(×35)

150℃的实验表明：这个温度点由于热开裂产生的初始裂纹被试件破坏时的主裂纹所贯通，成了主裂纹的一部分，促使了试件的破坏。试件由于热开裂产生的初始裂纹在低于热处理150℃这个温度点时，对试件破坏时的主裂纹，不产生影响，主裂纹独立扩展；而在等于或高于热处理 150℃时，热开裂产生的初始裂纹有些将被主裂纹所贯通，成为主裂纹的一部分，对主裂纹的扩展产生了不同程度的影响。因此，我们把热处理150℃作为试件初始裂纹对主裂纹产生影响的临界温度点。

6.2.6　温度 175℃的破坏过程

对于试件 175℃-1，当荷载达到接近峰值点的 107.3N 时，试件开始起裂，起裂始于预制缺口偏下的部位；当荷载达到稳定破坏阶段的 37.2N 时，试件突然断裂。比较图 6-19(a)和图 6-19(d)，可以看到试件破坏的主裂纹汇合了由于热处理产生的初始裂纹。由图 6-19(a)，我们可以看见在预制缺口的偏下方有一条较明显的初始裂纹，刚好试件的起裂也发生在此处。

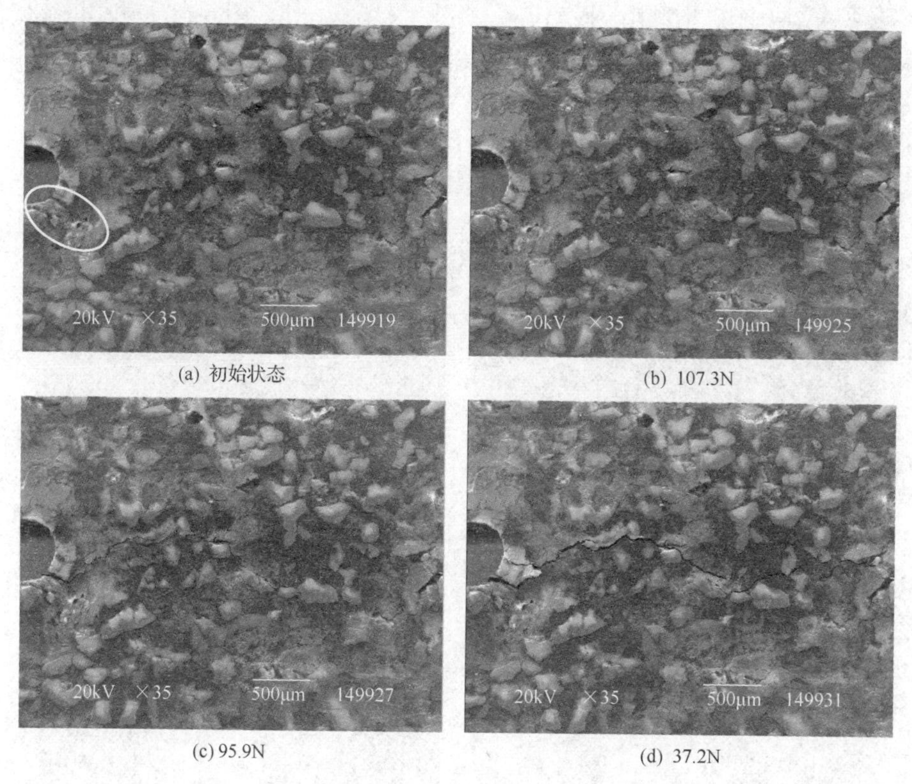

(a) 初始状态　(b) 107.3N　(c) 95.9N　(d) 37.2N

图 6-19　试件 175℃-1 破坏过程及表面裂纹 SEM 图(×35)

对于试件 175℃-2，当荷载达到接近峰值点的 100.1N 时，试件开始起裂，起裂始于预制裂纹偏下的部位；当荷载到达稳定破坏阶段的 37.3N 时，试件断裂。

比较图 6-20(a)和图 6-20(d)，同样可以看到主裂纹贯通初始裂纹的现象，同时在主裂纹的扩展方向上，也存在破开矿物颗粒前进的现象。

(a) 初始状态　(b) 100.1N

(c) 79.3N　(d) 37.3N

图 6-20　试件 175℃-2 破坏过程及表面裂纹 SEM 图(×35)

对于试件 175℃-3，当荷载达到接近峰值点的 94.0N 时，试件开始起裂，起裂始于预制缺口的偏上边缘；当荷载达到稳定破坏阶段的 37.5N 时，试件断裂。在主裂纹扩展方向上，我们明显看见了它破开矿物颗粒前进的痕迹。比较图 6-21(a)和图 6-21(d)，可以看见主裂纹汇合贯通初始裂纹的痕迹。

(a) 初始状态　(b) 94.0N

(c) 42.8N　　　　(d) 37.5N

图 6-21　试件 175℃-3 破坏过程及表面裂纹 SEM 图(×35)

6.2.7　温度 200℃的破坏过程

对于试件 200℃-1，当荷载达到 93.6N 时试件起裂，起裂始于预制缺口偏下的部位，裂纹绕过一个矿物块体向前扩展。当荷载达到稳定破坏的 39.5N 时，试件断裂。裂纹有破开矿物颗粒扩展的趋势，比较图 6-22(a)和图 6-22(d)，可以看出

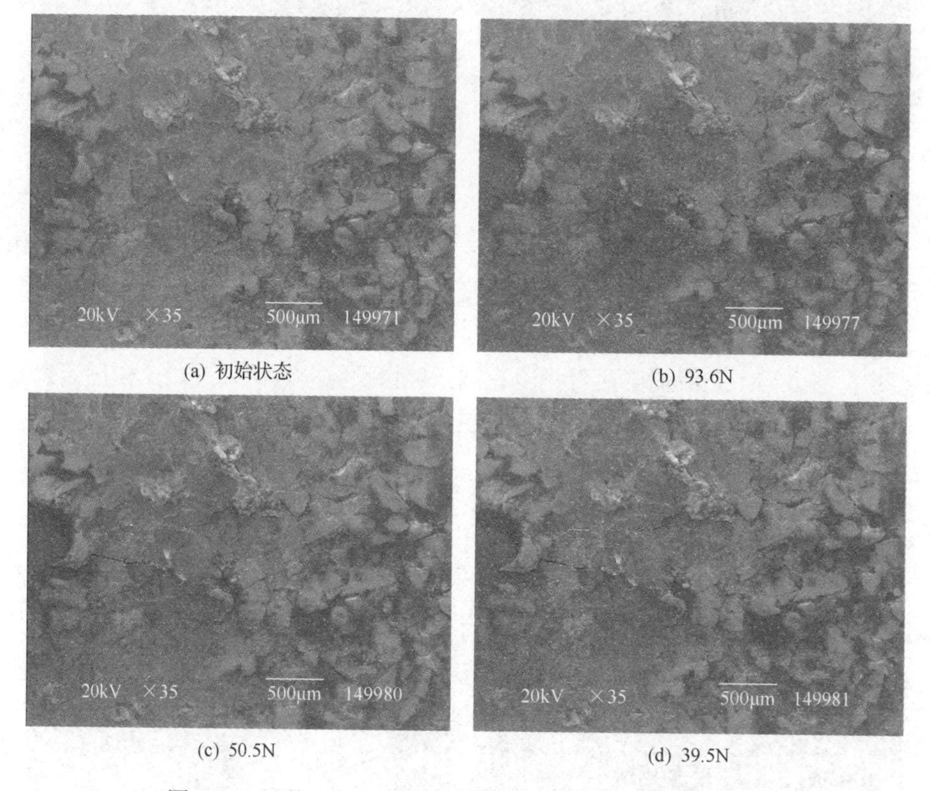

(a) 初始状态　　　　(b) 93.6N

(c) 50.5N　　　　(d) 39.5N

图 6-22　试件 200℃-1 破坏过程及表面裂纹 SEM 图(×35)

热处理产生的初始裂纹对主裂纹的扩展产生了很大的影响，有些被主裂纹所贯通，并且主裂纹不连续。这是由于在预制缺口处，砂岩的矿物颗粒都成块体堆积，裂纹无法穿行。主裂纹扩展前进的方式是借助初始裂纹向前扩展的。

对于试件 200℃-2，当荷载达到 84.6N 时，试件起裂，起裂始于预制缺口正中位置，当荷载达到稳定破坏阶段的 37.1N 时，试件断裂。比较图 6-23(a)和图 6-23(d)可以看出，试件的初始裂纹对主裂纹的扩展起了很大作用，裂纹充分地汇合、贯通。主裂纹有破开颗粒前进的痕迹。扩展的路线崎岖，先穿过试件的泥土带，随后进入矿物颗粒比较密集的部位，以后的扩展缓慢。

(a) 初始状态　(b) 84.6N

(c) 54.4N　(d) 37.1N

图 6-23　试件 200℃-2 破坏过程及表面裂纹 SEM 图(×35)

对于试件 200℃-3，当荷载达到 115.9N 时，试件起裂，起裂始于预制缺口偏上的边缘部位。当荷载达到稳定破坏阶段的 37.2N 时，试件断裂。主裂纹破坏颗粒前进的痕迹比较显著。比较图 6-24(a)和图 6-24(d)，可以看出初始裂纹对主裂纹的扩展起了很大的促进作用。裂纹之间充分地贯通、汇合。试件的表面矿物颗粒比较密集，使得裂纹的扩展比较缓慢。通过图，我们隐约还看见初始裂纹相互贯通，只是形成的次裂纹并不足以影响试件的断裂。

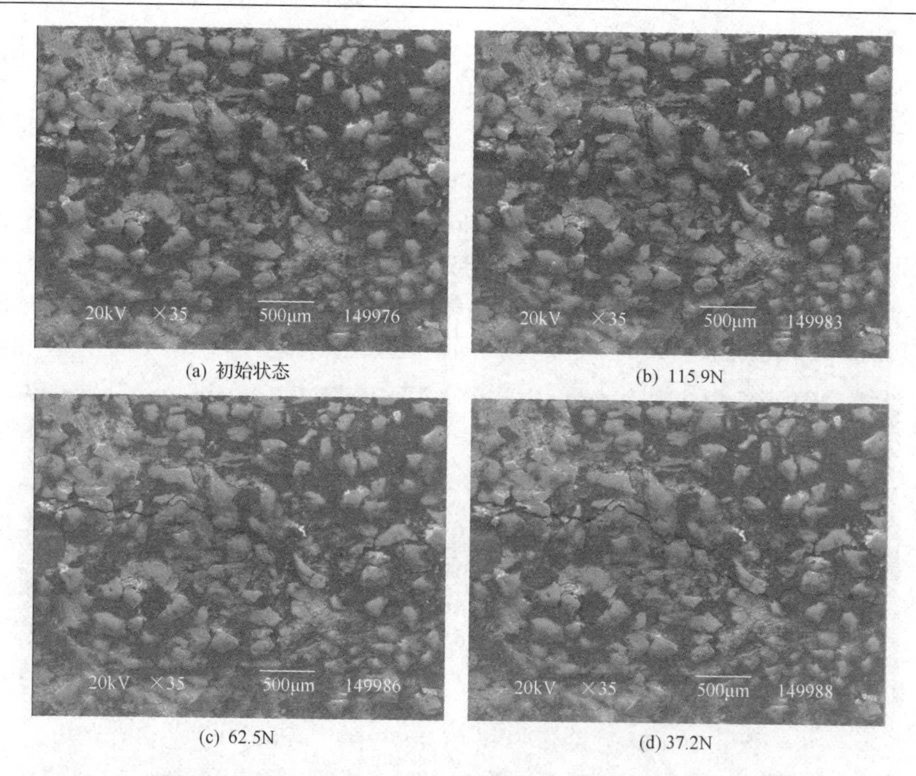

(a) 初始状态　(b) 115.9N

(c) 62.5N　(d) 37.2N

图 6-24　试件 200℃-3 破坏过程及表面裂纹 SEM 图(×35)

6.2.8　温度 300℃的破坏过程

对于试件 300℃-1，当荷载达到 99.5N 时，试件起裂，起裂始于试件预制缺口正中部位，而后往预制缺口偏上部位发展。当荷载达到稳定破坏阶段的 38.3N 时试件断裂。在主裂纹发展过程中，可以看见裂纹破开矿物颗粒扩展的现象。比较图 6-25(a)和图 6-25(d)，可以发现热处理的初始裂纹对试件的主裂纹的扩展产生了很大的影响。试件从起裂伊始就开始贯通初始裂纹向前扩展，裂纹扩展迅速。

(a) 初始状态　(b) 99.5N

(c) 61.6N　　(d) 38.3N

图 6-25　试件 300℃-1 破坏过程及表面裂纹 SEM 图(×35)

对于试件 300℃-2，当荷载达到 83.9N 时，试件起裂，起裂始于预制缺口偏上的边缘部位。在荷载达到稳定破坏阶段的 37.2N 时，试件断裂破坏。主裂纹破坏颗粒扩展现象显著。比较试件的初始和最终断裂的 SEM 图，如图 6-26(a)和图 6-26(d)所示，可以发现主裂纹的扩展充分汇合贯通了初始裂纹，扩展迅速，主裂纹扩展路线崎岖。

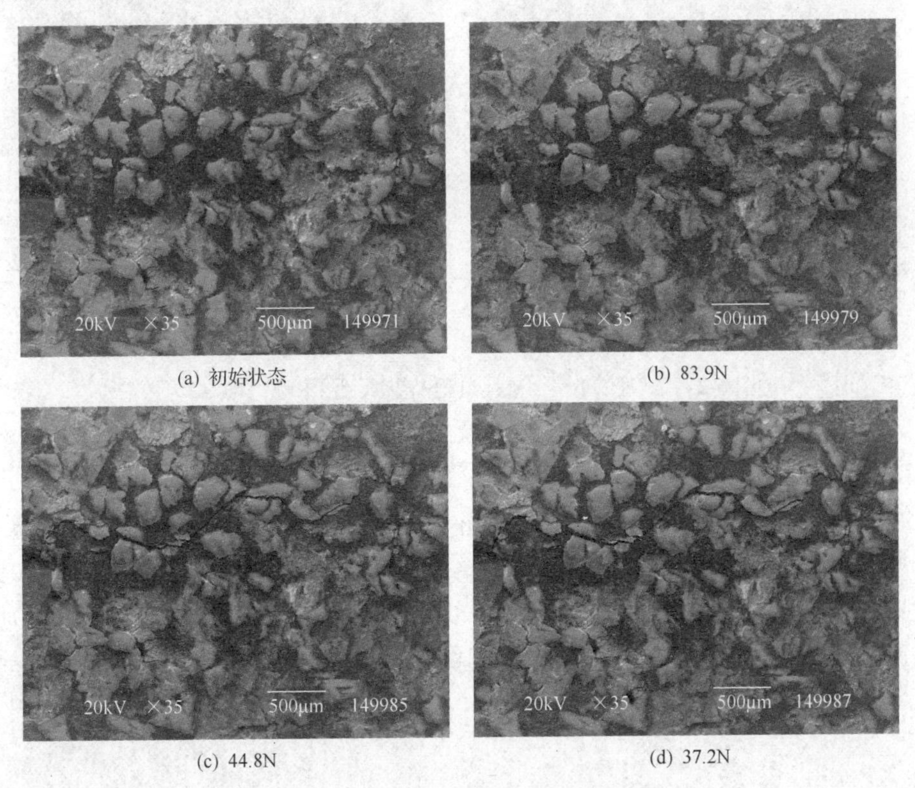

(a) 初始状态　　(b) 83.9N

(c) 44.8N　　(d) 37.2N

图 6-26　试件 300℃-2 破坏过程及表面裂纹 SEM 图(×35)

对于试件 300℃-3，当荷载达到 90.8N 时，试件起裂，起裂始于预制缺口稍微偏下的位置。当荷载增加到稳定破坏阶段的 37.2N 时，试件断裂破坏。主裂纹破开矿物颗粒扩展现象显著。比较试件的初始状态和最终破坏时的 SEM 图，如图 6-27(a)和图 6-27(d)所示，看出初始裂纹对试件主裂纹的扩展产生了很大的影响。主裂纹扩展充分，裂纹宽度较大，扩展迅速。

(a) 初始状态　(b) 90.8N　(c) 50.6N　(d) 37.2N

图 6-27　试件 300℃-3 破坏过程及表面裂纹 SEM 图(×35)

6.2.9　温度 400℃的破坏过程

对于试件 400℃-1，当荷载达到 54.4N 时，试件起裂，起裂始于预制缺口正中位置，起裂荷载值较小。当荷载增加到稳定破坏阶段的 10.6N 时，试件宣告断裂破坏。比较图 6-28(a)和图 6-28(d)，可以看出试件的初始裂纹对试件主裂纹的扩展产生了明显的影响。裂纹的扩展路线比较正。有破开矿物颗粒扩展的现象。试件表面没有由于主裂纹扩展产生大的变化。另一个试件失败。

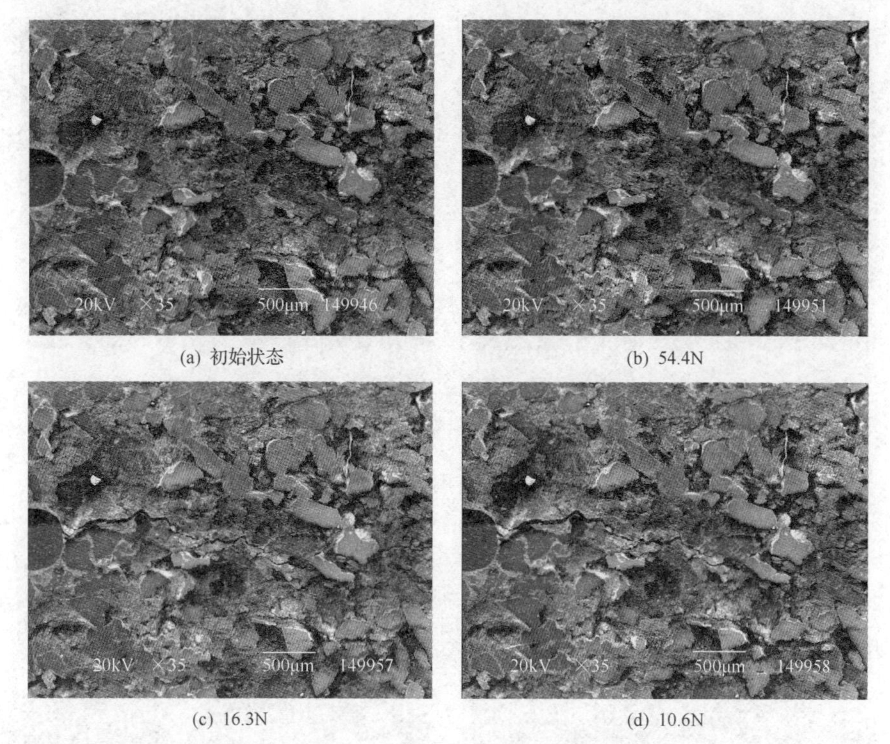

(a) 初始状态　(b) 54.4N

(c) 16.3N　(d) 10.6N

图 6-28　试件 400℃-1 破坏过程及表面裂纹 SEM 图(×35)

6.2.10　温度 500℃的破坏过程

对于试件 500℃-1，当荷载达到接近峰值点的 68.5N 时，试件开始起裂，起裂始于预制缺口偏上的部位，起裂荷载较小。当荷载增加到稳定破坏阶段的 46.6N 时，试件断裂破坏。主裂纹在预制缺口附近分叉。比较试件初始状态和破坏时的 SEM 图，如图 6-29(a)和图 6-29(d)所示，可以看出，主裂纹充分汇合了试件的初始裂纹。主裂纹的扩展同样有破开矿物颗粒的现象。扩展线路崎岖。裂纹发展充分，裂纹宽度较大。

(a) 初始状态　(b) 68.5N

(c) 58.8N　　(d) 46.6N

图 6-29　试件 500℃-1 破坏过程及表面裂纹 SEM 图(×35)

对于试件 500℃-2，当荷载达到接近峰值点的 67.5N 时，试件开始起裂，起裂始于预制缺口中央偏下的位置。当荷载增加到稳定破坏阶段的 37.3N 时，试件断裂破坏。主裂纹扩展路线崎岖，有破开颗粒的现象。比较图 6-30(a)和图 6-30(d)，可以看出，主裂纹的起裂刚好始于预制缺口偏下一个矿物颗粒边界的初始裂纹。主裂纹以此为基础向前稳定扩展。扩展过程充分汇合贯通初始裂纹，扩展迅速。

(a) 初始状态　　(b) 67.5N

(c) 45.6N　　(d) 37.3N

图 6-30　试件 500℃-2 破坏过程及表面裂纹 SEM 图(×35)

6.2.11　温度 600℃的破坏过程

对于试件 600℃-1，当荷载达到接近峰值点的 75.0N 时，试件起裂，起裂始于预制缺口偏上的位置，而后向下延伸回到试件的正中，向前扩展。当荷载达到稳定破坏阶段的 37.2N 时，试件断裂破坏。比较试件的初始状态和破坏时的 SEM 图，由图 6-31(a)和图 6-31(d)可以看到试件的初始裂纹对主裂纹的扩展起裂有很大的作用。试件的起裂就是从其矿物颗粒的初始位置开始的，裂纹扩展迅速，有破开颗粒的现象。

(a) 初始状态　(b) 75.0N

(c) 54.2N　(d) 37.2N

图 6-31　试件 600℃-1 破坏过程及表面裂纹 SEM 图(×35)

对于试件 600℃-2，当荷载达到接近峰值点的 60.0N 时，试件开始起裂，起裂始于预制缺口偏上的边缘部位。当荷载增加到稳定破坏阶段的 31.6N 时，试件断裂破坏。比较图 6-32(a)和图 6-32(d)，我们可以看出，试件由于热处理产生的初始裂纹对主裂纹的扩展起裂有非常显著的影响。可以这么说，主裂纹的扩展基本上完全是按照试件的初始裂纹的部位在扩展。可见 600℃的热处理对试件的影响是相当大的。主裂纹扩展破开矿物颗粒的现象十分显著，并且有碎裂流线性。主裂纹向前扩展一段距离就改变了扩展方向。

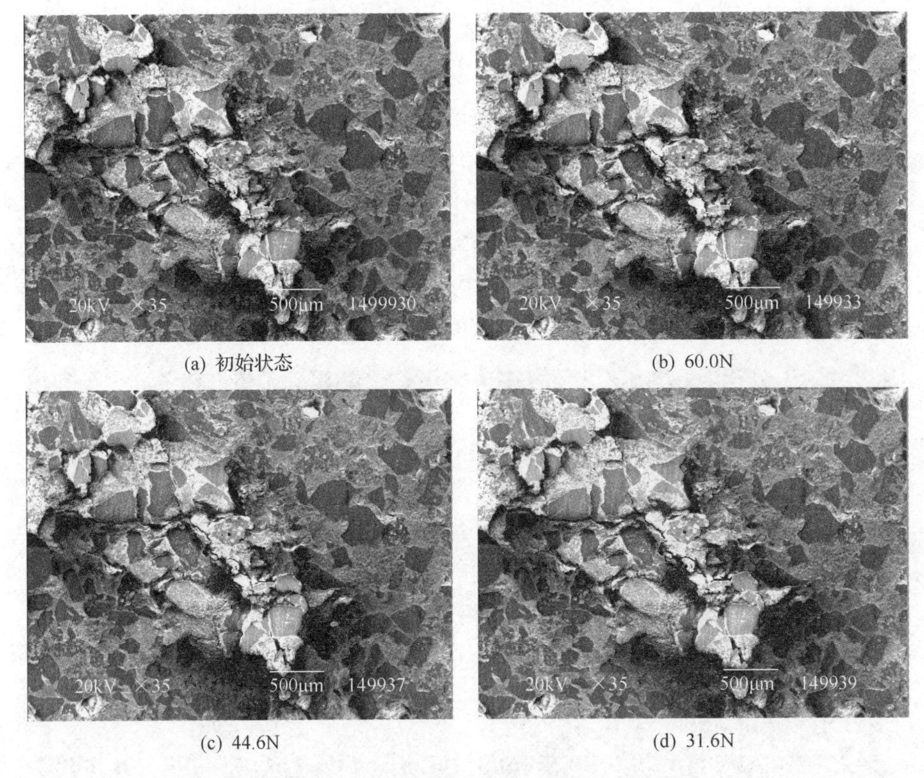

(a) 初始状态　(b) 60.0N

(c) 44.6N　(d) 31.6N

图 6-32　试件 600℃-2 破坏过程及表面裂纹 SEM 图(×35)

6.3　不同温度热处理后砂岩三点弯曲破坏的荷载-位移曲线

上面描述了不同温度处理下砂岩的细观破坏过程，这里给出了不同温度下砂岩的荷载-位移曲线，也即是荷载-挠度曲线，如图 6-33 所示，由实验设备自动记录下来。

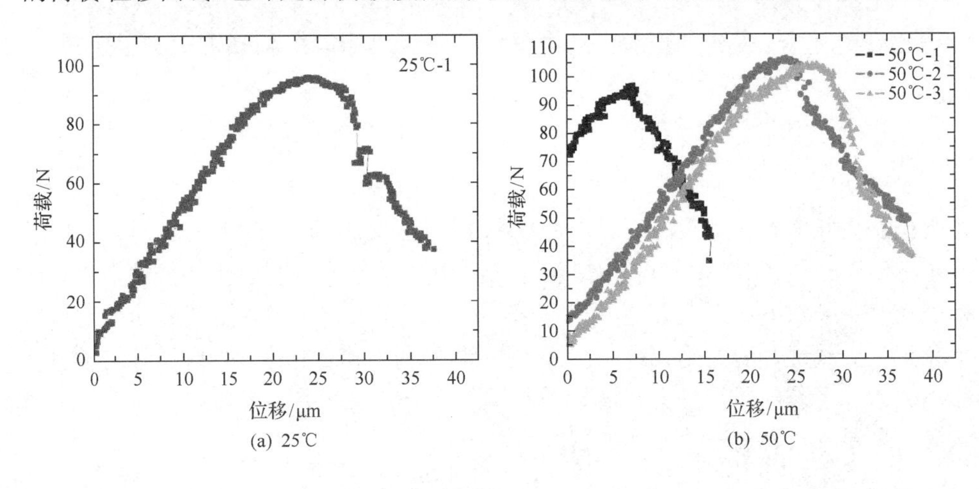

(a) 25℃　(b) 50℃

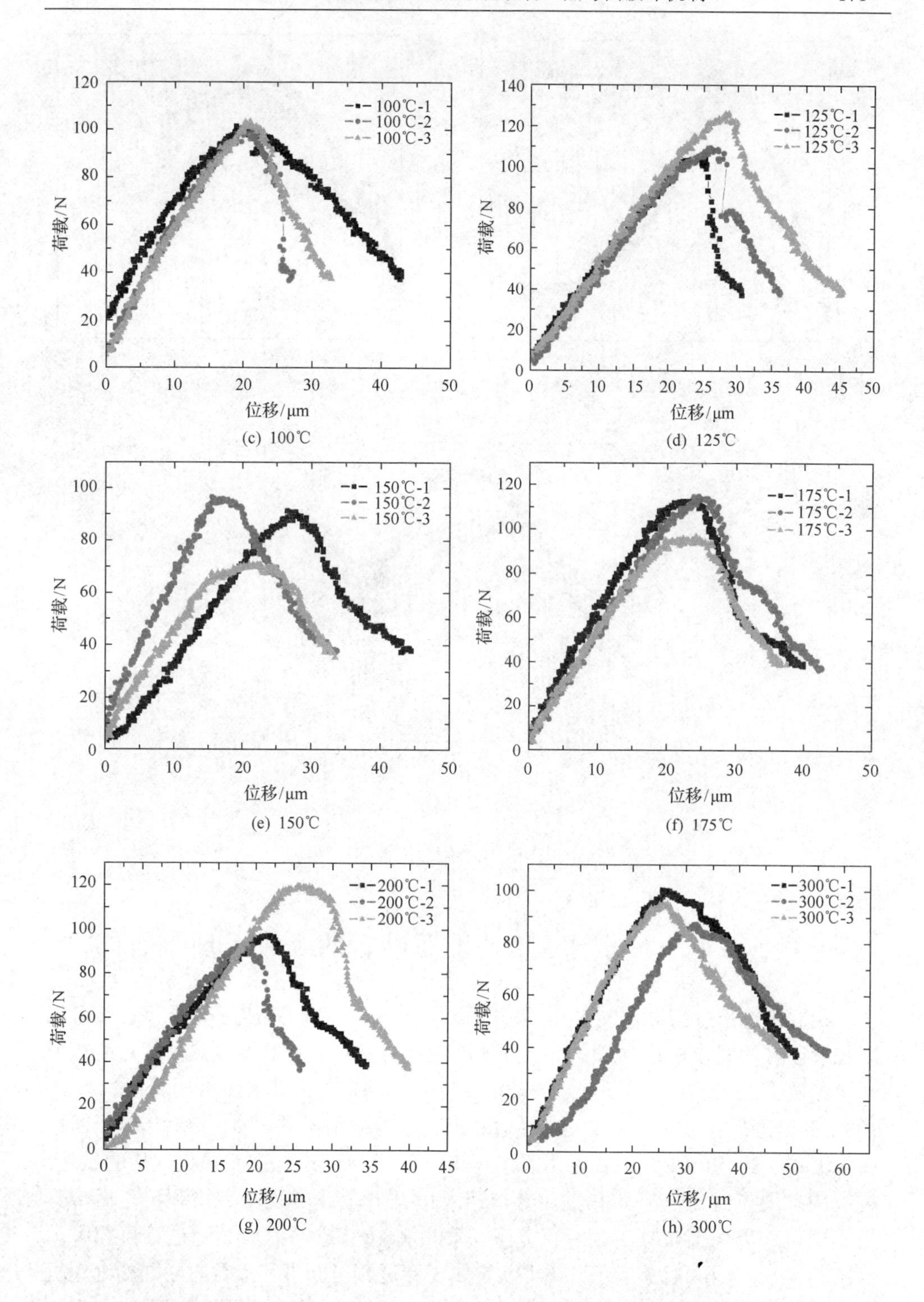

(c) 100℃

(d) 125℃

(e) 150℃

(f) 175℃

(g) 200℃

(h) 300℃

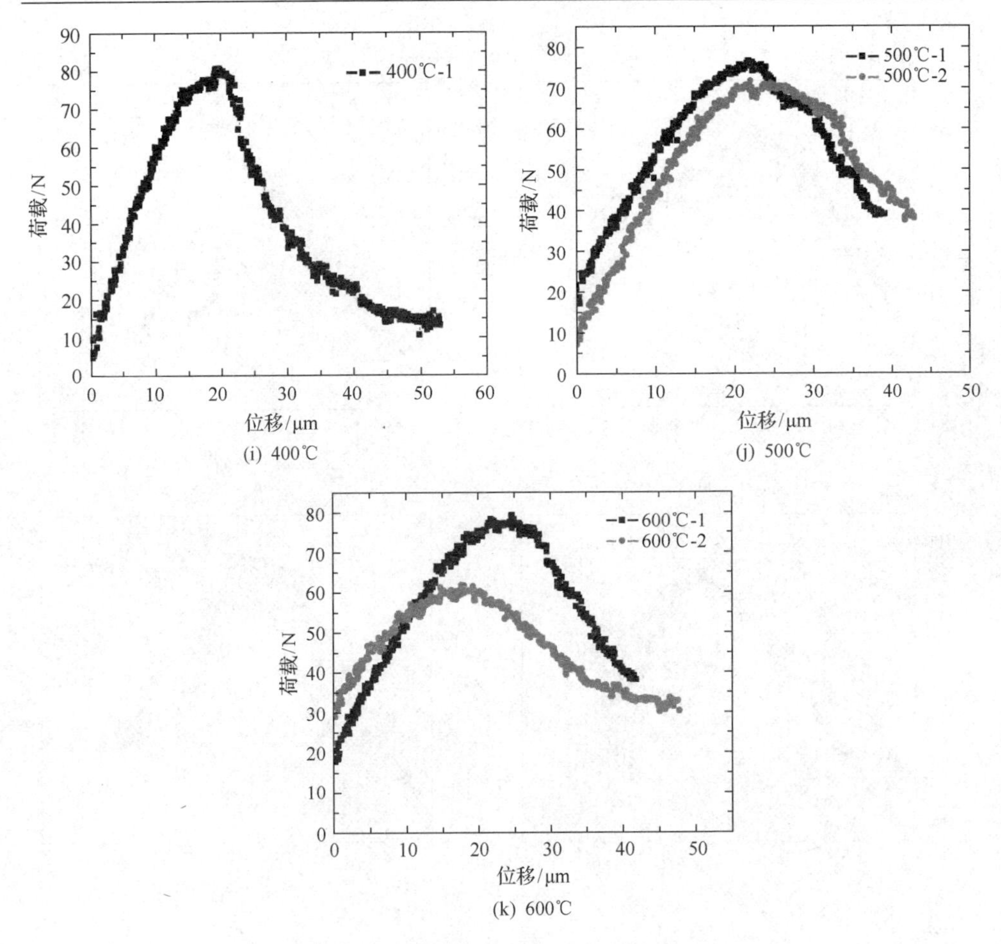

图 6-33　不同温度下砂岩的荷载-位移图

6.4　不同温度热处理后砂岩的断裂机理

我们挑选部分破坏后的 SEM 图进行对比分析。图 6-34 是不同温度影响后细观尺度砂岩的断裂模式。从中可以发现，经过 125℃或更高温度热处理后的试件和经过低于 125℃几个温度点热处理的试件裂纹的扩展方式有所不同。经过 50℃、100℃热处理后的砂岩，裂纹均是沿着颗粒的边界向前扩展，属于绕行方式，断裂属于沿颗粒断裂，如图 6-34(a)和图 6-34(b)所示；而经过 125℃热处理后的试件，裂纹的扩展方式是一开始在预制缺口附近破开一个或者几个矿物颗粒之后，再沿着颗粒边界向前扩展；随后又是破坏矿物颗粒前进，而后又绕过颗粒前行，如图 6-34(c)和 6-34(d)所示，该类断裂属于穿过颗粒断裂和沿颗粒断裂的细观机制共同作用。可以得出，经过 125℃处理后的试件，砂岩的断裂模式发生了很大的变化，因此我们认为 125℃是砂岩三点弯曲裂纹扩展方式发生变化的临界温度点。其原因可能是：砂岩是由多种矿物颗粒及黏土胶结物组成的，但这些矿物颗粒的大小总是存在差异。经过不同温度热处理后，矿物颗粒之间及其与黏土胶结物的结构形式也将发生变化，部分吸附水和层间水的蒸发明显改变黏土胶结物的黏结性能；而矿物颗粒及黏土胶结物由于其热膨胀差异，在冷却后导致矿物颗粒之间及其与胶结物之间都存在残余应力。这些是导致不同温度断裂模式发生变化的根本原因。

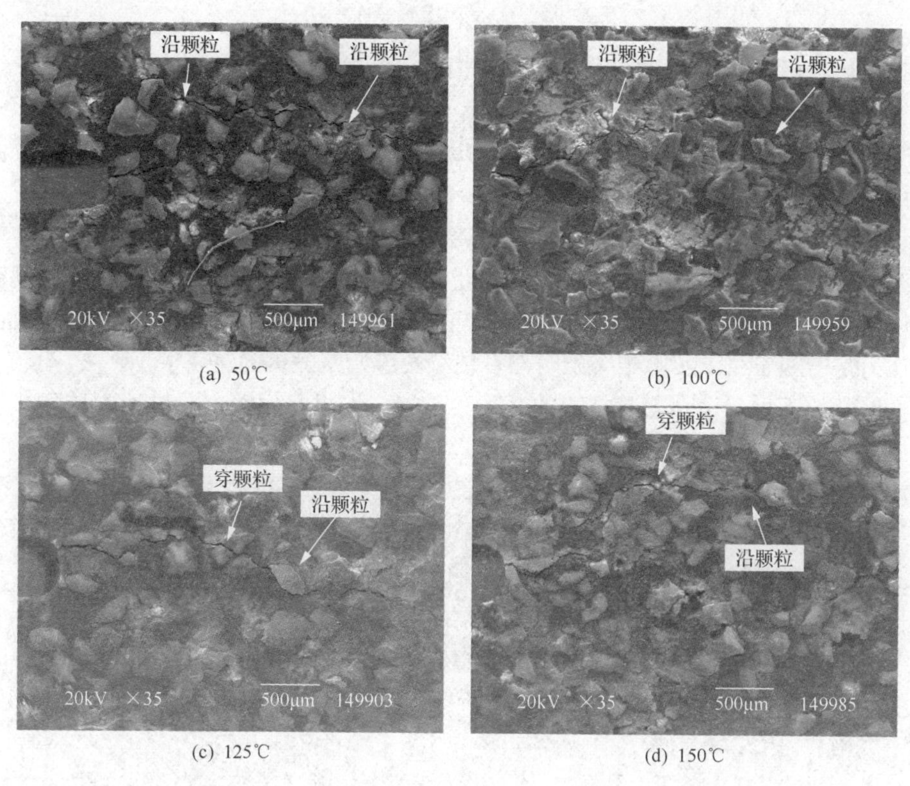

(a) 50℃　(b) 100℃　(c) 125℃　(d) 150℃

图 6-34　不同温度热处理后砂岩断裂的裂纹扩展模式

在较低温度热处理后，如 50℃和 100℃，这个温度范围砂岩内部的吸附水和层间水还不能被蒸发，此时黏土胶结物较弱，与初始砂岩相比变化不大，此时矿物颗粒之间以及其与黏土胶结物的胶结不很紧密，并且冷却后的残余应力也不大，这时砂岩的破坏由矿物颗粒及黏土胶结物中的最薄弱的部分决定，因此导致了低温时砂岩的破坏主要以沿颗粒破坏为主。而随着温度的升高，部分吸附水及层间水会蒸发，这会导致原来存储吸附水及层间水的孔隙缩小，并且孔隙压力可能降低。此时黏土胶结物的强度有所提高，这会使得矿物颗粒及胶结物之间的胶结更紧密，此时砂岩的破坏是由矿物颗粒及黏土胶结物的整体强度来定，这时矿物颗粒及胶结物两者都有可能发生破坏。另外，此时砂岩热处理后冷却后的残余应力也较大，这会很大程度影响到裂纹的扩展模型，并使得这个温度范围的破坏变得很不稳定，从而导致破坏模式既有沿颗粒破坏，又有穿颗粒破坏。此外，也有由于热处理的影响，使一些石英、白云石等一些矿物颗粒变的相对比较脆弱；并且由于预制缺口处应力集中的影响，使得附近的矿物颗粒比离它较远的颗粒更加的脆弱，这就使得主裂纹的扩展在缺口附近是穿过颗粒前进，而后又绕过了颗粒沿着较薄弱的地方扩展。

6.5　均质和非均质砂岩三点弯曲破坏机理的模拟分析

为了分析岩石断裂的主要影响因素，我们对砂岩的三点弯曲破坏进行了数值模拟分析。数值模型的材料性质服从两参数的 Weibull 概率分布，只需输入均质和非均匀参数即可使每个细观单元的材料属性不同，从而在规则的计算网格中体现了砂岩的非均质特性。选用的单元在满足相应的准则后就会开裂，在裂纹还没有连通贯穿之前可认为形成的是微裂纹。当微裂纹连通或形成了二次三次开裂后便可认为是宏观裂纹。实验结果表明很多裂纹的起始是随机的。

砂岩的不均匀性会影响裂纹的萌生和扩展。这里我们将主要讨论均质和非均值特性材料是如何破坏的。这里的均质性是指材料的组成或者特性是一样的，而非均质性是指这些特性中的任何一个不统一就是非均质的。毫无疑问，真实的岩石通常由多种矿物组成，所以基本是非均质的。为了讨论不同矿物颗粒对岩石破坏及裂纹起始的影响，我们这里对岩石的均质和非均质特性进行了模拟分析，模型尺寸就是针对上述真实实验的模拟设计的，尺寸为 25mm×10mm×5mm。其中一个模型是均质的，而另一个模型是非均质的，但是模拟的边界条件都是一样的。对于非均质模型，我们采用了 Weibull 两参数模型。其中 Weibull 随机变量 x 的概率密度函数是[19]：

$$f(x;\lambda,k)=\begin{cases}\dfrac{k}{\lambda}\left(\dfrac{x}{\lambda}\right)^{k-1}\mathrm{e}^{-(x/\lambda)^k} & x\geqslant 0\\ 0 & x<0\end{cases}$$

式中，$k>0$ 为分布的形状参数；$\lambda>0$ 为分布的尺寸参数；x 为砂岩的破坏强度参数。因此，我们可以选择不同 k 和 λ 来表示材料的非均质性。

数值结果表明，非均质砂岩与均质砂岩裂纹尖端的应力场存在明显不同。非均质砂岩应力场具有明显的非对称性，如图 6-35(a)所示。然而，均质的粉砂岩裂纹尖端呈现出明显的对称性，如图 6-35(b)所示。显然，参数 k 和 λ 极大地影响裂纹尖端应力场的分布。裂纹尖端应力场分布的差异性会导致裂纹在不同位置萌生。因此，砂岩的尺寸和矿物颗粒的不同，裂纹有可能在不同位置萌生[17]。

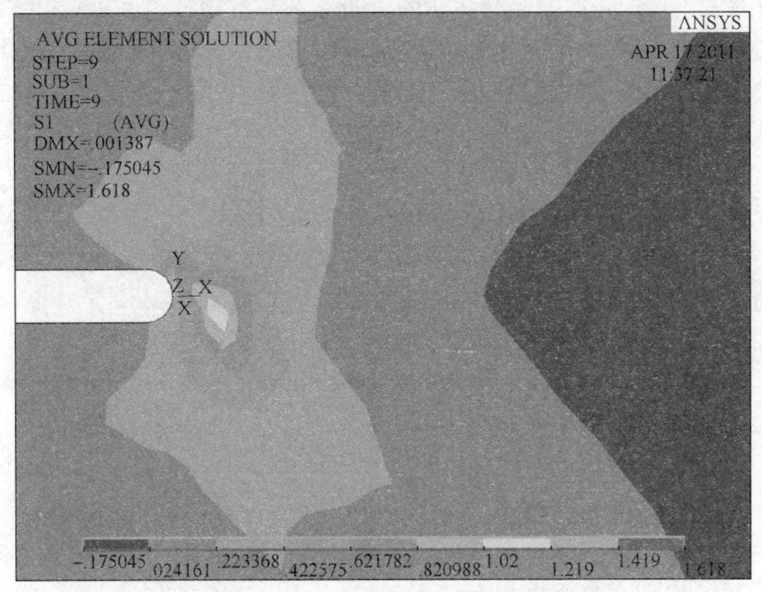

(a) 非均质材料的第一主应力

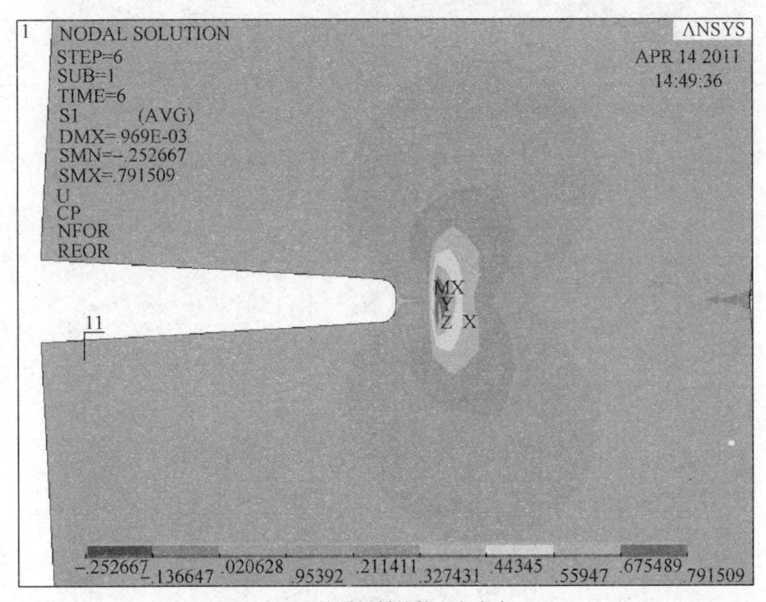

(b) 均质材料的第一主应力

图 6-35　均质材料和非均质材料 600℃时的裂纹尖端应力场

图 6-36 是通过有限元法(FEM)模拟的均质材料在 600℃时的断裂过程。荷载刚开始施加时，没有裂纹产生，缺口尖端还处于弹性状态。在初始加载时，裂纹尖端总体是很均匀的，如图 6-36(a)所示。随着荷载的增大当单元应力超过某个细观单元的抗拉极限时这个单元便会开裂，裂纹尖端在有两个带区，范围约在与水平线夹角 20°～45°出现了明显的应力集中，这个区域会萌生新裂纹，如图 6-36(b)所示。随着荷载的增加，裂缝将改变方向传播，扩展方向逐渐垂直最大弯拉应力，如图 6-36(c)所示。由于从严格数学意义上说，实际材料的裂纹尖端不是弧形的，并且单元网格划分不同，因此最大剪应力发生在 20°～45°，这与理论上 45°的最大剪应力方向是一致的。在低应力范围内，剪切应力占主导地位；在高应力下，弯曲拉应力将占主导地位。最终裂纹将沿着水平方向传播。

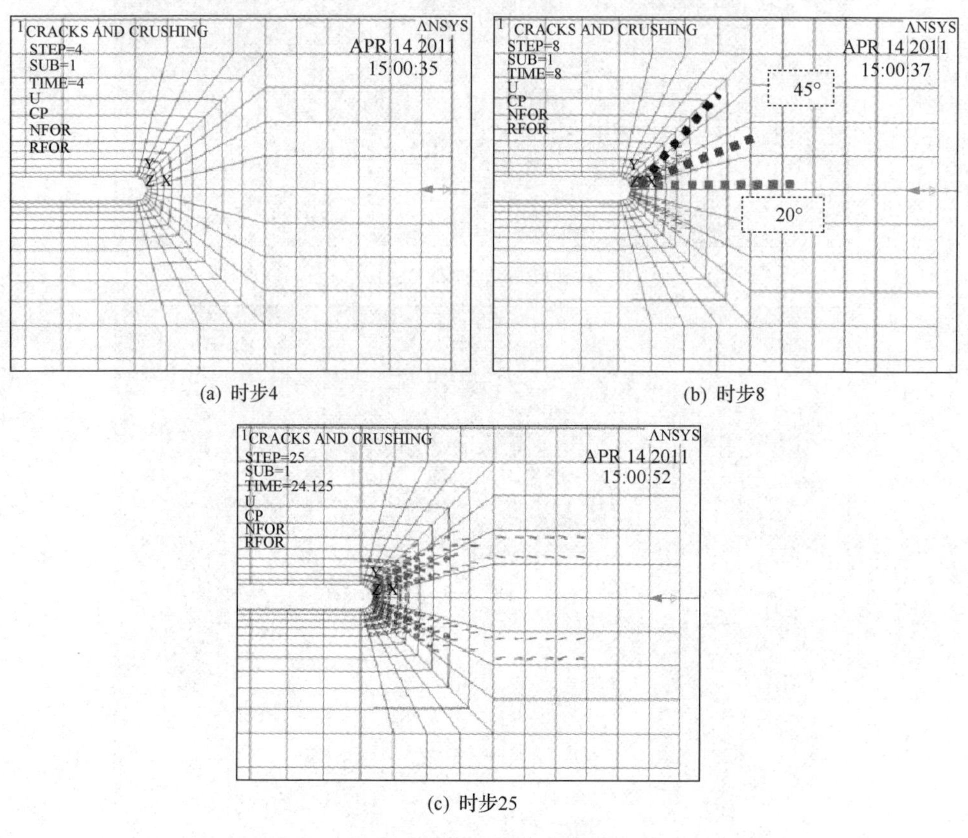

(a) 时步4　　(b) 时步8

(c) 时步25

图 6-36　均质材料在 600℃的断裂过程模拟

图 6-37 是非均质材料在 600℃的断裂过程模拟。从图 6-37(a)看出，由于颗粒具有不同的变形特性和力学行为，即便在初始很小的荷载，在裂纹尖端出现了三个高应力集中点。随着荷载的增加，微裂纹会出现在一些局部的颗粒上，如

图 6-37(b)所示。由于非均质致使应力集中点在缺口前缘大约 45°方向。随着荷载的增加，缺口尖端应力也在逐步增大，应力集中点处产生微裂纹并逐步贯通，其他方向也产生了一些不连续的微裂纹，但此时模型整体上还是处于线弹性状态。随着荷载的增加，水平方向的微裂纹继续扩展连通最后形成宏观裂纹，应力集中区域也随着裂纹扩展向前移动，如图 6-37(c)所示，如此反复进行下去，直至试件破坏不能承载。而且可以发现试件缺口处并不是从一个位置起裂，这与实验结果也获得了一致，如图 6-38 所示。高应力区在裂纹尖端是随机分布的，并且它们受到两个非均质性参数的影响。因此，这些裂纹萌生也是随机的，这取决于矿物颗粒的分布和物理性质。

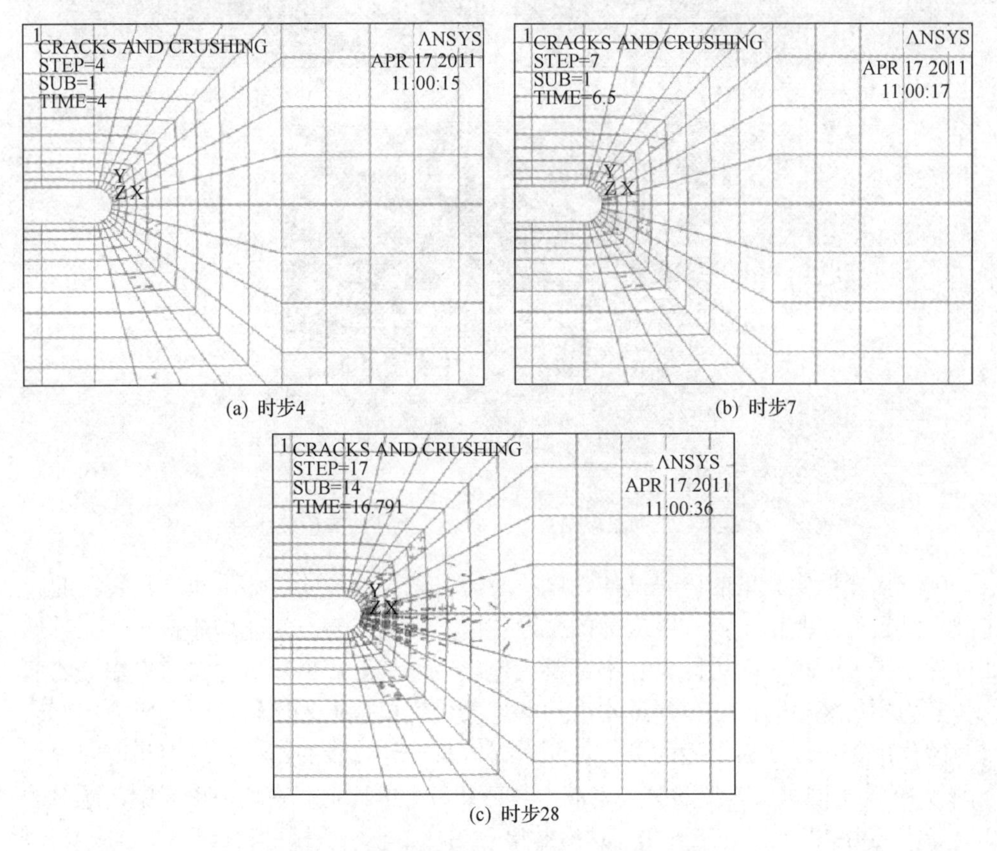

(a) 时步4　　(b) 时步7

(c) 时步28

图 6-37　非均质材料在 600℃的断裂过程模拟

我们的实验结果证明了该结论，如图 6-38 所示，这是经过不同温度热处理后典型砂岩破坏形貌图。它们清楚地显示，裂纹萌生位置是不同的。图 6-38(a)显示裂纹在软黏土处萌生和扩展；图 6-38(b)显示裂纹在软的矿物颗粒萌生和扩展；而在图 6-38(c)，裂纹在矿物颗粒和黏土界面萌生和扩展。我们可以初步得出这样的结论：基于实验和数值结果，岩石裂纹萌生的位置是随机的。但是，在裂纹扩展一定距离后，裂纹的传播方向将会发生改变，并且逐渐沿水平方向扩展。

(a) 25℃　(b) 100℃　(c) 500℃

图 6-38　不同温度热处理后砂岩三点弯曲典型破坏图

三点弯曲实验下的砂岩试件是以拉应力占主导地位的破坏，即导致裂纹的起裂和扩展最终是由于第一主应力的主导作用。但由于岩石是非均质材料，而且放试件于夹具时由于人为因素也不可避免地出现偏斜等，会使试件缺口尖端处的剪切应力不可忽略。故在此通过本次的非均质数值模拟再来比较第一主应力和剪应力的作用。选取缺口附近的一个单元，提取每一计算步的第一主应力和剪应力，图 6-39 是不同时步典型的第一主应力与剪切应力的比值。在典型单元中，颗粒的第一主应力是剪应力的 2.6 倍。这些结果表明，在非均质材料三点弯曲破坏中，最大弯曲拉伸应力仍然是占主导地位。即便是微裂纹形成后，裂纹尖端的第一主应力还是大于剪应力的。况且对于岩石混凝土这类材料而言抗剪强度比其抗拉强度大得多，所以在三点弯曲加载下导致裂纹起裂最终是由于第一主应力 σ_1 的主导作用，而剪应力可能对裂纹起裂扩展方向产生影响[17]。

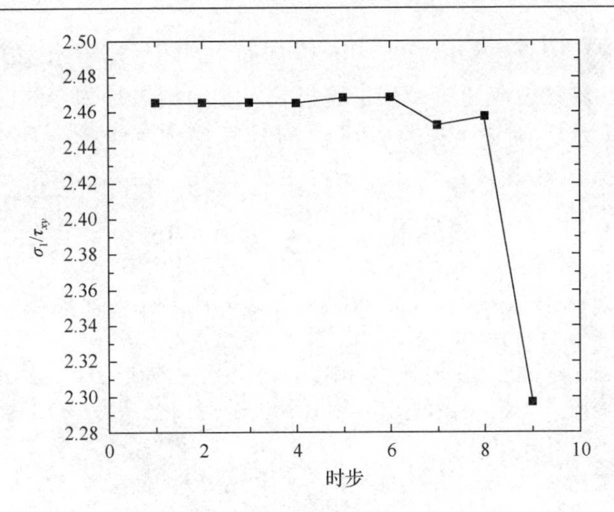

图 6-39　不同时步下裂纹尖端第一主应力与剪应力的比值

本章通过三点弯曲实验研究了不同温度影响后平顶山砂岩的破坏特征及断裂韧性，根据室温 25℃至 600℃的砂岩断裂韧性的测试结果、SEM 在线观察及分析，得到结论如下。

(1) 实时在线观察和研究了热处理后砂岩三点弯曲的细观破坏过程，获得了热处理后三点弯曲破坏的全程荷载-位移曲线，加深了对砂岩细观破坏机制的认识，在低温以脆性破坏机制为主，而一定温度后(大于 125℃)，有脆性向延性机制转变的趋势。

(2) 125℃是砂岩试件三点弯曲实验裂纹扩展方式发生变化的临界温度，这与本书第 3 章和第 4 章原位实验的结果是一致的。经过低于 125℃的温度热处理后的砂岩试件裂纹为沿颗粒边界扩展，属于沿颗粒断裂机制；而经过 125℃及更高温度热处理后的试件，裂纹的扩展方式是一开始在预制缺口附近破开一颗或者几颗矿物颗粒之后，再沿着颗粒边界或破断颗粒向前扩展，是破断颗粒和沿颗粒的混合断裂机制。

(3) 在 100～150℃的温度范围内，砂岩的力学特性变得不稳定，或者称为混沌行为，这可能是由于温度导致黏土内部部分水分的蒸发，改变了黏土物质内部孔隙结构，使得黏土物质的内部结构发生变化及力学行为变得不稳定；并且由于矿物颗粒之间及矿物颗粒及黏土胶结物之间由于冷却后的残余应力变得复杂，最终导致这个范围砂岩的破坏模型及力学特性变得不稳定。

(4) 发现 125℃左右是细观砂岩承载能力变化的临界温度：温度从 25℃升到 125℃，砂岩试件的承载能力缓慢升高，并且达到极值；而 150℃升到更高温度，如 200～600℃，由于热开裂的影响，承载能力又有所下降。

(5) 通过有限元分析了均质和非均质材料热处理后的断裂行为。研究表明，均值材料在预置缺口附近多沿着20°～45°方向萌生，随后沿着水平方向扩展。而针对非均质材料，多数裂纹随机萌生，这与大多实验结果是吻合的。在三点弯曲模拟中，第一主应力是剪应力 σ_1 的2.6倍，证实了最大弯曲拉应力控制了非均质材料的破坏。

参考文献

[1] Wong T F. Effects of temperature and pressure on failure and post-failure behavior of Westerley granite. Mechanics of Materials, 1982, 1(1): 3-17.

[2] 许锡昌, 刘泉声. 高温下花岗岩基本力学性能初步研究. 岩土工程学报, 2000, 22(3): 332-335.

[3] 吴忠, 秦本东, 谌论建, 等. 煤层顶板砂岩高温状态下力学特征实验研究. 岩石力学与工程学报, 2005, 24(11): 1863-1867.

[4] 孟召平, 李明生, 陆鹏庆, 等. 深部温度、压力条件及其对砂岩力学性质的影响. 岩石力学与工程学报, 2006, 25(6): 1177-1181.

[5] 孙天泽. 高围压条件下岩石力学性质的温度效应. 地球物理学进展, 1996, 11(4): 63-70.

[6] 寇绍全. 热开裂损伤对花岗岩变形及破坏特征的影响. 力学学报, 1987, 19(6): 550-556.

[7] 张静华, 王靖涛, 赵爱国. 高温下花岗岩断裂特性的研究. 岩土力学, 1987, 8(4): 11-16.

[8] 徐小丽. 温度荷载作用下花岗岩力学性质演化及其微观机制研究(博士学位论文). 北京: 中国矿业大学, 2008.

[9] 左建平. 温度-应力共同作用下砂岩破坏的细观机制与强度特征(博士学位论文). 北京: 中国矿业大学, 2006.

[10] 左建平, 周宏伟, 谢和平, 等. 温度和应力耦合作用下砂岩破坏的细观实验研究. 岩土力学, 2008, 29(6): 1477-1482.

[11] 左建平, 周宏伟, 谢和平. 不同温度影响下砂岩的断裂特性研究. 工程力学, 2008, 25(5): 124-130.

[12] 周景萍. 用三点弯曲法研究大理石的 K_{IC}. 工程力学, 1994, 11(3): 87-90.

[13] 鞠杨, 刘彩平, 谢和平. 混凝土断裂及亚临界扩展的细观机制. 工程力学, 2003, 20(5): 1-9.

[14] Funatsu T, Seto M, Shimada H, et al. Combined effects of increasing temperature and confining pressure on the fracture toughness of clay bearing rocks. International Journal of Rock Mechanics and Mining Sciences, 2004, 41(6): 927-938.

[15] 左建平, 谢和平, 刘瑜杰, 等. 不同温度热处理后砂岩三点弯曲的断裂特性. 固体力学学报, 2010, 31(2): 119-126.

[16] 左建平, 周宏伟, 刘瑜杰. 不同温度下砂岩三点弯曲破坏的特征参量研究. 岩石力学与工程学报, 2010, 29(4): 705-712.

[17] Zuo J P, Xie H P, Dai F, et al. Three-point bending tests investigation of the fracture behavior of siltstone after thermal effects. International Journal of Rock Mechanics and Mining Science, 2014, 70: 133-143.

[18] 刘宝琛. 实验断裂、损伤力学测试技术. 北京: 机械工业出版社, 1994.

[19] Weibull W. A statistical distribution function of wide applicability.Journal of Applied Mechanics Translations of the ASME, 1951, 18(3): 293-297.

第7章　不同温度热处理后砂岩的弯曲断裂及破坏参数

岩石的断裂韧性是个重要的参数，获得岩石的断裂韧性对于评价地下工程稳定及安全性有着十分重要的意义。断裂韧性的测试是在线弹性断裂力学及弹塑性断裂力学基础上发展起来的一种评定材料韧性的力学实验方法。美国于1967年首次制定了用带疲劳裂纹的三点弯曲试样测定高强度金属材料平面应变断裂韧性的实验草案，并于1970年颁发了世界第一个断裂韧性实验标准ASTME399—70T[1]。此后，断裂韧性实验受到各国的普遍重视并蓬勃发展。我国也于1968年前后开始这方面的研究工作，但现有的这些测试主要局限于金属材料断裂韧性的测试。近几年三点弯曲实验也逐渐被诸多学者用于测试混凝土和岩石等脆性材料的断裂韧性[2~6]。张静华等[2]对花岗岩弹性模量的温度效应和临界应力强度因子 K_{IC} 随温度的变化进行了研究，发现在花岗岩断裂韧度随温度升高的变化过程中，存在一门槛温度200℃。这意味着，在200℃左右，花岗岩的断裂韧度发生了某种根本性变化。周景萍[3]用三点弯曲法测定了大理岩的断裂韧性，并探讨了加载速率、裂纹长度和裂纹几何性质对断裂韧性的影响。鞠杨等[4]通过模型和三点弯曲实验研究了混凝土断裂全过程及亚临界扩展的细观机制，并发现裂纹扩展具有分形性质。黄炳香等[5]以甘肃北山花岗岩为研究对象，利用改进的三点弯曲实验对花岗岩在温度影响下的蠕变断裂特性进行了实验研究，得到了200℃时北山花岗岩蠕变全过程曲线，研究了北山花岗岩断裂韧度随温度的变化规律，发现75℃时断裂韧度出现极值，在200℃以后呈下降趋势。Funatsu 等[6]通过单边缺口圆棒三点弯曲实验(SENRBB)和半圆棒三点弯曲(SCB)实验研究了室温到200℃的Kimachi砂岩的断裂韧性，实验表明Kimachi砂岩的断裂韧性从室温到125℃变化不大，但高于125℃温度后，断裂韧性随着温度而升高，而200℃时Ⅰ型断裂韧性较之室温的断裂韧性高出40%。在温度和围压的综合影响下断裂韧性也发生了相似的变化，如围压7MPa时，砂岩的断裂韧性随着温度升到75℃时有所减少，而在75℃到100℃又有所提高。

国内外学者对高温高压下岩石的物理力学性质进行了长期的研究，取得了大量的成果，毫无疑问，温度的变化会导致岩石的物理参数发生变化。林睦曾[7]研究了岩石的杨氏模量随温度升高而变化的情况，结果表明，安山岩、花岗岩、石英粗面岩等的杨氏模量 E 在300℃以下随温度升高而急剧减小，但超过300℃后，杨氏模量几乎保持恒定，而凝灰岩和陶石等岩石随温度的升高，弹性模量变化不大。Brede[8]研究了温度对材料韧脆转变的影响，发现韧脆转变温度随着加载率升高而升高。Oda[9]研究了在温度的作用下岩石的基本力学性质(包括杨氏模量、泊松比、单轴抗压强度、单轴抗拉强度和断裂韧性等)、岩石的微破裂过程，得到了岩石的基本力学特性随温度的变化规律和岩石的破坏机制。Lau 和 Jackson[10]研究了较低围压下花岗岩的弹性模量、泊松比、抗压强度随温度的变化规律以及破坏准则。许锡昌和刘泉声[11]通过实验，初步研究了花岗岩在单轴压缩及 20～600℃影响下主要力学参数随温度的变化规律，指出了 75℃、200℃分别是花岗岩弹性模量和单轴抗压强度的门槛温度。朱合华等[12]通过单轴压缩实验，对不同高温后熔结凝灰岩、花岗岩及流纹状凝灰角砾岩的力学性质进行了研究。结果表明，高温后三种岩石的峰值应力、弹性模量均有不同幅度的降低，且经历的温度越高，降低的幅度越大。

本章将通过三点弯曲实验研究受不同温度影响后平顶山砂岩的断裂韧性、断裂能、弹性模量、热损伤变量等影响，并获得了一些新的认识。

7.1　不同温度热处理后砂岩三点弯曲的断裂韧度

岩石的断裂韧性表征了岩石材料抵抗裂纹扩展的性能，是辨别断裂稳定的主要指标，这对评价工程岩体的稳定性有重要的作用。岩石是由具有不同的矿物成分和结晶格架的矿物，并以不同的结构方式组合而成，与金属材料相比，岩石的矿物成分复杂、粒径粗大、相互的联结较为松散，故其断裂特性与金属材料亦有不同。尽管国际岩石力学学会(ISRM)早在 1988 年就给出了有关测试岩石断裂韧性的建议方法，但至今这些测试方法仍然没有被大家所完全采纳[13~15]，究其原因还主要是岩石材料的复杂性。由于目前关于岩石三点弯曲的断裂韧性的测试还没有统一标准，因此本章我们仍然借用比较成熟的金属材料三点弯曲断裂韧性的计算公式。由于我们关注的是温度对砂岩断裂韧性的影响，因此当采用相同的计算公式时，并不影响我们分析温度对断裂韧性的影响。根据李贺等[16]关于三点弯曲实验材料的断裂韧度的计算公式如下：

$$K_{\mathrm{IC}}=\frac{P_{\max}l}{bh^{3/2}}\left[2.9\left(\frac{a}{h}\right)^{1/2}-4.6\left(\frac{a}{h}\right)^{3/2}+21.8\left(\frac{a}{h}\right)^{5/2}-37.6\left(\frac{a}{h}\right)^{7/2}+38.7\left(\frac{a}{h}\right)^{9/2}\right] \tag{7-1}$$

式中，$P_{\max}$ 为实验所测得砂岩破坏时的峰值荷载；l 为施加荷载时两点之间的有效跨度，这里 l 为 20mm；b 为试件截面宽度；h 为试件截面高度；a 为试件预制缺口的长度。试件加工的具体尺寸及由此计算的三点弯曲砂岩试件的断裂韧度见表 7-1。

表 7-1　不同温度影响下砂岩试件三点弯曲的断裂韧度

试件编号	b/mm	h/mm	a/mm	P_{max}/N	K_{IC}/(MPa·mm$^{1/2}$)
25℃-1	5.15	10.03	4.99	95.6	30.899
50℃-1	5.14	10.06	4.86	96.6	29.756
50℃-2	5.14	10.02	4.84	106.3	32.933
50℃-3	5.16	10.04	4.56	103.9	29.277
100℃-1	5.16	10.02	4.68	101.3	29.761
100℃-2	5.10	10.04	4.44	100.8	27.743
100℃-3	5.20	10.02	4.42	103.4	27.904
125℃-1	5.16	10.04	4.90	104.8	32.757
125℃-2	5.14	10.06	4.89	109	33.890
125℃-3	5.18	10.04	4.83	125.7	38.293
150℃-1	5.14	10.00	4.89	91.4	28.939
150℃-2	5.16	10.00	4.66	96.6	28.373
150℃-3	5.14	10.04	5.05	71.1	23.399
175℃-1	5.18	10.04	4.59	113.4	32.116
175℃-2	5.14	10.02	4.67	114.9	33.785
175℃-3	5.16	10.02	4.83	96.8	29.781
200℃-1	5.14	10.02	5.13	97.3	33.072
200℃-2	5.08	9.96	4.52	92.9	26.881
200℃-3	5.14	10.06	4.76	119.7	35.753
300℃-1	5.16	9.98	4.62	100.6	29.363
300℃-2	5.14	10.04	4.60	87.6	25.077
300℃-3	5.12	10.02	4.55	95.3	27.137
400℃-1	5.14	10.02	4.59	80.6	23.136
500℃-1	5.16	10.02	4.71	76.3	22.622
500℃-2	5.12	10.04	4.72	71.4	21.275
600℃-1	5.12	10.02	4.51	79. 1	22.259
600℃-2	5.18	10.06	4.76	61.8	18.316

断裂韧性与温度关系的计算结果如图 7-1 所示，从中看出，从室温 25℃到 200℃，砂岩的断裂韧性随着温度的变化显得很紊乱，规律不太明显。但仔细比较，大致可以看出，从室温 25℃到 100℃，砂岩的三点弯曲的断裂韧性有稍微下降的趋势，大概有 7%的下降幅度；而从 100℃到 125℃断裂韧性有明显的升高，有近 22%的升幅，比起室温的断裂韧性也大概有 10%的升幅；而 125℃到 150℃，断裂韧性又稍微下降，且降幅较大，有近 25%的降幅；而在温度 150℃到 200℃，断裂

韧性有个小幅升高的趋势。当温度超过 200℃之后，随着温度的进一步升高，断裂韧性有逐渐下降的趋势，并且是温度越高，下降的越快，到 600℃时断裂韧性有近 50%的降幅，如图 7-2 所示。

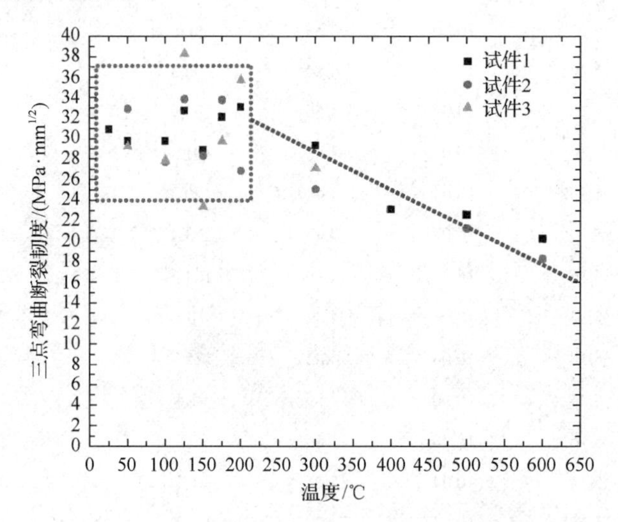

图 7-1 温度与砂岩三点弯曲的断裂韧度的关系

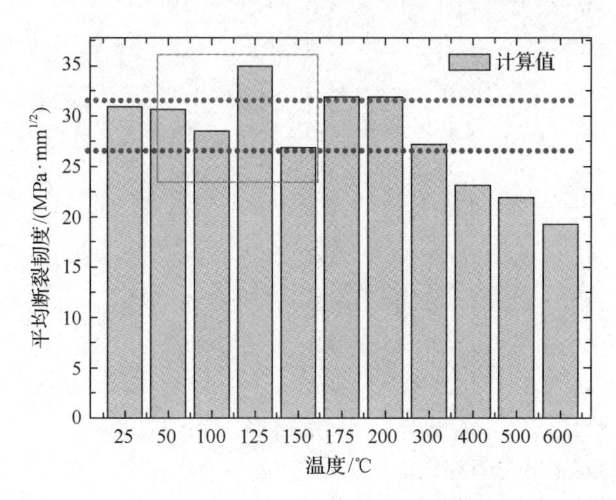

图 7-2 温度与砂岩三点弯曲的平均断裂韧度的关系

由于这里的实验条件与文献[17]～[19]稍微不同，虽然都是经过温度处理，但砂岩是经过温度处理后冷却到室温再进行实验，而文献[17]～[19]是经过温度处理，并且保持恒温进行的实验。因此本章的砂岩试件在经高温热处理后再冷却有可能存在残余应力，而残余应力的存在，必然会导致裂纹在受到外界驱动力的作用下扩展行为相对于无残余应力条件下发生改变，进而影响能量释放率，以及矿物颗粒与黏土胶结物的结合性能。本章采用的平顶山砂岩大概含有 20%的黏土物质[17~19]，而黏土物质中存在一些吸附水及层间水，并且在一定温度下这些水分容易脱出，从而导致黏土物质内部孔隙结构及力学特性发生明显改变，因此黏土物质可能起着很重要的影响作用。而其他矿物成分，如石英、钾长石、方解石和白云石等，在低于 600℃时的这个温度范围内受温度的影响较小，而只有黏土矿物受温度影响较大。比较发现，125℃是平顶山砂岩断裂韧性达到最大值的温度，但也是砂岩在该温度附近产生不稳定性的临界温度。可以说，砂岩的断裂韧性在该温度附近产生了很大的波动，这不仅与黏土物质的胶结情况相关，还与冷却后矿物颗粒之间及矿物与黏土物质之间的残余应力相关。黏土物质在经过 125℃热处理后，部分水分的蒸发使得黏土物质的胶结性能较未热处理的黏土胶结性能要好，平均断裂韧性在这个温度点达到最大值可说明；但在 125℃附近的其他热处理，如 100℃或者 150℃热处理后再冷却，这些温度的热处理会大大削弱黏土物质的胶结强度，并且由于矿物颗粒的热膨胀差异导致较大的残余应力。可以认为 100℃到 150℃这个温度范围是砂岩破坏不稳定性的区域，或者说是变化的混沌区域，其根本的原因是黏土力学性能的不稳定性及不同的残余应力造成的。由线弹性断裂力学可知，材料的断裂韧度与其在断裂过程中的能量释放率是呈正比关系的。Griffith 理论表明，物体中驱动裂纹扩展的动力和阻止裂纹增长的阻力是平衡的，而驱动裂纹增长的动力就是能量释放率。125℃是砂岩试件经过热处理之后断裂韧度的最大值，因此在温度 125℃热处理之后，砂岩裂纹增长的阻力也将变大，使得裂纹不能随意扩展。因此 125℃也是砂岩试件三点弯曲实验裂纹扩展方式发生变化的临界点，这为后面第 8 章探讨不同温度下的裂纹模式提供了定量的依据。超过 200℃之后，这时候断裂韧性下降则是由于过高的温度破坏了砂岩内部其他矿物的联结，并且随着温度的升高，砂岩表面有热开裂产生，如图 7-3 所示。由于热开裂是冷却之后所拍摄的 SEM 图，因此本章的热开裂与文献[20]相比有所闭合，不是很明显。

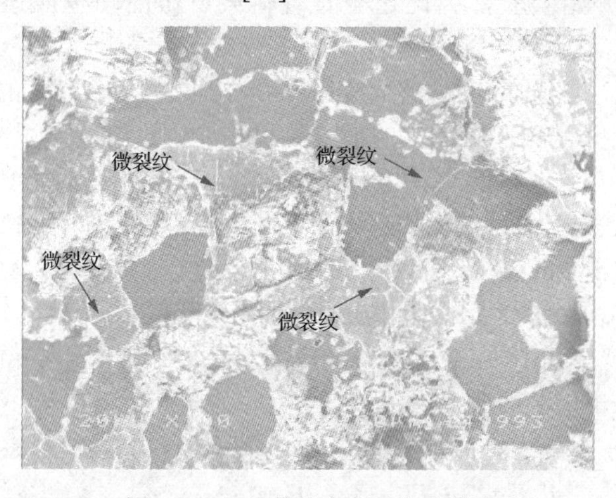

图 7-3　500℃的砂岩表面热开裂图

7.2 不同温度热处理后砂岩的弯曲断裂能

断裂能是指物体受外力作用，直至物体断裂时外力对每单位体积物体所做的功。Hi11erborg 的虚拟裂缝模型(FMC)基于断裂能 G_F 这一概念的基础上提出后，断裂能 G_F 便成为描述断裂性能的主要概念，并引起各国学者的广泛关注[21,22]。断裂能 G_F 和弹性模量 E、抗拉强度 σ_F 一样，被作为一个新的材料参数提出并加以应用的。1985 年，国际结构与材料研究所联合会(RILEM)建议采用三点弯曲实验作为测定混凝土断裂能和断裂韧度的标准实验方法。如需测定断裂能 G_F，只需求得试件破坏成两部分时所吸收的总能量，除以断裂面积，其商即为断裂能 G_F。由于岩石也是一种脆性材料，具有很多跟混凝土相似的性质，因此为了更好地反映岩石破坏的非线性特征，也可以借用该参数来描述岩石的变形破坏特征。

我们通过砂岩试件受载开始到试件最终断裂破坏的全过程荷载-位移曲线，即 P-δ 曲线来计算断裂能。不考虑自重对断裂能的贡献，可以根据荷载作用下变形曲线的面积来近似计算断裂能。

$$G_F = \frac{\omega_0 + 0.5P_0\delta_0}{b(h-a)} \tag{7-2}$$

式中，ω_0 为由荷载-位移图的面积；P_0 和 δ_0 分别为试件的初始荷载和初始位移；b、h 分别为试件截面宽和高；a 为预制缺口的深度。

由于我们在加载之前预置了一个荷载，但在实验开始时为了记录方便我们又对荷载清零开始实验，因此这个预置荷载所做的功也应该考虑进去，即 $0.5P_0\delta_0$。

根据第 4 章实验的荷载-位移曲线，根据式(7-2)可计算试件的断裂能 G_F，计算结果见表 7-2、图 7-4 和图 7-5。从图 7-4 和图 7-5 可以看出，砂岩在不同温度的热处理之后其断裂能波动很大，并且规律明显。图中显示在热处理 100℃之前，其断裂能变化比较平稳，曲线的变化趋势基本属于稳定下降。而在热处理 100～200℃之间，曲线产生剧烈的波动，可以看出砂岩材料的非线性特征。在 300℃断裂能达到最大值，400℃时断裂能又为最小值。随着温度升高，断裂能又有所提高，但整体与 300℃的断裂能相比是减少。砂岩材料成分的复杂性、各向异性注定了其经过热处理之后断裂能的波动性。

表 7-2　砂岩试件三点弯曲实验破坏过程的断裂能

试件编号	$0.5P_0\delta_0$/(N×μm)	ω_0/(N×μm)	G_F/(N/m)	试件编号	$0.5P_0\delta_0$/(N×μm)	ω_0/(N×μm)	G_F/(N/m)
25℃-1	0.944	2283.26	88.00	175℃-2	1.28	2861.91	104.12
50℃-1	633.29	1167.34	67.37	175℃-3	1.49	2302.98	86.05
50℃-2	20.76	2497.55	94.58	200℃-1	1.76	2074.76	82.62
50℃-3	2.55	2343.95	82.98	200℃-2	6.31	1508.62	54.82
100℃-1	49.40	2995.85	110.52	200℃-3	0.09	2693.37	98.87
100℃-2	5.02	1722.32	60.48	300℃-1	1.21	3321.19	120.13
100℃-3	3.23	2025.81	69.68	300℃-2	3.73	2889.14	103.46
125℃-1	1.70	1840.92	69.47	300℃-3	2.77	2873.83	102.71
125℃-2	2.09	2255.68	84.96	400℃-1	2.61	1493.20	53.60
125℃-3	5.52	3224.25	119.68	500℃-1	44.73	2169.46	80.81
150℃-1	2.60	2297.96	87.59	500℃-2	7.23	2200.16	81.04
150℃-2	14.69	2063.52	75.42	600℃-1	51.59	2340.92	84.81
150℃-3	1.32	1650.5	64.40	600℃-2	165.64	2189.14	85.77
175℃-1	2.16	2733.80	96.91				

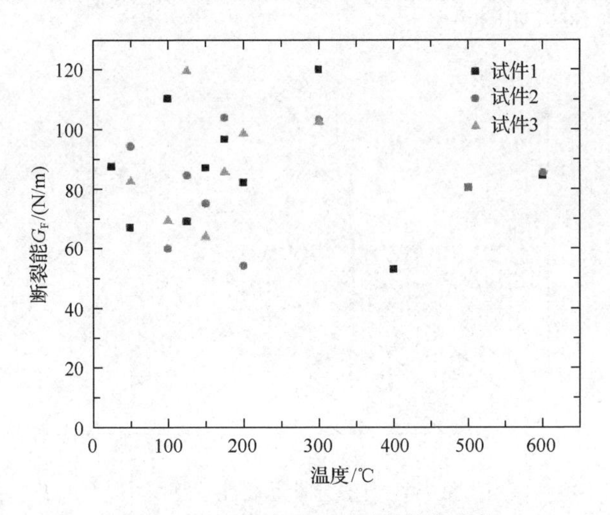

图 7-4　不同温度处理后试件的断裂能

但该趋势与前面的断裂韧性、弹性模量等相比还是有矛盾的。作者分析，还是计算式(7-2)计算区间的问题。由于三点弯曲实验中，当我们取下试件时，试件并没有完全断裂。事实上实验的结果也是这样的，当试件突然断裂后，随着荷载的降低，但还可以继续加载。但是，这个荷载已经不是试件所能承受的真实荷载，

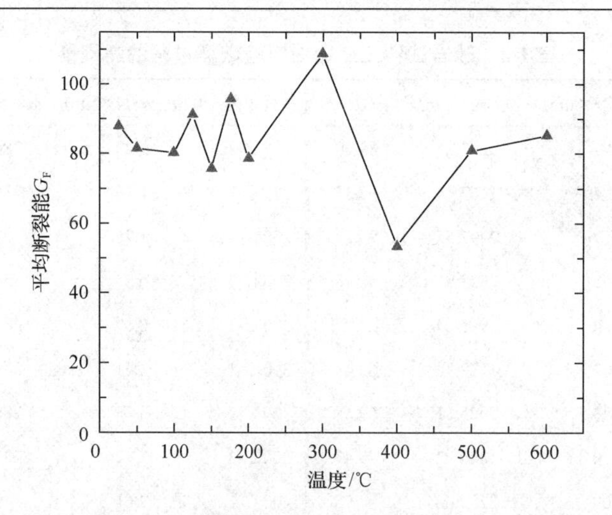

图 7-5 不同温度处理下试件断裂能的平均值

这是由于实验机的精度所造成的。因此最后停下来的荷载由人为因素决定，最终曲线下面的面积也具有人为误差。

接下来我们还是采用式(7-2)来计算断裂能，但 ω_0 不是全部的荷载-位移图的面积，我们分别取过峰值荷载及过峰值荷载后 60%的峰值荷载下的曲线，这段曲线下面的面积为 ω_0，如图 7-6 所示。

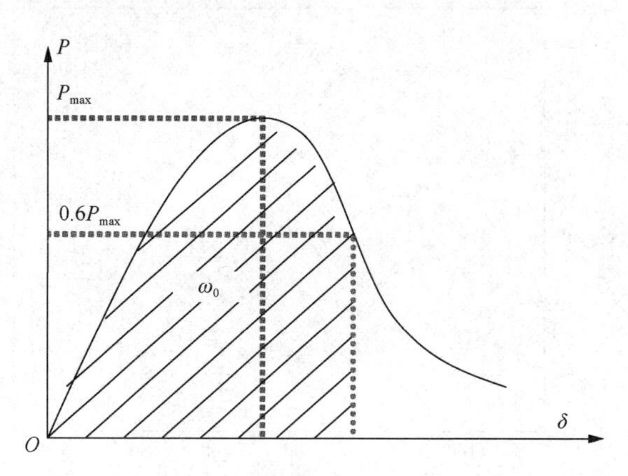

图 7-6 计算弯曲断裂能示意图

计算结果如表 7-3 和图 7-7～图 7-11 所示。表 7-3 是不同曲线段计算的弯曲断裂能的数据。图 7-7 和图 7-8 是最大荷载 P_{max} 过后 $0.6P_{max}$ 荷载的曲线对应计算而来的弯曲断裂能，图 7-9 和图 7-10 是最大荷载 P_{max} 的曲线对应计算而来的弯曲断裂能。图 7-11 是通过以上三种情况计算而来的平均断裂能。从图 7-11 看出，三种计算方式而来的断裂能的趋势是相似的，即无论采用何种计算方式，温度对砂岩弯曲断裂能的影响并不明显。

表 7-3　不同曲线段计算的弯曲断裂能

试件编号	断裂能 G_F/(N/m)			试件编号	断裂能 G_F/(N/m)		
	P_{max}	$0.6P_{max}$	全部		P_{max}	$0.6P_{max}$	全部
25℃-1	53.48471	81.00224	88.00	175℃-2	56.83425	88.42049	104.12
50℃-1	45.6544	63.45202	67.37	175℃-3	53.8637	75.09621	86.05
50℃-2	57.27089	83.92985	94.58	200℃-1	50.93066	69.83329	82.62
50℃-3	58.09937	73.40804	82.98	200℃-2	36.0727	48.3469	54.82
100℃-1	46.42113	110.45355	110.52	200℃-3	57.15067	84.92947	98.87
100℃-2	39.56801	58.64907	60.48	300℃-1	50.83392	109.7924	120.13
100℃-3	42.90008	61.84376	69.68	300℃-2	48.13508	89.80437	103.46
125℃-1	54.63277	64.21298	69.47	300℃-3	52.41494	85.53166	102.71
125℃-2	58.30158	74.84363	84.96	400℃-1	36.418	52.82913	53.60
125℃-3	72.85561	99.74183	119.68	500℃-1	43.84547	75.39574	80.81
150℃-1	46.08638	73.38789	87.59	500℃-2	36.77774	76.5521	81.04
150℃-2	30.74348	65.16811	75.42	600℃-1	50.21042	80.90515	84.81
150℃-3	36.92428	61.65253	64.40	600℃-2	37.78053	70.8014	85.77
175℃-1	58.46065	79.35417	96.91				

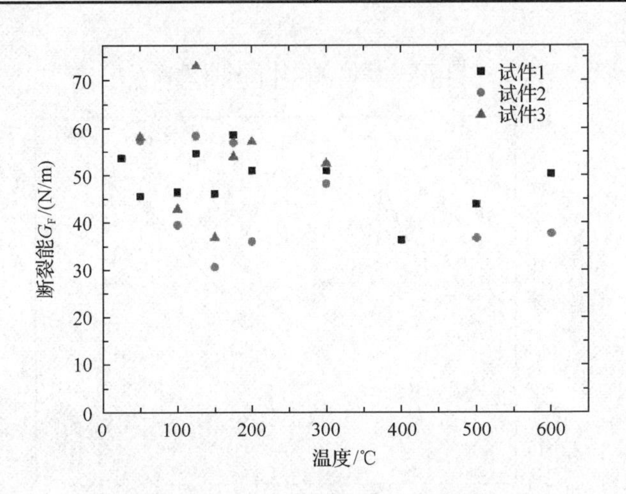

图 7-7　峰值荷载 60%时的断裂能

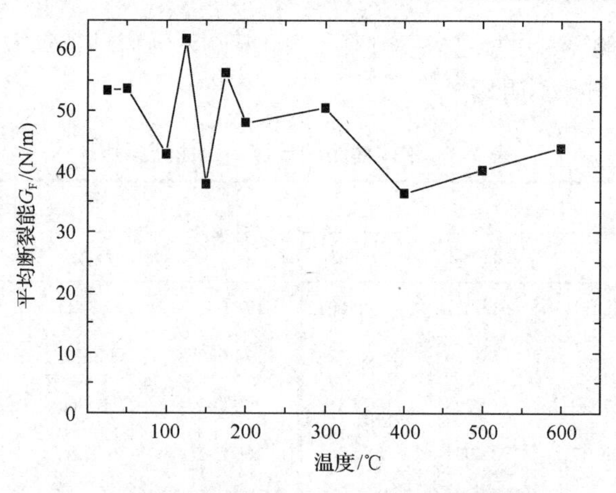

图 7-8　峰值荷载 60%时的平均断裂能

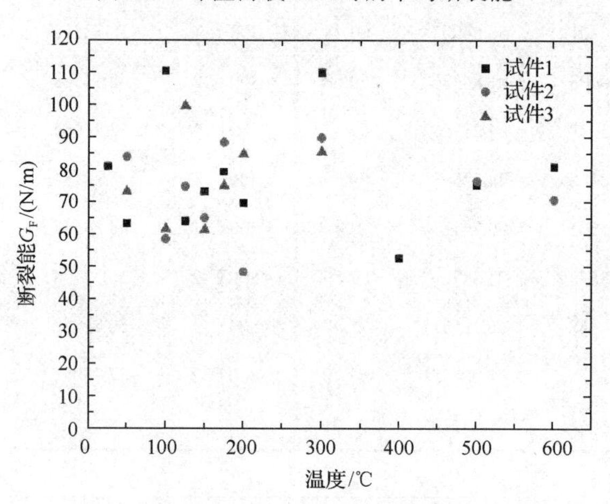

图 7-9　峰值荷载计算的断裂能

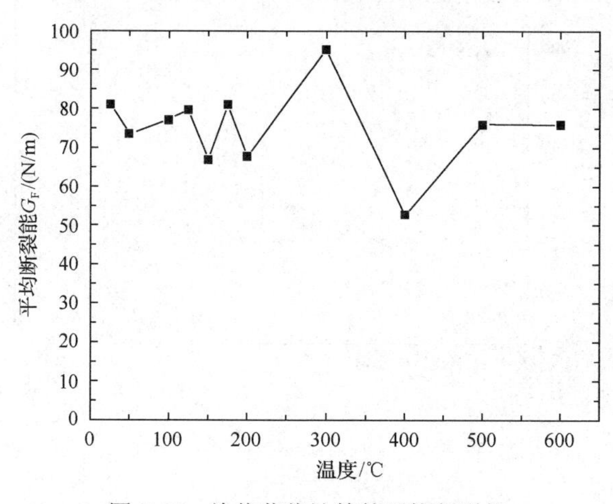

图 7-10　峰值荷载计算的平均断裂能

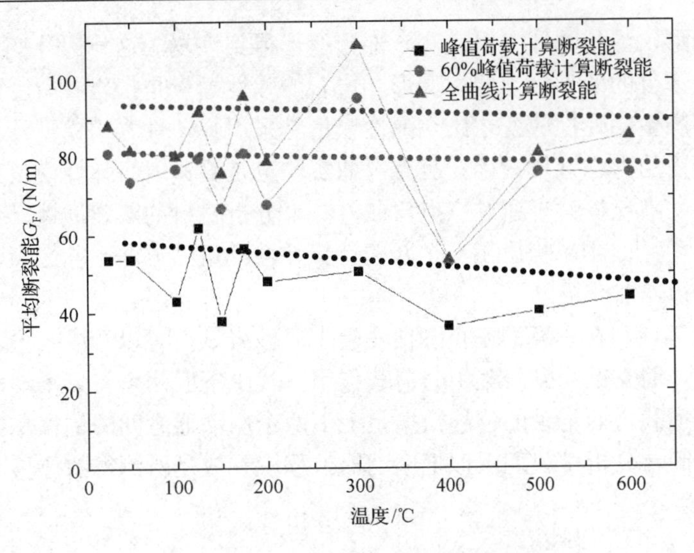

图 7-11　不同曲线段计算的弯曲断裂能

7.3　温度对砂岩的弹性模量影响

文献[23]中，扫描电镜(SEM)原位观察了砂岩三点弯曲的细观破坏过程及断裂机制，并研究了温度对砂岩三点弯曲断裂韧性的影响规律。而事实上，温度对材料的变形和破坏的影响是多方面的，并且这些特征参量是相互关联的。本章通过间接的方法来讨论热处理对岩石弹性模量的影响。弹性模量是指材料在满足 Hooke 定律时应力与应变关系的比值，它是衡量材料发生弹性变形难易程度的重要指标，其值越大，使材料发生一定弹性变形的应力也越大，即材料刚度越大，亦即在一定应力作用下，发生弹性变形越小。工程中使用的弹性模量主要有两种，即切线模量和割线模型。切线弹性模量的定义是应力-应变曲线在任意点的斜率。割线弹性模量则等于应力除以该应力值所对应的应变或者应力除以应变，也被称为应力-应变比。在材料的比例极限以内，切线弹性模量和割线弹性模量是相等的。由于应力-应变曲线所代表的荷载类型的不同，弹性模量可以表述为：压缩弹性模量(或者受压缩时的弹性模量)；挠曲弹性模量(或者受挠曲时的弹性模量)；剪切弹性模量(或者受剪切时的弹性模量)；拉伸弹性模量(或者受拉伸时的弹性模量)；或者扭转弹性模量(或者受扭转时的弹性模量)。弹性模量也可以通过动态实验测定，在该实验中弹性模量可以从复合模量的公式推导而得出。单独使用模量时一般是指拉伸弹性模量。通常剪切模量几乎等于扭转模量并且都被称为刚性模量。受拉伸和压缩时的弹性模量近似相等并且统称为杨氏模量(Young's Modulus)。弹性模量也被称为弹性模量和弹性系数。岩石是一种弹塑性体，在外力作用下，岩石材料要发生变形，当外力卸去后，有一部分变形得到恢复，这一部分变形称为弹性变形；不能恢复的变形称为塑性变形。岩石的弹性模量是指岩石所受的应力与该应力条件下产生的弹性应变之比。弹性模量是采用弹塑性本构模型计算岩石应力应变时所必需的力学性质指标。三点弯曲实验也是测试岩石弹性模量的一种有效方法，很多文献已探讨了通过三点弯曲方法来分析材料的断裂韧性、弹性模量和破坏行为等[24~27]。本章提出了一个新的计算弹性模量的方法，称之为数值弹性模量。下面进行详细介绍。

根据图 7-12，在本章的三点弯曲实验中，砂岩试件可以看成一梁，该荷载形式可以看成一简支梁受到一集中力荷载作用，其中下面两个支点不动，上面一个集中荷载在加载，而记录的位移数据是上下两个座动器之间的位移。当变形很小时，并为了简单分析，我们近似把座动器位移就看成是所测得的位移，即砂岩梁的挠度。

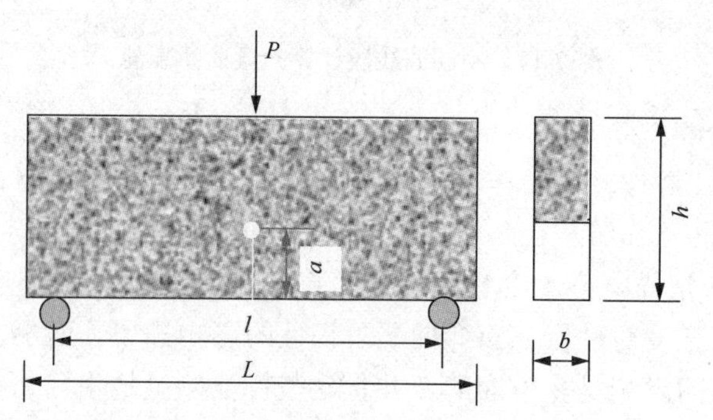

图 7-12　简化三点弯曲梁模型

由此我们实验所测得的位移数据，可以看成不同荷载 P 作用下砂岩试件跨度中点的挠度，其中梁中点处的挠度是最大的。实验的简化模型如图 7-12 所示，由材料力学可知中点挠度为[28]

$$\delta = \frac{Pl^3}{48EI} \tag{7-3}$$

式中，δ 为简支梁弯曲的挠度；P 为外部施加集中荷载；l 为简支梁的跨度，为固定值 20mm；E 为砂岩的弹性模量；I 为砂岩试件的惯性矩。

对于如图 7-12 所示的矩形截面，其惯性矩为

$$I = \frac{b(h-a)^3}{12} \tag{7-4}$$

式中，b 为试件截面宽度；a 为试件预置裂纹长度。

联立式(7-3)和式(7-4)两式有

$$E = \frac{Pl^3}{48\delta I} = \frac{Pl^3}{4\delta b(h-a)^3} \tag{7-5}$$

为了获得砂岩在不同温度影响后的弹性模量，我们先对典型岩石的荷载 P-位移 δ 曲线做分析。基于岩石力学的一些思想[29]，把荷载-挠度曲线分为四个阶段，如图 7-13 所示。

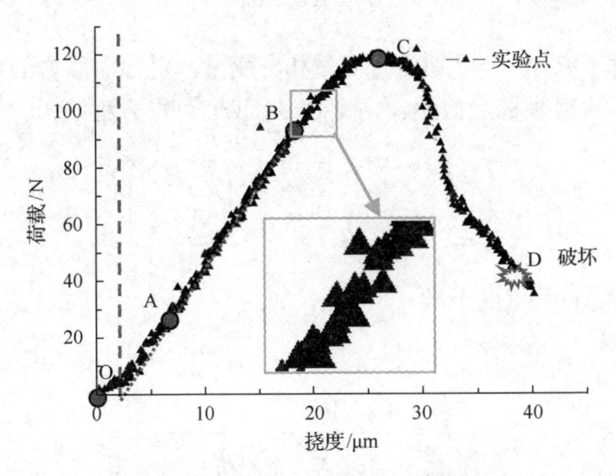

图 7-13　砂岩典型荷载-挠度曲线

由于砂岩内部存在原生裂隙，因此在加载初期存在一个压密阶段 OA。随后进入弹性阶段 AB。这个阶段砂岩内部很少出现微裂纹，可以认为没有内部损伤发生，并且这个阶段是我们获得砂岩弹性模量的阶段。随着荷载的继续增加，砂岩开始进入塑性阶段 BC。通常在单轴压缩实验中，这个阶段通常不明显；但在三点弯曲实验中，这个阶段还是较为明显(其他 P-δ 曲线都有该明显阶段)。这个阶段预置裂纹开始扩展，裂纹前端诸多微裂纹也开始起裂和萌生。当达到峰值荷载后，裂纹迅速扩展，CD 阶段为破坏阶段。可以看出，对于三点弯曲实验峰后阶段较明显，证实砂岩破裂后矿物颗粒还有黏结力。而且获取三点弯曲实验峰后行为对实验机刚性要求也没有压缩实验机的刚性要求那么高。

为了获得砂岩的弹性模量，我们主要来讨论弹性阶段 AB。常用的做法是通过拟合线性函数的斜率来获得弹性模量。但事实上实验曲线是有波动的，如图 7-13 中所示，而这些波动是岩石脆性材料所固有的特性，它包含了不同矿物颗粒承载特性的变化，而拟合曲线会将这部分信息掩盖。由于实验开始时，为了夹持试件施加一初始荷载 P_0，使得试件有一初始的位移 δ_0。但实验中为了记录方便对位移进行清零处理，因此实验位移数据应整体加上初始位移 δ_0，才是真实位移。在荷载-位移曲线中表现为整个曲线向位移轴正方向水平平移。尽管如此，但平移并不改变曲线的斜率。

下面我们通过实验所得数据来拟合直线段斜率，由此确定弹性模量。设拟合的直线斜率为 K。为了剔除非线性段影响，我们取峰值荷载的 30%～70%的数据拟合直线。

我们采用最小二乘法拟合来确定 K。由于曲线的横轴和纵轴分别为位移(挠度)和荷载，设直线方程为

$$P = K\delta + a_0 \tag{7-6}$$

式中，K 为斜率；P 和 δ 分别为自变量和应变量，对应着砂岩的荷载和挠度；a_0 为一待定常数，为横坐标上截距。由文献[30]我们可得方程：

$$\begin{pmatrix} n & \sum\delta_i \\ \sum\delta_i & \sum\delta_i^2 \end{pmatrix}\begin{pmatrix} a_0 \\ K \end{pmatrix} = \begin{pmatrix} \sum P_i \\ \sum P_i\delta_i \end{pmatrix} \tag{7-7}$$

式中，n 为所取实验数据的个数。

由式(7-7)得

$$K = \frac{n\sum P_i\delta_i - \sum P_i \sum\delta_i}{n\sum\delta_i^2 - \left(\sum\delta_i\right)^2} \tag{7-8}$$

由于 K 代表斜率，则有

$$K = \tan\alpha = \frac{dP}{d\delta} \tag{7-9}$$

对于给定试件，由于 l, P, E, I 都是固定值，故对式(7-3)两边微分有[31,32]

$$d\delta = \frac{l^3}{48EI}dP \tag{7-10}$$

联立式(7-5)，式(7-9)，式(7-10)得

$$E = \frac{Kl^3}{48I} = \frac{Kl^3}{4b(h-a)^3} \tag{7-11}$$

式中，K 为用最大荷载的 30%～70%的实验数据拟合直线的斜率；E 为我们所要求的弹性模型，这个模量与切线模量和割线模量均有所不同，与直接线性拟合的弹性模量也有所不同，是个全新的测定和计算弹性模量的方法，我们称其为数值弹性模量，主要是因其是通过统计的数值计算方法而来。

由式(7-8)先计算出斜率 K，再用式(7-11)即可计算出不同温度点下砂岩试件的弹性模量 E，尺寸 a, h, b 见上一章表 6-1，计算结果见表 7-4、图 7-14 和图 7-15[33,34]。

表 7-4　不同温度下的弹性模量

试件编号	P_{max}/N	n	$\sum P_i$ / N	$\sum \delta_i$ / μm	$\sum P_i\delta_i$ / (N·μm)	δ_i^2/μm^2	K/(N/μm)	E/GPa
25℃-1	95.6	90	4492	874.8	46475.65	9134.7	4.45411	13.51113
50℃-1	96.6	89	4240.2	768.8	39324.26	7253.12	4.40563	12.19172
50℃-2	106.3	99	5260.5	964.5	54936.32	10224.23	4.45387	12.46852
50℃-3	103.9	91	4729.9	1036.3	56880.36	12441.91	4.70902	11.09095
100℃-1	101.3	86	4385.7	514.2	28885.81	3623.06	4.85471	12.3572
100℃-2	100.8	79	4061.5	653.5	35797.09	5832.09	5.16083	11.52432
100℃-3	103.4	85	4496.7	747.9	42126.47	7107.39	4.86151	10.64716
125℃-1	104.8	100	5257.5	1033.3	57901.16	11520.05	4.24149	12.10625
125℃-2	109	95	5166.1	1097.3	63024.03	13368.01	4.83387	13.611
125℃-3	125.7	107	6721.9	1307.6	87154.16	16989.88	4.95783	13.53564
150℃-1	91.4	92	4215.1	1236.1	59183.23	17263.39	3.89081	11.34605
150℃-2	96.6	73	3503.7	487.7	25216.58	3603.85	5.23413	13.32297
150℃-3	71.1	79	2816.9	580.4	22160.25	4666.88	3.63713	11.38999
175℃-1	113.4	88	4993.5	772.2	46869.41	7348.9	5.32683	12.70514
175℃-2	114.9	92	5250.7	986.8	59670.25	11246.44	5.06209	12.86279
175℃-3	96.8	82	4054.9	743.4	39014.34	7205	4.84099	13.42184
200℃-1	97.3	87	4288.2	733.9	38665.36	6739.65	4.54074	15.11008
200℃-2	92.9	74	3431.4	527.2	26221.2	4105.7	5.07437	12.40943
200℃-3	119.7	88	5266.6	1094.9	68682.86	14182.49	5.63805	14.7356
300℃-1	100.6	104	5434.2	1209.1	66975.45	15016.69	3.95696	9.95972
300℃-2	87.6	93	4008.2	1580	70649.82	27520.94	3.76665	9.10385
300℃-3	95.3	85	4044	896.4	44906.63	9954.64	4.50635	10.7553
400℃-1	57.6	68	2012.8	467.7	14849.09	3487.79	3.70943	9.01518
500℃-1	76.3	92	3515.3	483.6	20553.16	3199.7	3.15505	8.16777
500℃-2	71.4	85	3085.9	655.6	25551.71	5558.46	3.48774	9.04836
600℃-1	71.9	82	3014.2	413	16797.97	2572.78	3.28149	7.66261
600℃-2	61.8	49	2003.7	168.5	7167.38	688.59	2.53861	6.58368

注：试件 600℃-2 的数据由于人为原因数据短缺，数据取自于 55%～75%的破坏荷载；其余所有试件数据均取自于 30%～70%的破坏荷载。

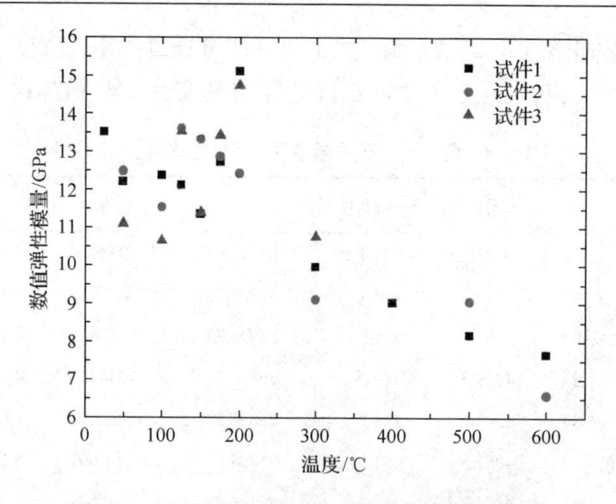

图 7-14　不同温度处理后砂岩的数值弹性模量

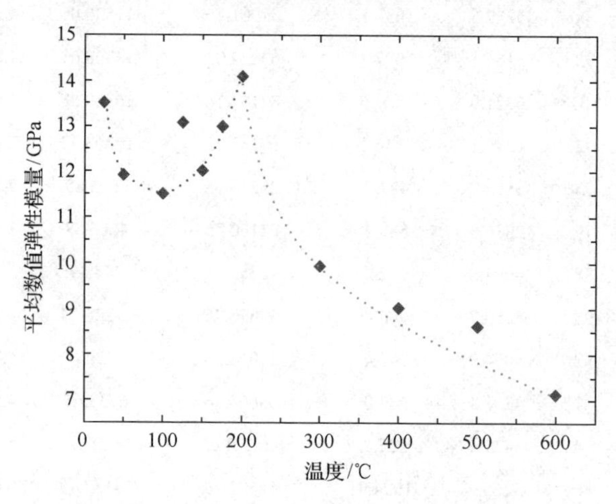

图 7-15　不同温度处理下弹性模量的平均值

图 7-14 是计算得到的数值弹性模量，图 7-15 是平均数值弹性模量。由图 7-14 和图 7-15 可以看出，在 100℃之前，随着热处理温度的升高，砂岩的弹性模量 E 呈现降低的趋势；在 100～200℃，砂岩的弹性模量产生了一些波动，但较热处理 100℃之前砂岩试件的弹性模量都要高，有上升的趋势；在热处理 200℃之后砂岩的弹性模量急速降低，到达热处理 300℃之后砂岩的弹性模量稳定降低。结合第 3 章的结论："热处理 100℃是砂岩试件是否产生热开裂现象的临界温度点"，分析认为，砂岩在热处理 100℃之前，砂岩黏土物质还有水分，而自由水逐渐被加热。升温使得自由水溶解能力增强，溶解的矿物间黏结物和黏土等增多，使砂岩逐渐软化，因此从室温升到 100℃时砂岩的弹性模量有所降低。在 100～200℃热处置后，由于温度超过了水的沸点，部分自由水被蒸发，冷却后的砂岩重新硬化，刚度变

大，这种机制会导致砂岩的弹性模量有升高趋势。但在 100～200℃热处理之间，砂岩开始产生热开裂，热开裂的出现导致砂岩刚度变小。在水分蒸发和砂岩的热开裂两种机制的竞争下，100～200℃的砂岩弹性模量有所波动，但总体有升高趋势。在热处理 200℃之后，随着温度的升高砂岩的热开裂增多，并且温度越大，热开裂数目越多，并且热开裂的长度和宽度都变大，此时热开裂占主导地位，从而使得砂岩弹性模量迅速降低。

7.4　温度影响下砂岩的热损伤模型

7.4.1　砂岩试件的热损伤

砂岩是非均质材料，热处理后砂岩内部产生热应力，由此诱发表面热开裂及内部微裂纹，如图 7-16 所示。随着热处理温度的变化，致使弹性模量发生非线性变化，说明温度对岩石造成了热损伤。

图 7-16　500℃的砂岩表面热开裂图

损伤最初是通过受损材料横截面有效面积的变化来定义的。但由于有效面积并不容易测量，一些学者提出通过弹性模量的变化来定义损伤[35,36]。而我们通过上述砂岩弹性模量的计算很容易理解，热处理导致了岩石性能的劣化，而热损伤也可通过弹性模量的变化来得到描述。根据 Lemaitre[37]的损伤定义，定义热损伤 $D(T)$ 如下：

$$D(T)=1-\frac{E_{\mathrm{T}}}{E_0} \tag{7-12}$$

式中，E_{T} 为砂岩试件经过温度 T 热处理后的弹性模量；E_0 为砂岩试件在未受热处理室温(25℃)状态下的弹性模量。为了研究方便，假定室温 25℃时砂岩没有热损伤；且在室温 25～600℃整个热力学温度区域，热损伤的机制是相同的。将经过不同温度热处理的砂岩看成受到了不同程度的损伤，将其视为热损伤弹性模量 E_T。将各温度点计算出来的弹性模量平均值 E_T，代入式(7-12)，可得不同温度处理下砂岩试件的热损伤值，结果详见表 7-5。

表 7-5　不同温度处理后试件的热损伤

温度/℃	E/GPa	E_T/E_0	$D(T)=1-E_T/E_0$
25	13.51113	—	—
50	11.91706	0.88202	0.11798
100	11.50956	0.85186	0.14814
125	13.0843	0.96841	0.03159
150	12.01967	0.88961	0.11039
175	12.99659	0.96192	0.03808
200	14.08504	1.04248	–0.04248
300	9.93962	0.73566	0.26434
400	9.01518	0.66724	0.33276
500	8.60807	0.63711	0.36289
600	7.12315	0.52721	0.47279

由表 7-5 显示，砂岩在 200℃热处理后出现了“负损伤”[38]。通常我们定义的损伤为正值，但此处却出现了负值，这主要是由定义确定的，因为我们定义了室温时砂岩损伤为 0，而在大约 200℃时砂岩的强度为最大值，即 200℃热处理的弹性模量比室温时弹性模量要大，由此出现了负损伤。出现负损伤的原因是复杂的。在较低温度的影响下，温度会影响甚至改变砂岩黏土矿物内部物质的组成结构，使其内部吸附水或层间水分的蒸发导致黏土物质胶结强度发生变化，从而改变试件的整体抗弯强度。随着温度的升高，黏土类矿物出现热开裂，在矿物颗粒之间形成环状或网状裂纹。并且对于小尺度试件而言，试件的尺寸和边界效应明显，这对弯曲强度影响很大[39]。这几种因素有的能提高砂岩的弯曲强度，有的能削弱弯曲强度。随着温度的升高，它们之间相互竞争，从而导致了弹性模量先下降，后升高，而后又下降的趋势。由于中间会出现弹性模量上升的阶段，可能出现“负损伤”的现象。但我们要注意的是，该“负损伤”的出现与盐岩的损伤愈合机制是有所区别的。砂岩的负损伤主要是由于在一定温度条件下能显著提高黏土物质的胶结强度，而盐岩的损伤愈合机制是矿物重结晶的结果[40]。

7.4.2　热处理后砂岩的损伤演化方程

上述分析发现砂岩试件经过 200℃热处理后，出现了负损伤，为了研究的方便，特做出以下假设。

(1) 在室温 25～600℃整个热力学温度区域，热弹性损伤的机制是相同的。

(2) 在室温 25℃时，砂岩没有热损伤。

考虑到上面的假设，可以对表 7-5 的数据进行曲线拟合，本章采用最小二乘法进行多项式拟合，考虑到表 7-5 中热损伤在 200℃前后的变化，并注意到变化的区间问题，我们选用分段的四次多项式来拟合。假设热损伤演化方程为

$$D(T) = A + BT + CT^2 + DT^3 + ET^4 \tag{7-13}$$

式中，A、B、C、D 和 E 为待定系数，与砂岩的热学性质相关。拟合可得砂岩试件热损伤演化方程：

$$D = \begin{cases} -2.58201 + 0.02296T - 6.62096\times10^{-5}T^2 & \\ +8.12142\times10^{-8}T^3 - 3.41875\times10^{-11}T^4 & 25℃ \leqslant T \leqslant 200℃ \\ -0.36212 + 0.02071T - 2.94477\times10^{-4}T^2 & \\ +1.70394\times10^{-6}T^3 - 3.54699\times10^{-9}T^4 & 200℃ < T \leqslant 600℃ \end{cases} \tag{7-14}$$

把式(7-14)及拟合的热损伤绘制成图 7-17，表 7-5 和图 7-17 表明：在 200℃之后，随着温度升高，热损伤逐渐增加，初始阶段损伤增加较快，达到 300℃时有 26.5%的增幅；随着温度进一步升高，热损伤开始进入稳定阶段，从 300℃达 500℃，有近 10%的增幅；稳定热损伤阶段后，热损伤又进入快速热损伤阶段，从 500℃升到 600℃是，又有近 10%的热损伤增幅。由此我们把热损伤分为四个阶段，第一阶段是不稳定热损伤阶段，为室温到 200℃；第二阶段为初始热损伤阶段，为 200℃到 300℃；第三阶段为稳定热损伤阶段，为 300℃到 500℃；第四阶段为快速热损伤阶段，为 500℃到更高温度。

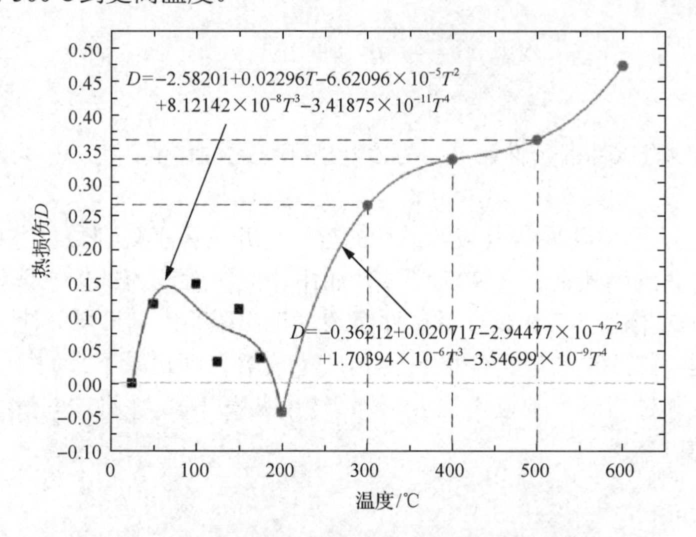

图 7-17　不同温度处理后试件的热损伤示意图

7.5　热处理后砂岩试件的延性比

由于在实验中为了固定试件，预先有一个 5～10N 的荷载，但在实验开始时为了便于记录，对荷载和位移进行了清零处理。因此实验记录的荷载-位移曲线不是真实的位移，真实曲线还需增加一个初始位移。假设此初始位移为 δ_0，它所对应的初始荷载为 P_0，将图 7-13 的直线段延长并交水平 δ 轴于一点 O′，在材料受到很小荷载时，试件处于弹性阶段，故该点 O′与坐标原点 O 的距离 OO′就是初始位移 δ_0。我们假设在施加预置荷载的这段材料也是弹性变形，因此初始预置 P_0 与初始位移 δ_0 也是线性关系，并且斜率为

$$K = \tan\alpha = \frac{P_0}{\delta_0} \tag{7-15}$$

则忽略的初始位移 δ_0 为

$$\delta_0 = \frac{P_0}{K} \tag{7-16}$$

在混凝土结构中通常用“延性比”来衡量截面和构件的塑性变形能力，本章也借用此概念来描述砂岩试件在三点弯曲实验中的脆延性。我们把延性比定义为岩石材料破坏时的变形与屈服时变形的比值[41]。这里的“屈服”是指进入塑性阶段，当荷载增加很少时而变形增加很大。故有

$$\mu = \frac{\delta_u}{\delta_y} \tag{7-17}$$

式中，μ 为砂岩试件的延性比；δ_u 为砂岩破坏时的位移值；δ_y 为砂岩屈服时的位移值。

根据对荷载-位移曲线及破坏过程的分析，并且为了处理数据方便，统一认定当荷载在达到峰值荷载的 90%时试件屈服，此时对应的试件位移就是 δ_y。实验的加载方式采用一次加载直至试件断裂，当实验系统荷载加不上去，我们认为试件断裂。因此试件破坏位移 δ_u 是由实验仪器自动记录下来的。由此可计算不同温度点下砂岩试件的延性比 μ，计算结果见表 7-6，并将这些值绘于图 7-18 和图 7-19 中。

表 7-6　试件的延性比

试件编号	90%P_{max}/N	记录的荷载值/N	记录的位移值/μm	记录的断裂位移值/μm	记录的初始荷载值/N	初始位移 δ_0/μm	屈服位移 δ_y/μm	破坏位移 δ_u/μm	延性比 μ
25℃-1	86.04	86.0	17.8	37.6	2.9	0.65108	18.45108	38.25108	2.07311
50℃-1	86.94	86.4	3.6	15.7	74.7	16.95557	20.55557	32.65557	1.58865
50℃-2	95.67	95.4	18.7	37.7	13.6	3.05352	21.75352	40.75352	1.87342
50℃-3	93.51	93.6	21.3	37.7	4.9	1.04056	22.34056	38.74056	1.73409
100℃-1	91.17	91.1	16.3	42.9	21.9	4.51108	20.81108	47.41108	2.27817
100℃-2	90.72	90.7	17.5	27.3	7.2	1.39512	18.89512	28.69512	1.51865
100℃-3	93.06	93.2	17.9	32.6	5.6	1.15191	19.05191	33.75191	1.77158
125℃-1	94.32	94.1	19.9	30.6	3.8	0.89591	20.79591	31.49591	1.51452
125℃-2	98.1	98.2	21	36.2	4.5	0.93093	21.93093	37.13093	1.69309
125℃-3	113.13	113.1	23.9	45.4	7.4	1.49259	25.39259	46.89259	1.8467
150℃-1	82.26	82.2	23.1	44.5	4.5	1.15657	24.25657	45.65657	1.88224
150℃-2	86.94	86.9	14.3	33.8	12.4	2.36907	16.66907	36.16907	2.16983
150℃-3	63.99	63.9	15.5	33.5	3.1	0.85232	16.35232	34.35232	2.10076
175℃-1	102.06	102.5	18.4	39.9	4.8	0.9011	19.3011	40.8011	2.11393
175℃-2	103.41	103.8	20.8	42.6	3.6	0.71117	21.51117	43.31117	2.01343
175℃-3	87.12	87.6	18.1	37.4	3.8	0.78496	18.88496	38.18496	2.02198
200℃-1	87.57	87.7	17.5	34.5	4.0	0.88091	18.38091	35.38091	1.92487
200℃-2	83.61	83.8	15.8	26.2	8.0	1.57655	17.37655	27.77655	1.59851
200℃-3	107.73	107.8	21.1	39.8	1.0	0.17737	21.27737	39.97737	1.87887
300℃-1	90.54	90.9	22.5	51	3.1	0.78343	23.28343	51.78343	2.22405
300℃-2	78.84	79.2	27.8	57.1	5.3	1.40709	29.20709	58.50709	2.00318
300℃-3	85.77	85.8	20.6	48.8	5.0	1.10955	21.70955	49.90955	2.29897
400℃-1	51.84	52.2	15.4	52.9	4.4	1.18617	16.58617	54.08617	3.26092
500℃-1	68.67	69.1	16.3	39	16.8	5.32479	21.62479	44.32479	2.04972
500℃-2	64.26	64.5	17.4	42.8	7.1	2.0357	19.4357	44.8357	2.30687
600℃-1	64.71	65.2	14.5	41.7	18.4	5.6072	20.1072	47.3072	2.35275
600℃-2	55.62	55.8	11.4	47.6	29.0	11.42357	22.82357	59.02357	2.58608

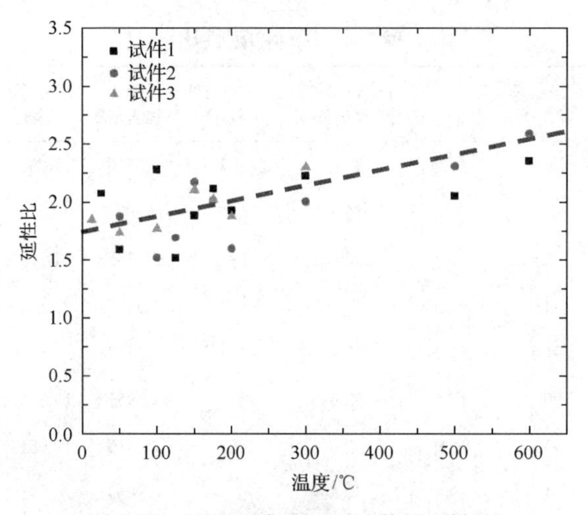

图 7-18　不同温度处理后试件的延性比

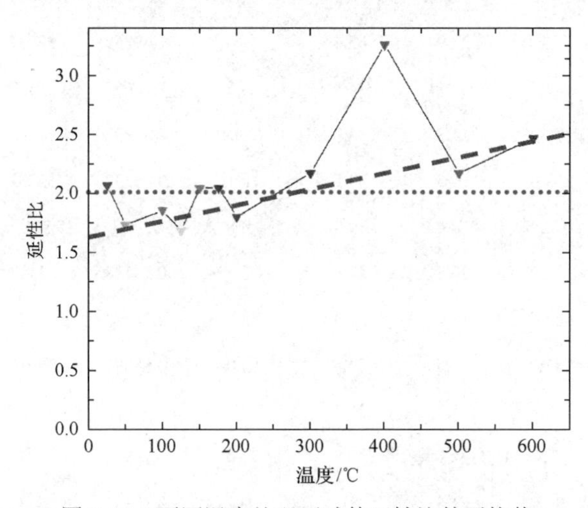

图 7-19　不同温度处理下试件延性比的平均值

图 7-18 表明，随着温度的升高，延性比有逐渐上升的趋势。观察图 7-19，可以看出砂岩的延性比在热处理 200℃这个温度点之前有一些波动，而在 200℃之后延性比有上升趋势，而后又在热处理 400℃这个温度点之后有一定的下降。但是从总体上来看，热处理 200℃之后，砂岩的延性比有上升趋势。为了借助数据来说明砂岩经过不同温度的热处理之后的脆延性，本章作者给砂岩试件的延性做定性的描述。在混凝土实际工程中，为了避免地震对建筑物的破坏，要求建筑物的构件破坏是延性的。通常是以延性比来描述建筑物构件的延性情况。一般工程中认为当延性比 μ 大于 3 时，就认为建筑物的构件是延性的。当然这里所说的构件通常都是指钢筋混凝土结构。

本章的研究对象砂岩的各方面性质都要比钢筋混凝土差上许多，特别是塑性性质。因此用延性比 μ 大于 3 来定性的定义砂岩的延性不再适合。假设砂岩未经过热处理时的三点弯曲破坏为延性破坏，即认为室温 25℃对应的砂岩延性比值为砂岩三点弯曲脆延性转换的临界值。观察表 7-6 可知，这个值大约为 2，这个值要比钢筋混凝土的临界值小，符合实际情况。由此在本章中定义当砂岩试件的延性比 μ 大于 2 时，砂岩的三点弯曲破坏就是延性破坏，此砂岩试件就是延性的。基于上述定义，并结合图 7-19，可以看出砂岩在经过 200℃的热处理之后展现出延性性质。在 400℃时延性比有个突然升高的过程，随后温度继续升高到 600℃时延性又有所下降。在 200℃这个温度点之前，砂岩的延性比波动很大，我们认为材料基本是属于脆性性质。这期间的变化起主导的因素还主要是砂岩内部黏土物质的热学性质及热开裂的影响。

本章通过三点弯曲实验研究了不同温度影响后平顶山砂岩的断裂韧性和破坏特征参数，得到结论如下。

(1) 温度对砂岩断裂韧性具有明显影响。砂岩三点弯曲的平均断裂韧性在 125℃达到最大值。从 125℃的温度继续升高到 600℃，砂岩的断裂韧性会逐渐降低，有近 50%的降幅。这不仅与温度影响了黏土物质与矿物的胶结情况有关，与高温处理后砂岩表面出现热开裂有关，也与冷却后残余应力相关，可见温度的影响是明显的。

(2) 125℃是砂岩试件三点弯曲实验裂纹扩展方式发生变化的临界温度。经过低于 125℃的温度热处理后的砂岩试件裂纹为沿颗粒边界扩展，属于沿颗粒断裂机制；而经过 125℃及更高温度热处理后的试件，裂纹的扩展方式是一开始在预制缺口附近破开一颗或者几颗矿物颗粒之后，再沿着颗粒边界或破断颗粒向前扩展，是破断颗粒和沿颗粒的混合断裂机制。

(3) 在 100～150℃的温度范围内，砂岩的力学特性变得不稳定，或者称为混沌行为，这可能是由于温度导致黏土内部部分水分的蒸发，改变了黏土物质内部孔隙结构，使得黏土物质的内部结构发生变化及力学行为变得不稳定；并且由于矿物颗粒之间及矿物颗粒与黏土胶结物之间由于冷却后的残余应力变得复杂，最终导致这个范围砂岩的破坏模型及力学特性变得不稳定。

(4) 砂岩三点弯曲的平均断裂韧性在 125℃达到最大值，从 125℃的温度继续升高到 600℃，砂岩的断裂韧性会逐渐降低，有近 50%的降幅。这不仅与温度影响了黏土物质与矿物的胶结情况有关，与高温处理后砂岩表面出现热开裂有关，也与冷却后残余应力相关，可见温度的影响是明显的。

(5) 对文献中两种常用的计算断裂能的方法(即 P_{max} 和全曲线下面积)进行了比较，并增加了一个过峰值荷载后 $0.6P_{max}$ 所对应曲线计算了断裂能。三种计算结果的趋势大致是相同的，并且温度对砂岩弯曲断裂能的影响相比对断裂韧性的影响并不明显。由于实验数量的有限，该结论还有待进一步验证。

(6)基于数值计算方法定义了一个新参数，即数值弹性模量。对三点弯曲实验可以由 $E=Kl^3/[4h(h-a)^3]$计算数值弹性模量，其中 K 是实验数据拟合直线的斜率。经过室温到 200℃热处理时，数值弹性模量有波动，这主要是由于矿物颗粒及黏土物质在这个温度范围变得不稳定所造成的；而经过 200℃及更高温度热处理后，数值弹性模量有所下降，这主要是由于热开裂造成的。

(7)基于数值弹性模量的变化及 Lemaitre 损伤理论，定义了热损伤 $D(T)=1-E_T/E_0$。基于该定义，砂岩在热处理后有可能出现负损伤，这主要是热处理导致部分水分蒸发进而改变了砂岩内部矿物结构，并主要是黏土矿物的结构，使得在 200℃时砂岩的抗弯强度最大。

(8)分析实验数据得出了用四次多项式能较好拟合损伤与温度的关系，并把热损伤分为四个阶段。第一阶段是不稳定热损伤阶段，为室温到 200℃；第二阶段初始热损伤阶段，为 200℃到 300℃；第三阶段为稳定热损伤阶段，为 300℃到 500℃；第四阶段为快速热损伤阶段，为 500℃到更高温度。

(9)通过延性比来判别砂岩的延性性质，并认为对于平顶山砂岩该值大约取 2 是合适的。随着温度的升高，延性比有逐渐上升的趋势。在 200℃之前，砂岩的延性比波动较大，这主要是由于热处理后矿物颗粒及黏土物质不稳定性造成的，砂岩破坏属于脆性破坏；砂岩在经过 200℃的热处理后表现出延性性质，此时砂岩破坏具有延性性质。

参 考 文 献

[1] ASTM. Annual book of ASTM Standards, part 10. ASTM STP., 1980: 410, 463, 527, 632.

[2] 张静华, 王靖涛, 赵爱国. 高温下花岗岩断裂特性的研究. 岩土力学, 1987, 8(4): 11-16.

[3] 周景萍. 用三点弯曲法研究大理石的 K_{IC}. 工程力学, 1994, 11(3): 87-90.

[4] 鞠杨, 刘彩平, 谢和平. 混凝土断裂及亚临界扩展的细观机制. 工程力学, 2003, 20(5): 1-9.

[5] 黄炳香, 邓广哲, 王广地. 温度影响下北山花岗岩蠕变断裂特性研究. 岩土力学, 2003, 24(增): 203-206.

[6] Funatsu T, Seto M, Shimada H, et al. Combined effects of increasing temperature and confining pressure on the fracture toughness of clay bearing rocks. International Journal of Rock Mechanics and Mining Sciences, 2004, 41(6): 927-938.

[7] 林睦曾. 岩石热物理学及其工程应用. 重庆: 重庆大学出版社, 1991.

[8] Brede M. Brittle-to-ductile transition in Silicon. Acta Metallurgica, 1993, 41(1): 211-228.

[9] Oda M. Modern Developments in rock structure characterization//Comprehensive rock engineering. Vol. 1, Hudson J A,(Pergamon), 1993, 185-200[J]. International Journal of Rock Mechanics & Mining Sciences & Geomechanics Abstracts, 1994, 31(3): 124.

[10] Lau J S O, Jackson R. The effects of temperature and water-saturation on mechanical properties of Lac du Bonnet pink granite. 8th International Journal of Rock Mechanics, Tokyo, Japan, 1995.

[11] 许锡昌, 刘泉声. 高温下花岗岩基本力学性质初步研究. 岩土工程学报, 2000, 22(3): 332-335.

[12] 朱合华, 闫治国, 邓涛, 等. 3 种岩石高温后力学性质的实验研究. 岩石力学与工程学报, 2006, 25(10): 1945-1950.

[13] 刘宝琛. 实验断裂、损伤力学测试技术. 北京: 机械工业出版社, 1994.

[14] Ouchterlony F. ISRM suggested methods for determining the fracture-toughness of rock. International Journal of Rock Mechanics and Mining Sciences Geomechics Abstracts, 1988, 25(2): 71-96.

[15] Ouchterlony F. On the background to the formulas and accuracy of rock fracture-toughness measurements using ISRM standard core specimens. International Journal of Rock Mechanics and Mining Sciences Geomechics Abstracts, 1989, 26(1): 13-23.

[16] 李贺, 尹光志, 许江, 等. 岩石断裂力学. 重庆: 重庆大学出版社, 1988.

[17] 左建平. 温度-应力共同作用下砂岩破坏的细观机制与强度特征(博士学位论文). 北京: 中国矿业大学, 2006.

[18] 左建平, 周宏伟, 谢和平, 等. 温度和应力耦合作用下砂岩破坏的细观实验研究. 岩土力学, 2008, 29(6): 1477-1482.

[19] 左建平, 周宏伟, 谢和平. 不同温度影响下砂岩的断裂特性研究. 工程力学, 2008, 25(5): 124-130.

[20] 左建平, 谢和平, 周宏伟, 等. 不同温度作用下砂岩热开裂的实验研究. 地球物理学报, 2007, 50(4): 1150-1155.

[21] Hillerborg A, Modeer M, Petersson P E. Analysis of crack formation and crack growth in concrete by means of fracture mechanics an finite element. Cement. and Concrete Research, 1976, 6(6): 773-782.

[22] 徐世烺, 赵国藩, 黄承逵. 混凝土大型试件断裂能 GF 及缝端应变场. 水利学报, 1991, (11): 17-25.

[23] 左建平, 谢和平, 刘瑜杰, 等. 不同温度热处理后砂岩三点弯曲的断裂特性. 固体力学学报, 2010, 31(2): 119-126.

[24] 黄明利, 朱万成, 逄铭彰. 动荷载作用下含偏置裂纹三点弯曲梁破坏过程的数值模拟. 岩石力学与工程学报, 2007, 26(S1): 3384-3389.

[25] 过镇海. 混凝土的强度和本构关系——原理和应用. 北京: 中国建筑工业出版社, 2004.

[26] 鞠杨, 刘彩平, 谢和平. 混凝土断裂及亚临界扩展的细观机制. 工程力学, 2003, 20(5): 1-9.

[27] 蔡四维, 蔡敏. 混凝土的损伤断裂. 北京: 人民交通出版社, 1999.

[28] 孙训方, 方孝淑, 关来泰. 材料力学(Ⅰ)(第四版). 北京: 高等教育出版社, 2002.

[29] 谢和平, 陈忠辉. 岩石力学. 北京: 科学出版社, 2004.

[30] 肖筱南, 赵来军, 党林立. 现代数值计算方法. 北京: 北京大学出版社, 2004.

[31] 周筑宝. 最小耗能原理及其应用. 北京: 科学出版社, 2001.

[32] 周筑宝, 唐松花. 功耗率最小与工程力学中的各类变分原理. 北京: 科学出版社, 2007.

[33] 左建平, 周宏伟, 刘瑜杰. 不同温度下砂岩三点弯曲破坏的特征参量研究. 岩石力学与工程学报, 2010, 29(4): 705-712.

[34] Zuo J P, Xie H P, Dai F, et al. Three-point bending tests investigation of the fracture behavior of siltstone after thermal effects. International Journal of Rock mechanics and Mining Science, 2014, 70(complete): 133-143.

[35] 鞠杨, 谢和平. 基于应变等效性假说的损伤定义的适用条件. 应用力学学报, 1998, 15(1): 43-49.

[36] 许锡昌. 花岗岩热损伤特性研究. 岩土力学, 2003, 24(s): 188-191.

[37] Lemaitre J. A course of damage mechanics. Springer-verlage, 1992.

[38] 王军. 损伤力学的理论与应用. 北京: 科学出版社, 1997.

[39] 左建平, 谢和平, 周宏伟, 等. 温度影响下砂岩的细观破坏及变形场的 DSCM 表征. 力学学报, 2008, 40(6): 786-794.

[40] Chan K S, Bodner S R, Munson D E. Permeability of WIPP salt during damage evolution and healing. International Journal of Damage Mechanics, 2001, 10(4): 347-375.

[41] 包世华. 新编高层建筑结构(第二版). 北京: 中国水利水电出版社, 2005.

第8章　热力耦合作用下砂岩的断口形貌及细观机制

随着深部开采等重大工程的需求，研究不同温度下煤层顶板岩石的破坏规律具有十分重要的意义。岩石的破坏过程是个极为复杂的过程[1~3]，受到其内部矿物成分和结构、微缺陷、外部荷载、温度等因素的共同影响。岩石断口是在实验过程中或在实际工程中岩石断裂所形成的新表面，且断口形貌特征记录了岩石断裂时的不可逆变形，以及裂纹的萌生和扩展直至断裂的信息。岩石的损伤断裂过程对初始损伤及微缺陷的分布具有敏感依赖性，断口形貌特征受岩石矿物组成、结构、外部荷载和温度等因素的影响和制约，并与加载历史有关。正因如此，我们就可通过对断口分析来定性地研究岩石断裂的微细观机制，从微细观方面来揭示岩石的破坏规律。

对断口的认识和利用可以追溯到远古时代，但作为学科分支还是近40年的事情。国内李先炜等[4]率先开展这方面的研究，他们通过透射电镜和扫描电子显微镜观察研究了多种荷载条件下岩石的破坏断口，并把岩石的断口分为拉断断口和剪断断口，具体又把拉断断口分为10种花样和把剪断断口分为8种花样，这种分类也为近来的研究所证实[5]。谭以安[6]、冯涛等[7]对发生岩爆后的断口研究及李根生和廖华林[8]对超高压水射流冲蚀切割岩石断口的研究同样表明岩石断裂的微观机制主要是在拉伸并兼有剪切作用下岩石的低应力脆性断裂，并以解理断裂为主。谢和平等[9,10]对静载和动载下的岩石断口进行了电镜观察和光学显微镜分析，把岩石的断裂分为沿晶、穿晶及两者耦合的断裂形式，并认为产生这些断裂形式是由于受到局部高拉应力场作用，而岩石内存在的微裂纹、微孔隙、晶格缺陷、夹杂物等是导致局部高拉应力场的直接原因。朱珍德等[11,12]对不同围压水压条件下大理岩断口形貌的研究得到了相似的微观断裂形式，并探讨脆性岩石在高围压情况下转换为理想塑性体的微观断裂机制。上述研究主要是从微观角度出发的。Bahat 等[13,14]对工程尺度上的地质断裂表面的研究认为，通过断口形貌学的研究可以近似推测断裂的起源、断裂扩展的模式及方向，甚至可以推测出古应力场的大小。而最近的很多研究表明，岩石的断裂表面具有分形特征[15,16]。而在不同尺度范围内，有的材料具有多重分形特征[17~19]，有的材料具有非线性的分形特征[20]。

上述研究大多是对室温影响下的岩石断口的研究，对经受不同温度影响后的断口研究较少。基于目前深部开采及核废料处置等重大工程的需要，为加深对不同温度影响下岩石破坏行为的认识，本章将尝试着用断口形貌学[13,21]的方法来研究砂岩的断口形貌，以期加深对岩石微细观断裂机制的认识，而不同温度和应力如何影响砂岩的细观断裂机制是本章的核心[22~25]。

8.1　热力耦合作用下砂岩的微观断口形貌比较

断口的宏观分析可以初步确定断裂源的位置、裂纹扩展方向和过程，根据受力性质的影响，还可进一步推测断裂的性质(脆性断裂、延性断裂等)；断口的微细观分析的任务就是观察分析断口的微观形貌，进一步探讨裂纹形成和扩展的过程、机制和产生的原因。对金属材料而言通常可由宏观形貌来大致判断断裂的特征，如解理断口宏观形貌特征是结晶状小刻面、“放射状”或“人字形”花样。对岩石材料而言，这样的判断几乎是不可能的，作者观察到的岩石断口的宏观形貌是非常的杂乱。作者曾经试图通过精度达到 0.1mm 的激光表面仪(laser profilometer)来对岩石断口形貌做分析，但没能找到规律。这主要是岩石的强非均质性造成的，在黏土胶结物和矿物颗粒上都会发生断裂，这样的断口形貌在宏观尺度下几乎没有任何特征可言，如图 8-1(b)所示。但从微细观的角度上观测，还是有一些特征可以说明问题的，因此，以下的岩石断口特征都是特指岩石断口局部的微细观特征，而不是断口的宏观特征。

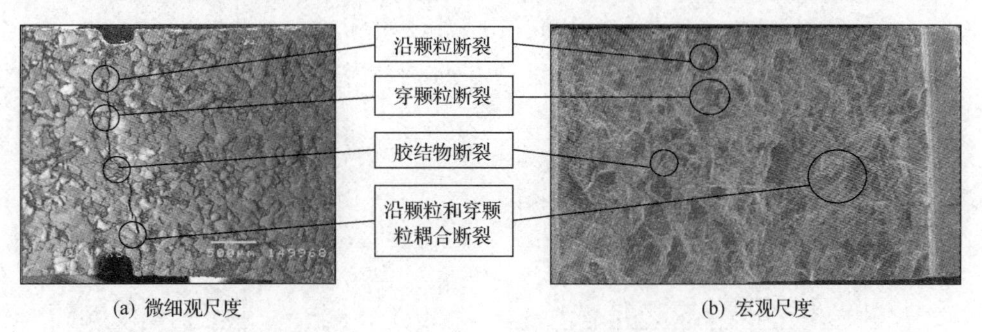

图 8-1　砂岩断裂微细观机制说明实物图

8.1.1　不同温度影响后的局部解理断口

解理断裂是指晶体材料的局部地方因承受拉应力作用，导致原子间结合键的破裂而造成的穿晶断裂，通常沿一定的、严格的结晶平面断裂，有时也可沿滑移面或孪晶界解理断裂，结晶学平面也被称为解理面，其断口称为解理断口。所以，解理断裂指的是断裂过程的一种机制，就经典观点而言，解理断裂就是指那些断裂前几乎没有发生塑性变形的断裂，属于脆性断裂，应该说这是一种很模糊的概念，因为材料断裂后的断口，无论是肉眼还是通过各种仪器，微小的塑性变形是很难判断出来的，除非塑性变形较为明显。所以解理断裂并不是脆性断裂的同义语，因为解理断裂也可伴随着大的延性。从实验得到的大量 SEM 图中发现，砂岩断口多是解理断裂。我们可以把岩石的解理断裂认为是发生在岩石内部最脆的矿物颗粒或矿物晶粒上的一种断裂形式，也是由于矿物内部原子键的简单破裂而沿矿物结晶面直接破裂的结果，通常发生在某个特定的结晶面上，特别是岩石的薄弱优势面上，看不到明显的塑性变形。

对比不同温度下的 SEM 图，从统计意义上讲，温度低于 100℃时，多数解理断口是非常光滑的平面；而温度高于 150℃后，解理断口变得不光滑，局部区域呈现波浪状、河流状等不规则的形状，这表明曾经发生过塑性变形，可以推测认为这是温度影响的结果，如图 8-2 所示。

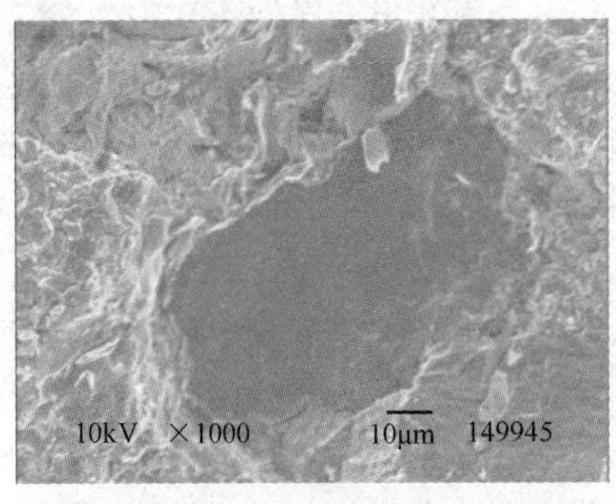

(a) 25℃解理断口(试件25℃-1，×1000)

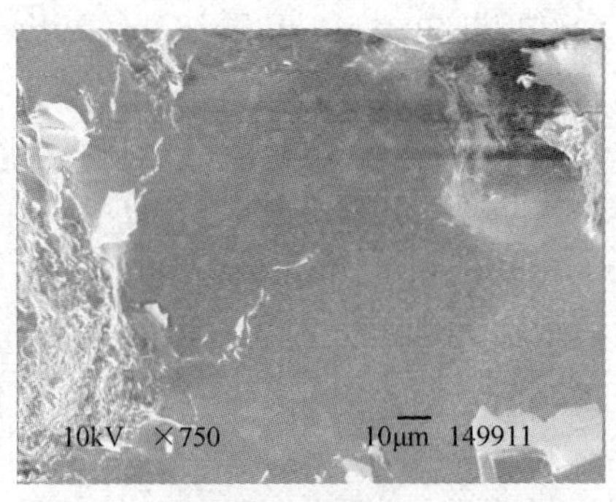

(b) 25℃解理断口(试件25℃-2，×750)

(c) 25℃解理断口(试件25℃-3，×1000)

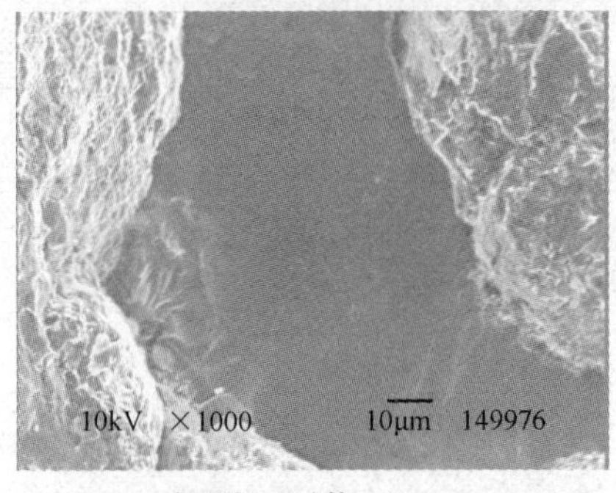

(d) 30℃解理断口(试件30℃-1，×1000)

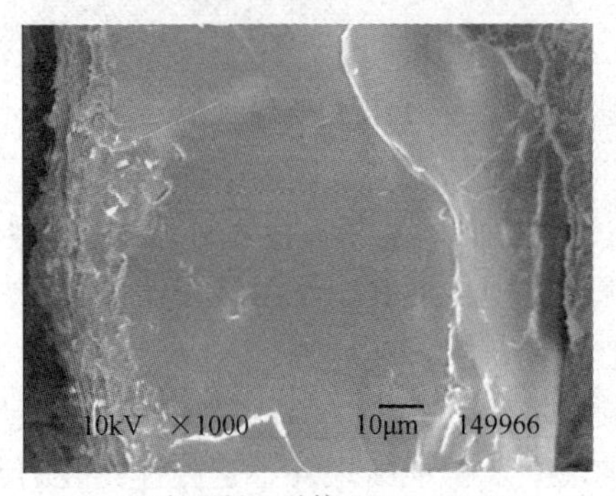

(e) 30℃解理断口(试件30℃-3，×1000)

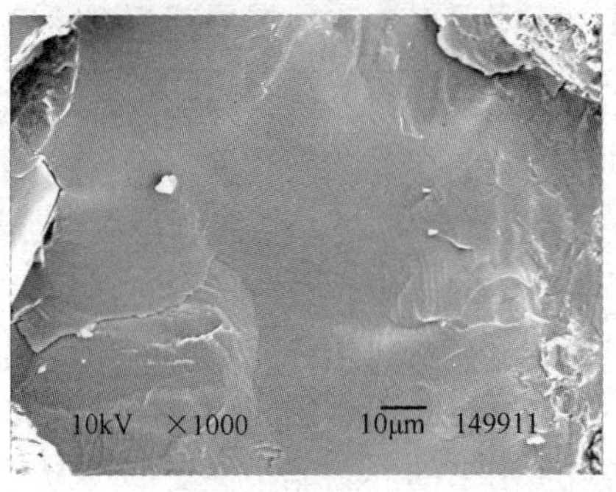

(f) 35℃解理断口(试件35℃-2，×1000)

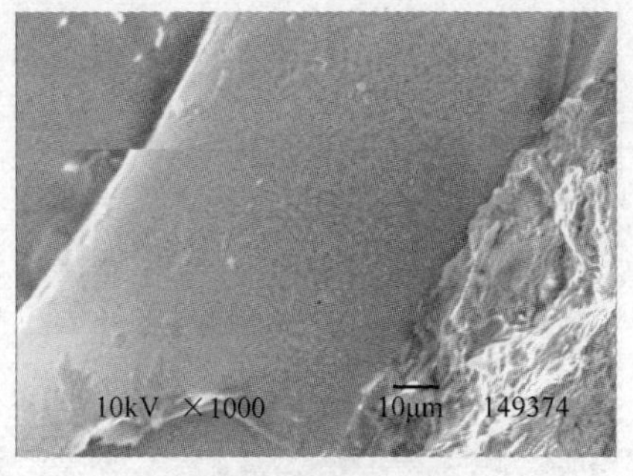

(g) 40℃解理断口(试件40℃-3，×1000)

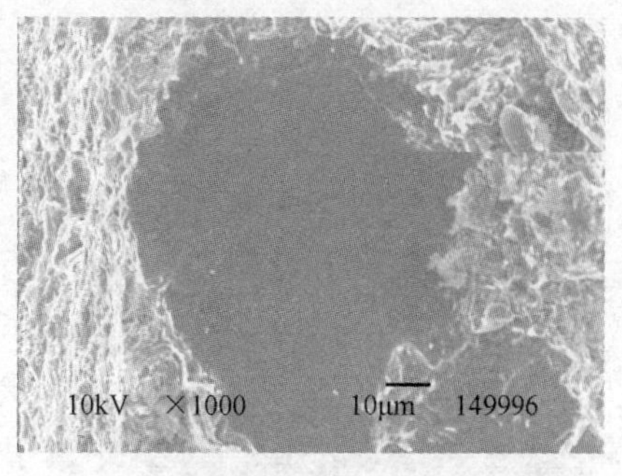

(h) 45℃解理断口(试件45℃-1，×1000)

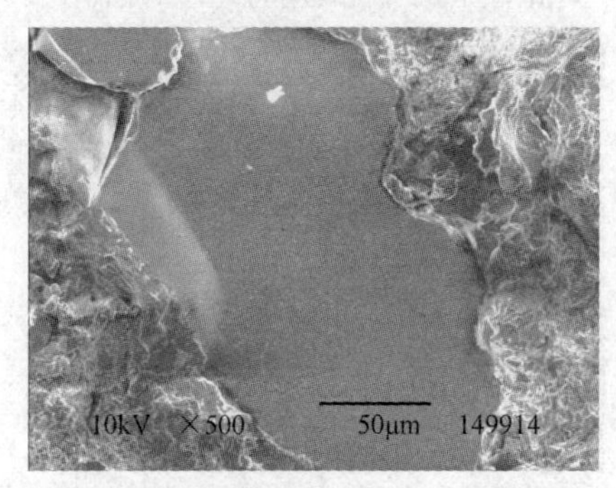

(i) 50℃解理断口(试件50℃-1，×500)

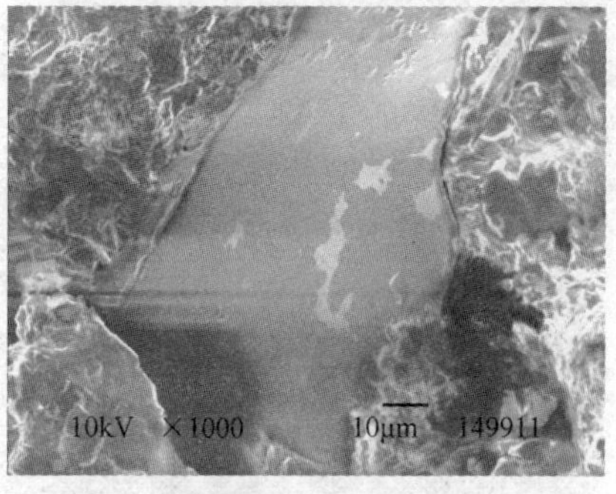

(j) 50℃解理断口(试件50℃-1，×1000)

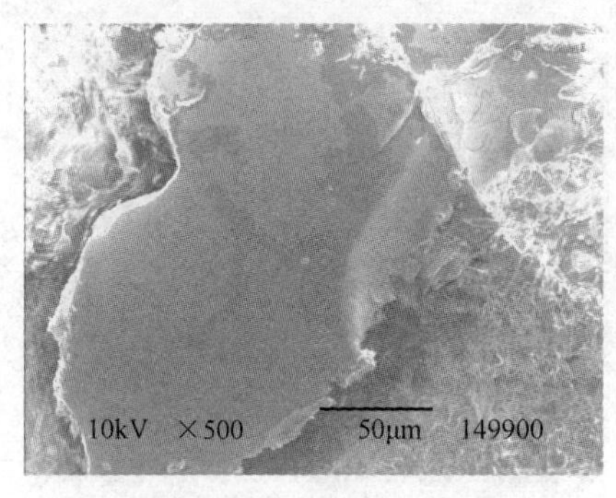

(k) 50℃解理断口(试件50℃-2，×500)

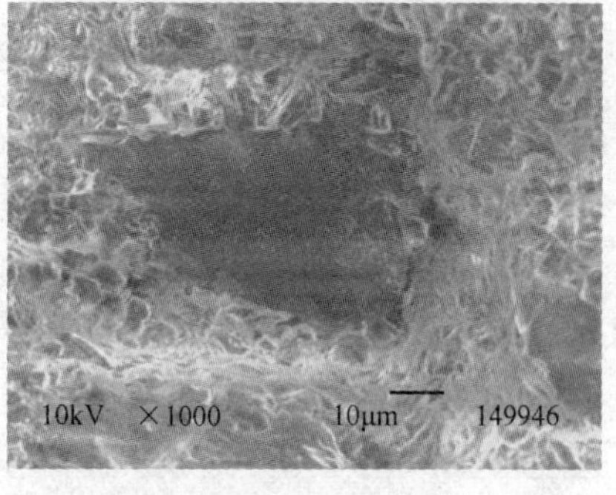

(l) 100℃解理断口(试件100℃-1，×1000)

(m) 100℃解理断口(试件100℃-2，×500)

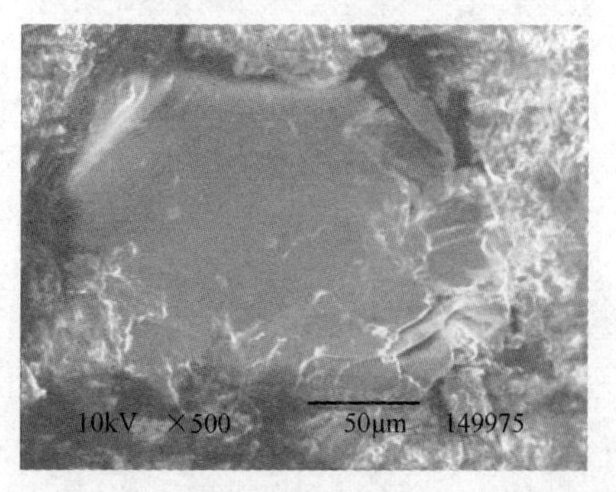

(n) 100℃解理断口(试件100℃-3，×500)

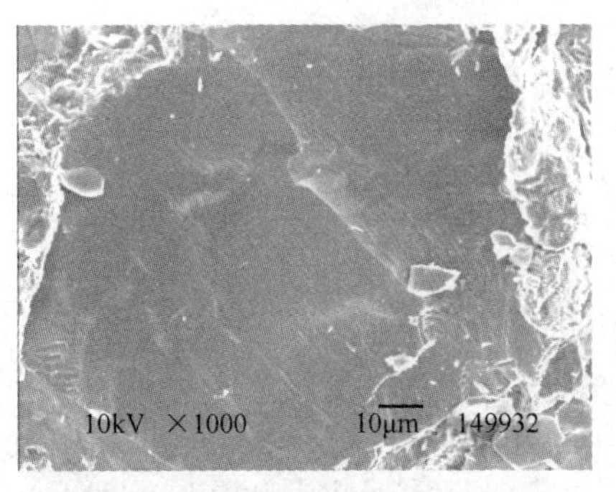

(o) 150℃解理断口(试件150℃-1，×1000)

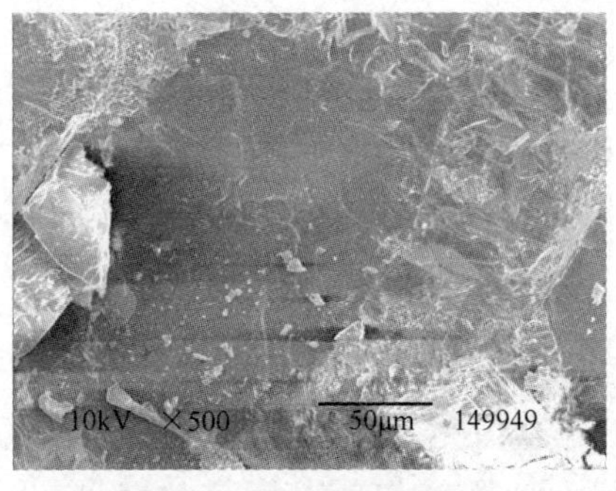

(p) 150℃解理断口(试件150℃-2，×500)

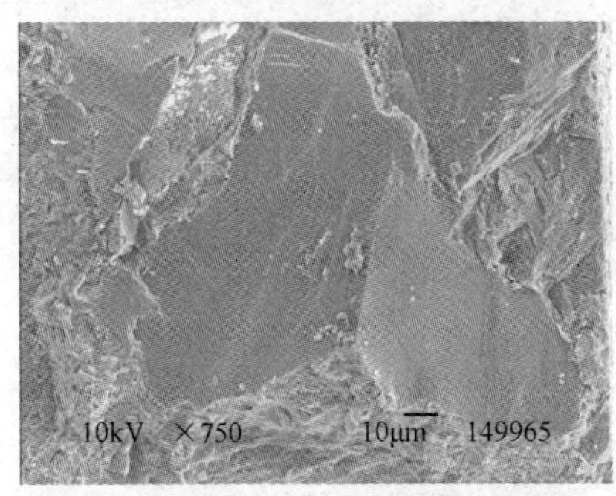

(q) 150℃解理断口(试件150℃-3，×750)

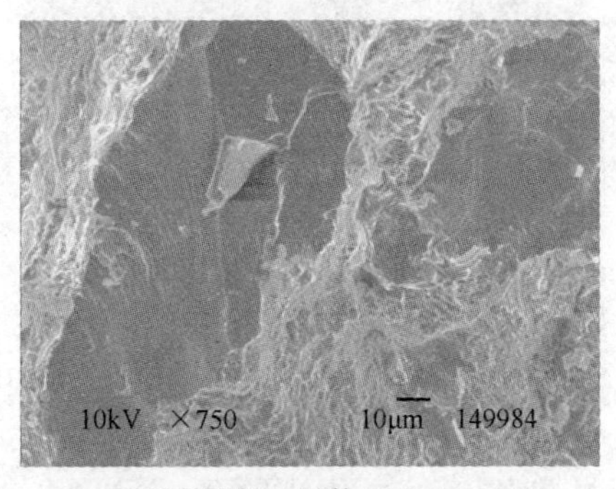

(r) 200℃解理断口(试件200℃-1，×750)

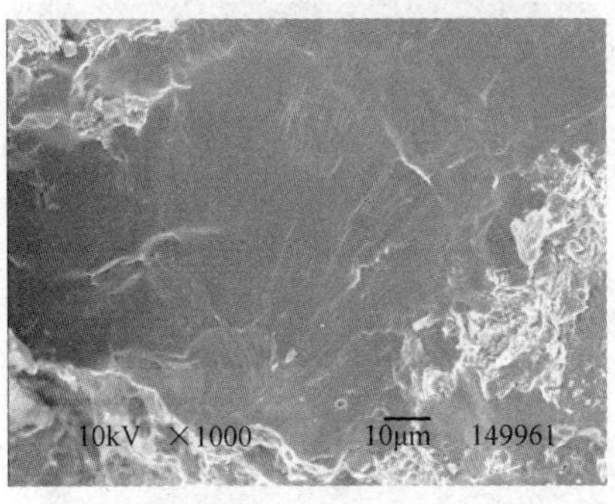

(s) 200℃解理断口(试件200℃-2，×1000)

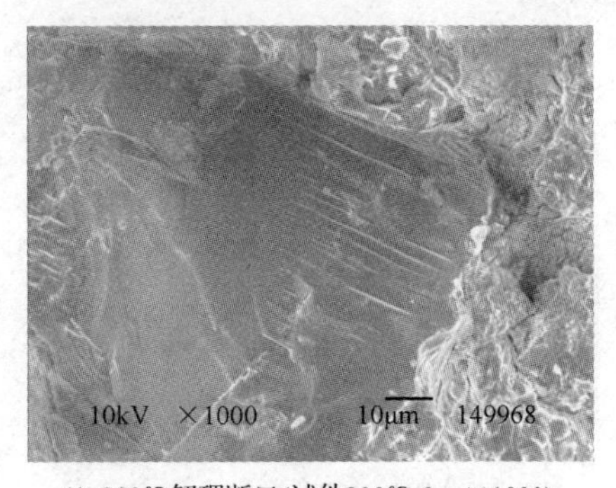

(t) 200℃解理断口(试件200℃-3，×1000)

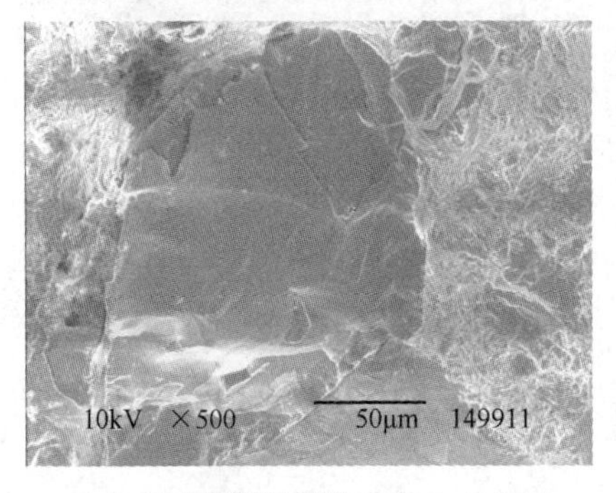

(u) 250℃解理断口(试件250℃-1，×500)

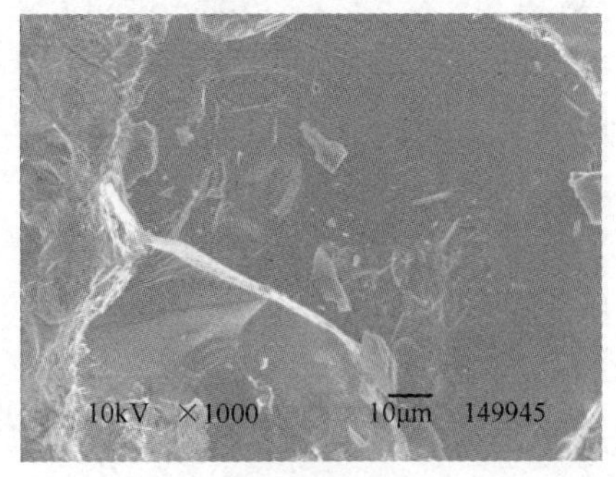

(v) 250℃解理断口(试件250℃-2，×1000)

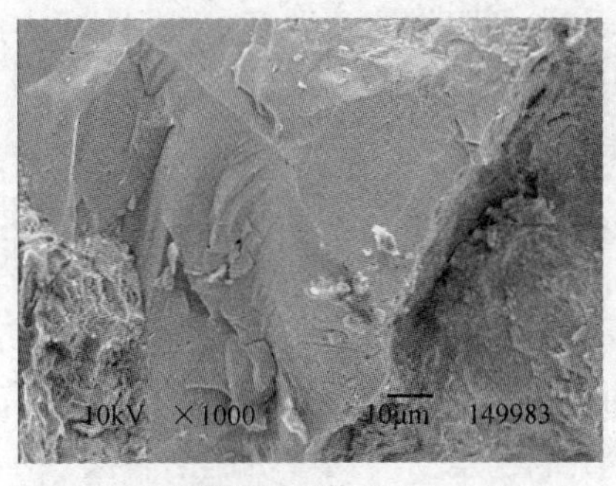

(w) 250℃解理断口(试件250℃-3，×1000)

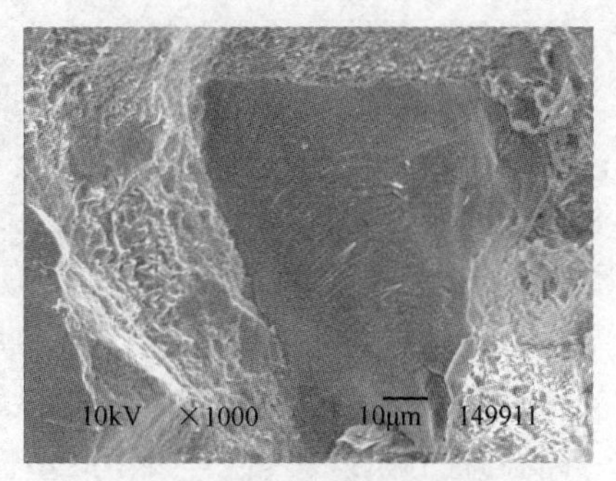

(x) 300℃解理断口(试件300℃-1，×1000)

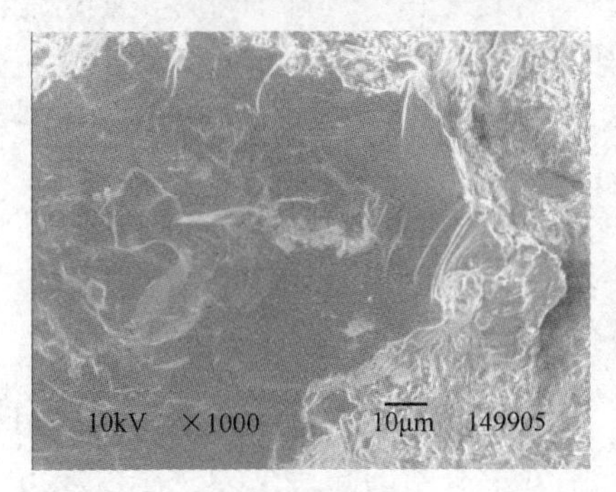

(y) 300℃解理断口(试件300℃-2，×1000)

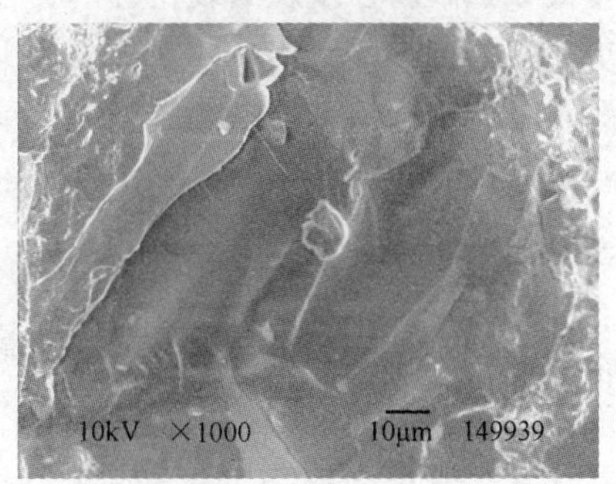

(z) 300℃解理断口(试件300℃-3，×1000)

图 8-2　不同温度下的局部解理断口形貌

可见，随着温度的升高，砂岩的断裂有由脆性断裂向延性断裂转变的趋势，这一定程度上验证了 150℃、200℃、250℃和 300℃的实验测得的平均承载能力要比 25～100℃的平均承载能力要大，这主要是由于局部的塑性变形需要耗散掉更多的能量。

从大量观察到的断口来看，主要是拉伸破坏及拉剪破坏，纯剪切破坏很少。拉剪和拉伸破坏最常见的微观断裂方式是解理断裂。解理断裂是指晶体材料的局部地方因承受拉应力作用，导致原子间结合键的破裂而造成的穿晶断裂，通常沿一定的、严格的结晶平面断裂，有时也可沿滑移面或孪晶界解理断裂，结晶学平面也被称为解理面，故其断口被称为解理断口。所以，解理断裂指的是断裂过程的一种机制，直观来说，解理断裂就是指那些断裂前几乎没有发生塑性变形的断裂，属于脆性断裂，应该说这是一种很模糊的概念，因为材料断裂后的断口，无论是人眼还是通过各种仪器，微小的塑性变形是很难区分的。所以解理断裂并不是脆性断裂的同义语，因为解理断裂也可伴随着大的塑性变形。从实验得到的大量 SEM 图中发现，砂岩断口多是解理断裂。我们可以把岩石的解理断裂认为是发生在岩石内部最脆的矿物颗粒或矿物晶粒上的一种断裂形式，也是由于矿物内部原子键的简单破裂而沿矿物结晶面直接破裂的结果，通常发生在某个特定的结晶面上，特别是岩石结晶的薄弱优势面上，看不到明显的塑性变形。对比不同温度下的 SEM 图，在温度低于 50℃时，解理断口非常光滑，如图 8-2(a)至图 8-2(k)所示；当温度达到 100℃时，解理断口开始发生变化，变得较为粗糙，如图 8-2(l)至图 8-2(n)所示；而当温度高于 150℃后，解理断口变得很粗糙，解理面上很多刻痕，局部区域呈现河流状、波浪状等不规则的形状，这表明曾经发生过塑性变形，这是温度影响的结果，如图 8-2(o)至(z)所示。

从图 8-2 可清楚地看出，砂岩在低温时的脆性断裂与高温时的脆性断裂有明显不同，高温时的脆性断裂伴有少量的塑性机制在里面，这种机制的转变一定程度上会直接导致砂岩强度及断裂特性的变化[24,25]，这是由于局部的塑性变形机制需要消耗更多的能量。或许有人认为以上的理由不够充分，实验断口图片不能完全说明问题，因为即便在室温或者较低温度下，岩石的断口也可能出现局部塑性变形，见文献[4]，[10]。下面我们通过“疲劳断口”来做进一步解释。

8.1.2　不同温度影响后的局部疲劳断口

本节作者想通过对比不同温度下的局部疲劳断口来说明温度对砂岩断口微观机制的影响。先对“疲劳断口”做解释。在金属的疲劳实验中，通常采取的是交变加载方式，这会使得金属材料内部微缺陷处于不断的拉压受力状态，疲劳次数通常达到 10^3～10^6 次。而本章的实验中并没有采取疲劳加载方式，而是采用了反复加载-停载的加载方式。由于本实验采用的岩石试件非常小，所承受的最大荷载较小(实验中的测定的断裂荷载最大值 50.8N，最小断裂荷载值为 9N)，而北京岩石混凝土重点实验室的岛津 SEM 全数字液压实验系统实验设备的最大荷载为±10kN，荷载精度为显示值的±0.5%以内，这就意味着在反复加载-停载的过程中，荷载会有所波动是很正常的事情。实验过程中发现，荷载小的波动约为 1～2N，大的波动约为 5～10N。小的波动主要是由于实验设备的原因造成的，而大的波动除了实验设备的问题，还跟砂岩试件自身的性质、加工精度及其与实验夹具的匹配等相关。另外就是由于矿物颗粒的结构特点，在其内部的变形过程中，颗粒之间的相互作用会导致一些颗粒发生旋转，这有可能会使局部的颗粒受到交变的荷载作用。因此尽管实验的加载方式与反复加卸载和交变加载方式是有区别的，不是严格意义上的疲劳实验，但对局部颗粒而言可能会受到一种“准疲劳”或者“近似疲劳”的加载方式的作用。这些因素都有可能会在局部产生波纹状断口，为了与传统的叫法一致，仍把这些断口称为疲劳断口。

砂岩矿物颗粒的尺寸为 10^{-5}～10^{-4}m，它比原子尺寸大得多，但比起加工的试件(最小厚度约为 1.4mm)或工程岩体(10^0～10^3m)却又小得多，有量级上的差别。这些矿物颗粒和胶结物组合起来构成了岩石的基本组成部分，但它们的大小、形状和排列方向都是随机不规则的，因此当砂岩受到荷载时，各个矿物颗粒所承受的作用力会有所不同，如图 8-3(a)所示；当荷载进一步升高时，矿物颗粒能相互协调，产生自组织的合理优化结构。在新的矿物颗粒结构和荷载作用下，各个矿物颗粒所承受的作用力会发生变化，如一些矿物颗粒界面的应力会升高、承载骨架颗粒的应力也会升高，而一些间隙物质的应力也可能会降低，或者有些地方就完全不承载等，如图 8-3(b)所示。因此砂岩矿物颗粒的受力在微观上表现出不均匀和各向异性的特点，这也意味着局部的应力波动是岩石非均质性和各向异性的必然结果。

(a) 变形前RVE　(b) 变形后RVE

图 8-3　岩石矿物颗粒的微观应力分布图

由于砂岩试件的厚度很小，从断裂力学的角度分析，在拉应力作用下，砂岩内部微裂纹的尖端有可能处于张开型的平面应变状态。我们分析大量的断口形貌后发现，当断裂面与荷载方向垂直时，断裂面上有很多疲劳裂纹；当断裂面是个斜面，与荷载方向不垂直时，断裂面上很少有疲劳裂纹，此时砂岩发生了拉剪破坏。可见，当拉伸荷载与断面相垂直时才可能产生疲劳裂纹，而内部局部平面应变状态也是产生疲劳裂纹的一个必要条件。这不仅从宏观的角度，即裂纹前端整个都处于平面应变状态，而且还必须强调局部区域处于平面应变条件的应力状态。例如观察到的 SEM 图都是在试件中部有疲劳裂纹，而在接近试件表面附近的断口却没有观察到，其主要原因是靠近试件表面不能满足平面应变条件。当然并不是满足了张开型平面应变条件，就一定会形成疲劳裂纹，这还与其他因素有关，如岩石矿物成分和矿物性质、组织结构、力学性能和温度等诸因素。这些因素与疲劳裂纹存在与否及其形态的关系是极复杂的，很难以一般的规律加以说明，诸因素中何者为主要因素何者为次要因素将来有待进一步的研究。

上述外部荷载的波动、矿物颗粒局部的应力波动和裂纹尖端局部平面应变状态是本章实验中产生疲劳裂纹的必要条件，但并不是充分条件。也就是说并不是有了上述条件，就一定会产生疲劳裂纹。实验中的加载方式都是相同的，而矿物颗粒局部的应力波动和内部局部平面应变状态也是统计相似的，但是在低温下砂岩的断裂过程中形成疲劳裂纹比较困难，而高温下形成疲劳裂纹比较容易。作者对比分析了大量的断口形貌 SEM 图发现，温度低于 100℃实验的 21 个试件中，仅仅试件 30℃-1 和试件 50℃-1 出现了局部的疲劳裂纹，而其他 19 个试件都没有发现疲劳裂纹，断口的多数地方都如 8.1.1 节的解理断口，非常的光滑平坦。即便在试件 50℃-1 的局部断口，疲劳裂纹扩展的范围在放大倍数为 1500 倍的情况下也是相当小，沿裂纹扩展方向约为 20μm；而试件 30℃-1 的疲劳断口甚至有点牵强，如图 8-4(a)和图 8-4(b)所示。可以认为在低于 100℃温度范围内，砂岩的微观断裂以局部脆性断裂机制为主。而在 150℃、200℃、250℃和 300℃的试件中除了发现了比较光滑的解理断口，还发现了大量的疲劳裂纹或者波纹状裂纹，而且范围很大，沿裂纹扩展方向延伸约为 80～120μm 的范围，这说明这些局部的区域发生了较大的塑性变形，如图 8-4(c)至图 8-4(l)所示。而图 8-4(h)至图 8-4(l)一定程度也说明，在实验室中的拉伸荷载及温度共同作用下，也能形成微细观的“褶皱”现象。因此我们推测在地球物理中，褶皱现象不仅仅是挤压作用造成的，也可能是受到拉伸荷载和温度长时间的共同影响而造成的。这个结论还有待进一步的研究。

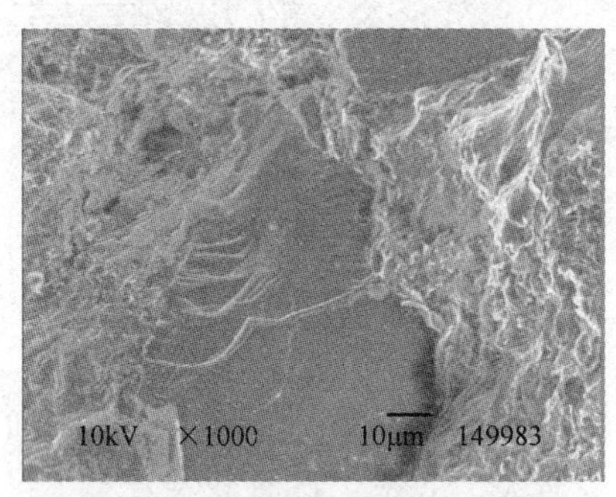

(a) 30℃疲劳断口(试件30℃-1，×1000)

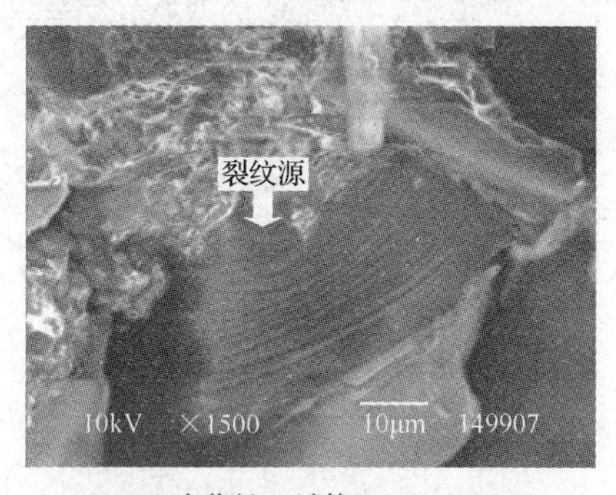

(b) 50℃疲劳断口(试件50℃-1，×1500)

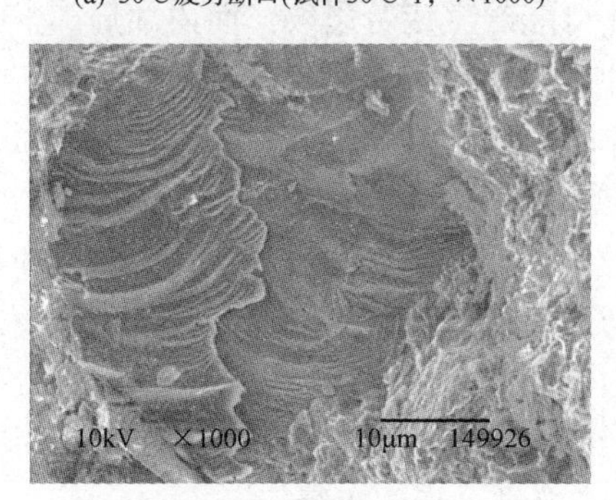

(c) 150℃疲劳断口(试件150℃-1，×1000)

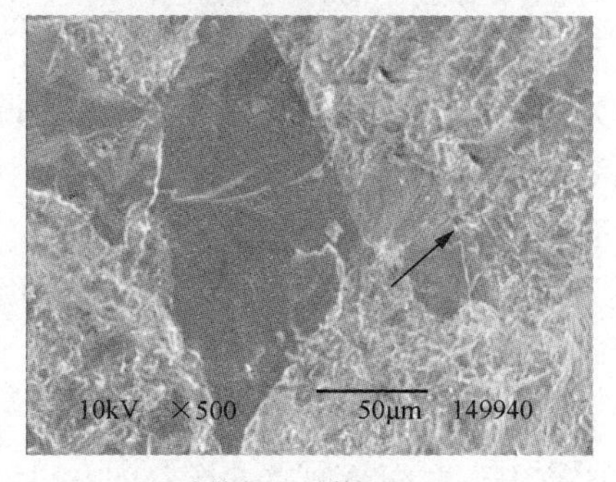

(d) 150℃疲劳断口(试件150℃-2，×500)

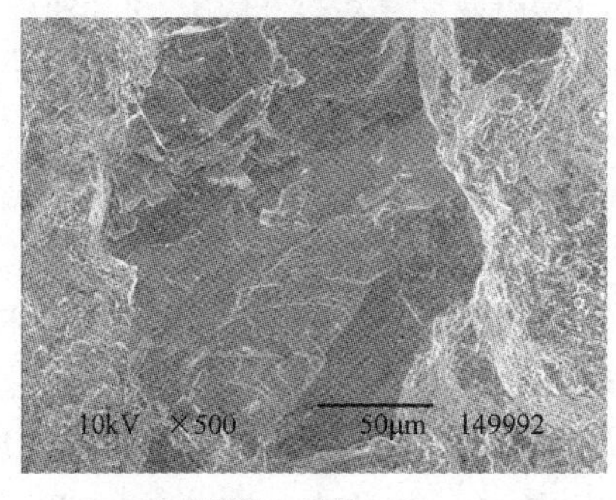

(e) 200℃疲劳断口(试件200℃-1，×500)

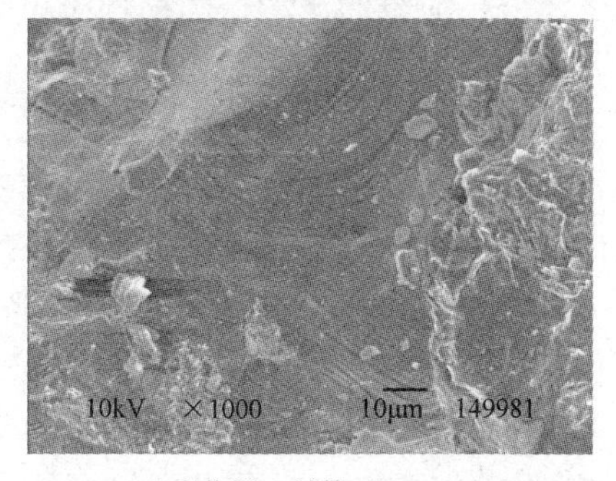

(f) 200℃疲劳断口(试件200℃-3，×1000)

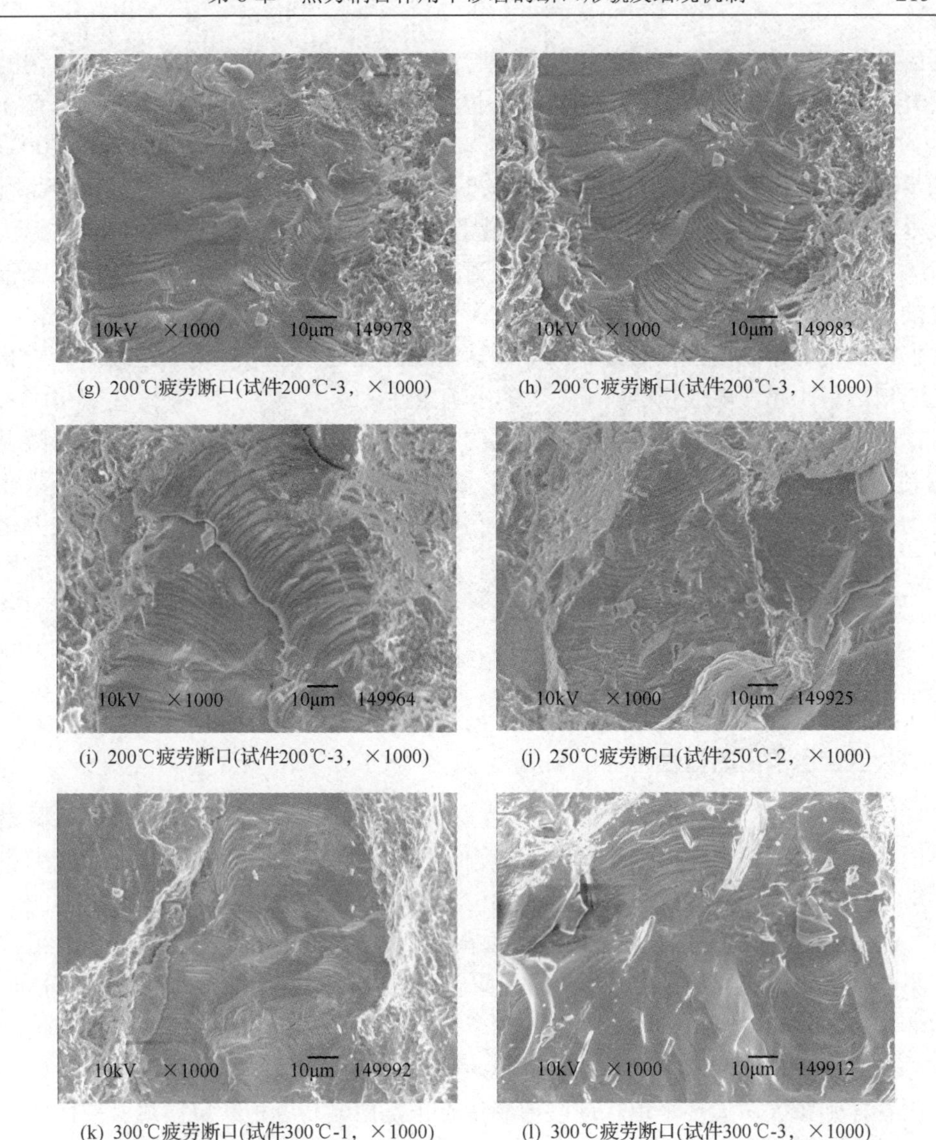

(g) 200℃疲劳断口(试件200℃-3，×1000)　(h) 200℃疲劳断口(试件200℃-3，×1000)

(i) 200℃疲劳断口(试件200℃-3，×1000)　(j) 250℃疲劳断口(试件250℃-2，×1000)

(k) 300℃疲劳断口(试件300℃-1，×1000)　(l) 300℃疲劳断口(试件300℃-3，×1000)

图 8-4 不同温度下的局部疲劳断口形貌图

图 8-2 和图 8-4 分别比较了不同温度下砂岩破坏断口的 SEM 图像，可以看出不同温度下的断裂花样存在着差异。温度低于 100℃时，在拉应力作用下裂纹尖端的应力来不及向距离裂纹尖端较远的部位分布，迅速造成裂纹尖端前沿矿物的开裂；而温度高于 150℃后，由于岩石矿物颗粒及黏土胶结物的热激活能较大，抵抗外界变形和协调变形的能力也增大，因此已形成的应力场有充分时间进行重分布，破坏可以发生在裂纹尖端前沿的薄弱环节(包括晶界和孔隙缺陷等)。这样的机制会导致：高温拉伸断口上的断裂花样小而密，局部上比较粗糙；低温拉伸断口的

断裂花样则较大，局部平坦。这些形貌特点正是由岩石各种断裂模式所占比例的差异所导致的。因此岩石在不同温度下拉伸断裂特征在自适宜的观测尺度上存在如下规律：温度高于150℃时断口上的穿晶断裂所占比例明显高于温度低于100℃的穿晶断裂所占比例；温度高于150℃的断口总体比较接近平缓，但在局部穿晶断裂处波浪状较明显，即局部还是发生了塑性变形；温度低于100℃时断口总体起伏较大，但局部穿晶断裂处比较光滑；随着温度的升高，在脆性岩石向延性材料转变的过渡中，其断口微裂纹产状也发生了变化，断口形貌也发生了很大的变化，我们可以把这个温度区段(150～300℃)认为是脆延过渡区，在这个过渡区，岩石的断口形貌比起常规形貌出现了很大的不确定性。

综上所述，作者认为这并不是偶然的现象，而是温度确实对砂岩破坏的微观机制产生了影响，一方面是温度升高后，矿物晶体内部的原子振动加剧，热激活能力增强，局部的塑性变形能力增加；另一方面可能是由于温度影响了裂纹尖端的应力状态所致。当然外部荷载的波动、矿物颗粒局部的应力波动和裂纹尖端局部平面应变状态的影响也是不容忽视的。因此可以初步得出结论，细观尺度的砂岩在单向拉伸过程中，随着温度的升高，断裂的微观断裂由局部脆性断裂为主向局部脆性和局部延性耦合为主的转变。

8.1.3　温度影响后的塑性特征

图8-4和图8-6分别比较了不同温度影响后砂岩破坏的断口形貌图，可以看出不同温度下的断裂花样存在着差异。温度低于100℃时，在拉应力作用下裂纹尖端的应力来不及向距离裂纹尖端较远的部位分布，迅速造成裂纹尖端前沿矿物的开裂；而温度高于150℃后，由于岩石矿物颗粒及黏土胶结物的热激活能较大，抵抗外界变形和协调变形的能力也增大，因此已形成的应力场有充分时间进行重分布，破坏可以发生在裂纹尖端前沿的薄弱环节(包括晶界和孔隙缺陷等)。这样的机制会导致：高温拉伸断口上的断裂花样小而密，局部上比较粗糙；低温拉伸断口的断裂花样则较大，局部平坦。这些形貌特点正是由岩石各种断裂模式所占比例的差异所导致的。随着温度的升高，在脆性岩石向延性材料转变的过渡中，其断口微裂纹产状也发生了变化，断口形貌也发生了很大的变化，我们可以把这个温度区段(150～300℃)认为是脆延过渡区，在这个过渡区，岩石的断口形貌比起常规形貌出现了很大的不确定性。较高温度下的解理断口表面比较粗糙，表明发生过微小的塑性变形，而且断口的形态更为多样和复杂，这主要是受到温度影响后，岩石内部矿物颗粒、晶体和原子热运动加剧，当岩石受到外部荷载作用发生断裂时就有可能出现在更大范围的位置。从统计意义上讲，高温时矿物颗粒、晶体及原子的热运动比低温时的剧烈，从而导致高温时的断口有些与低温时的断口相似，有些又完全不一样，并且高温的断裂形貌也更为多样，更为复杂。

因此温度大于 150℃之后产生很大的塑性变形并不是偶然的现象，而是温度确实对砂岩破坏的微观机制产生了影响，一方面是温度升高后，矿物晶体内部的原子振动加剧，热激活能力增强，局部的塑性变形能力增加；另一方面可能是由于温度影响了裂纹尖端的应力状态所致。当然外部荷载的波动、矿物颗粒局部的应力波动和裂纹尖端局部平面应变状态的影响也是不容忽视的。

8.2　热力耦合作用下砂岩破坏的细观机制

尽管砂岩是一种复杂的地质材料，但其断口特征仍具有晶体材料断裂所拥有的共同特征，如晶体中各种位错组态在岩石晶体中也能被观察到。高峰[26]通过透射电镜实验观察，认为位错塞积导致微破裂是岩石破坏的主要原因之一。根据本章大量的 SEM 图，结合高峰博士论文的研究，作者认为实验室岩石破坏位错机制在起作用，但不起主导作用，这主要还是实验室的实验条件并不具备岩石晶体中位错形成的条件。事实上在地球物理学的研究中，深部地壳(上万米的深度)岩石的微破裂中，位错机制是起主导地位的。位错塞积会导致微裂纹形核，但是这样形成的微裂纹仅占裂纹总数的很少一部分。如前所述，在细观层次上，岩石的沿颗粒断裂、穿颗粒断裂、胶结物断裂及沿颗粒和穿颗粒耦合断裂才是主要的断裂机制。在更微观的角度上，把穿颗粒断裂分为沿晶断裂、穿晶断裂和两者耦合断裂。温度对岩石内部裂纹萌生、扩展、贯通起到促进作用，一定程度上会影响岩石的断裂机制。从大量 SEM 图中也不难看出，不同温度下，砂岩的脆性断裂机理与延性断裂机制具有明显的不同，脆性断裂断口表面微观裂纹具有明显的各向异性，而延性断裂断口表面微观裂纹细多且无序，分布均匀，表现出各向同性的特征。另外需要指出的是，在金属材料断口中发现的断口特征在岩石中也都被观察到，因为岩石的矿物颗粒也为晶体，但岩石的断口形貌比起金属来说，又更有特点，更为复杂。下面就借用金属断口研究的思想方法，对砂岩的断口形貌做分析，重点分析岩石在不同温度影响下的微细观断裂机制。

8.2.1　解理断裂与准解理断裂

很多学者[4,26]的研究指出，岩石断口存在大量的解理断口，在断裂表面中解理断裂经常呈现河流状、不规则纹路和台阶状花样。一般情况下，解理台阶平行于裂纹扩展方向，并垂直于裂纹面，因为这样形成的额外自由表面最小，因而消耗的能量也最小，Xie[16]通过分形理论证明了这一点。在作者的断口 SEM 图中，也发现了大量的解理断口，而受到不同温度影响后的断口又各有特点，总的说来，就是在断裂机制都相似的情况下，低温下的解理断口更为光滑平坦，而较高温度下的解理断口表面比较粗糙，表明发生过微小的塑性变形，而且断口的形态更为多样和复杂，这还主要是受到高温影响后，岩石内部矿物颗粒、晶体和原子热运动加剧，当岩石受到外部荷载作用发生断裂时就有可能出现在更大范围的位置，可以用以下一个较为简单的示意图(图 8-5)来说明这个问题。

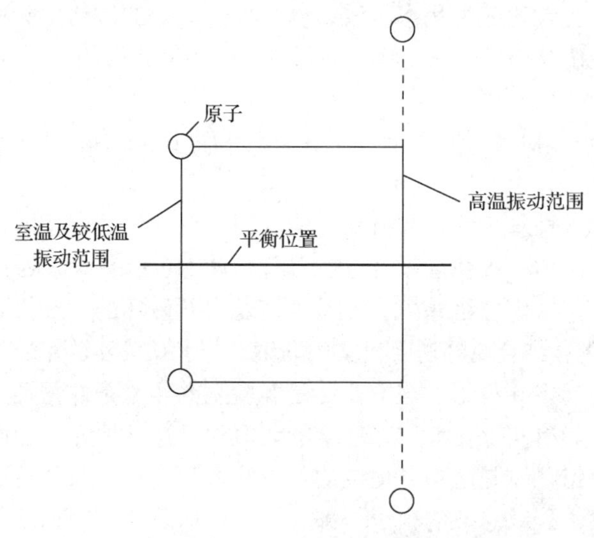

图 8-5　不同温度下原子在平衡位置附近振动模型

从图 8-5 中可以看出，室温及较低温度的原子振动范围为图中左部指示的实线部分，而高温振动范围要更大，图中右部所示，范围比前者多出了虚线部分。这就使得当原子之间的键遭到破坏时，原子出现在更大的范围，断裂的概率增大。在高温时，当原子在实线区间振动时原子之间的键遭到了破坏，此时在振动的原子可能被平衡位置附近的原子吸引过去，导致一种断口形貌；而当该原子在虚线区间振动时原子之间的键突然断裂，则该原子可能会被离该原子较近、而离它原来的平衡位置较远的原子吸引过去，这会产生与在实线处断裂时的完全不一样的断口。因此，从统计意义上讲，在高温时，当原子在实线区间振动断裂时产生的断口会与室温或者较低温度时产生的断口很相似；而在虚线区间振动时断裂产生的断口会与室温或者较低温度时产生的断口有所区别，有时甚至是很大的区别。以上分析仅是原理上的解释，对于更大的尺度而言，不同的矿物颗粒和晶粒同样有类似的现象，这样使得部分高温时的断口与室温或者较低温度时的断口有相似之处，而部分断口又有所区别。因此高温的断裂形貌也更为多样，更为复杂。本节大量的解理断口或准解理断口形貌也证实了高温时的断口形貌更为多样，更为复杂。

在岩石中，解理裂纹更多起源于矿物颗粒边界以及矿物颗粒与黏土胶结物的边界，少部分起源于晶界，这主要是矿物颗粒之间的强度远远低于晶粒间的强度。

由于岩石矿物颗粒或矿物晶体的取向是无序的，解理断口上的结晶面微观上呈现无规则取向，呈结晶状小刻面形状，而且解理断口的微观形貌特征会由于解理裂缝在沿不同取向节理面扩展过程中，裂缝会相交成具有不同特征的花样，其中比较常见的特征就是河流花样、台阶花样，另外还有舌状花样、扇形花样、鱼骨状花样、Wallner 线及二次裂纹等，由于部分断口花样受到温度的影响，因而局部地方表现出塑性变形的特征，下面对此做详细的研究。

1. 河流花样

河流花样的解理裂纹沿岩石内部许多个互相平行的结晶学平面、节理面或弱面扩展时，相互平行的裂纹通过二次解理、撕裂或通过矿物颗粒界面发生开裂而相互连接，由此产生的类似河流的条纹花样。岩石断口上的河流花样多起源于矿物颗粒或晶粒的边界，根据河流的流向可以大致判断出裂纹扩展方向并可由此找出裂纹源。通常在解理裂纹扩展中为了尽量减少能量消耗，有些小河流会逐渐合并形成大河流，如图 8-6(e)和图 8-6(f)所示；由于颗粒的变形不协调，向颗粒边界扩展会消耗更少的能量，因此有些小河流会向颗粒边界分散扩展，如图 8-6(b)、图 8-6(c)和图 8-6(d)所示。

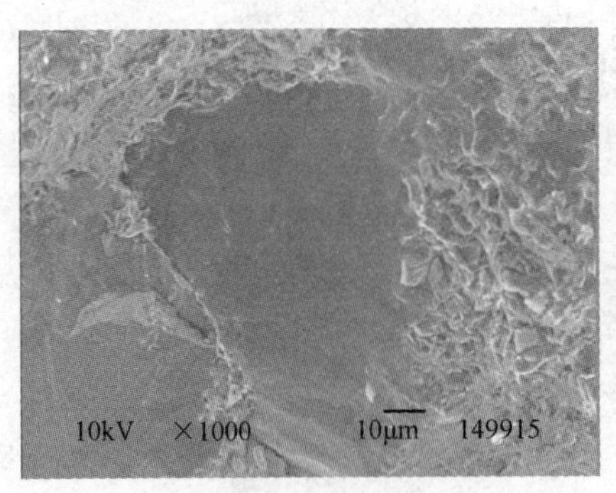

(a) 河流花样(30℃-2，×1000)

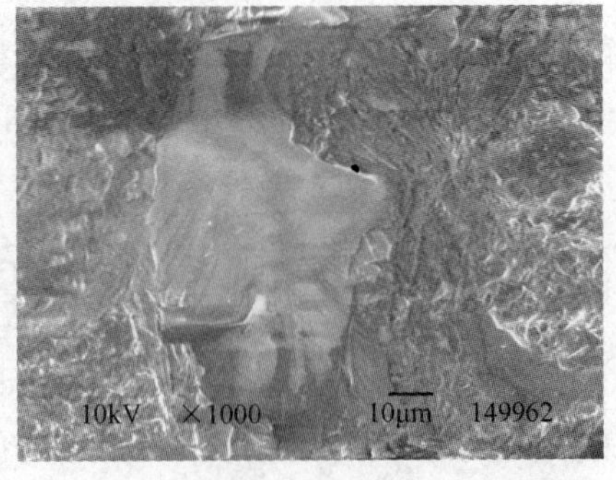

(b) 河流花样(100℃-1，×1000)

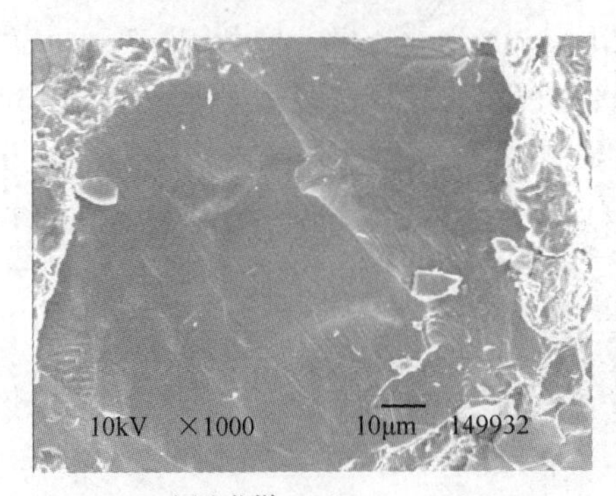

(c) 河流花样(150℃-1，×1000)

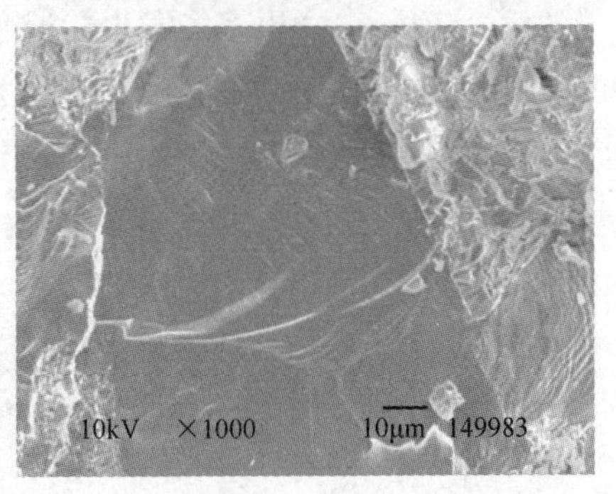

(d) 河流花样(150℃-2，×1000)

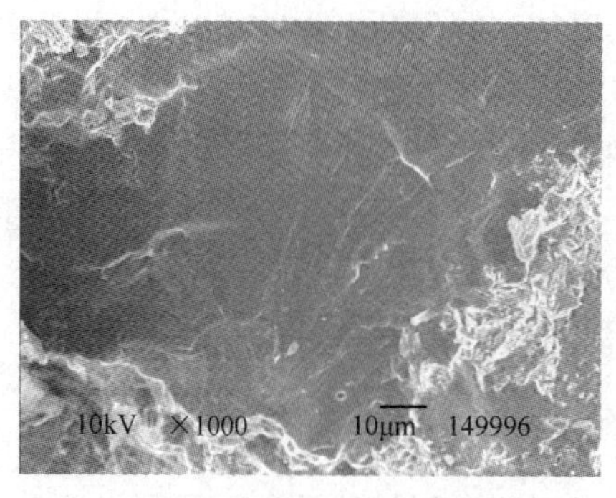

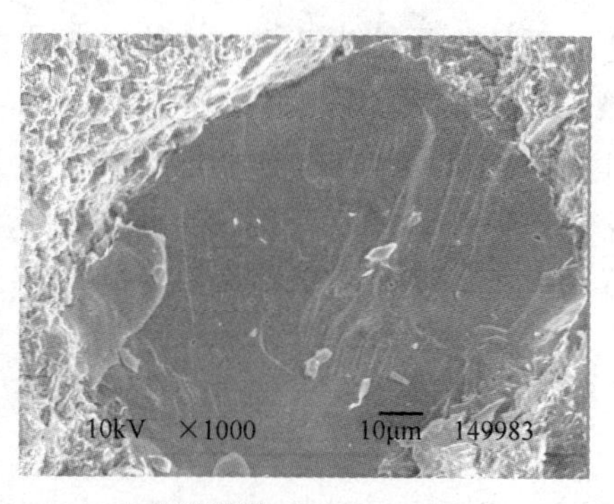

(e) 河流花样(200℃-2，×1000)　　(f) 河流花样(300℃-3，×1000)

图 8-6　不同温度下砂岩断口的河流花样 SEM 图

河流花样的密度受应力状况和温度的影响。一个晶粒上的断口若没有或很少有河流状花样，说明解理面可能是结晶面垂直于主拉力轴。当应力的方向和断裂面法向失线的夹角较大时，河流花样会“多一些”。根据不同温度下的砂岩拉伸断口处的局部河流花样，作者发现一些有规律的特点：从温度低于 100℃的解理断口来看，如图 8-2(a)至图 8-2(f)和图 8-6(a)及图 8-6(b)所示，断口形貌都比较光滑；而从150℃、200℃、250℃和300℃的解理断口看，如图 8-2(g)至图 8-2(r)和图 8-6(c)至图 8-6(f)所示，断口形貌都比较粗糙。从图 8-6 看出，温度低于 100℃时，河流花样多起源于颗粒内部，在裂纹初始扩展阶段，解理断口光滑平坦，扩展到颗粒中间时，开始出现河流花样，随后河流花样会消失，或者到了颗粒边界而消失，河流花样范围小，而且不明显，这主要还是低温下岩石的脆性断裂的表现；温度高于 150℃时，河流花样多起源于颗粒边界，随着裂纹的扩展，河流花样会遍布整个矿物颗粒，跟低温的河流花样相比，其范围更大，表面也较粗糙，局部表现出大的塑性变形。这仍然是由于高温下的岩石内部矿物颗粒、晶体和原子热运动加剧的缘故。

另外就是河流花样更多的发生在长宽比大于 1 或者近似椭圆的颗粒上，而且沿着长度或长轴方向扩展。这主要由于颗粒的长度与宽度的不规则，或者颗粒为椭圆时(这里指的是断裂矿物颗粒的某个截面)，在长度方向或者椭圆的长轴方向的应力集中更大，简单地用示意图(图 8-7)说明如下：在外部荷载作用下，A 区和 B

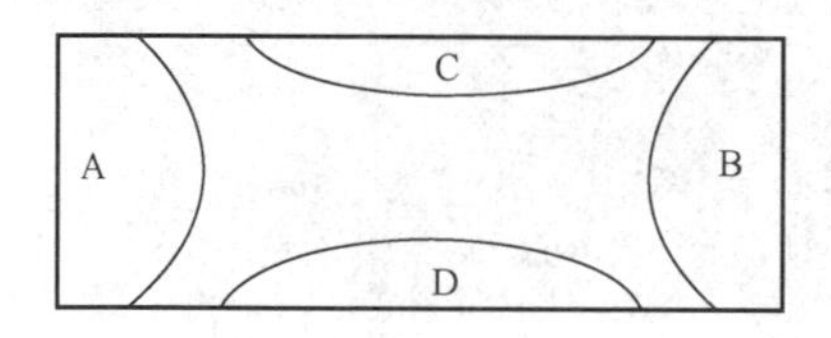

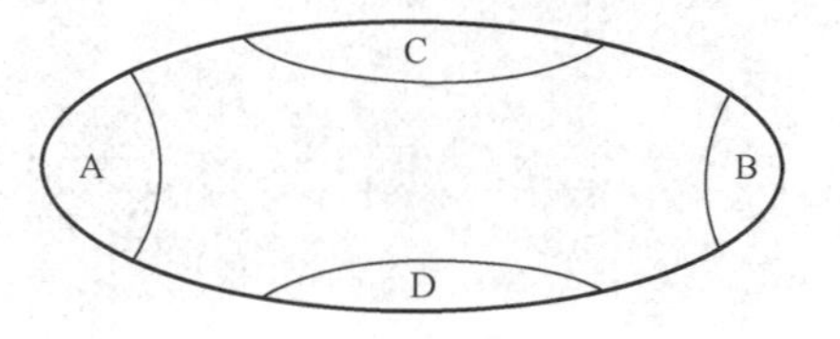

图 8-7　矿物颗粒截面应力集中区说明示意图(细线内部为矿物颗粒应力集中区)

区比 C 区和 D 区的更容易发生应力集中，这样裂纹更容易从 A 区和 B 区起裂，从 A 区还是从 B 区起裂受到岩石的矿物颗粒的非均质性和外部荷载的影响。

当解理裂纹起源于晶界附近的晶内时，河流花样以扇形的方式向外扩展形成所谓扇形花样，如图 8-8 中 1、2、3 所示。解理台阶为扇形的肋，根据扇形可以判断裂纹源及裂纹局部的扩展方向。

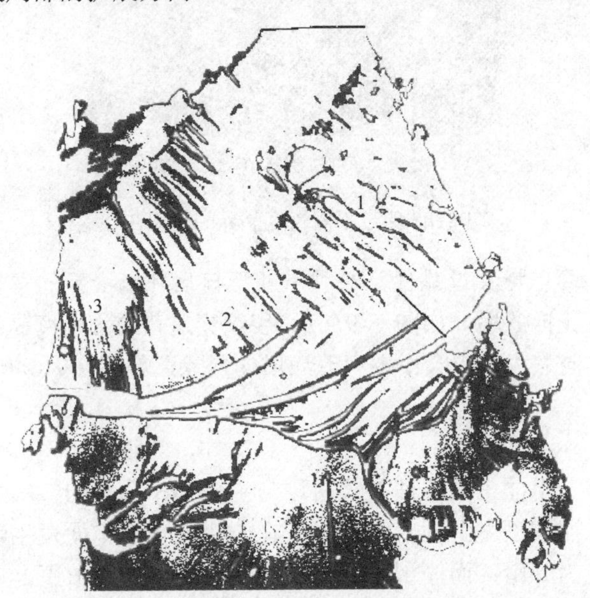

图 8-8　颗粒上的解理断裂的“刻面”示意图

河流花样在扩展过程中遇到倾斜晶界、扭转晶界和普通大角度晶界时河流性态会发生变化。裂纹与小角度倾斜晶界相交时，河流连续地穿过晶界，如图 8-9(a) 所示。晶界两侧晶体取向差小，两侧晶体的解理面也只倾斜一个小角度。因此，裂纹穿过时河流花样顺延到下一个晶粒。河流花样穿过扭转晶界时将发生河流的激增，扭转晶界又称孪晶晶界，两侧晶体以晶界为公共界面旋转了一个角度，因

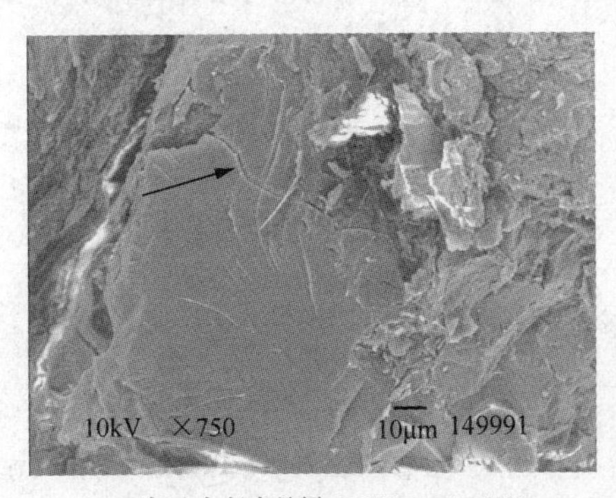

(a) 穿过小角度晶界(250℃-3，×750)

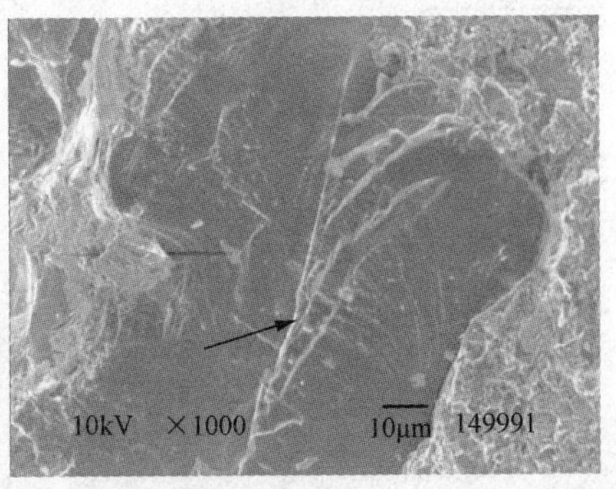

(b) 穿过扭转晶界(200℃-1，×1000)

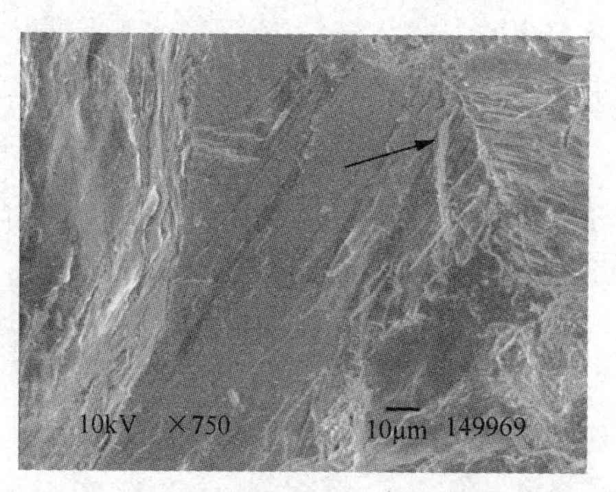

(c) 穿过大角度晶界(200℃-3，×750)

图 8-9　穿过不同角度晶界的河流花样

此解理裂纹不能简单地穿过晶界，必须重新形核后才能沿新的解理面扩展，由此造成晶界处河流花样激增，如图 8-9(b)。裂纹穿过普通大角度晶界时，由于晶界位错密度高、位向差大，也会出现河流激增的现象，如图 8-9(c)所示。

2. 台阶花样

两个不在同一平面上的解理裂纹通过与主解理相垂直的二次解理或者撕裂作用形成台阶。二次解理是解理台阶的形成在一个晶体学平面发生解理的结果，通常形成的台阶较为光滑；而撕裂作用是指在快速高能量释放下，连接部分由于被拉应力或者切应力作用而破断，其产生的台阶形貌较为复杂多样，通常不光滑，这一方面是由于解理裂纹之间可能产生较大的塑性变形，另一方面是撕裂力和岩石的非均质性造成的。实际解理断裂中二次解理面与撕裂方式经常同时存在。从图 8-10 中看出解理台阶的高度大小不等，小的只有几个微米，高的可达 50μm，解理台阶的高度主要受到岩石材料自身的结构特性的影响，温度对其也有一定的影响。

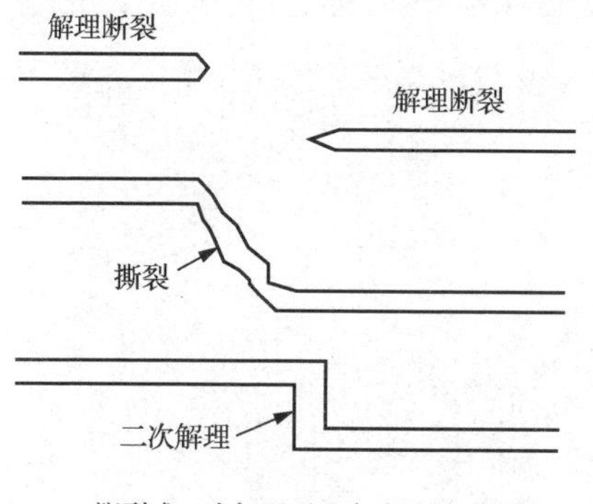

(a) 撕裂或二次解理形成台阶机制示意图

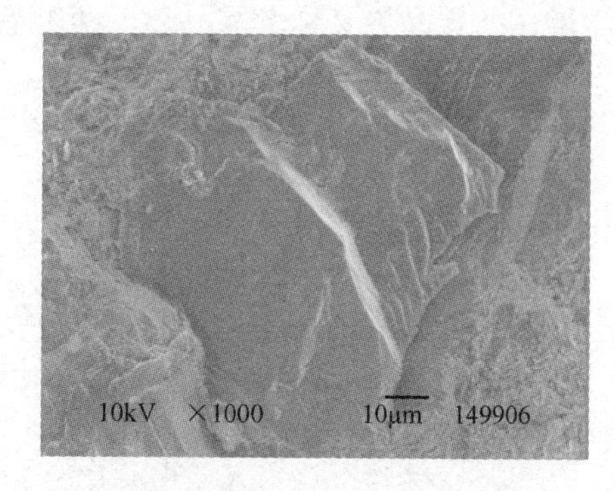

(b) 台阶断口(试件30℃-2，×1000，二次解理)

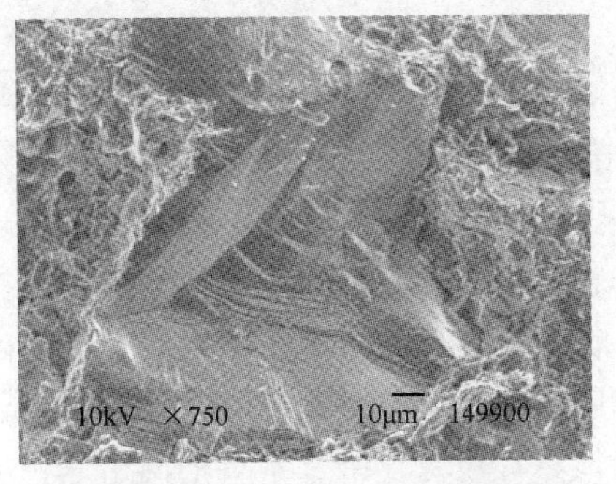

(c) 45℃台阶断口(试件45℃-1，×750，撕裂和二次解理)

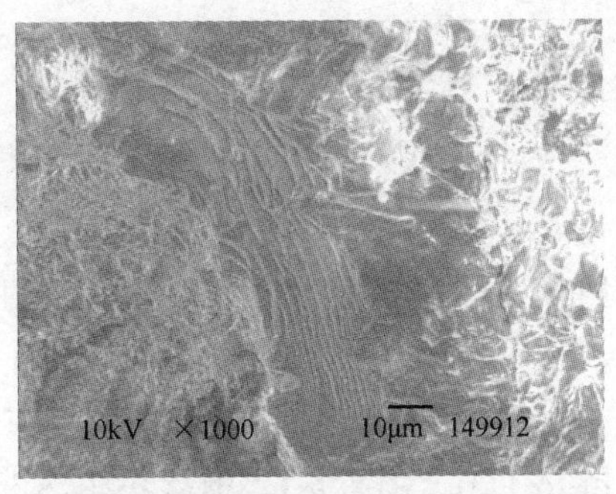

(d) 50℃台阶断口(试件50℃-1，×1000，二次解理)

(e) 150℃台阶断口(试件150℃-2，×500，撕裂)

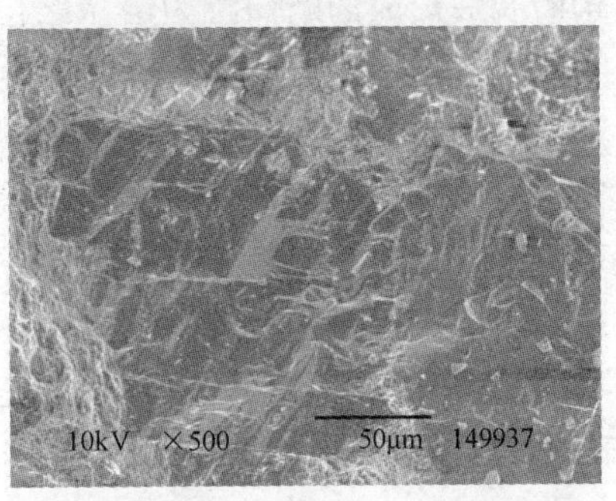

(f) 150℃台阶断口(试件150℃-2，×500，撕裂)

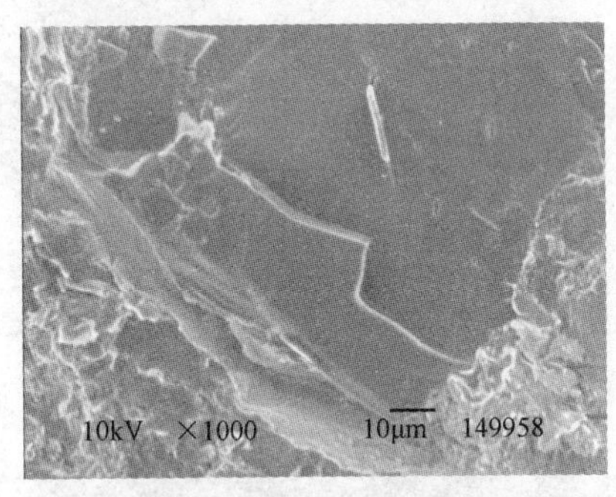

(g) 200℃台阶断口(试件200℃-2，×1000，二次解理)

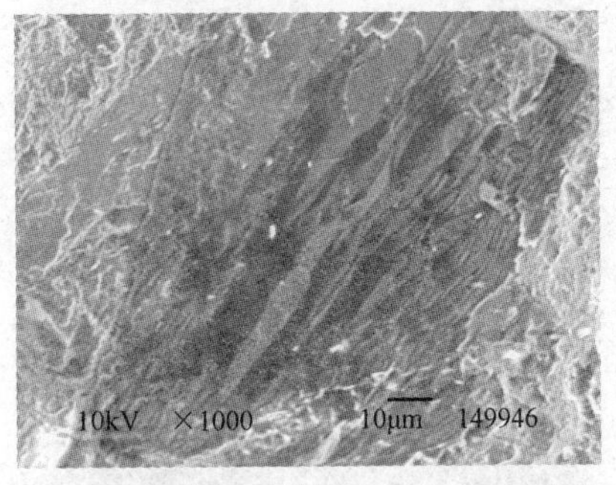

(h) 200℃台阶断口(试件200℃-2，×1000，撕裂)

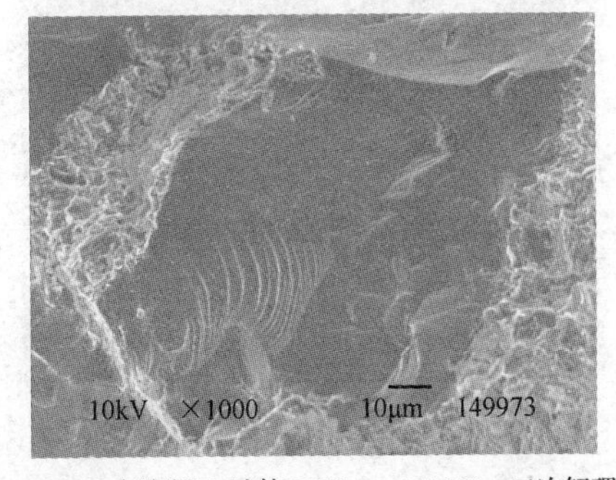

(i) 200℃台阶断口(试件200℃-3，×1000，二次解理)

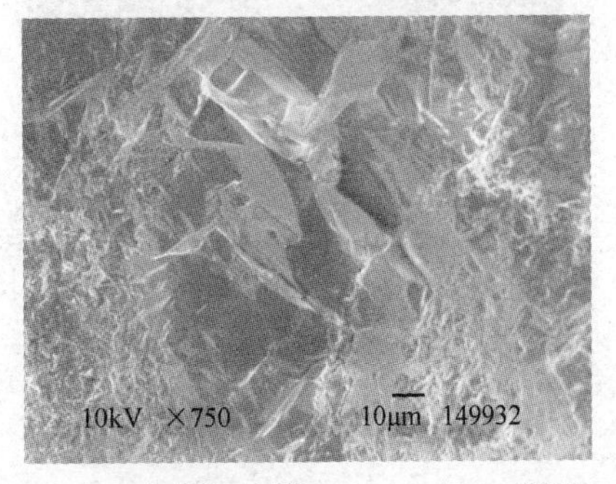

(j) 300℃台阶断口(试件300℃-1，×750，撕裂)

图 8-10　解理台阶形成机制示意图及断口形貌图

3. *层状结构面撕裂断口*

由于长期的地质构造运动，在砂岩内部常有一种广泛发育的层状结构面，它由不连续面、不等轴矿物的优选方位和薄片状矿物组成，或者由某些显微构造组合所确定，在地质学上有很多相似的专用术语，如面理、层理和节理等，这些术语严格讲含义是不同的，各具特点，这里根据其所共有的特性，笼统把这样的结构称为层状结构，用图 8-11 来简单说明。真实岩石的内部结构通常是这四种结构，即图 8-11(a)至图 8-11(d)所示组成的复合体，甚至更复杂。本章把由于这种层状结构断裂后形成的断口称为层状结构面撕裂断口，也是一种脆性解理断口，如图 8-12 所示。层状结构面撕裂断口的形成机制通常是：在外部荷载及温度的作用下，裂纹通常容易在层理间起裂，由于岩石材料的脆性及强非均质性，再加上层理之间比较薄，内部又存在一些杂质、第二相等物质，这容易导致裂纹在扩展过程中改变方向，从而在层状结构之间产生撕裂作用，从而形成层状结构面撕裂断口，它是岩石地质材料所特有的现象，在金属断口中少见报道。层状结构面撕裂断口的形成与台阶断口的形成有相似之处，但它形成的机制很大程度是由于层理及其中间的物质较薄弱的缘故，从而形成类似片状结构的断口。

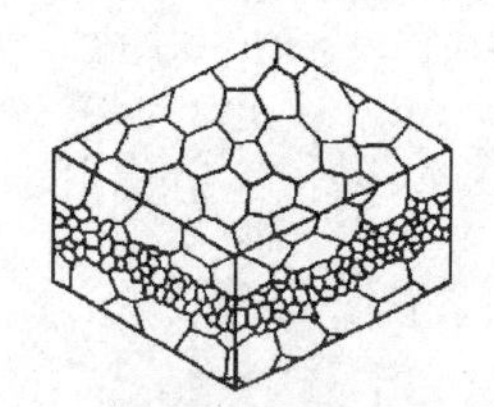

(a) 颗粒大小的分层

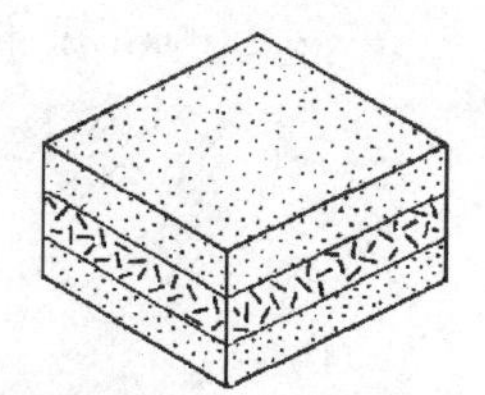

(b) 不同组分的分层

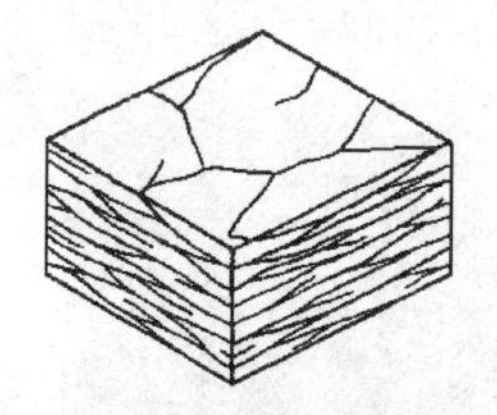

(c) 近平行的密集不连续面，如微断层和微破裂

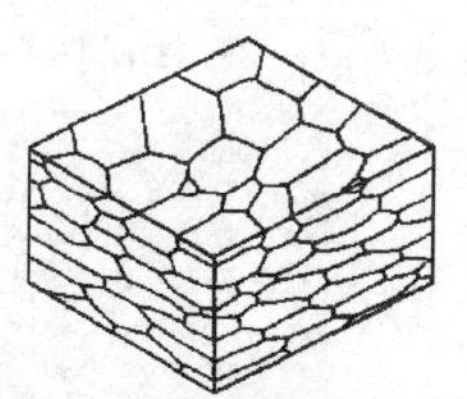

(d) 颗粒界面优选方位

图 8-11　岩石内部可能的层状结构示意图

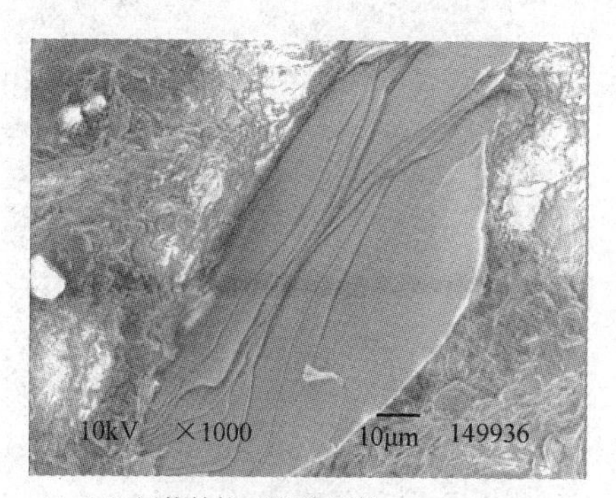

(a) 25℃层状结构面撕裂(试件25℃-1，×1000)

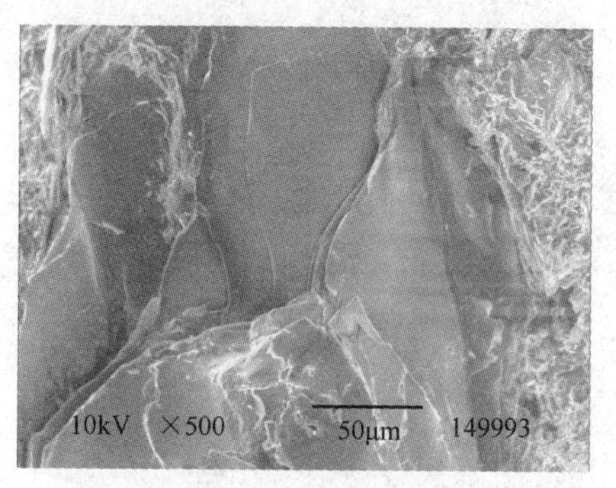

(b) 40℃层状结构面撕裂(试件40℃-2，×500)

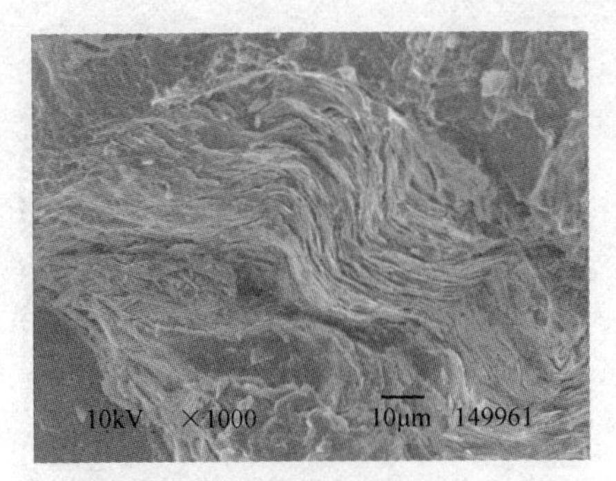

(c) 100℃层状结构面撕裂(试件100℃-1，×1000)

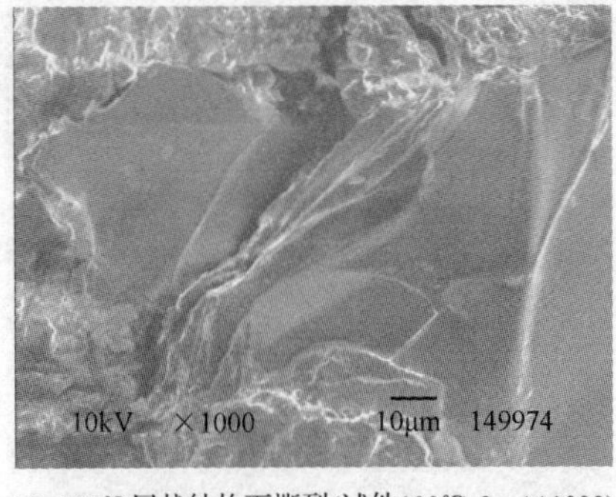

(d) 100℃层状结构面撕裂(试件100℃-3，×1000)

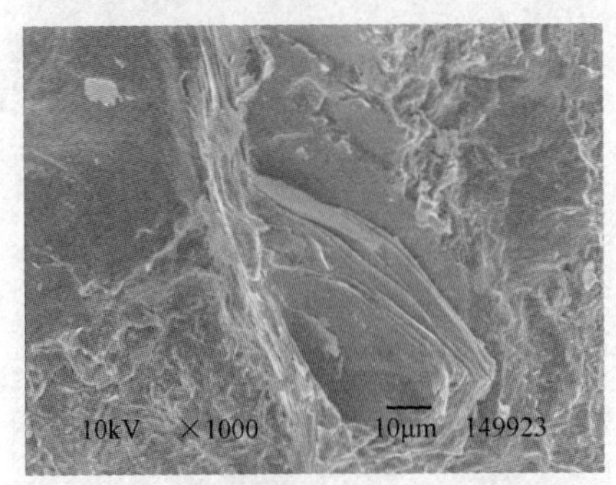

(e) 150℃层状结构面撕裂(试件150℃-1，×1000)

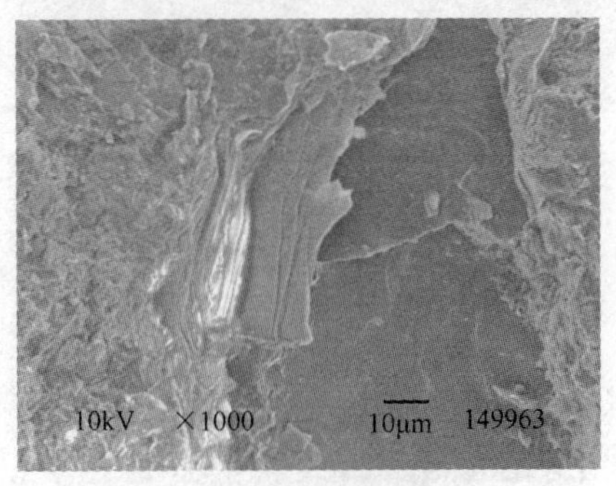

(f) 150℃层状结构面撕裂(试件150℃-3，×1000)

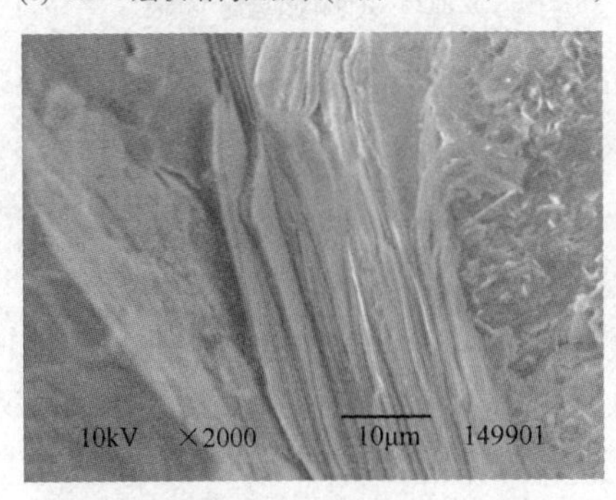

(g) 200℃解理断口(试件200℃-1，×2000)

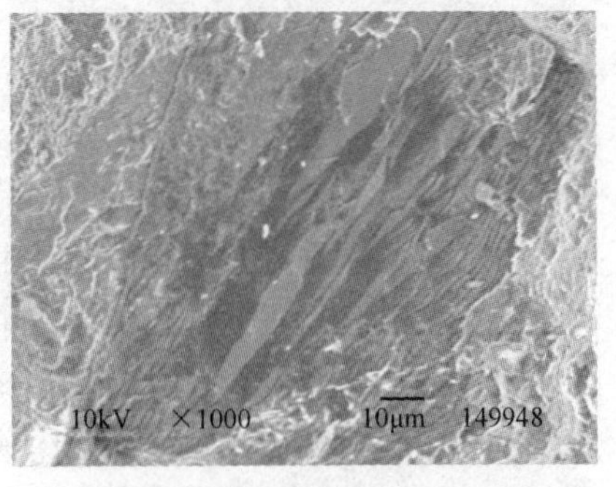

(h) 200℃解理断口(试件200℃-2，×1000)

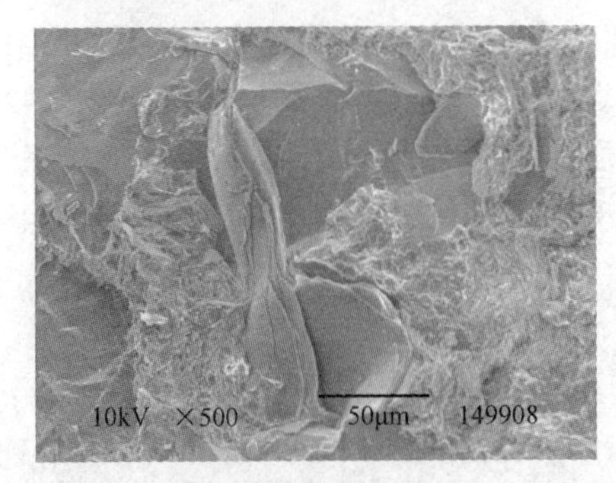

(i) 250℃层状结构面撕裂(试件250℃-1，×500)

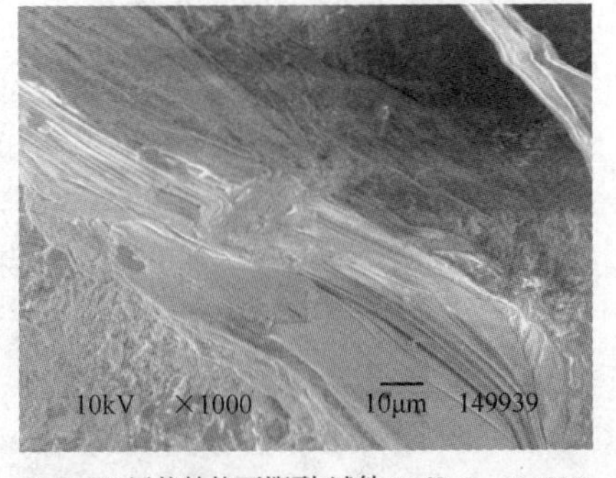

(j) 250℃层状结构面撕裂(试件250℃-2，×1000)

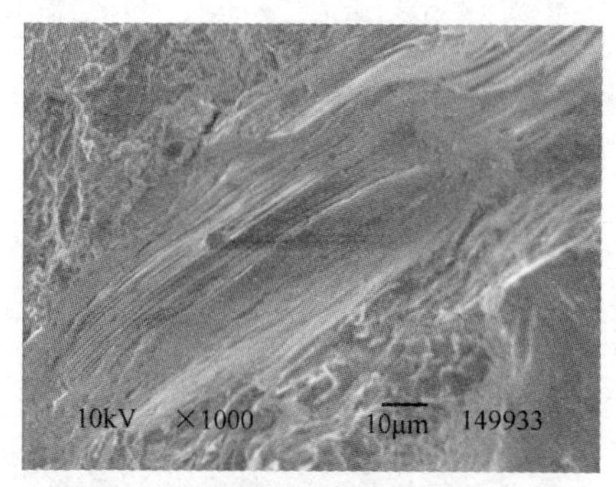

(k) 250℃层状结构面撕裂(试件250℃-2，×1000)

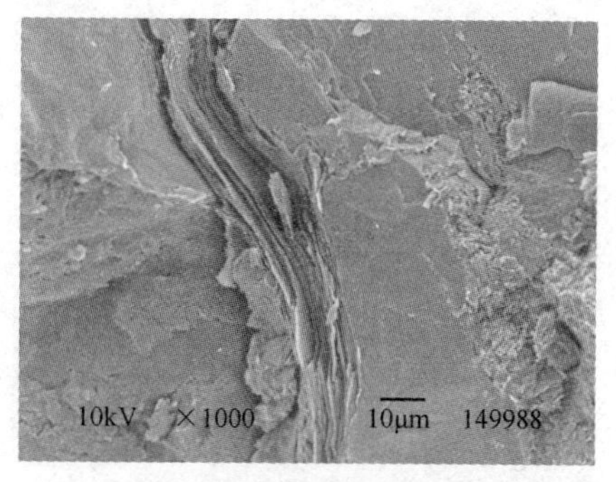

(l) 250℃层状结构面撕裂(试件250℃-3，×1000)

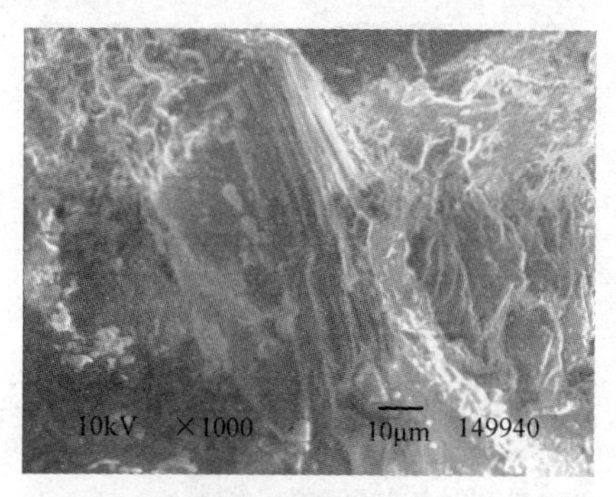

(m) 300℃层状结构面撕裂(试件300℃-2，×1000)

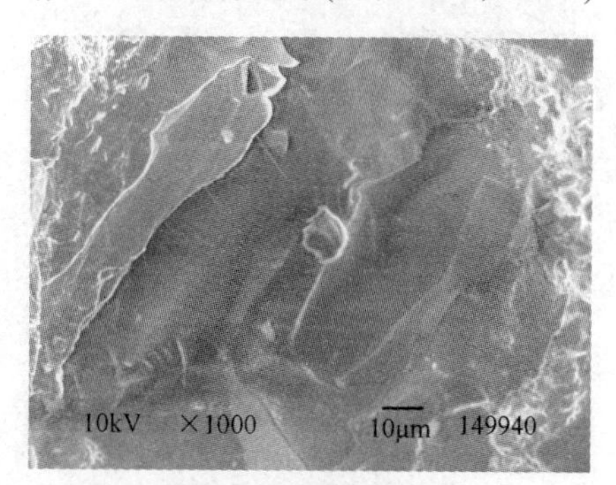

(n) 300℃层状结构面撕裂(试件300℃-3，×1000)

图 8-12　层状结构面撕裂断口

4. “雾区”断口

“雾区”(mist)断口的形成可能是由于断口所在的颗粒处于其他矿物颗粒包围中，这样在颗粒边界区由于应力集中首先出现裂纹，裂纹由矿物颗粒的周边向颗粒内部扩展，即在光滑解理区内扩展，到中心位置时，颗粒完全丧失承载能力，导致突然的断裂，形成最终破断区，该区相比光滑解理区而言比较粗糙，所以称其为雾区。该类断口在金属材料的带缺口的圆柱形试件拉伸断口最常见，在岩石微观断口中还少见。它通常要求岩石内部矿物颗粒的横截面较大，这样可以在内部形成平面应变条件。事实上作者在 200℃和 300℃的温度下才在试件 200℃-2 和试件 300℃-2 发现此类断口，因此除了前面的条件，或许还需要一定的温度条件，即让岩石有一定的塑性变形的能力。而把光滑区理解为镜面区(mirror)，粗糙区理解为雾状区(mist)，这与宏观的观测结果有相似之处[13](图 8-13)。

5. 准解理断裂

准解理断裂属于脆性穿晶断裂，断口形态与解理断口形态很相似。准解理断口的断裂过程也是沿着一定的结晶面扩展，断口上通常既有河流花样，又有较大

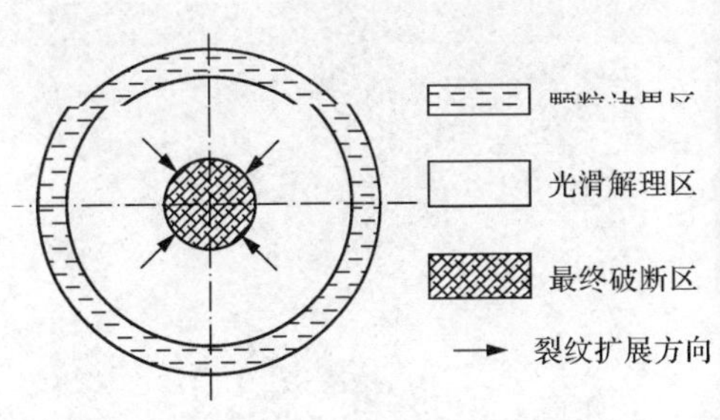

(a)“雾区”断口形成机制示意图

(b)“雾区”断口(试件300℃-2，×500)

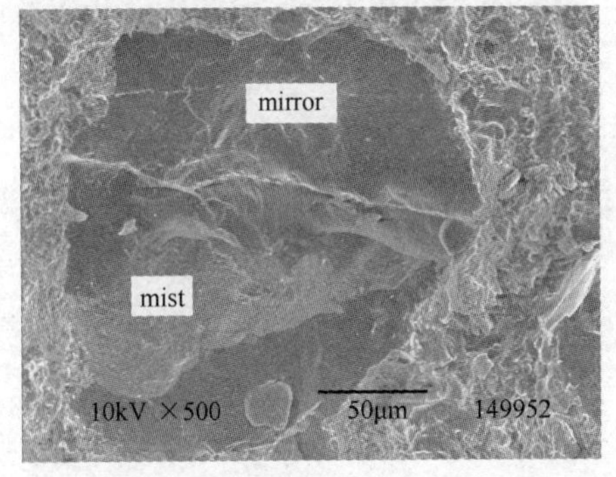

(c)“雾区”断口(试件200℃-2，×500)

(d)“雾区”断口(试件300℃-2，×500)

图 8-13　“雾区”断口形成机制示意图及断口形貌图

塑性变形产生的撕裂棱，通常认为塑性变形量大于解理断裂又小于延性断裂。由此可以认为准解理断裂是介于解理断裂与延性断裂之间的一种断裂方式，因此准解理断口微观形貌特征既不同于解理断口也有别于延性韧窝断口。事实上从我们的断口 SEM 图中，可以看出发生准解理断裂的断口的河流花样通常起源于晶粒内部的孔洞、微缺陷、夹杂、第二相、硬质点及析出物等，并且河流只在局部小区域形成，河流较短且不连续，汇合特征也不明显，小平面之间以撕裂方式相接，可看到明显的撕裂棱，见图 8-14[(a)、(b)、(g)、(h)、(j)、(l)]；有的也显示出曾经受到过剪切或者扭转力的作用，见图 8-14[(c)、(d)、(f)、(i)]，这些都与解理断口河流花样有较明显的区别。

我们可以这样来设想一下准解理断裂的形成过程。由于长期的地质构造运动岩石内部存在一些高张应力的区域，且很多区域存在微裂纹。在外部荷载的作用下(这里是实验室的拉应力)，内部的微裂纹在准解理面内以台阶的方式扩展形成河流花样，但由于岩石矿物颗粒或者晶体中存在大量的位错及孪晶，点阵严重扭曲，同一晶粒内部的空间位向有一定的差异，因此微裂纹在晶粒内部连续光滑的扩展比较困难。裂纹在点阵严重扭曲的晶粒内部扩展时，彼此相邻的边界处发生

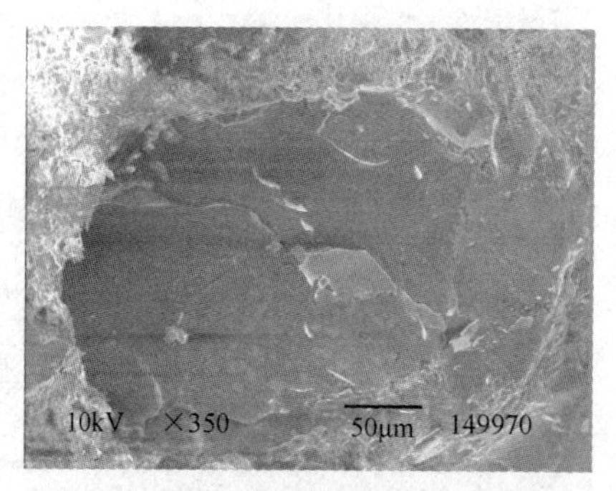

(a) 25℃解理断口(试件25℃-3，×350)

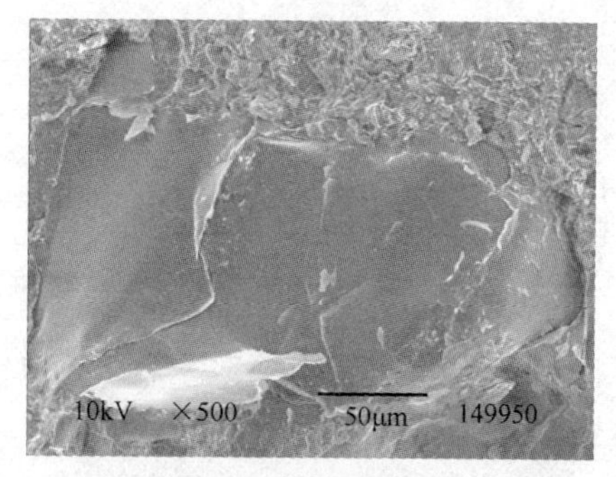

(b) 100℃准解理断口(试件100℃-3，×500)

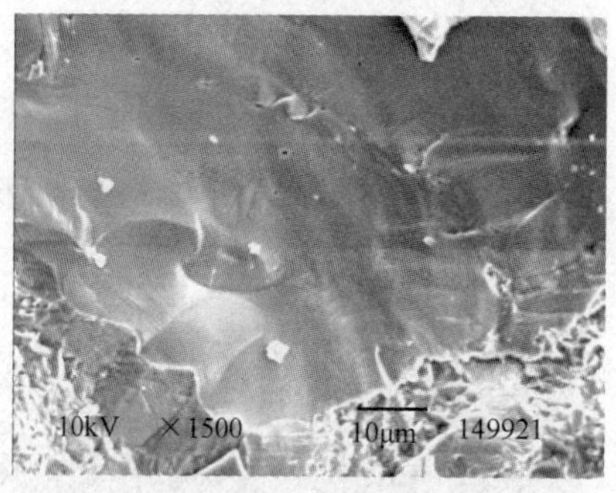

(c) 150℃准解理断口(试件150℃-1，×1500)

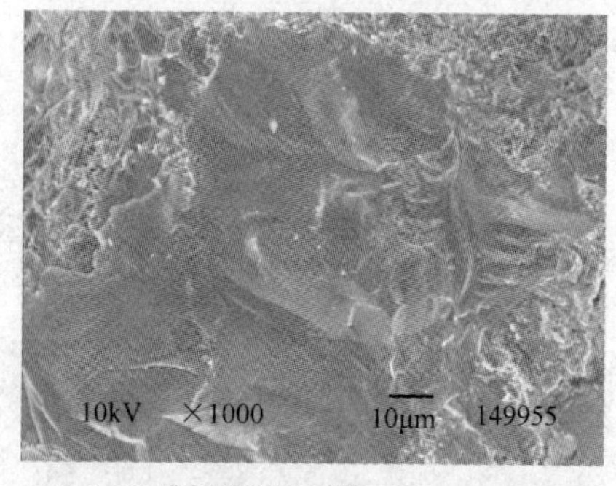

(d) 150℃准解理断口(试件150℃-2，×1000)

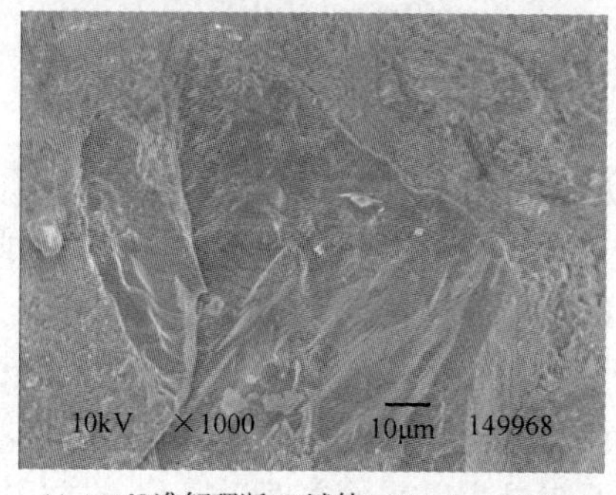

(e) 150℃准解理断口(试件150℃-3，×1000)

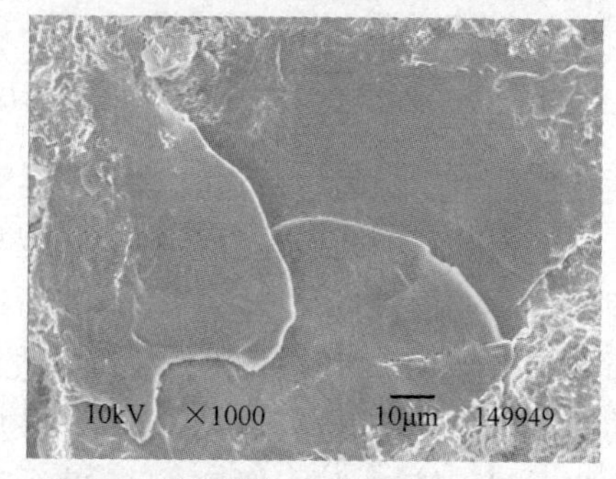

(f) 200℃准解理断口(试件200℃-2，×1000)

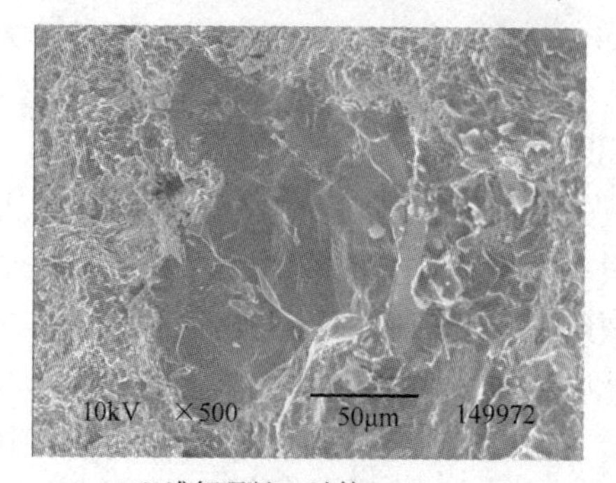

(g) 200℃准解理断口(试件200℃-3，×500)

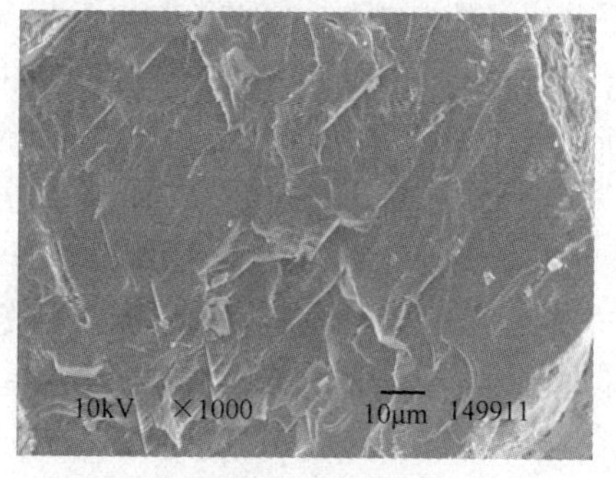

(h) 250℃准解理断口(试件250℃-1，×1000)

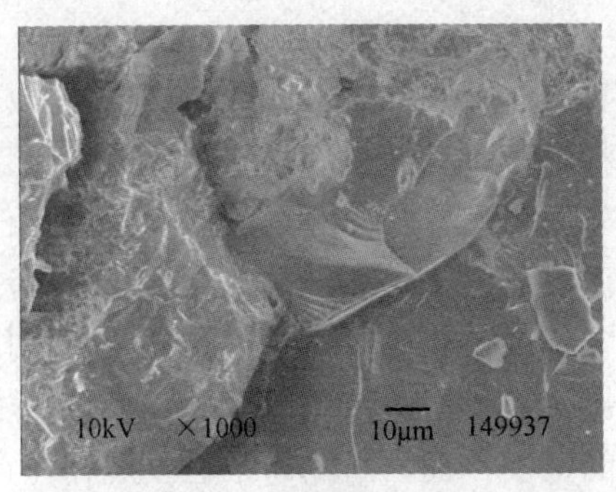

(i) 250℃准解理断口(试件250℃-2，×1000)

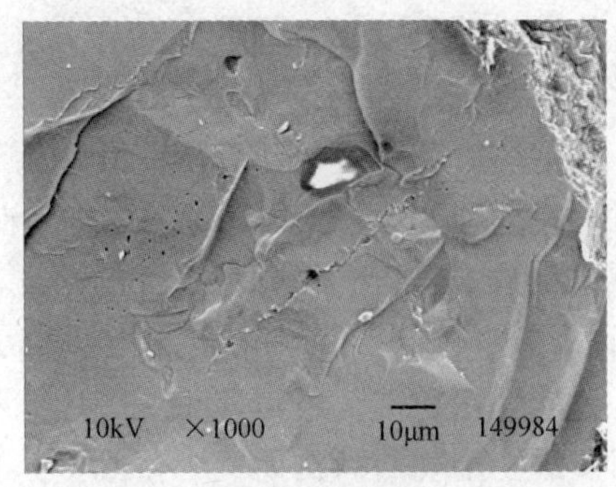

(j) 250℃准解理断口(试件250℃-3，×1000)

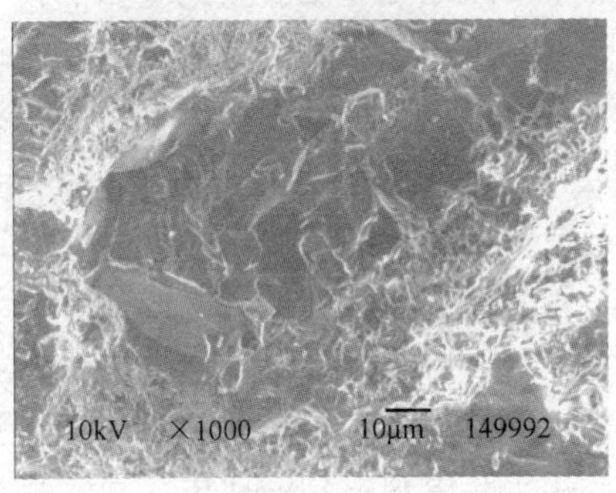

(k) 300℃准解理断口(试件300℃-2，×1000)

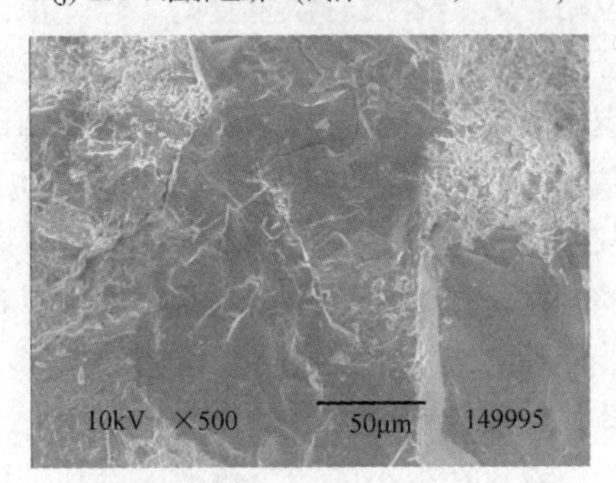

(l) 300℃准解理断口(试件300℃-3，×500)

图 8-14　不同温度下的准解理断口

塑性变形以撕裂的方式连接，形成撕裂棱，有的甚至形成微孔聚合的韧窝。在较低温度时，塑性变形较小，撕裂棱不明显；较高温度时，塑性变形大，撕裂棱比较明显。准解理断裂单元为小平面，小平面之间发生塑性变形时以撕裂的方式相连接，这与前面台阶花样的机制是相似的，塑性变形的产生受到温度的影响。准解理断裂接近解理断裂机制时撕裂棱较小，如图 8-14(a)和图 8-14(b)所示，通常这样准解理断裂是很难判断的，因此也可以把这样的准解理断裂看作是解理断裂。但是作者这里一方面是想给出这些准解理断裂的图片，另一方面更主要的是在比较不同温度下的断口的异同。从这些图片中，我们依然可以得出与 8.1 相类似的结论。温度低于 100℃时，准解理断口不明显，撕裂棱数量少，整体看上去此时的准解理面还是比较光滑，几乎没有塑性变形发生，与解理断裂很难分辨；而较高温度(150℃、200℃、250℃和 300℃)下，准解理断口比较明显，撕裂棱的数量也相对较多，总体断口比较粗糙，有过塑性变形的发生，断口局部地方曾经受到过剪切或者扭转力的作用。这主要还是温度较高时，使得岩石矿物的各种成分的热振动加剧，弱结晶面增多，局部塑性变形的能力得到了提升，这样使得其断口的形貌也更为复杂和多样。总之准解理面的形成受到了岩石的组织结构、成分、实验条件和温度变化情况等的综合影响。

8.2.2 疲劳断裂

通常的疲劳断裂是在交变荷载作用下材料内部逐渐出现损伤劣化的结果，是与时间相关的破坏方式。作者在 8.1.2 节解释了砂岩中产生疲劳裂纹可能的原因，它不仅取决于岩石矿物颗粒本身的性质，而且还与矿物颗粒的形状和尺寸、温度等相关。有关疲劳裂纹萌生的机制是各式各样的，不同阶段的损伤方式和损伤量也是不同的，通常认为滑移带或者由于位错产生的滑移带是疲劳裂纹产生的根本原因，这在金属断口的研究中得到了充分的证实，而岩石断口中也发现存在大量的位错[26]，作者没有做重复的工作，原因在于 SEM 还无法观察到岩石的位错。但仔细分析了砂岩疲劳裂纹的断口，发现还主要是由于矿物颗粒的变形不协调导致应力集中的原因造成的，或者更确切地说多数是由于局部切应力作用的结果，这是产生滑移的主要原因，从图 8-15 也确实可以看出断口处有很多滑移的迹象，局部断口存在大量的塑性变形。但是，岩石中疲劳裂纹与金属中疲劳裂纹存在很大的区别。这主要原因是，在金属中，各晶体的性质比较相似，因此疲劳裂纹的扩展能够在较大范围内得到自相似扩展；而在岩石中，由于组成岩石矿物颗粒和晶体的性质存在很大的差异，再由于受到黏土胶结物及其组成结构的影响，因此，疲劳裂纹仅在很小的一个范围内得到扩展，就实验中观察到的现象，通常只会在

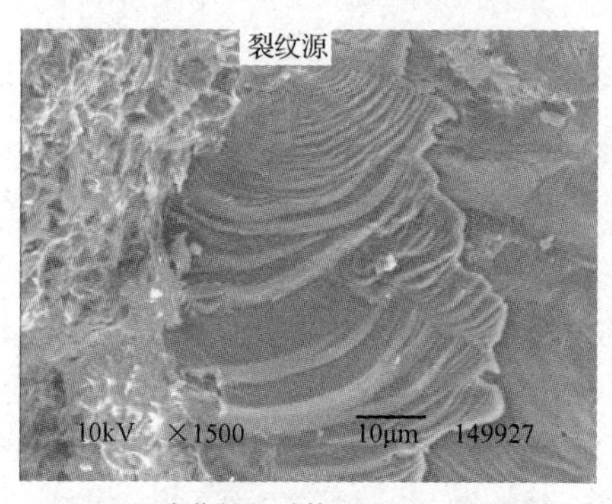

(a) 150℃疲劳断口(试件150℃-1，×1500)

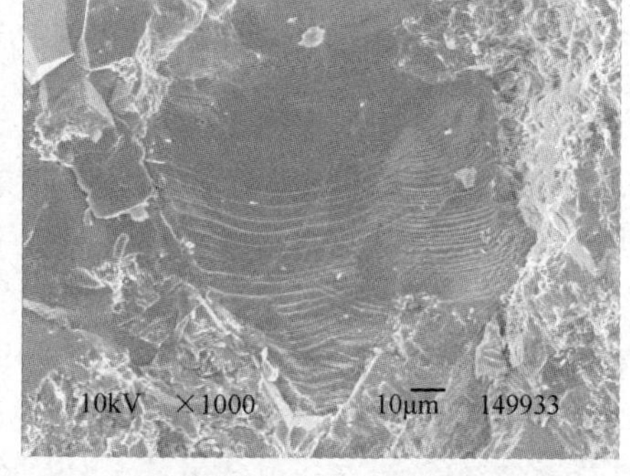

(b) 150℃疲劳断口(试件150℃-3，×1000)

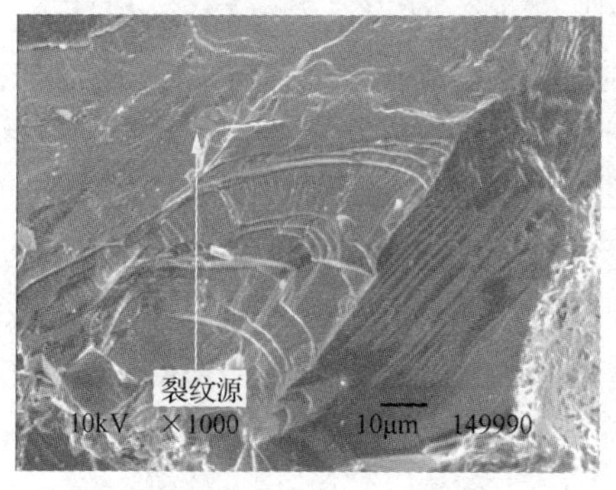

(c) 200℃疲劳断口(试件200℃-1，×1000)

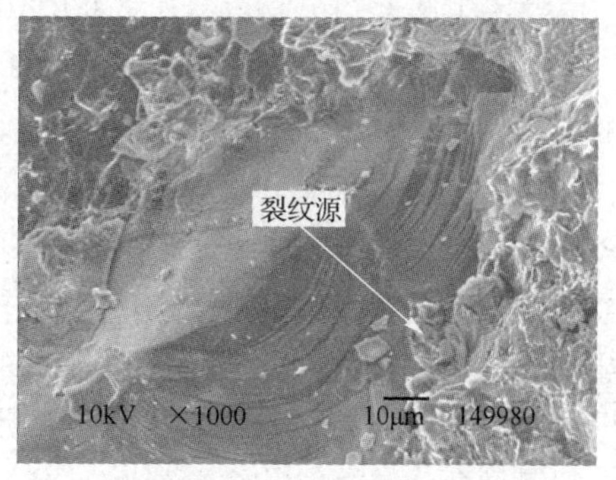

(d) 200℃疲劳断口(试件200℃-3，×1000)

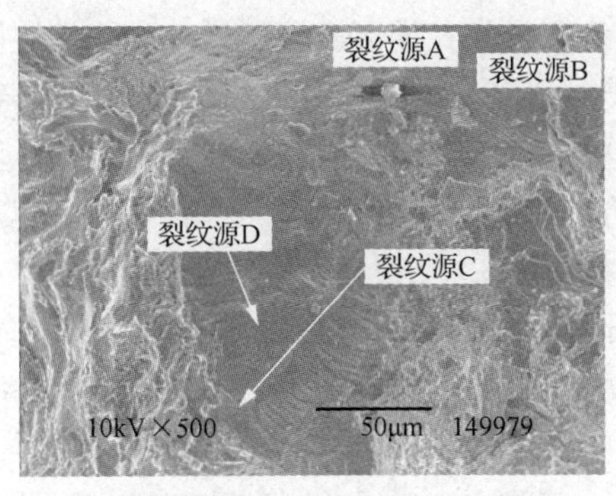

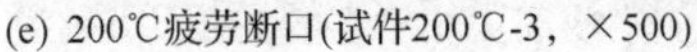
(e) 200℃疲劳断口(试件200℃-3，×500)

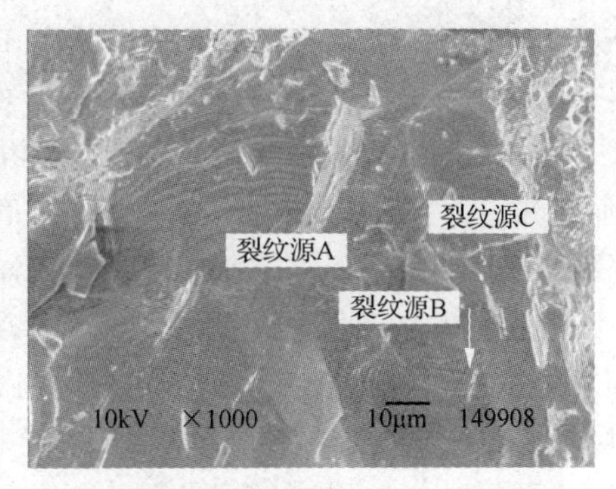

(f) 300℃疲劳断口(试件300℃-3，×1000)

图 8-15　砂岩的疲劳断口

某一个矿物颗粒内得到扩展，甚至只是在一个晶体内扩展。当疲劳裂纹一旦萌生后，一般都会沿与最大切应力方向最一致的滑移面向内部扩展。只要裂纹的扩展是沿着滑移面进行的，其扩展机制就是一致的。这是微观裂纹扩展，通常称这种裂纹扩展方式为第一阶段裂纹扩展。在金属中疲劳裂纹扩展长度通常为零点几到 1mm；从本章的实验中，岩石中的疲劳裂纹扩展长度只有几到几十微米，通常限制在一个矿物晶体或者矿物颗粒内部。金属材料中的疲劳裂纹按第一阶段的方式扩展到一定长度后，将由于裂纹尖端主应力的作用而偏离其滑移路线，并沿着大致与最大正应力方向相垂直的方向扩展，即开始宏观裂纹扩展，通常称为疲劳裂纹扩展的第二阶段，而岩石内部几乎观察不到这个阶段。可见岩石中疲劳裂纹与金属材料的疲劳裂纹扩展还是有很大的不同。

局部区域的塑性变形是裂纹形成的先决条件，应力中的交变部分是形成疲劳裂纹的关键因素，而温度则是一个主要的影响因素。温度对裂纹扩展的影响是明显的，温度低于 100℃，多以平面状滑移为主，如图 8-4(a)和图 8-4(b)所示；当温度高于 150℃时，滑移的平行性消失，波状滑移占支配地位，如图 8-15(a)至图 8-15(f)所示。疲劳裂纹源通常是个光滑、细洁的小区域，为 2～3μm 长。当外部荷载较小时，该区域的裂纹张开位移较小，扩展也较缓慢，由于采用了加载-停载的加载方式，使得裂纹反复地张开和闭合，这会引起裂纹的两壁反复的相互挤磨，从而形成了光滑的一个小区域。在图 8-15 中可以看到以疲劳裂纹源为中心的贝纹线向外发射，如图 8-15(a)、图 8-15(b)和图 8-15(f)所示，还可以看见向四周辐射的放射台阶或线痕，如图 8-15(c)所示。疲劳裂纹源的中心有时不止一个，特别是在温度较高时，如图 8-15(e)和图 8-15(f)所示，图中就有 3 个或 4 个疲劳源，且疲劳裂纹源最容易在岩石胶结物和颗粒的交界处产生，其次容易在颗粒与颗粒的交界处产生。

根据图 8-15 中疲劳断口的特点和借鉴金属断口的分析方法，把岩石的疲劳断口分为三个区，即疲劳裂纹初始扩展区、疲劳裂纹扩展区及疲劳裂纹失稳扩展区，这三个区中初始扩展区与金属断口分类较为相似，扩展区及失稳扩展区都与金属断口有所区别。疲劳裂纹初始扩展阶段是相当复杂的，想要定量的把其运动规律刻画出来几乎是不可能的，它取决于不同的矿物颗粒组织成分结构、不同的应力状态和温度条件、不同的微裂纹扩展机制。通常裂纹如果严格地沿晶粒内某一最优滑移面扩展时，会形成了比较光滑的断面；但由于矿物晶体内部缺陷、杂质、第二相和晶界等，这些因素会导致裂纹改变扩展方向，并有不光滑面形成，大量的断口 SEM 图说明了在疲劳裂纹中有这种现象，如图 8-15 所示，当然有些脆性解理断裂面上也会出现这种不光滑的断面。疲劳裂纹扩展区是疲劳断口上最重要的特征区域，也是最明显的区域。由于岩石的强非均质性和脆性特性，再加上加载方式并不是严格的疲劳加载方式，岩石断口中扩展区只占很小一部分区域，或者说只是在矿物颗粒或晶体内部可以看见，与金属断口的疲劳裂纹扩展区有很大的区别。扩展区内常呈现贝纹状、蛤壳状或波纹状的条纹。这些条纹以上述形成的裂纹源为核心向四周扩散，形成一簇弧形线条，它们通常垂直于裂纹扩展方向，因此我们可以通过该弧形线条大致判断该处裂纹的扩展方向。裂纹形成后，在局部拉应力作用下，裂纹开始张开，当裂纹尖端的应力达到临界应力时，裂纹尖端开始屈服，有的甚至钝化；在保持荷载的作用下，裂纹尖端由于停载或者卸载又会重新闭合或者部分闭合；再一次加载的循环过程中，裂纹尖端由于循环的应力集中作用，会发生扩展或者亚临界扩展，便留下了一条条的辉纹。可见这些波浪状裂纹多是由于荷载谱的波动所导致，另外实验仪器的振动也可能会导致辉纹的产生。疲劳裂纹失稳扩展区是疲劳裂纹扩展到临界尺寸后失稳扩展所形成的区域，它比扩展区较为平滑，但没有初始扩展区光亮。由于岩石是由矿物颗粒及胶结物组成的，这样的结构特点使得在有些断口上有失稳扩展区，如图 8-15[(c)、(d)、(e)、(f)]所示；有些断口上又没有失稳扩展区，如图 8-15(a)和图 8-15(b)所示。

从图 8-4、图 8-15 中可以看出最具特点的就是岩石内部的疲劳辉纹，这在有关岩石的微观断裂机制的文献中还少见讨论，本章中大量出现了疲劳辉纹，一方面是采用了加载-停载的加载方式，另一方面是温度的原因。这里作者简单的分析其产生的原因及其特点。从断裂力学的角度上讲，当拉伸荷载与断面相垂直时才有可能产生疲劳辉纹，因为此时砂岩内部微裂纹的尖端有可能处于张开型的平面应变状态，而内部局部平面应变状态是产生疲劳辉纹的必要条件。这不仅从宏观的角度，即裂纹前端整个都处于平面应变状态，而且还必须强调局部区域处于平面应变条件的应力状态。例如，观察到的 SEM 图都是在试件中部有疲劳辉纹，而在试件表面附近却没有观察到辉纹，其主要原因是靠近试件表面不能满足平面应变条件。当然并不是满足了张开型平面应变条件，就一定会形成疲劳辉纹，这还与其他因素有关，如岩石的具体性质、温度等。岩石的成分、组织结构、力学性能和温度等诸因素与疲劳辉纹存在与否及其形态的关系是极为复杂的，很难以一般的规律加以说明，诸因素中何者为主要因素还没有得出确切的结论。但是，就现有我们通过不同温度下岩石断口观察可以得出初步的结论，在高温下岩石破坏过程形成疲劳辉纹比较容易，而低温时形成疲劳辉纹则比较困难。这可能是由于温度影响了裂纹尖端的应力状态所致。作者把图中岩石中疲劳辉纹的特点归纳总结如下：①辉纹为一系列近似相互平行的条纹组成，略带弯曲呈波浪状，并与裂纹局部扩展方向相垂直；②每一条辉纹代表一次加载-停载循环，辉纹的数量大致等于加载-停载的循环次数；③辉纹间距与加载-停载的时间间隔和岩石的非均质性有关，通常说来加载-停载的荷载幅度变化小时，辉纹间距就小；加载-停载的荷载幅度变化大时，辉纹间距就大。这可能是由于荷载幅度的变化会引起裂纹尖端的应力强度因子幅的变化；④通常在同一矿物颗粒或晶体上的辉纹是连续且近似平行的，但相邻的矿物颗粒或晶体上的辉纹可能不连续和不平行。这主要是由于外部荷载作用下颗粒的边界或者晶粒的晶界会导致颗粒和晶粒不同的受力状态，这会产生变形不协调，辉纹在扩展的过程会由于边界或晶界而停止或者改变扩展方向，如图 8-15(a)、图 8-15(b)、图 8-15(e)和图 8-15(f)所示。

另外从图 8-15 中我们可以把疲劳辉纹定性的分为两类，一类是韧性疲劳辉纹，一类是脆性疲劳辉纹。通常来讲，韧性疲劳断口在变形时发生了较大的塑性变形，而脆性疲劳断口在变形时发生了较小的塑性变形，这可以由辉纹波浪的起伏程度来大致判断。脆性疲劳断口的特征是断裂路径呈现放射状扇形，疲劳辉纹被放射状台阶割成短而且平坦的小段，这些放射状台阶的走向与疲劳辉纹相垂直。图 8-16 为金属典型的疲劳断口示意图[21]，图 8-15(c)是典型脆性疲劳辉纹的 SEM 图片，而图 8-15(c)几乎就是图 8-16(a)的原形。图 8-15[(a)、(b)、(e)、(f)]为典型的韧性疲劳辉纹 SEM 图。在脆性疲劳辉纹中，一般都伴有解理或非解理断裂台阶、河流花样等形貌，这样的形貌其实让我们很难分辨其与解理断裂的区别。脆性解理疲劳辉纹的形成没有延性疲劳辉纹的形成那样复杂。其基本过程是，在疲劳荷载

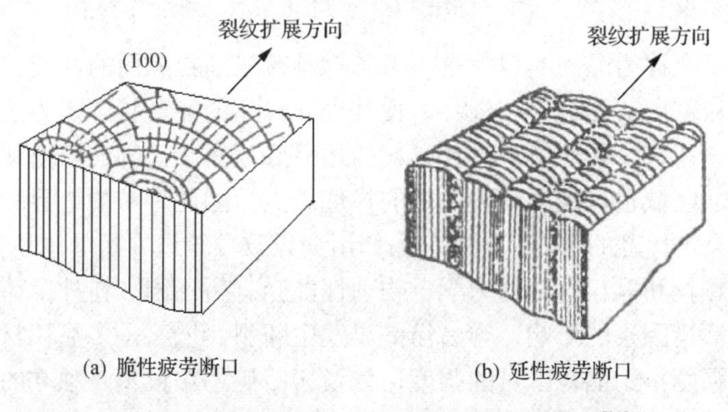

(a) 脆性疲劳断口　(b) 延性疲劳断口

图 8-16　脆性疲劳断口与延性疲劳断口示意图[21]

的作用下，首先沿解理面解理断裂一小段距离，然后因裂纹前端塑性变形而停止扩展。当下一循环加载-停载开始时，又做解理断裂，如此往复，即形成解理疲劳辉纹。

岩石矿物的晶体结构、晶界和滑移方式对疲劳辉纹的影响也是很大的。例如，裂纹扩展会受到晶界的影响，当裂纹由一个晶粒过渡到相邻的晶粒时，其辉纹取向将发生改变。第二相质点对裂纹扩展也产生类似的影响。疲劳微观形貌中除了疲劳辉纹这一主要特征外，疲劳台阶(或称疲劳沟线)和二次裂纹是另外两种形式的微观特征：疲劳台阶是裂纹在不同的平面上扩展，而后相交所形成的，如图 8-15(c)中的右侧所示。

综上所述，疲劳裂纹与应力大小、应力集中、温度及岩石材料自身的性质相关。应力中的交变部分是形成疲劳裂纹的关键因素，而局部区域的产生的塑性变形是裂纹形成的先决条件，但这些并不是充分条件，因为同样的荷载条件在温度低于 100℃时没有形成大量的疲劳裂纹断口证实了这一点。而温度的变化会导致岩石材料性质发生变化，最重要的影响是温度使得岩石内部各原子的热激活增加，原子在其平衡位置附近的热振动加剧，因此温度是影响疲劳裂纹一个主要的影响因素。而事实上，在室温或者在较低温度(50℃和 100℃)下，只有交变荷载下不会产生疲劳裂纹，或者产生很少的疲劳裂纹；而在较高温度(大约 150℃)时，在交变荷载的作用下产生了大量的疲劳裂纹。据作者与彭瑞东[27]博士的讨论，他在岩石的室温疲劳实验中也没有发现类似本章的疲劳裂纹或者疲劳辉纹的现象。因此初步认为，在岩石中要产生疲劳裂纹，除了交变荷载的作用和内部裂纹尖端处于张开型的平面应变状态，还必须有较高温度的影响，否则很难产生疲劳裂纹。总之，岩石自身的性质、应力状态、温度和其他环境因素等都对疲劳辉纹有重大的影响，而它们之间又是相互联系或存在一定的对应关系，它们之间的各种耦合情况都可能会产生一种全新的疲劳辉纹特征，要归纳出规律性的东西，是相当繁杂的，需要做大量的实验与研究工作，将来也有待进一步的研究。

8.2.3 沿晶断裂

沿晶断裂也称为晶间断裂，是指沿矿物颗粒或晶粒界面的开裂。由于晶界原子受相邻晶粒位向的影响排列混乱，使其处于较高的能量状态，为了降低整个晶体系统的能量和减少晶间能，矿物颗粒的边界成为黏土矿物的填充地，而晶体的晶界处或相邻区域也可成为各种杂质的择优地点，因此颗粒的边界和晶体的晶界强度会受到一定程度的削弱，这种削弱作用会导致颗粒边界和晶体晶界处的力学、物理性能与颗粒和晶粒内部的力学、物理性能会有所不同，在外部荷载作用下再加上温度、环境因素的影响，容易沿晶界发生断裂。岩石是多晶粒材料，通常晶粒间的黏结强度小于晶粒本身的强度，以及岩石矿物颗粒本身独立的滑移系数不够，岩石内多晶体在变形中未能保证微观连续性条件，这也会导致沿晶断裂的发生。在金属断口中，观察到了脆性沿晶断裂和延性沿晶断裂，在本章的砂岩拉伸实验中，由于最高温度不超过 300℃，仅仅观察到了脆性沿晶断裂，没有观察到延性沿晶断裂，但就所有实验的趋势，在更高温度(如 600℃以上的温度)下完全有可能观察到延性沿晶断裂，将来有待进一步的实验验证。脆性沿晶断裂是指在断口附近没有发生塑性变形的迹象，断口一般与主应力垂直，表面平齐，边缘没有剪切唇。微观断口为冰糖状，晶界面清洁、光滑，界面棱角清晰，多面体感很强。脆性沿晶断裂的裂纹通常起源于晶界处，如果起源于晶粒内部就可以认为是穿晶断裂。这其中三颗粒的交界点或者三晶体的三角晶界处的裂纹更容易起裂，这是由于三角处的应力集中现象最为明显的缘故，在第 3 章有关热开裂的讨论中也有类似的讨论。我们通过图 8-17(a)来讨论其形成的机制：当 A、B 两晶粒晶界发生相对滑移时，C 晶粒内的变形区与 A、B 两晶粒的晶界滑移不协调，因此在 A、B、C 三晶粒交点处产生应力集中。当应力超过晶界结合力时，产生一个裂纹源。在外力继续作用下，裂纹沿与外力垂直的晶界 PP′扩展，许多此类微裂纹互相连接，最终形成脆性沿晶断口。图 8-18 中的脆性沿晶断口形成的机制都与此类似。

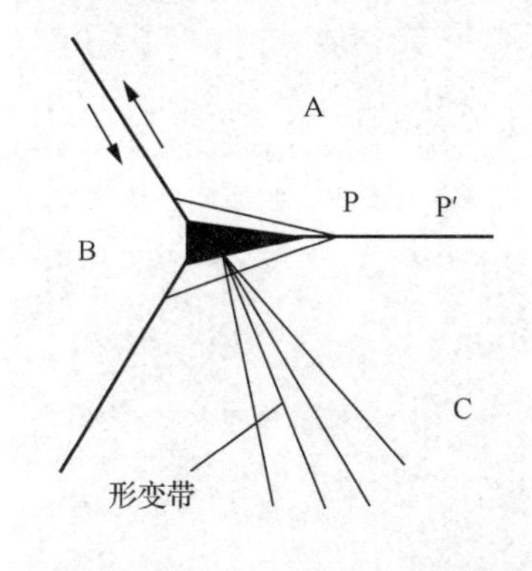

(a) 三角晶界处的沿晶断裂形成机制示意图

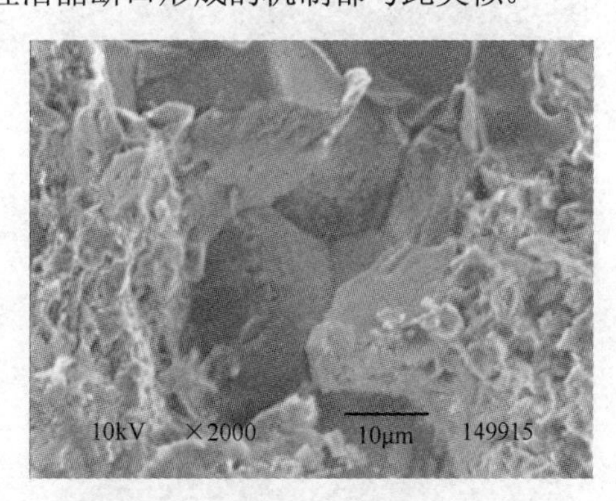

(b) 150℃沿晶断裂(试件150℃-1，×2000)

图 8-17　三角晶界处的沿晶断裂形成机制示意图及断口形貌图

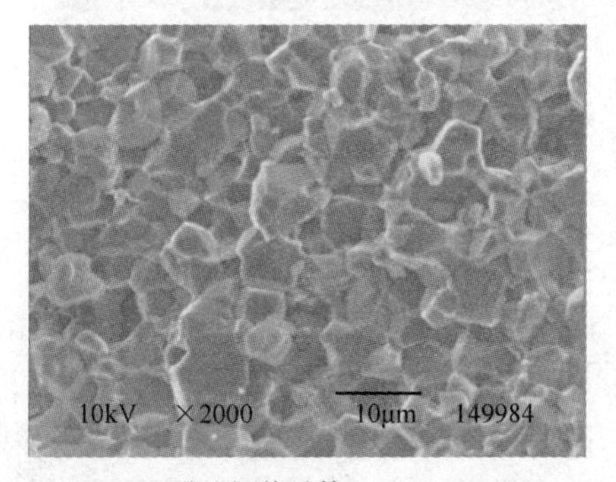

(a) 30℃沿晶断裂(试件30℃-3，×2000)

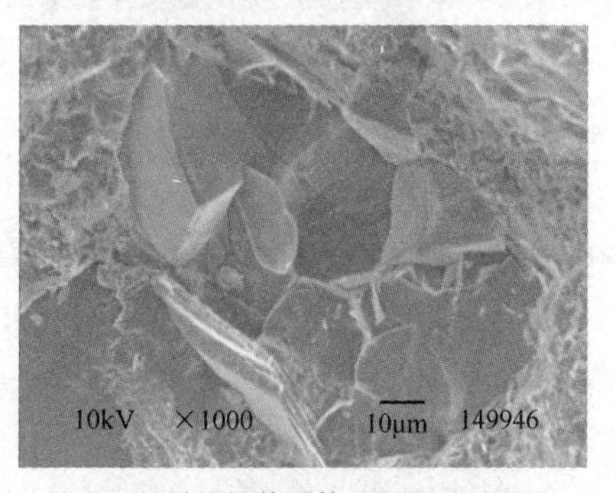

(b) 45℃沿晶断裂(试件45℃-2，×1000)

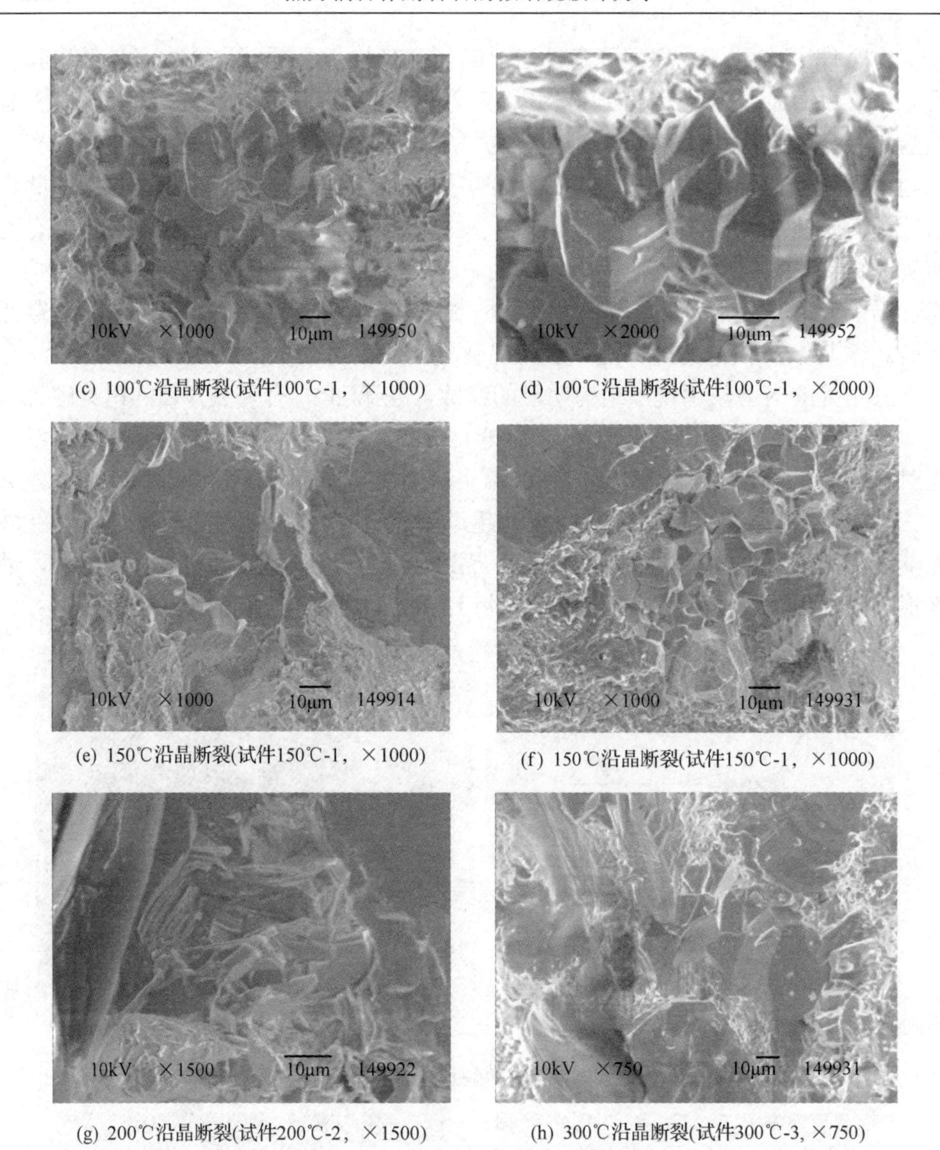

(c) 100℃沿晶断裂(试件100℃-1，×1000)　(d) 100℃沿晶断裂(试件100℃-1，×2000)

(e) 150℃沿晶断裂(试件150℃-1，×1000)　(f) 150℃沿晶断裂(试件150℃-1，×1000)

(g) 200℃沿晶断裂(试件200℃-2，×1500)　(h) 300℃沿晶断裂(试件300℃-3, ×750)

图 8-18　典型沿晶断裂断口形貌图

8.2.4　非主断裂面的二次裂纹和碎裂破坏

作者在大量的 SEM 图中发现很多断口上都有二次裂纹和碎裂的破坏结构(图 8-19)。这些二次裂纹和碎裂的破坏与岩石的最终主断裂面不在同一个平面上，而是发生在与主断裂面垂直的平面上。二次裂纹和碎裂的破坏多发生在矿物颗粒上或者颗粒的周围，这些现象说明砂岩在沿着最终主断裂面破坏之前，在其他的平面或区域也试图产生新断裂面，可以推测这些二次裂纹和碎裂区域在断裂之前

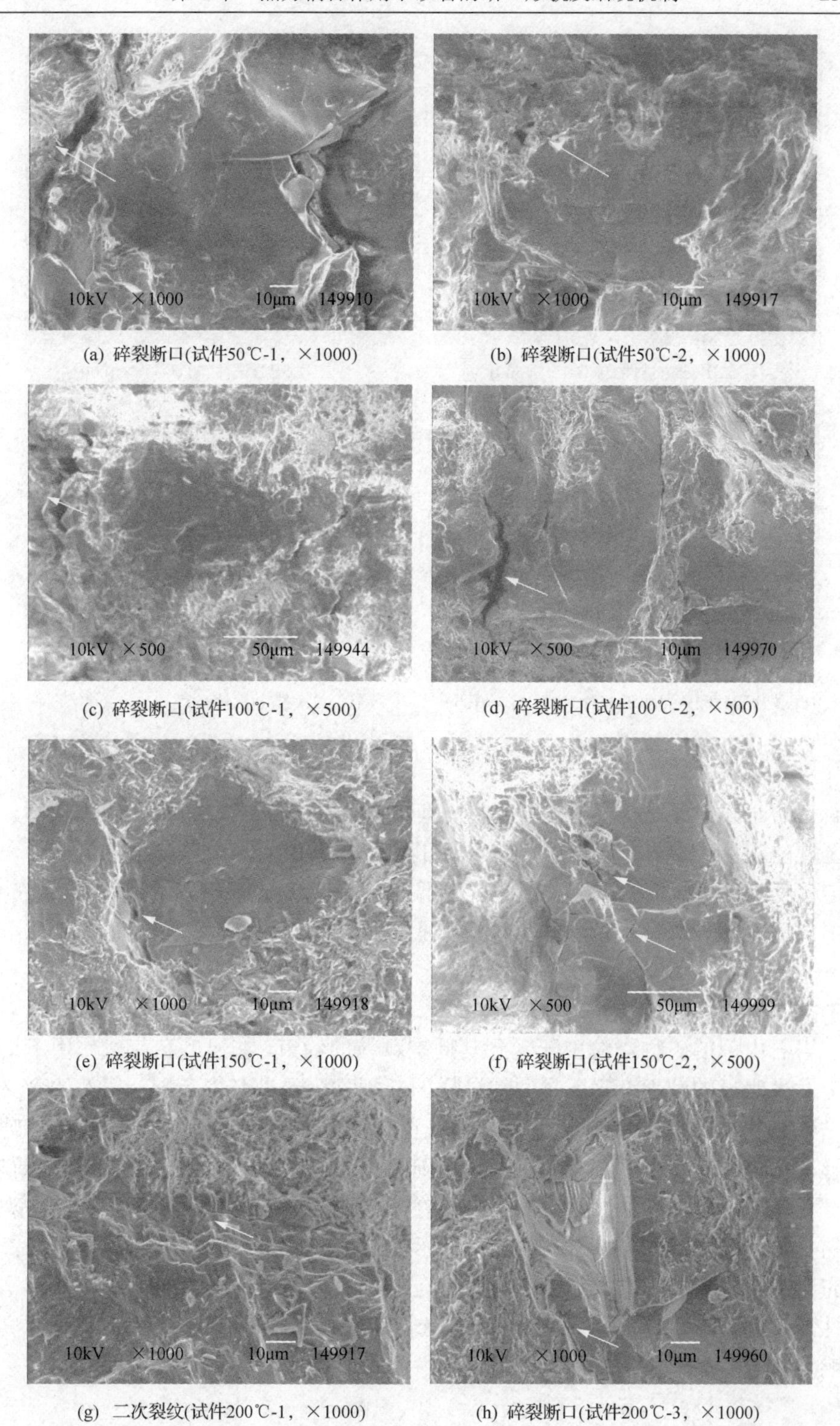

(a) 碎裂断口(试件50℃-1，×1000)　(b) 碎裂断口(试件50℃-2，×1000)

(c) 碎裂断口(试件100℃-1，×500)　(d) 碎裂断口(试件100℃-2，×500)

(e) 碎裂断口(试件150℃-1，×1000)　(f) 碎裂断口(试件150℃-2，×500)

(g) 二次裂纹(试件200℃-1，×1000)　(h) 碎裂断口(试件200℃-3，×1000)

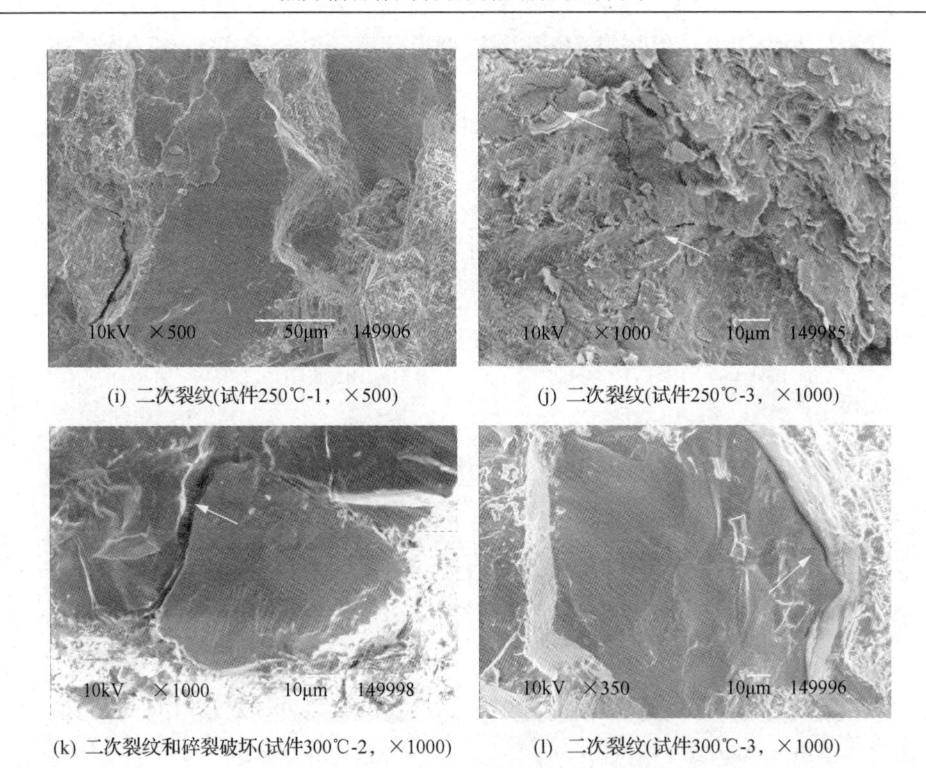

(i) 二次裂纹(试件250℃-1，×500)　(j) 二次裂纹(试件250℃-3，×1000)

(k) 二次裂纹和碎裂破坏(试件300℃-2，×1000)　(l) 二次裂纹(试件300℃-3，×1000)

图 8-19　二次裂纹和碎裂断口花样

或断裂的时候曾经是个高应力集中区，但在与主断裂面的应力集中相比较时，这些区域的应力集中只是导致了部分区域的破坏，并没有导致整体结构的破坏。这一定程度上说明岩石的破坏过程是其内部各个子部分自组织破坏过程。作者在 8.3 节中会把该自组织的破坏过程近似地描述出来。

8.2.5　局部延性断裂

岩石内部的矿物颗粒由于受到其周围颗粒的约束，在温度和荷载作用下局部也会发生明显的塑性变形，我们把这样的断裂称为局部延性断裂，局部的含义主要是仅在很少的一些区域甚至只是在某些矿物颗粒或晶粒上发生了局部的塑性变形。在金属断口中主要有两种类型的延性断裂，一种是韧窝-微孔聚集型断裂，另一种是滑移分离断裂。第一种类型没在本章的岩石实验中被发现，实验中观察到的多是滑移分离断裂，如图 8-20 所示。这些断裂也有疲劳的性质在里面，很难完全的区分开来。出现这种滑移型的延性断裂，一方面是由矿物颗粒晶体本身的性质，另一方面是由于局部地方也受到剪应力的作用，更重要的是受到温度的影响。

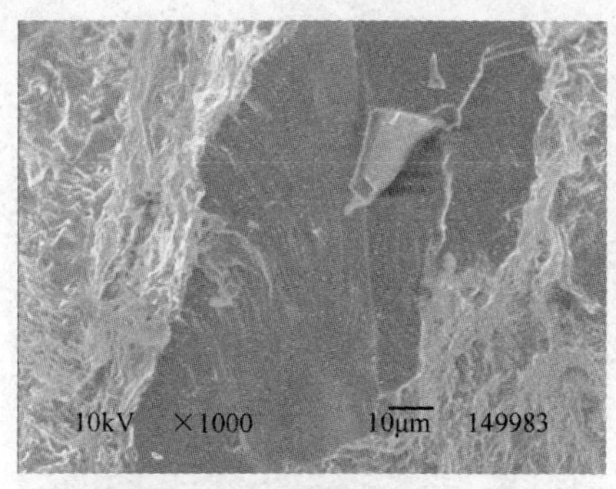

(a) 局部延性断裂(试件200℃-1，×1000)

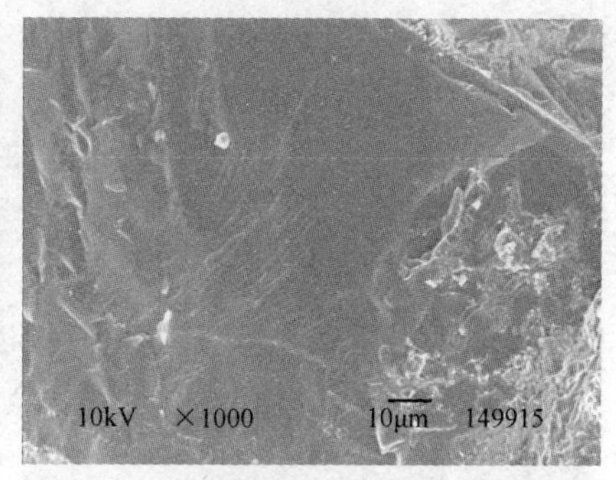

(b) 局部延性断裂(试件250℃-1，×1000)

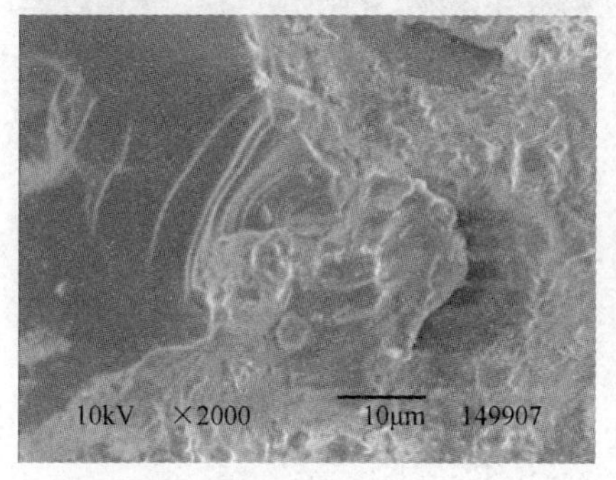

(c) 局部延性断裂(试件300℃-2，×2000)

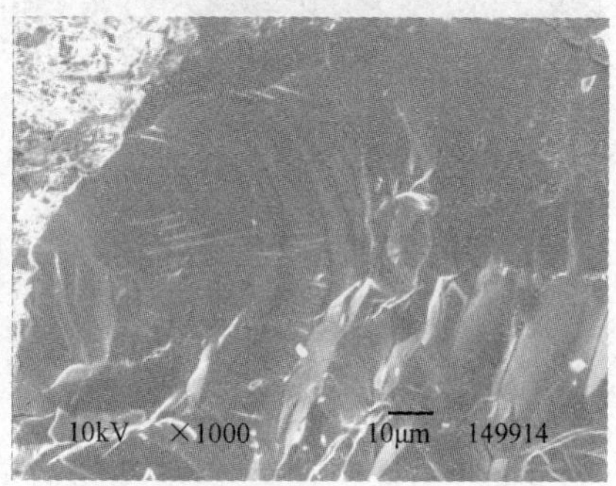

(d) 局部延性断裂(试件300℃-3，×1000)

图 8-20　局部延性断口花样

图 8-20 中除了有塑性变形机制外，还有脆性断裂机制在里面。事实上从以上大量的 SEM 图中我们发现这些断裂的机制并不能完全地割裂开来，在岩石的断裂过程中，往往两个或者两个以上的断裂机制在共同起作用。在应力状态、显微组织、晶粒取向、应变速率、温度和外界环境等因素对两种或两种以上的断裂机制都起作用的情况下，可能发生由多种机制为主导的混合型断裂。而沿晶断裂和穿晶断裂及其耦合断裂是岩石主要的微观断裂模式。

8.2.6　其他断口形貌

由于砂岩含有石英、钾长石、方解石、白云石和菱铁矿等多种矿物，再加上各矿物颗粒的变形不协调及热膨胀各向异性等特点，在岩石的断口中除了上面提到常见的断口形貌，还有很多很有特点的断口，作者根据其形状特征分别给予了相应的“生活化”命名，如舌头形状、香蕉形状、老人头形状、鱼鳞状、瀑布形状等，这些图片在有关岩石的断口形貌文献中很少见报道，在金属的断口形貌也很少见。作者把它们罗列出来，一方面是想说明岩石断口形貌的美观性，在受到温度影响后断口的形貌也变得更为复杂多样；另一方面是想要说明，大自然的事物在变形破坏时如同有规律一般，甚至可以从我们的生活中找到原貌，或许这也正是大自然的和谐美妙所在吧。

1. 舌状花样

舌状花样是在解理面上出现“舌头”形状凹坑或凸起的断裂特征(图 8-21)。舌状花样的形成机制较为复杂，通常认为与裂纹尖端前方形成的变形孪晶有关。本章中出现的舌状花样可能是由于该矿物晶粒处于二次裂纹包围的状态，再加上温度(这里为 200℃)的影响，在解理开裂及沿亚晶界开裂中出现了局部塑性变形。

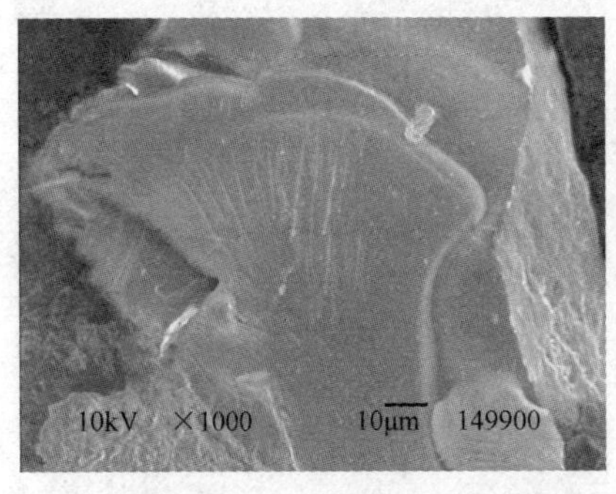

(a) 舌状花样(面一)(试件200℃-1，×1000)

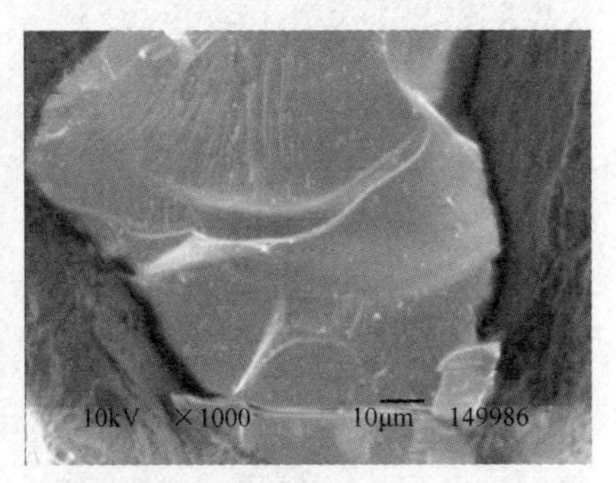

(b) 舌状花样(面二)(试件200℃-1，×1000)

图 8-21　舌状花样

2. 香蕉状花样

该断口也属疲劳断口，是受到交变荷载和温度的影响而造成的，形成该花样可能的机制是：裂纹在裂纹源开始起裂，本来要沿着图示箭头往垂直初始裂纹源的方向往前扩展，但由于在 A 处附近可能受到夹杂或者第二相物质的影响，该物质的强度较大，这样导致疲劳裂纹不能按其原来的路线扩展，而是绕着较硬物质 A 旋转扩展，这形成了形状像香蕉的断口形貌，如图 8-22 所示。

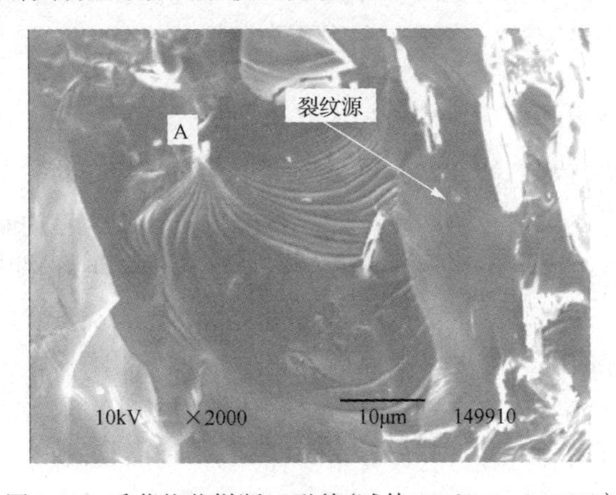

图 8-22　香蕉状花样断口形貌(试件 300℃-3，×2000)

3. 老人头状花样

该断口为解理断口中的“雾区”断口图 8-13(b)的局部放大图，形貌像个“老人头”，并且有“眼睛”和“口”，口里还含着一个“烟斗”，如图 8-23 所示，也像个火山口，很是生动。形成该断口的机制是复杂的，主要还是受脆性机制、岩石的非均质性和温度的影响。

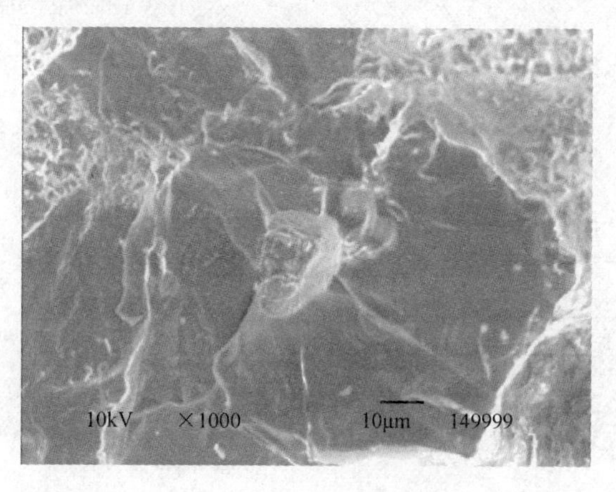

图 8-23　老人头状花样(试件 300℃-2，×1000)

4. 鱼鳞状花样

在断口形貌中有一种称为 Wallner 线的断口形貌[28]，它是根据 Wallner 在玻璃断口发现的一种图像而命名的，即裂纹前沿线与以缺陷为中心的球形冲击波交互作用形成的图像。后来很多学者在许多非常脆的金属或金属间化合物的断口上也都发现了这种称为 Wallner 线的花样，如图 8-24 所示，白色箭头之间线是 Wallner 线，黑色箭头指示裂纹扩展方向[21]。Wallner 线的顶尖指向裂纹扩展方向，并有疲

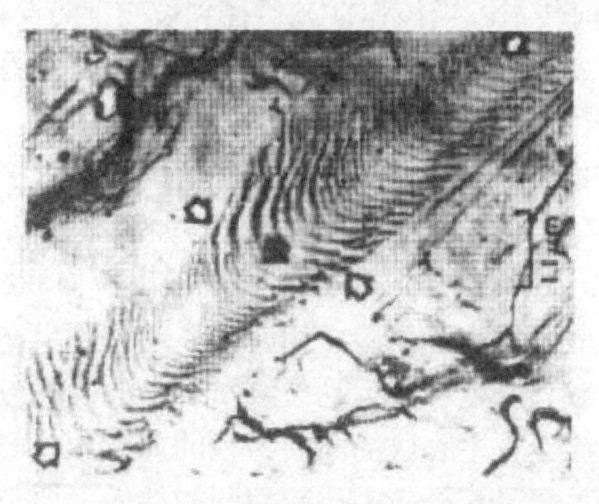

图 8-24　A356-T6 铝合金铸件断口 Wallner 线[21]

劳裂纹的相态，与疲劳裂纹的区别是两组不同的平行线会交截。Syme Gash[29]提出了一种由于应力波作用在宏观尺度的岩石内部产生的人字形羽毛状裂纹模型，而裂纹扩展方向与 Wallner 线的方向的特征不同，如图 8-25 所示，扩展指向图中箭头标示的方向。这两类裂纹的主要机制是由于裂纹快速扩展时裂纹尖端与弹性冲击波相互干涉所造成的。

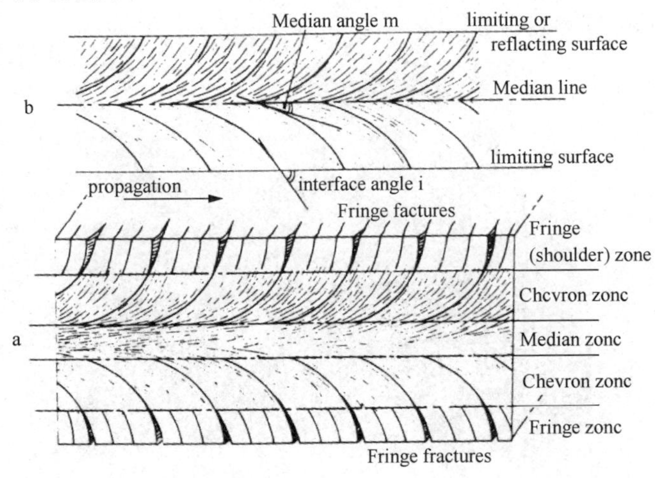

图 8-25　岩石中人字形羽毛状裂纹示意图(宏观尺度)[29]

在本章的实验中，作者发现一种类似鱼鳞状花样的断口形貌，其形成机制可能与 Wallner 线和岩石中人字形羽毛状裂纹的形成机制是相似的。借助 Wallner 线的研究思想，作者分析了在细观尺度下鱼鳞状花样的形成机制。

岩石内部存在大量随机分布的缺陷，如图 8-26(a) 中 A 和 B 为两缺陷。随着温度升高和荷载的增加，岩石内部会出现裂纹源，用 O 点表示。由于岩石在这样一个状态下表现出脆性性态，裂纹会迅速扩展，由此发射出一个弹性波，该波会随着裂纹扩展而迅速向前传播。当该弹性波传播到裂纹前方与两个缺陷源 A 和 B 相遇时，弹性波可能分为两部分，一部分弹性波继续往前传播，另一部分由于缺陷源而反射回来，这样在裂纹扩展前方就会形成两种作用力，一种是前进的弹性波的压缩作用，另一种是反射波的拉伸作用。这两类波会发生干涉现象，从而产生交互作用，这有可能会形成两类主要的作用区，如图 8-26(a) 所示，C-T 作用区和 T-T 作用区。在 C-T 作用区的岩石受到压缩波和反射拉伸波的交互作用；在 T-T 作用区的岩石受到拉伸应力的交互作用。相应的，通常发生在岩石矿物颗粒边界的微破裂就是由外部荷载、温度和主运动裂纹发射出的反射应力波的影响等多种因素造成的。这样的作用会在主裂纹的断裂路径的前方预先产生薄弱区，导致裂纹在很低的应力下就能扩展，这个应力比起裂的初始应力要小。当断裂发生时，它就沿着这些刚产生的缺陷处开始扩展，这会产生一种如图所示的表面形貌。当最大拉伸主应力大于或者等于材料的拉伸强度时，拉伸微破裂会垂直于拉伸应力的方向。当最大拉伸主应力小于材料的拉伸强度时，此时要么差应力(σ_1–σ_3)低且没有微破裂发生，要么差应力高从而导致微破裂发生在与最大主应力 σ_1 方向有一夹角的方向。角度的大小取决于差应力的大小和类似于 Mohr 包络线描述的给定条件下的最小主应力 σ_3 来决定。在岩石中，由于低拉伸强度，最大拉伸主应力很容易超过材料的拉伸强度，微破裂将发生在 T-T 区还有靠近良好反射(高 σ_3 值)的 C-T 区；剪切破裂将发生在靠近反射不好(低 σ_3 值)的 C-T 区；应力 σ_3 越低，剪切微破裂与 σ_1 方向的夹角越大。这样的机制就有可能在岩石内部产生此类鱼鳞状花样的裂纹，如图 8-26(b)和图 8-26(c)所示。我们可以预测在金属材料中，由于其通常具有非常高的拉伸强度，因此很难在金属中产生此类鱼鳞状裂纹。

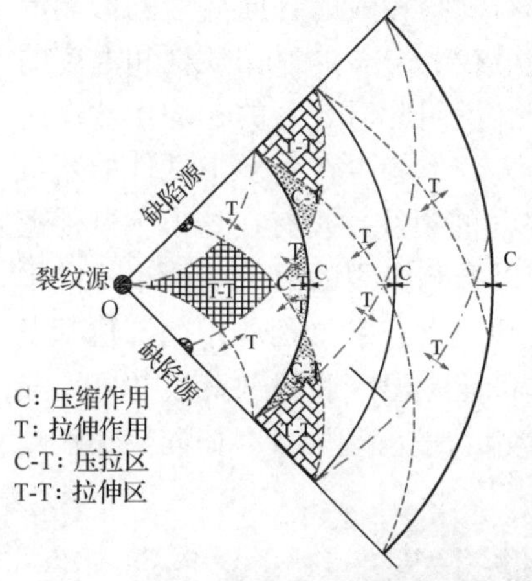

(a) 鱼鳞状断口形成机制示意图

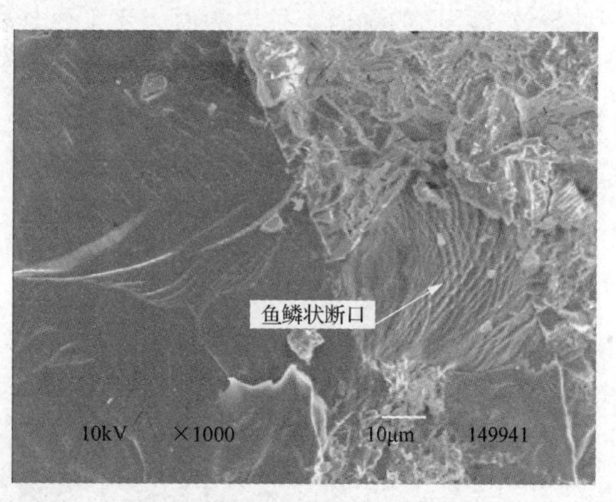

(b) 鱼鳞状断口形貌SEM图(试件150℃-1，×1000)

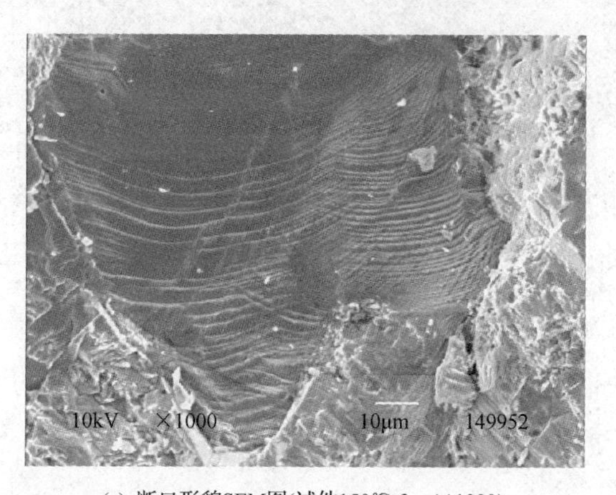

(c) 断口形貌SEM图(试件150℃-3，×1000)

图 8-26　鱼鳞状断口形成机制示意图及断口形貌图

5. 瀑布状花样

瀑布状花样是在一个截面形状较为规则的矿物颗粒上产生的，里面的断裂机制有多种，如图 8-27 所示。表面上类似于瀑布状的花样是岩石矿物颗粒具有一定塑性变形的机制，近似等间距的排列又说明此裂纹又有疲劳的特性在里面，裂纹沿着箭头的指向扩展。而在垂直 SEM 图的平面中间部位也有裂纹在扩展，可以判断这条裂纹的扩展是脆性机制在起主导作用，并且发生了撕裂作用。这说明在同一矿物颗粒上发生了两种裂纹的扩展，而且是在不同的平面上。这样的裂纹扩展机制是很复杂的，由于我们目前的技术只能观察到断裂后的状态，并不能了解当时所有的裂纹实时扩展的状况，所以对其只能推测分析。导致两种裂纹在不同的平面上扩展的原因还主要是岩石矿物颗粒的各向异性的影响，瀑布状花样的近似等间距的排列说明受到交变荷载、岩石的非均质性和温度的影响，另一平面上的裂纹张开的位移不均匀，又说明此时岩石的非均质性在起主导作用，并且这个影响看来要比温度的影响大。作者也在另一半试件的断口找到了同一位置，发现垂直于 SEM 图的那个平面的裂纹并没有在这半个试件上扩展，但可以看出留下撕裂的痕迹，这样就可以推测撕裂的痕迹是两个不同平面的裂纹在相交后产生的。在图 8-27(b) 的左侧中间部位和上面的中间部位都发现了矿物颗粒与其附近胶结物开裂的现象，这可能是温度和外部荷载共同造成的影响。另外在图 8-27(b) 的右侧出现了一条河流状的解理裂纹，如同崇山峻岭之间一条河流缓缓地通过。

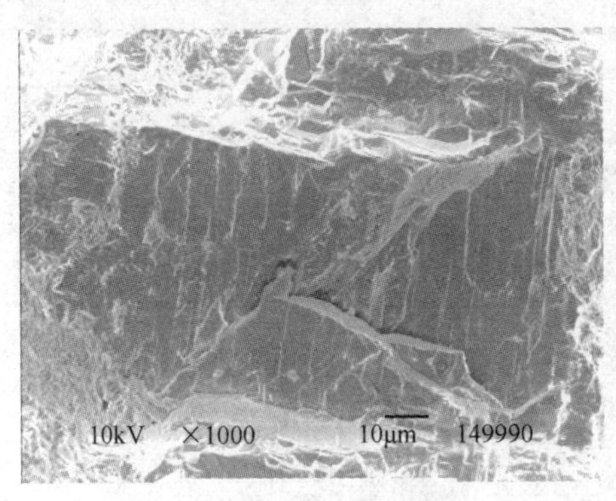

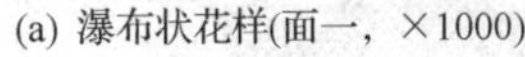
(a) 瀑布状花样(面一，×1000)

(b) 瀑布状花样(面二，×500)

图 8-27　试件同一断口的瀑布状花样(试件 300℃-2)

6. “无头鹤”花样

“无头鹤”花样的形成机制同“8.2.1 节中层状结构面撕裂断口”中叙述的机制是一样的，主要是由矿物的层状结构所造成的。因为该花样像只没有头的仙鹤，故称其为“无头鹤”花样(图 8-28)。

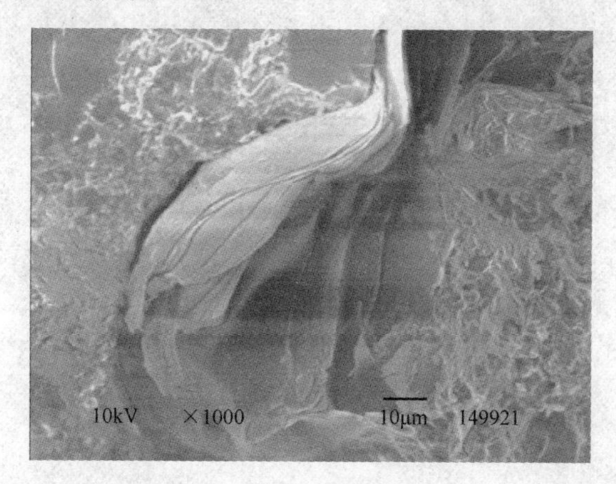

图 8-28　“无头鹤”断口花样(试件 250℃-1，×1000)

7. 其他花样

从实验中观察到岩石的断口花样很多(图 8-29)，很多形成的机制是作者解释不清楚的，只是把这些断口花样归结起来，将来有待进一步地去探讨研究。

(a) 悬崖峭壁花样(试件35℃-3，×500)

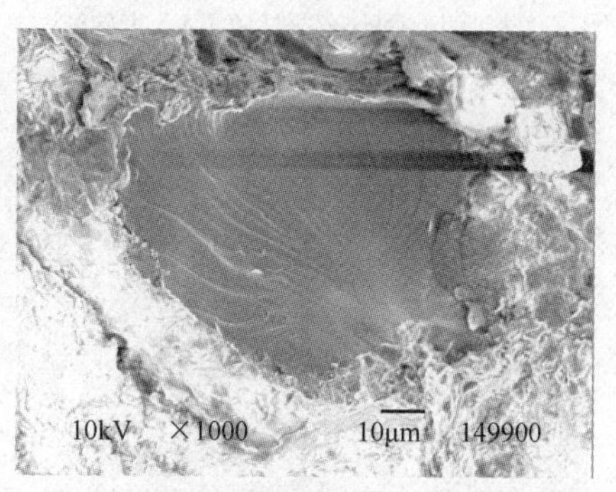

(b) 白菜花样(试件40℃-3，×1000)

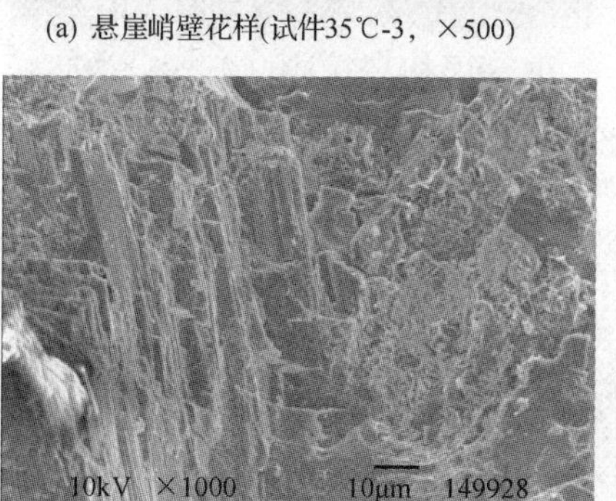

(c) 玉峰状花样(试件250℃-2，×1000)

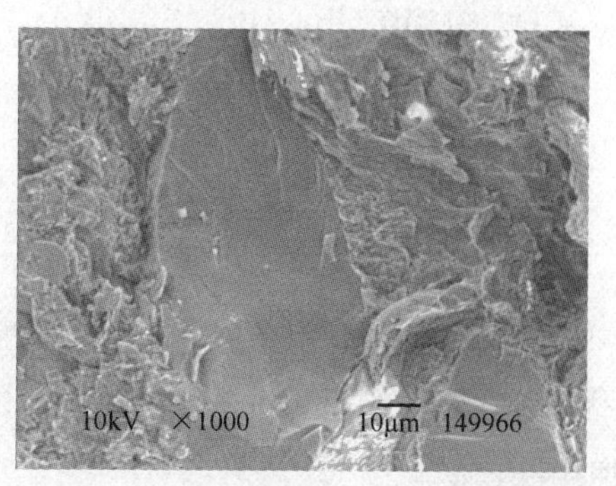

(d) 手掌形花样(试件150℃-3，×1000)

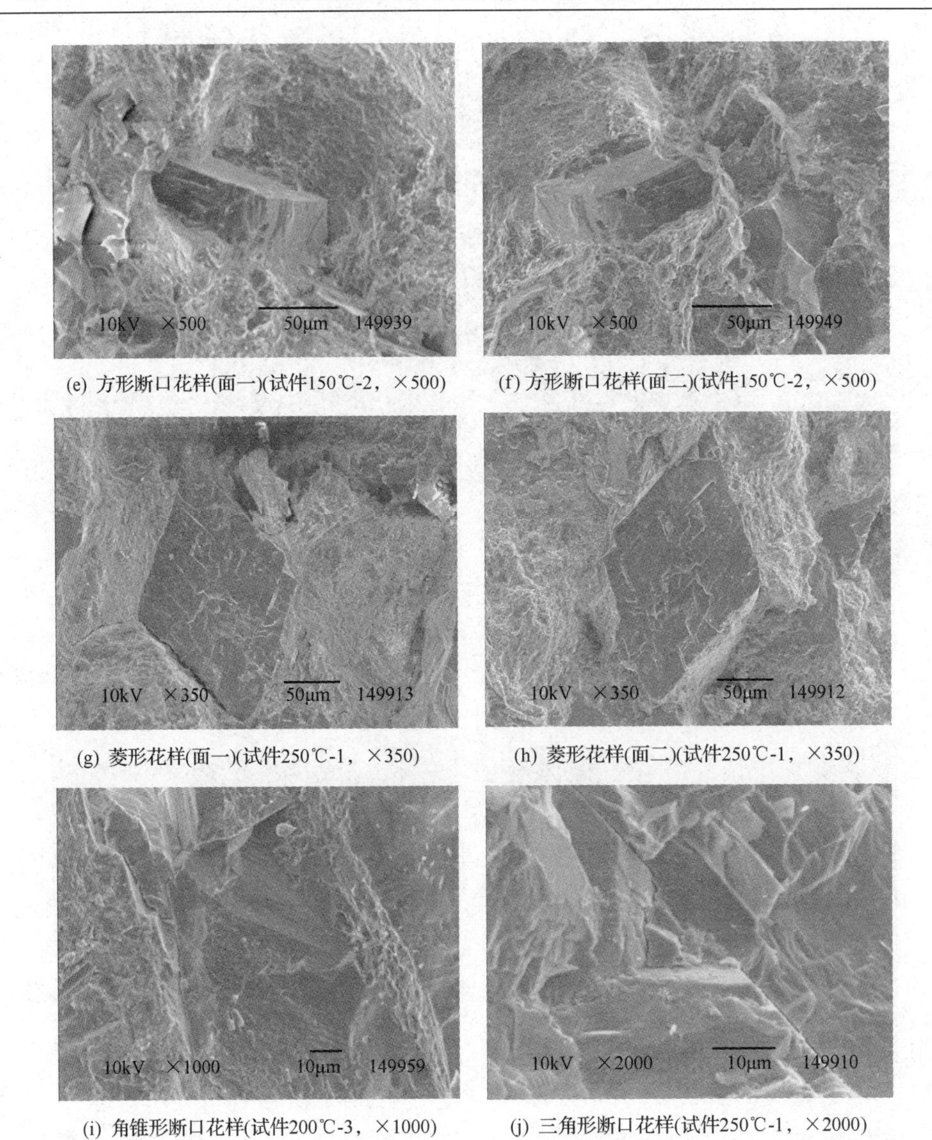

(e) 方形断口花样(面一)(试件150℃-2，×500)　(f) 方形断口花样(面二)(试件150℃-2，×500)

(g) 菱形花样(面一)(试件250℃-1，×350)　(h) 菱形花样(面二)(试件250℃-1，×350)

(i) 角锥形断口花样(试件200℃-3，×1000)　(j) 三角形断口花样(试件250℃-1，×2000)

图 8-29　各种形状的断口花样

8.3　岩石细观破坏过程的损伤描述

根据前面所有的实验及分析，我们加深了对岩石细观破坏过程的认识，本节将用损伤力学[30]的思想进一步描述岩石的细观破坏过程。用一特征函数来做定性的描述。

$$D=D(\alpha_1, \alpha_2, \cdots, \alpha_i) \tag{8-1}$$

式中，函数 D 为岩石整体破坏函数，整体破坏函数由各个子结构的损伤演化 α_i 来确定。该损伤演化函数与岩石材料的性质、外部荷载、温度和环境因素等相关，是个很复杂的行为。按实验的加载方式，来对其讨论，即先升温再加载。在外部荷载和温度作用前，所有子结构的损伤演化函数 α_i 都没有启动。开始升温，此时岩石的部分子结构开始出现损伤热开裂，用集合 D_m 来表示，m 表示由于受到温度影响而开始出现损伤的 m 个子结构，其中 $m<i$ 且 m 为 $1\sim i$ 之间的随机数，m 与温度的大小和岩石材料的特性相关，当温度达到某预定实验的最大值时，m 达到升温阶段的最大值。然后开始加载，此时又有部分子结构开始出现损伤，用集合 D_n 来表示，n 表示加载过程出现损伤的子结构的数量，这 n 个子结构由两部分组成，一部分是新出现损伤的子结构，一部分是受温度影响后出现损伤的子结构的再次损伤。当达到破坏荷载时，D_n 也会达到某一临界值。而实际上在恒温度的持续作用下，岩石的子结构同样会有损伤出现，用集合 D_k 来表示，k 表示恒温持续作用下产生损伤的子结构数量，由三部分组成，一部分是恒温时新出现损伤的子结构，一部分是 D_m 中的部分子结构进一步损伤，还有一部分是 D_n 中的部分子结构进一步损伤。因此岩石的最终破坏是所有出现损伤达到一个临界值的情况，可用集合 D_a 表示，其中 a 表示最终破坏时出现损伤的子结构的数量，可用 $D_a=D_a(D_m\cup D_n\cup D_k)$。当然这仅仅是一个条件，并不是所有出现损伤的子结构都会对岩石的最终破坏有贡献，对岩石最终断裂起决定性作用的是集合 D_m、D_n 和 D_k 中部分起决定性作用和有贡献的损伤子结构，分别用 $\bar{D}_m$、$\bar{D}_n$ 和 $\bar{D}_k$ 来表示，这些损伤子结构才是引起岩石的性能劣化的关键因素，我们把关键性决定作用的损伤子结构用集合 D_b 来表示，其中 $D_b=D_b(\bar{D}_m\cup\bar{D}_n\cup\bar{D}_k)$。作者这里采用集合中的并集的运算符合 $\cup$ 包含有两个方面的含义，一方面就是集合的运算，另一方面更为主要的是来说明这些损伤子结构之间的相互影响作用及其自组织形成破坏的过程。因此岩石细观破坏准则为：当所有出现损伤的子结构及决定性损伤子结构都达到其相应的临界值时，岩石才会最终破坏，具体表示如下：

$$D_a(D_m\cup D_n\cup D_k)\leqslant D_{ac}(D_m\cup D_n\cup D_k) \tag{8-2}$$

$$D_b(\bar{D}_m\cup\bar{D}_n\cup\bar{D}_k)\leqslant D_{bc}(\bar{D}_m\cup\bar{D}_n\cup\bar{D}_k) \tag{8-3}$$

式中，D_{ac} 和 D_{bc} 分别表示出现损伤子结构的临界值和决定性损伤子结构的临界值。

8.4　扫描电镜下断口形貌的三维重建及分形维数的测量

三维重建是计算机视觉领域中的一个重要研究方向，主要是由两幅或者多幅两维图像恢复物体的三维几何形貌。目前由两个普通摄像机分别获取的两维图像进行三维重建的技术已经比较成熟[31]，扫描电镜下的三维重建也在 20 世纪 90 年代开始起步并得到发展[32, 33]。由于 SEM 具有分辨率高、景深大和可以直接观察试样等特点，特别适合于对断口的分析研究，从而使显微断口 SEM 成像技术成为一种广泛用于研究断裂的方法。但是，扫描电镜的成像技术是将立体的景物经过透视投影在二维平面上，损失了景物的深度信息，这给断口图像的平面分析带来很大的局限性。为了得到断口图像完整的三维信息，在 SEM 下进行断口的三维重建具有较大的实用性。

定量的断口分析可以为揭示断裂微观机制、断裂过程和断裂性质等问题提供可靠的依据，从而更好地研究材料和零部件的失效。断口表面定量分析所借助的一个重要工具是分形理论。自从 20 世纪 80 年代分形应用于断口分析以来，这项研究引起了众多材料工作者的注意。尽管目前测量分形维数的方法有多种，但是大部分方法属于间接法，因而探索分形维数直接测量的方法显得比较重要。

本节利用计算机立体视觉的研究成果，基于数字相关方法，实现了利用扫描电镜立体对图像对岩石断口表面的三维重建，并根据张亚衡和周宏伟等提出的改进立方体覆盖法[34]进行了分形维数的直接测量，为断口的进一步定量分析及断裂机制的研究奠定了基础。

8.4.1 断口形貌三维重建基本原理

三维重建是利用空间同一点在不同立体角下的两幅图像中的视差来计算其高程的。进行三维重建首先必须确知空间点在两像面上的像点坐标，此两像点称为匹配像点。在两幅图像中找到匹配像点的坐标的过程称为匹配。立体匹配的本质就是给定一幅图像中的一点，寻找此点在另一幅图像中的对应点，使得这两点为空间同一物体点的在不同图像面上的投影。而数字散斑相关方法的基本思想就是通过匹配物体变形前图像中的子区与变形后图像中的子区之间的一一对应关系来获得描述物体变形的信息[35]。可以看出，立体匹配和数字散斑相关方法之间具有很强的联系，数字散斑相关方法所能解决的问题正好是立体匹配中所需要解决的问题。因此可以将数字散斑相关方法应用到三维重建中的立体匹配中。

设 f，g 分别表示不同立体角下所记录的两幅图像的灰度分布，并假设物体表面上的每一点在两幅图像中的灰度值是不变的，即满足立体视觉中的相似性度量假设，则：

$$f(x,y)=g(x^*,y^*) \tag{8-4}$$

首先在一幅图像中选定一待匹配点，以匹配点为中心的某一大小的子区作为样本子区，(x, y) 为子区内任一点。不同立体角下的另一幅图像的所有可能匹配点构成一个搜索空间，以搜索空间内每一点为中心的子区域称为目标子区，(x^*, y^*)

为目标子区内任一点。为了判断搜索空间内的点与待匹配点是否相对应，可从数学上建立一个衡量图像相似程度的标准，这个标准可选用 $g(x^*, y^*)$ 与 $f(x, y)$ 的互相关系数。相关系数是反映两个图像子区间的相似程度的一个数学上的度量。经常采用的交叉互相关系数为

$$C=1-\frac{\sum[f(x,y)g(x^*,y^*)]}{\sqrt{\sum f^2(x,y)\sum g^2(x^*,y^*)}} \tag{8-5}$$

对于实际情况而言，由于系统噪声、图像的畸变等多方面的因素，一般认为(8-5)式取极小值时，二者是对应的。这样，通过求相关系数的极值可实现对应点的匹配。

不同立体角下的图像中的对应点立体匹配之后，则可以计算出图像中各点的相对高程。若一图像立体角为 0°，另一图像立体角为一较小的θ角(一般为 5°～15°)，如图 8-30 所示，则高程计算公式如下：

$$h=\frac{d_1\cos\theta-d_2}{\sin\theta} \tag{8-6}$$

式中，h 为样品上某点 P_A 和参考点 P_B 之间的高程差；θ 为倾角；d_1、d_2 分别为 P_A 和 P_B 两点在两图像上的投影距离。将图像上各点的高程计算出来之后，就完成了物体表面的三维重建。

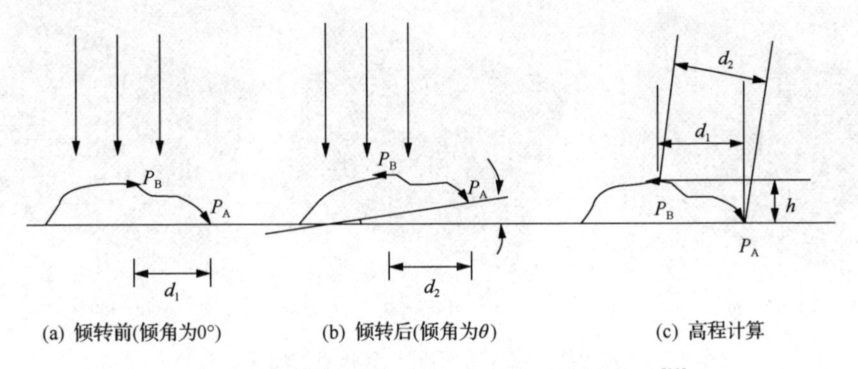

图 8-30 利用 SEM 立体对进行高程计算示意图[33]

8.4.2 岩石断口表面形貌 SEM 实验

本实验中采用的实验设备为中国矿业大学(北京)煤炭资源与安全开采国家重点实验室的 JSM－5410LV 型 SEM，其载物台为一五轴联动系统，试件在试件室内可做 x、y、z 三个方向的平移以及绕 x 轴和 z 轴的转动。该扫描电镜在低真空下的分辨率可达到 5.5nm，放大倍数范围为 35～200000 倍。其图像的存储类型为 8bit

的 bmp 标准格式，大小可选为 660×495 像素或者 1920×1440 像素。

(1) 调整 SEM，使其处于待机状态，将一表面经过喷金处理的岩石断口试件放入 SEM 的样品室内，使试件处于水平位置。

(2) 启动 SEM 抽真空装置，开始抽真空。大约十几分钟后指示灯亮，表明真空状态已准备好。

(3) 调节 SEM 工作距离，本实验中工作距离取为 43mm。在低倍下观察，以选择一合适的观察区域。然后逐步增大放大倍数，以获得更多的表面细节，本实验中放大倍数取为 350×。

(4) 对所观察区域聚焦，并调节灰度和对比度，使图像具有较好的衬度和较多的灰度层次，记下视场内某一显著表面特征的位置，采集立体角为 0°时的 SEM 图像，记为 350-0。将试件倾斜 7°，并调整 SEM 的 x 轴和 y 轴，利用前面记下的显著表面特征，保持视场相同，采集 SEM 图像，记为 350-7。重复前面的步骤，采集立体角为 9°时的 SEM 图像，记为 350-9。

8.4.3　岩石断口表面形貌三维重构结果

由于扫描电镜的电子束扫描方向与样品台的倾转轴不垂直而引起各点的位移与竖直方向之间有一个大约 17.2°的夹角，为了消除这个夹角的影响，使位移只发生在竖直方向上，本章中将图像进行了旋转处理，旋转角度为 17.2°，旋转后的图像如图 8-31 所示。

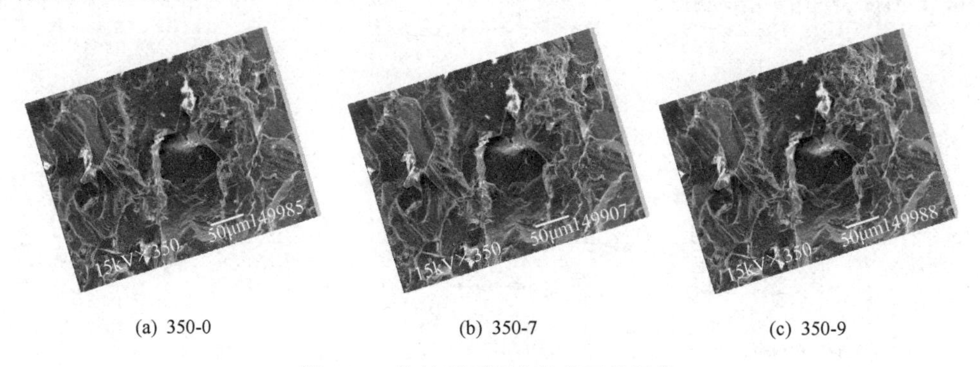

(a) 350-0　　(b) 350-7　　(c) 350-9

图 8-31　旋转后不同立体角下的图像

物体上两点在立体对图像上投影距离的不同称为视差。从前面的分析可以看到，为了能够进行三维重建必须得到物体上两点在立体对图像上的投影距离。此投影距离可以通过计算立体对之间位移场的方式来得到。只要得到了所感兴趣区域的位移场，则任一点与参考点之间在图像上的投影距离可以通过位移的改变来得到。本章中以倾角为 0°的图像为参考图像，在参考图像中取 x(600，1600)，y(500，1200) 的区域为研究对象，则不同立体角所对应的立体对之间的位移场如图 8-32 所示。

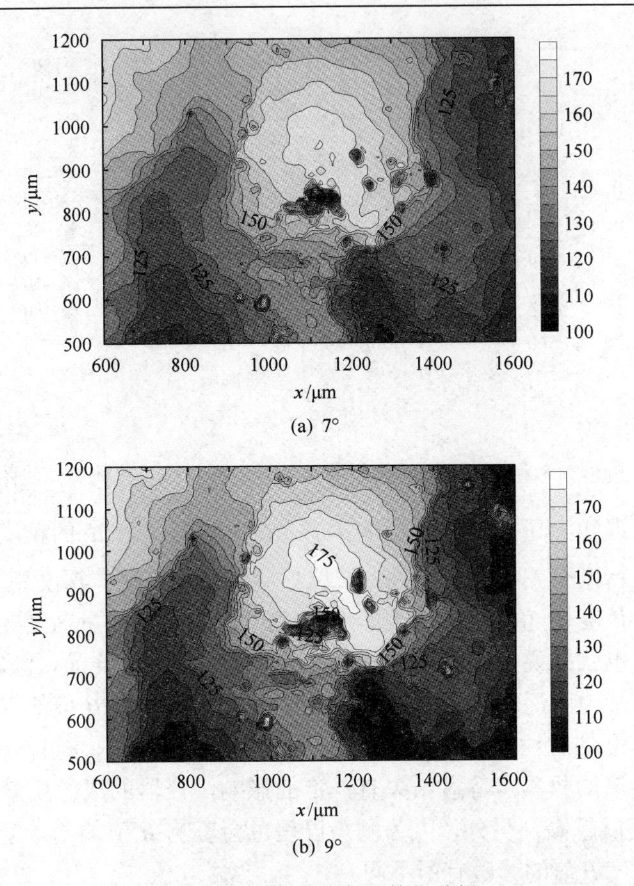

(a) 7°

(b) 9°

图 8-32　不同立体角下的位移场

以点(600，500)为参考点，通过计算图像中不同点相对于参考点的位移差，即可得到不同点相对于参考点之间的投影距离改变量。则可由高程计算公式[式(8-6)]计算出所选区域内各点的相对高程，将各点的相对高程绘制在等高线图上，可得到如图 8-33 所示的等高线。

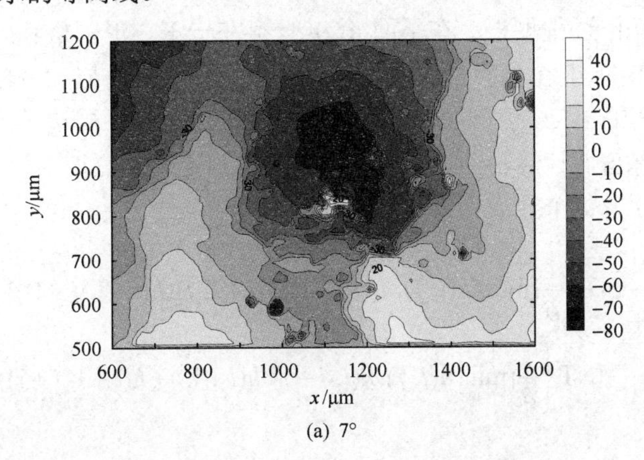

(a) 7°

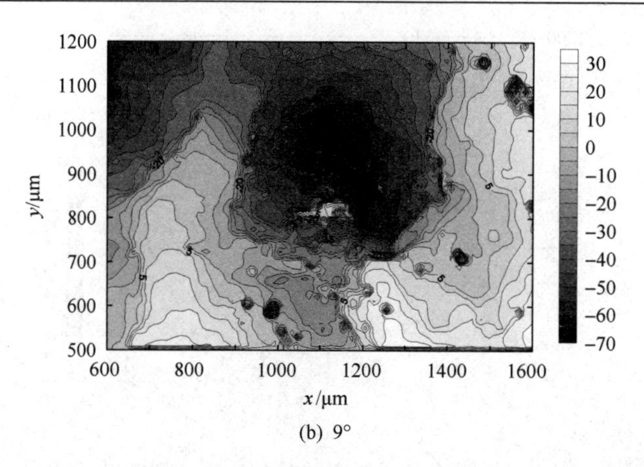

(b) 9°

图 8-33 利用不同立体角下的立体对进行三维重建的等高线图

由视差原理知，高程 $h=(d_1\cos\theta-d_2)/\sin\theta$，其中 d_1 和 d_2 的精度与数字相关方法的位移测量精度有关，数字相关方法位移测量精度越高，深度测量值 h 的精度亦越高；倾斜角度 θ 值是由仪器倾斜钮的刻度读出，其测量精度取决于样品台倾斜钮的精度，也就是说，仪器样品台倾斜钮的精度越高，样品台倾斜角度 θ 值测量精度亦越高，因而深度测量值 h 的精度越高；倾斜角度 θ 值的取值也会影响结果的精度，一般在 3°～15°，且当试样表面光滑时取较小值，试样表面粗糙时取较大值；扫描电镜的热噪声等对结果有一定的影响，仪器的成像质量越高，深度测量值 h 的精度就越高；另外，人为测量误差也会影响 h 值的测量精度，如不同人对相同倾斜角度 θ 值的读数有所不同。

8.4.4 断口表面分形维数的计算

用立方体覆盖法估算的分维是纯几何意义上的分维，就如用二维方形网格去覆盖无规则曲线一样，在计算过程中却没有近似的过程，每个计算步骤都有精确的方法，所以计算出的分维接近真实的分维[34, 36]。

该方法的操作过程如下：在平面 XOY 上存在一正方形网格，网格中每格的尺寸是 δ，正方形的 4 个角点处分别对应四个高度 $h(i,j)$、$h(i, j+1)$、$h(i+1, j)$ 和 $h(i+1,j+1)$，其中 $1\leqslant i, j\leqslant n-1$，$n$ 为每个边的量测点数。用边长为 δ 的立方体对粗糙表面进行覆盖，计算覆盖区域 $\delta\times\delta$ 内的立方体个数，即在第 i, j 个网格内，覆盖粗糙面的立方体个数 $N_{i,j}$ 为

$$
\begin{aligned}
N_{i,j}=&\mathrm{INT}\left\{\frac{1}{\delta}[\max(h(i,j),h(i,j+1),h(i+1,j),h(i+1,j+1))]+1\right\}\\
&-\mathrm{INT}\left\{\frac{1}{\delta}[\min(h(i,j),h(i,j+1),h(i+1,j),h(i+1,j+1))]\right\}
\end{aligned}
\tag{8-7}
$$

其中 INT 为取整函数。则覆盖整个粗糙表面所需的立方体总数 N 为

$$N(\delta)=\sum_{i,j=1}^{n-1} N_{i,j} \tag{8-8}$$

改变观测尺度再次覆盖，再计算覆盖整个粗糙表面所需的立方体总数，若粗糙表面具有分形性质，按分形理论，立方体总数 $N(\delta)$ 与尺度 δ 之间应存在如下关系：

$$N(\delta)\sim\delta^{-D} \tag{8-9}$$

$$N_0(\delta)\sim\delta_0^{-D} \tag{8-10}$$

$$N/N_0\sim(\delta/\delta_0)^{-D} \tag{8-11}$$

$$\log(N/N_0)\sim[-D\log(\delta/\delta_0)] \tag{8-12}$$

式中，D 为断口表面分形维数。

由此可知，只要绘出关于 N/N_0 与 (δ/δ_0) 的双对数曲线，求直线部分斜率的相反数即可得到所求分形维数。

本章利用重建过程得到的高度数据，将立方体覆盖法的过程编制程序，建立 $N(\delta)$ 与 δ 之间的关系。以最大观测尺度为 δ_0，以其所对应的覆盖粗糙表面所需的立方体数目为 N_0。实验数据如表 8-1 所示，反映 $N(\delta)$ 与 δ 关系的双对数曲线见图 8-34。

由图 8-34 可知，当倾斜角度分别为 7°，9°时分形维数比较接近，分别为 2.1726，2.1783。为减小误差，取前两个分维的平均值为断口的分形维数，得出 D 为 2.1755，介于 2 与 3 之间，从理论上是合理的，这也证明断口表面确实是一分形结构。

通过比较图 8-33(a)和图 8-33(b)可以看出，利用视差原理进行三维重建，结果能较好地反映断口表面的真实起伏情况，是合理的。通过比较图 8-33 中不同立体角下的立体对进行三维重建的等高线图可以看出，不同立体角下的重建结果略有不同。其原因在于对于不同的表面，往往会存在一个最佳的立体角。一般来说，

表 8-1　不同倾角 θ 下的 $N(\delta)$ 与 δ

7°							
δ/μm	0.9653	1.9305	3.8610	7.7220	15.4440	30.8880	61.7761
$N(\delta)$	64576	15309	3445	738	175	42	7
9°							
δ/μm	0.9653	1.9305	3.8610	7.7220	15.4440	30.8880	61.7761
$N(\delta)$	65870	15471	3470	752	171	42	7

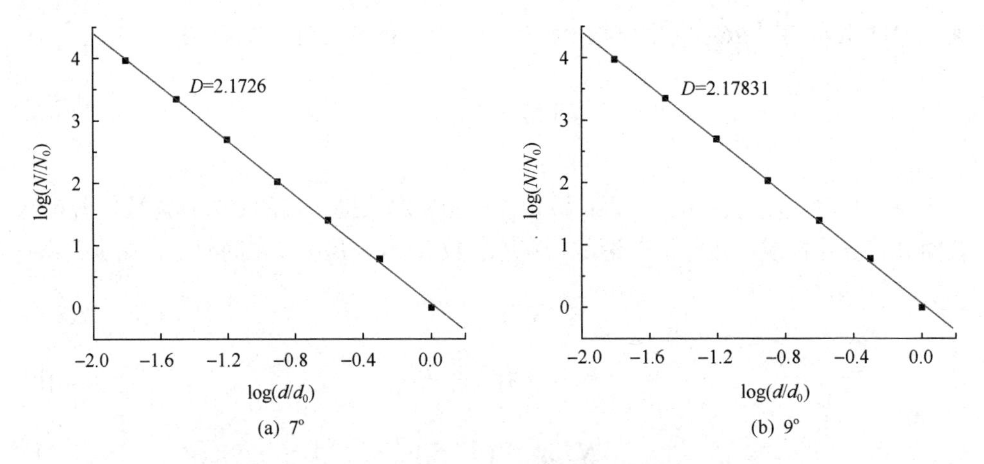

图 8-34　不同倾角下的对数曲线图

光滑试样的立体角为 7°～15°，而粗糙试样的立体角为 3°～7°。此立体角确定平移度(平面位移)，它是此垂直位置高于或低于某特定数值面的量度。立体角太大即在记载特征间具有过度的位移(平移度)，则立体图像太深。如果立体角太小则位移不足，那么此立体图像就不是一个真实的三维表示。

本章通过对比分析了大量的断口形貌 SEM 图，得到了其不同的微细观断裂模式，比较了受不同温度影响后的微观断口形貌的差异，并对砂岩的微细观断裂机制做了详细的研究，得到结论如下。

(1)实验上通过对比不同温度下砂岩的局部解理断口及局部疲劳断口，理论模型上通过不同温度下原子在平衡位置附近振动模型证实了温度对砂岩破坏的微观断裂机制产生了影响，即随着温度的升高，砂岩的断裂机制由以局部脆性断裂机制为主向局部脆性和延性耦合断裂机制转变，并认为 150～300℃是脆延过渡区的转变温度，在这个过渡区，岩石的断口形貌更为复杂和多样，这是由于温度升高后，矿物晶体内部的原子振动加剧，热激活导致局部的塑性变形能力增加；并且温度影响了裂纹尖端的应力状态。

(2)研究了不同温度下的岩石断裂的微细观机制，如疲劳断裂、解理断裂、准解理断裂和沿晶断裂等，并通过相应的断裂机制示意图对其做了讨论。重点对岩石中疲劳裂纹做了研究，认为应力中的交变部分和裂纹尖端局部平面应变状态是形成疲劳裂纹的关键因素，局部区域的塑性变形是疲劳裂纹形成的先决条件，而温度影响则是岩石中形成疲劳裂纹一个重要的影响因素，这也是温度影响岩石强度变化的一种体现。

(3)通过大量的 SEM 图证实了温度-拉应力共同作用下岩石中会产生疲劳裂纹，这是微细观的“褶皱”现象，这在一定程度上也说明褶皱现象不仅仅是挤压作用造成的，也可能是受到拉伸荷载和温度长时间的共同影响而造成的，这个结论还有待进一步的研究。

(4) 温度-拉应力共同作用下砂岩的断裂主要发生在黏土胶结物上及其与矿物颗粒的交界处，少数发生在矿物颗粒上；胶结物的断裂形貌较复杂，几乎没有什么规律。

(5) 在断裂机制都相似的情况下，低温下的断口较为光滑平坦，而高温度下的断口较为粗糙，断口表面发生过微小的塑性变形；在反复拉伸加载至停载的加载方式及温度的共同作用下，砂岩内部也能产生疲劳断口，温度大于 150℃后疲劳断口更容易发生；局部延性断口只在温度大于 200℃的实验中发现。这些都说明温度对砂岩破坏的微观机制产生了很大的影响，即随着温度的升高，砂岩的断裂机制由以局部脆性断裂机制为主向局部脆性和延性耦合断裂机制转变。应力中的交变部分和裂纹尖端局部平面应变状态是形成疲劳裂纹的重要因素，局部区域的塑性变形是疲劳裂纹形成的先决条件，而温度影响了岩石的塑性行为，这也是温度影响岩石强度变化的一种体现。而且高温断口形貌更为多样、复杂，这主要是受到高温影响后，岩石内部矿物颗粒、晶体和原子热运动加剧，当岩石受到外部荷载作用发生断裂时就有可能出现在更大范围的位置。

(6) 借用金属断口形貌学的研究思想，通过撕裂或二次解理形成台阶机制示意图、雾区断口机制和层状结构示意图对一些断裂机制进行了解释。随着温度升高，河流花样逐渐增多，而穿过不同角度晶界河流花样的变化主要受到晶界角度的影响；台阶花样产生的主要机制是受到撕裂和二次解理的作用，解理台阶的高度主要受到岩石材料自身的结构特性的影响，温度对其影响较小；层状结构面撕裂断口的产生主要受到岩石内部层状结构面的影响，并且这种断口形貌是岩石所特有的，在金属断口形貌中还少见报道；雾区断口只在高温实验中发现，说明温度的影响起着决定性作用；准解理断口很难与解理断口区分，但其通常比解理断口具有更多的塑性机制在里面。清楚地观察到沿晶断口，并通过三角晶界处的沿晶断裂模型对其进行了解释。

(7) 观察到很多以前未曾报道过的岩石断口形貌，如“香蕉状”断口、“老人头状”断口、“鱼鳞状”断口、“瀑布状”断口、“无头鹤状”断口等，解释了鱼鳞状断口的形成机制，说明温度影响后岩石断口形貌的更为多样和更为复杂，这是温度影响强度变化的一种表现；一定程度上也说明大自然的事物在变形破坏过程是个自组织的破坏过程，有的甚至可以从生活当中找到原貌。

(8) 通过特征整体破坏函数建立了岩石破坏准则，认为只有当所有出现损伤的子结构及决定性损伤子结构都达到其相应的临界值时，岩石才会最终破坏，该准则包含了部分的细观破坏机制及岩石真实的破坏过程。

(9) 非主断裂面的二次裂纹和碎裂断口说明岩石的破坏除了主断裂之外，其他子结构也可能发生破碎，而高温时这种碎裂结构更容易发生，这也表明温度的影响是重要的，另外也表明主断裂发生前后，岩石内部还有其他损伤发生。

(10)基于数字相关方法，利用SEM立体对技术和计算机视觉方法实现了三维表面重建。利用相关原理算出了试件在不同立体角下的位移场，运用视差原理对岩石断口表面形貌进行了三维重建，并且对三维重建过程中的误差进行了分析，最后利用分形理论对断口的三维形貌进行了定量分析，由立方体覆盖法得出了断口形貌的分形维数。结果表明，利用SEM立体对技术对断口表面进行三维重构和测量是一种行之有效的断口定量分析的途径。

参考文献

[1] 陈颙, 黄庭芳. 岩石物理学. 北京: 北京大学出版社, 2001.

[2] Fineberg J, Marder M. Instability in dynamic fracture. Physical Reports, 1999, 313 (1-2): 1-108.

[3] 刘彩平. 岩石动态裂纹扩展的不稳定性及其物理机制研究(博士学位论文). 北京: 中国矿业大学, 2005.

[4] 李先炜, 兰勇瑞, 邹俊兴. 岩石断口分析. 中国矿业学院学报, 1983, 1: 15-21.

[5] 刘小明, 李焯芬. 岩石断口微观断裂机理分析与实验研究. 岩石力学与工程学报, 1997, 16 (6): 509-513.

[6] 谭以安. 岩爆岩石断口扫描电镜分析及岩爆渐进破坏过程. 电子显微学报, 1989, 8 (2): 41-47.

[7] 冯涛, 谢学斌, 潘长良, 等. 岩爆岩石断裂机理的电镜分析. 中南工业大学学报, 1999, 30 (2): 14-17.

[8] 李根生, 廖华林. 超高压水射流冲蚀切割岩石断口微观断裂机理实验研究. 高压物理学报, 2005, 19 (4): 337-342.

[9] 谢和平. 岩石材料的局部损伤拉破坏. 岩石力学与工程学报, 1988, 7 (2): 147-154.

[10] 谢和平, 陈至达. 岩石断裂的微观机理分析. 煤炭学报, 1989, (2): 57-67.

[11] 朱珍德, 张勇, 徐卫亚, 等. 高围压高水压条件下大理岩断口微观机理分析与实验研究. 岩石力学与工程学报, 2005, 24 (1):44-51.

[12] 朱珍德, 张勇, 王春娟. 大理岩脆-延性转换的微观机理研究. 煤炭学报, 2005, 30 (1):31-35.

[13] Bahat D. Tectono-fractography. Springer-Verlag, Berlin and Heidelberg Gmbh & Co. K: 1991.

[14] Bahat D, Frid V, Rabinovitch A, et al. Exploration via electromagnetic radiation and fractographic methods of fracture properties induced by compression in glass-ceramic. International Journal of Fracture, 2002, 116 (2): 179-194.

[15] Babadagli T, Develi K. On the application of methods used to calculate the fractal dimension of fracture surfaces. Fractals, 2001, 9 (1): 105-128.

[16] Xie H P. Fractals in Rock Mechanics. Rotterdam: A A Balkema Publishers, 1993.

[17] Zhou H W, Xie H P. Direct estimation of the fractal dimensions of a fracture surface of rock. Surface Review and Letters, 2003, 10 (5): 751-762.

[18] Zhou H W, Xie H P. Anisotropic characterization of rock fracture surfaces subjected to profile analysis. Physics Letters A, 2004, 325 (5-6): 355-362.

[19] Xie H P, Wang J A, Stein E. Direct fractal measurement and multifractal properties of fracture surface. Physics Letters A, 1998, A 242 (1-2): 41-50.

[20] Zuo J P, Wang X S. A novel fractal characteristic method on the surface morphology of polythiophene films with self-organized nanostructure. Physica E, 2005, 28 (1): 7-13.

[21] 崔约贤, 王长利. 金属断口分析. 哈尔滨: 哈尔滨工业大学出版社, 1998.

[22] 左建平. 温度-应力共同作用下砂岩破坏的细观机制与强度特征(博士学位论文). 北京: 中国矿业大学, 2006.

[23] 左建平, 谢和平, 周宏伟, 等. 温度-拉应力共同作用下砂岩破坏的断口形貌. 岩石力学与工程学报, 2007, 26(12): 2445-2458.

[24] 左建平, 谢和平, 周宏伟, 等. 温度影响下煤层顶板砂岩的破坏机制及塑性特性. 中国科学: 技术科学, 2007, 37(11): 1394-1402.

[25] Zuo J P, Xie H P, Zhou H W, et al. Thermal-mechanical coupled effect on fracture mechanism and plastic characteristics of sandstone. Science in China Series E: Technological Sciences, 2007, 50(6): 833-843.

[26] 高峰. 岩石损伤断裂的细观机理及统计强度理论. 北京: 中国矿业大学北京研究生部, 1997.

[27] 彭瑞东. 基于能量耗散及能量释放的岩石损伤与强度理论. 北京: 中国矿业大学, 2005.

[28] Wallner H. Linienstrukturen an Bruchflachen. Z Physik, 1939, 114: 368-370.

[29] Syme Gash PJ. Surface features relating to brittle fracture. Tectonophysics, 1971, 12(5): 349-391.

[30] Lemaitre J. A course of damage mechanics. Springer-verlage, 1992.

[31] 马颂德, 张正友. 计算机视觉－计算理论与算法基础. 北京: 科学出版社, 1998.

[32] Friel J J, Pande C S. A direct determination of fractal dimension of fracture surfaces using scanning electron microscopy and stereoscopy. Journal of Materials Research, 1993, 8(1): 100-104.

[33] 朱平, 陈丙森. 基于特征的扫描电镜立体对三维重建. 电子显微学报, 1997, 16(1): 49-56.

[34] 张亚衡, 周宏伟, 谢和平. 粗糙表面分维估算的改进立方体覆盖法. 岩石力学与工程学报, 2005, 24(17): 3192-3196.

[35] 王怀文, 亢一澜, 谢和平. 数字散斑相关方法与应用研究进展. 力学进展, 2005, 35(2): 195-203.

[36] 周宏伟, 谢和平, Kwasniewski MA. 粗糙表面分维计算的立方体覆盖法. 摩擦学报, 2002, 20(6): 455-459.

第9章　热力耦合作用下岩石的屈服和流变模型

对于材料的强度理论研究一直以来都是一个重要的课题[1~4]，岩石的强度理论研究对于实际采矿工程和地下开挖工程等有重要的意义[5]。然而由于成岩与地质条件的影响，岩石内部含有大量随机分布的微缺陷，使得岩石的物理与力学行为极为复杂。因此人们对岩石破坏强度理论的研究也多是停留在宏观唯象的研究，或者根据大量的现场观测资料而提出经验性的准则。针对矿产资源深部开采以及核废料处置等重大工程实际需求，对热力耦合作用下岩石的强度理论和实验研究，尤其是深部岩石力学问题的研究就越显重要。

本章将继续前几章的研究，结合实验结果，从理论上深入研究热力耦合作用下岩石破坏的强度准则。以岩石的变形破坏过程实质上是个能量耗散和能量释放的过程为基础，得出岩石体积单元的能量守恒定律和破坏不可逆过程的微分表达式，为阐述岩石破坏过程中的能量耗散的规律提供依据；基于现有的理论和本章实验结果，提出不同温度影响下砂岩的分段强度理论模型，并将模型的预测结果与实验结果进行比较。

进一步以深部开采的课题为背景，对大量的岩石实验资料和破坏现象进行分析和总结，讨论温度和压力这两个因素对深部岩石的变形破坏的影响。将岩石的屈服破坏过程视为能量释放和能量耗散的过程，当能量耗散到一定程度时岩石就发生破坏失稳。在此基础上，根据最小耗能原理导出温度压力耦合作用下的深部岩石屈服破坏准则。

另外，由于岩石在温度和应力长时间作用下表现出流变特性。本章将对三种常用的流变元件(弹性元件、黏性元件和塑性元件)进行讨论，对其在温度和应力作用的变形特性做出相应的假设，基于西原流变模型，推导热力耦合作用下西原模型的蠕变方程、卸载方程和松弛方程，并尝试通过这些本构关系对岩石在温度和应力长时间作用下的流变特性进行大致预测。这对研究深部岩石流变变形特性具有重要的指导意义。

9.1　热力耦合作用下岩石变形破坏过程的能量耗散和能量释放分析

岩石试件在受载之前，试件可以看成处于一个初始平衡状态。在升温和加载后，由于外部输入的热量以及实验机开始对岩石试件做功，试件原有的平衡状态将被打破。随着荷载的增加，输入的热量以及实验机所做的功会逐步转变为其他能量，如实验机存储的弹性能、岩样变形时存储的弹性能、塑性耗散能、变形过程产生新表面的表面能等，进一步会导致岩石发生热辐射、红外辐射、声发射等能量输出；同时，岩石试件还会同周围环境的空气、水分、化学腐蚀等进行物质交换。因此岩石的变形破坏过程是个始终不断与外界交换着物质和能量的过程，岩石的热力学状态也相应地不断发生变化[6]。根据 Prigogine[7]的“耗散结构”理论：耗散结构就是包含多基元多组分多层次的开放系统处于远离平衡态条件下，在与外界交换物质和能量的过程中，由于涨落的触发作用系统从无序突变为有序而形成的一种时间、空间或时间-空间结构。热力耦合作用下岩石的变形过程与此类似：在外部荷载、温度和其他因素影响下，微裂纹从无序分布逐渐向有序发展，最终形成宏观裂纹导致岩石的失稳破坏，因此可以认为热力耦合作用下岩石的变形破坏也是个能量耗散和能量释放的过程，并最终形成耗散结构[8]。热力学第一定律叙述了各种能量间的转换，并指明能量是守恒的；而热力学第二定律指明了实际的宏观过程总是不可逆的，它反映出实际物理过程中能量耗散的特性，这也表明可以通过能量间的相互转变来刻画物质物理过程的本质特征。岩石的变形破坏行为是典型的不可逆行为，是个能量耗散和能量释放的过程，因此用热力学的方法描述岩石变形状态的特征应当是可能的。

考虑一个岩体单元在热力耦合作用下产生变形，外部荷载所做的功 W 和输入的能量 Q 会转变为别的能量，由热力学第一定律知：

$$W + Q = U^{\mathrm{p}} + U^{\mathrm{d}} + U^{\mathrm{e}} \tag{9-1}$$

式中，U^{p} 为塑性功，用于形成岩石内部的局部塑性变形；U^{d} 为损伤功，用于形成岩石内部的损伤，这里假设与割线模量相关；U^{e} 为可释放弹性功，与卸载弹模直接相关。其中塑性功和损伤功属于耗散的能量，满足熵增原理，具有不可逆性；而可释放的弹性功则是可逆的，它是开始存储在岩石内部的能量，在破坏时又被释放出来。因此岩石破坏的能量耗散和能量释放过程可近似用图 9-1 来表示。

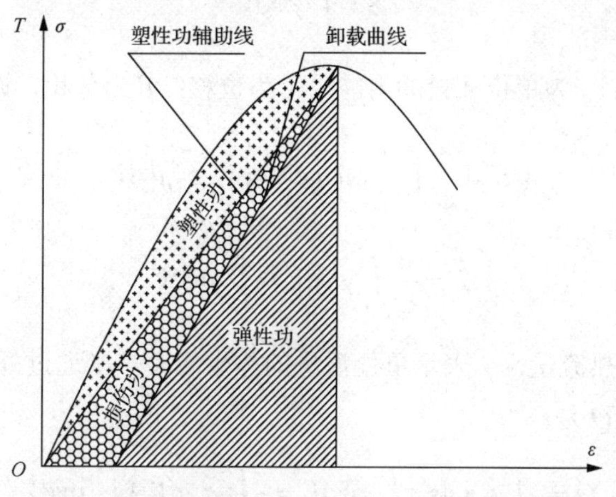

图 9-1　单位体积的损伤功、塑性功和弹性功的关系

9.2 热力耦合作用下岩石破坏的热力学理论基础

热力耦合作用下岩石内部的应力分布通常是不均匀的，且随着时间而变化，此时岩石处于不平衡状态，并且岩石的破坏过程是个能量耗散和能量释放的不可逆过程。经典的热力学在描述平衡态和研究可逆过程是成功的，而对于描述岩石破坏这样一个不可逆的过程是无能为力的，必须借助非平衡热力学理论[9]。为了能继续保持热力学的含义而又能绕过定义非平衡态热力学量的困难，引入局域平衡假说。局部平衡假说是对平衡状态的热力学理论体系加以扩充，这里设想把岩石划分成许多很小的体积单元，每个体积单元在宏观上是足够小的，以至于它的性质可以用该体积单元内部的某一点附近的性质来代表，但所有的体积单元在微观上讲又是足够大，每个体积元内部包含有足够多的分子，因而仍然满足统计处理的要求。若考虑岩石内的任意微小部分，总可以认为它处于平衡状态，并且可以考虑它的热力学状态，状态函数是该部分状态变量的函数，具有平衡状态的状态函数相同的形式[1]。

9.2.1 岩石体积单元的能量守恒定律

根据能量守恒定律，由外界输入岩石体积单元的热流率和对体积单元所做的功率之和必须与岩石体积单元的能量变化率相等。把能量分为两个部分，即动能

$$K=\int_V \frac{1}{2}\rho \dot{u}_i \dot{u}_i \mathrm{d}V \tag{9-2}$$

和内能

$$E=\int_V \rho e \mathrm{d}V \tag{9-3}$$

式中，ρ 为密度；e 为单位质量的内能；u_i 为位移；V 为体积，微分可得：

$$\dot{K}=\frac{\mathrm{d}}{\mathrm{d}t}\int_V \frac{1}{2}\rho \dot{u}_i \dot{u}_i \mathrm{d}V=\int_V \rho \dot{u}_i \ddot{u}_i \mathrm{d}V \tag{9-4}$$

$$\dot{E}=\frac{\mathrm{d}}{\mathrm{d}t}\int_V \rho e \mathrm{d}V=\int_V \rho \dot{e} \mathrm{d}V \tag{9-5}$$

若以 q_i 表示热流量，$\dot{\gamma}$ 表示单位质量的热生成率，则通过外法线向量为 n_i 的外界面的热流率 Q 是：

$$\dot{Q}=-\int_s q_i n_i \mathrm{d}s \times \int_V \rho \dot{\gamma} \mathrm{d}V=-\int_V q_{i,i} \mathrm{d}V+\int_V \rho \dot{\gamma} \mathrm{d}V \tag{9-6}$$

式中右边第一项表示由边界传入岩石体积单元的热量，第二项为岩石体积单元内热源产生的热量。外界对岩石所做的功率可用表面力 t_i 和体力 f_i 所做功率之和来表示：

$$\dot{W}=\int_V f_i\dot{u}_i\mathrm{d}V\times\int_V\sigma_{ij}v_i\dot{u}_i\mathrm{d}s=\int_V[(\sigma_{ji,j}+f_i)\dot{u}_i+\sigma_{ij}\dot{u}_{i,j}]\mathrm{d}V \tag{9-7}$$

由热力学第一定律

$$\dot{K}+\dot{E}=\dot{Q}+\dot{W} \tag{9-8}$$

可得：

$$\int_V\rho\dot{u}_i\ddot{u}_i\mathrm{d}V+\int_V\rho\dot{e}\mathrm{d}V=\int_V[(\sigma_{ji,j}+f_i)\dot{u}_i+\sigma_{ij}\dot{u}_{i,j}]\mathrm{d}V-\int_V q_{i,i}\mathrm{d}V+\int_V\rho\dot{\gamma}\mathrm{d}V \tag{9-9}$$

假定被积函数是光滑的，并考虑到运动方程

$$\sigma_{ij,j}+f_i=\rho\ddot{u}_i \tag{9-10}$$

则得到：

$$\rho(\dot{e}-\dot{\gamma})+q_{i,i}-\sigma_{ij}\dot{\varepsilon}_{ij}=0 \tag{9-11a}$$

这就是针对岩石体积单元用微分形式表述能量守恒定律。引入 Helmholtz 自由能函数：$\psi=e-T_\eta$，式(9-11a)也可写为

$$\rho(\dot{\psi}+\dot{T}_\eta+T_{\dot{\eta}}-\dot{\gamma})+q_{i,i}-\sigma_{ij}\varepsilon_{ij}=0 \tag{9-11b}$$

9.2.2　熵的产生——热力学第二定律

岩石体积单元在外部荷载所做的功、输入的能量流、物质流达到某一临界值时，岩石体积单元内部便自行组织起来，形成了耗散结构，这便是岩石体积单元的自组织耗散过程。Prigogine 从热力学的角度出发，根据平衡系统中熵减少相当于有序度增加的概念，认为非平衡系统形成有序结构系统的熵也应该减少[7]。因此，这种结构的存在是以外界物质流、能量流产生的负熵流为代价的。它输入高品质能量经此结构耗散为低品质能量返回环境，因此被称为耗散结构。以 S 表示熵，η 表示单位质量的熵密度，则熵可表示为

$$S=\int_V\rho\eta\mathrm{d}V \tag{9-12}$$

在热力耦合作用下岩石的破坏过程中，熵的变化可以分成两部分：一部分是外部荷载所做的功和热量的输入过程而引起的，称为熵流项，用 $\mathrm{d}S_e$ 表示；另一部

分是由岩石内部的不可逆耗散过程产生的，称为熵产生项，用 dS_i 表示，于是有：

$$dS=dS_i+dS_e \tag{9-13}$$

一般说来 dS_e 没有确定的符号，即可正可负，由体系和环境间的物质和能量交换过程来决定。而平衡态中岩石内分子无规则热运动只能造成岩石系统的熵增加，即：

$$dS_i \geqslant 0 \tag{9-14}$$

式中等号代表可逆变化，大于号代表不可逆变化。对于一个孤立体系来讲，体系和环境间没有任何物质和能量交换过程，同样也就没有熵的交换，即：

$$dS_e=0 \tag{9-15}$$

从而有：

$$dS=dS_i \geqslant 0 \tag{9-16}$$

式(9-16)正是热力学第二定律通常采用的数学表达式，也即熵增加原理。应注意式(9-16)只适用于孤立体系，对于封闭体系和开放体系，虽然式(9-14)仍然成立，但因为 dS_e 没有确定的符号，dS 也就没有确定的符号。因此热力学第二定律最一般的数学表达式应该是式(9-14)而不是式(9-16)。$dS_i \geqslant 0$ 表明系统经历了不可逆过程，由此看来，系统实现有序的唯一可能性是 $dS_e/dt<0$，即外界供给系统一个负熵流，也就是输入的是有序度较高的高品质的物质能量流，而输出的是低品质的物质能量流。由于外部荷载和热量的输入，把熵流项定义为

$$dS_e = \frac{dQ}{T} \tag{9-17}$$

式中，dQ 为系统从外界吸收的微能量；T 为外界热源的热力学温度。代入式(9-13)中有：

$$TdS = TdS_e + TdS_i \geqslant dQ \tag{9-18}$$

采用率的表达式为

$$T\dot{S} = T\dot{S}_e + T\dot{S}_i \geqslant \dot{Q} \tag{9-19}$$

把热力学第一定律式(9-8)应用于岩石破坏过程和相应假想的可逆过程有：

$$\dot{K} + \dot{E} = \dot{Q} + \dot{W} = \dot{W}_0 + T\dot{S} \tag{9-20}$$

则：

$$\frac{\dot{Q}}{T}+\frac{\dot{W}-\dot{W}_0}{T}=\dot{S} \tag{9-21}$$

式中 $(\dot{W}-\dot{W}_0)$ 表示不可逆过程中的能量耗散率，与式(9-19)相比可知，不可逆熵就是由于能量耗散引起的。分别把式(9-6)和式(9-12)代入到式(9-19)可得：

$$\frac{\mathrm{d}}{\mathrm{d}t}\int_V \rho\eta\,\mathrm{d}V \geqslant -\int_V \frac{q_{i,i}}{T}\mathrm{d}V+\int_V \frac{\rho\dot{\gamma}}{T}\mathrm{d}V \tag{9-22}$$

式中等号对应可逆过程，不等号对应不可逆过程。这样就得到岩石体积单元破坏过程的热力学第二定律的微分表达形式：

$$\rho T\dot{\eta}-\rho\dot{\gamma}+q_{i,i}-\frac{q_i}{T}T_{,i}\geqslant 0 \tag{9-23}$$

与岩石体积单元能量守恒定律微分形式(9-11)化简得:

$$\sigma_{ij}\dot{\varepsilon}_{ij}-\rho(\dot{e}-T\dot{\eta})-\frac{q_i}{T}T_{,i}\geqslant 0 \tag{9-24}$$

同样引入 Helmholtz 自由能函数，就可得到用 Clausius-Duhem 不等式表示的岩石体积单元的不可逆过程：

$$\sigma_{ij}\dot{\varepsilon}_{ij}-\rho(\dot{\psi}\times\dot{T}\eta)-\frac{q_i}{T}T_{,i}\geqslant 0 \tag{9-25}$$

由于热力学第一和第二定律都是普适的定律，因此将其运用到岩石体积单元的破坏过程同样是适用的，这为岩石体积单元破坏过程中的能量耗散的观点提供了热力学依据。

9.2.3 热力耦合作用下岩石破坏的本构

损伤力学是研究在外部荷载和环境作用下材料逐渐劣化的过程，包括损伤的演化发展直至破坏的过程。考虑岩石单元体积发生了均匀变形，此时可用 Helmholtz 自由能密度函数 $\psi=\psi\left(\varepsilon_{ij},T,D^{\sigma},D^{T}\right)$ 对物体中任意的单位体积来描述其状态的变化，其中 D^{σ} 和 D^{T} 分别表示荷载和温度对岩石材料引起的损伤。Lemaitre[10]在热力学局域平衡假设的基础上提出了一个应变等效原理，认为对于任何损伤材料所建立的应变本构方程都可以用与对于无损材料同样的方式导出，只是其中的通常应力须用有效应力替代。最终通过大量的实验验证，认为损伤杨氏模量 $\tilde{E}$ 可由无损

杨氏模量 E 和损伤变量来近似定义，即

$$\tilde{E} = (1 - D^{\sigma})E \tag{9-26}$$

本章为了研究方便，也进行了热应变等效假设，即任何有热损伤的材料的应变本构方程都可以用与对于无热损材料同样的方式导出，只是其中的通常热应力须用有效热应力替代。而有效热应力与通常的热应力只差一个系数，即 $(1-D^T)$，这样其实就是假设了有热损伤的热膨胀系数 $\tilde{\alpha}_{ij}$ 与无热损伤的热膨胀系数 α_{ij} 关系为[1]

$$\tilde{\alpha}_{ij} = (1 - D^T)\alpha_{ij} \tag{9-27}$$

考虑到岩石的变形非常小，并假定在初始温度 T_0 时应变为零，应力也为 0。根据损伤力学的应变等效原理，对自由能函数作 Taylor 级数展开可得：

$$\psi\left(\varepsilon_{ij}, T, D^{\sigma}, D^T\right) = \frac{1 - D^{\sigma}}{2} E_{ijkl}\varepsilon_{ij}\varepsilon_{kl} - E_{ijkl}\left(1 - D^T\right)\alpha_{kl}\varepsilon_{ij}\left(T - T_0\right) + A\left(T\right) \tag{9-28}$$

式中，E_{ijkl} 为初始无损伤状态的弹性系数，它们都是常数；$A(T)$ 为高阶项。这样就可以获得热力耦合作用下有损伤岩石单元体积的应力-应变关系为

$$\sigma_{ij} = \frac{\partial \psi}{\partial \varepsilon_{ij}} = \left(1 - D^{\sigma}\right)E_{ijkl}\varepsilon_{kl} - \left(1 - D^T\right)E_{ijkl}\alpha_{kl}\left(T - T_0\right) \tag{9-29}$$

式(9-29)为考虑了热力耦合作用下的岩石破坏的本构关系，与 Duhamel-Neumann 公式具有相同的形式，但其考虑了真实岩石破坏过程中的损伤。荷载作用下岩石损伤演化的动力方程[9]：

$$\dot{D}^{\sigma} = \frac{B}{n}\frac{\left|\dot{Y}^{\sigma}\right| : \left(I - D_0\right)}{\left|Y^{\sigma} - Y_0{}^{\sigma}\right|^{\frac{n-1}{n}}} \tag{9-30}$$

式中，B、n、Y_0^{σ}、D_0 为岩石的材料常数，取决于岩石的材料性质。而对于热损伤，通过文献[9]类似的方法同样可以得到热损伤演化方程，仅仅把荷载作用下损伤能量耗散率 Y^{σ} 用温度引起的损伤能量耗散率 Y^T 来代替，即：

$$\dot{D}^{T} = \frac{B}{n}\frac{\left|\dot{Y}^{T}\right| : \left(I - D^T\right)}{\left|Y^{T} - Y_0{}^{T}\right|^{\frac{n-1}{n}}} \tag{9-31}$$

可见，热力耦合作用下岩石变形破坏过程中的损伤演化方程由荷载引起的损伤演化方程与热损伤的演化方程组成，是非线性的，这也正是岩石变形破坏耗散结构中的非线性动力学机制，它使得热力耦合作用下在岩石变形破坏过程中，损伤演化表现出自组织的特性，由温度和荷载共同引起的微细缺陷演化为宏观裂纹而最终导致岩石的宏观破坏。

9.3　基于能量耗散和能量释放原理的热力耦合岩石破坏准则

最近，谢和平等[11]提出了一个基于能量耗散与能量释放原理的岩体破坏的强度准则，认为岩体单元变形破坏是能量耗散与能量释放的综合结果。作者在本章 9.1 节做了详细分析，并在 9.2 节从热力学的角度说明了其合理性。能量耗散使岩体产生损伤，并导致岩性劣化和强度丧失；而能量释放则是引发单元突然破坏的内在原因。基于此项工作，本章把该准则推广到适用温度-应力共同条件更广的范围。在热力耦合作用下，代表性体积单元的变形由两部分组成，一部分由应力引起，一部分由温度变化引起，从而把弹性力学中的 Hooke 定律推广到包含热应力和热应变在内，假设温度只会引起主应变大小的变化，并不会引起主应变方向的变化，因此主应变可表示为[1]

$$\varepsilon_i^{\mathrm{e}} = \frac{1}{E_i}\left[\sigma_i - \nu\left(\sigma_j + \sigma_k\right)\right] + \alpha_i T \quad (i = 1,2,3) \tag{9-32}$$

式中，$\varepsilon_i^{\mathrm{e}}$ 为三个主方向相应的弹性应变；E_i 为卸载弹性模量；σ_i 为三个方向的主应力；ν 为泊松比；α_i 为沿主应变方向的热膨胀系数；T 为温度差。由图 9-1 可知，复杂应力状态下岩体单元的能量满足以下关系：

$$U^{\mathrm{d}} + U^{\mathrm{p}} = U - U^{\mathrm{e}} \tag{9-33}$$

式中，U^{p} 为塑性功；U^{d} 为损伤功；U 为主应力在主应变方向上做的总功；U^{e} 为单元体内储存的可释放弹性能，由弹性力学理论有：

$$U = \int_0^{\varepsilon_1} \sigma_1 \mathrm{d}\varepsilon_1 + \int_0^{\varepsilon_2} \sigma_2 \mathrm{d}\varepsilon_2 + \int_0^{\varepsilon_3} \sigma_3 \mathrm{d}\varepsilon_3 \tag{9-34}$$

$$U^{\mathrm{e}} = \frac{1}{2}\sigma_1\varepsilon_1^{\mathrm{e}} + \frac{1}{2}\sigma_2\varepsilon_2^{\mathrm{e}} + \frac{1}{2}\sigma_3\varepsilon_3^{\mathrm{e}} \tag{9-35}$$

假设塑性功和损伤功都是不可逆的，属于耗散能量，定义岩体各单元的能量损伤量为

$$D = \frac{U^{\mathrm{p}} + U^{\mathrm{d}}}{U^{\mathrm{c}}} \tag{9-36}$$

式中，D 为损伤变量；U^{c} 为单元强度丧失时的临界能量耗散值，可通过岩石单拉、单压与纯剪实验来确定。为了简便，假设 D=1 时材料强度丧失，即：

$$D = \frac{U^{\mathrm{p}} + U^{\mathrm{d}}}{U^{\mathrm{c}}} = 1 \tag{9-37}$$

代入式(9-33)至式(9-35)，并采用 Einstein 求和约定，化简后有：

$$\int_0^{\varepsilon_i} \sigma_i \mathrm{d}\varepsilon_i - \frac{1}{2}\sigma_i \varepsilon_i^{\mathrm{e}} = U^{\mathrm{c}} \tag{9-38}$$

式(9-38)即为基于能量耗散的岩体单元强度丧失准则。

把式(9-32)代入式(9-35)，考虑岩体单元的各向异性，并假设岩体无损伤，则：

$$U^{\mathrm{e}} = \frac{1}{2}\left\{ \begin{aligned} & \frac{\sigma_1^2}{E_1} + \frac{\sigma_2^2}{E_2} + \frac{\sigma_3^2}{E_3} - \nu\left[\left(\frac{1}{E_1}+\frac{1}{E_2}\right)\sigma_1\sigma_2 + \left(\frac{1}{E_2}+\frac{1}{E_3}\right)\sigma_2\sigma_3 + \left(\frac{1}{E_1}+\frac{1}{E_3}\right)\sigma_1\sigma_3\right] \\ & +T\left(\alpha_1\sigma_1 + \alpha_2\sigma_2 + \alpha_3\sigma_3\right) \end{aligned} \right\} \tag{9-39}$$

对于损伤岩体，引入损伤变量 D_i 来考虑损伤对岩体卸载模量 E_i 的影响，$E_i = \left(1 - D_i\right)E_0$，其中 E_0 表示岩体单元无损伤时的初始弹性模量。用 D_{α_i} 表示热损伤，用来表示对热膨胀系数的影响，这里也采用类似应变等效假设的情况 $\alpha_i = \left(1 - D_{\alpha_i}\right)\alpha_0$，假设泊松比 ν 不受损伤影响。将 E_i 和 α 代入式(9-39)中得：

$$\begin{aligned} U^{\mathrm{e}} = & \frac{1}{2E_0}\left\{\frac{\sigma_1^2}{1-D_1} + \frac{\sigma_2^2}{1-D_2} + \frac{\sigma_3^2}{1-D_3} - \nu\left[\left(\frac{1}{1-D_1}+\frac{1}{1-D_2}\right)\sigma_1\sigma_2 + \left(\frac{1}{1-D_2}+\frac{1}{1-D_3}\right)\sigma_2\sigma_3 \right.\right. \\ & \left.\left. + \left(\frac{1}{1-D_1}+\frac{1}{1-D_3}\right)\sigma_1\sigma_3\right]\right\} + \frac{T}{2}\left[\left(1-D_{\alpha 1}\right)\alpha_1\sigma_1 + \left(1-D_{\alpha 2}\right)\alpha_2\sigma_2 + \left(1-D_{\alpha 3}\right)\alpha_3\sigma_3\right] \end{aligned} \tag{9-40}$$

如果假设荷载引起各个方向的损伤都相同，即 D_1=D_2=D_3=D_σ；热损伤也相同，即 $D_{\alpha_1} = D_{\alpha_2} = D_{\alpha_3} = D_\alpha$；热膨胀系数也相同 $\alpha_1 = \alpha_2 = \alpha_3 = \alpha$，则可释放弹性应变能：

$$\begin{aligned} U^{\mathrm{e}} = & \frac{1}{2E_0\left(1-D_\sigma\right)}\left[\sigma_1^2 + \sigma_2^2 + \sigma_3^2 - 2\nu\left(\sigma_1\sigma_2 + \sigma_2\sigma_3 + \sigma_1\sigma_3\right)\right] \\ & + \left(1-D_\alpha\right)\alpha T\left(\sigma_1 + \sigma_2 + \sigma_3\right) \end{aligned} \tag{9-41}$$

式(9-41)是热力耦合作用下损伤岩体体积单元可释放应变能的计算公式，D_σ 可以通过测量加卸实验中的卸载弹性模量 E_i 的变化来确定，D_α 可以通过测量不同温度处理后的岩石的热膨胀系数 α_i 来确定。基于上述研究，同样可以给出热力耦合作用下岩体的整体破坏准则。外力对岩体所做的功和外部输入的热量一部分转变为介质内的耗散能，使岩体强度逐步丧失；另一部分转变为逐步增加的可释放应变能。当可释放应变能储存并达到岩体单元某种表面能 U_0 时，应变能 U^e 释放使岩体单元产生整体破坏。这里依然假设温度只是影响主应力的大小，并不改变主应力方向，下面分别给出岩体单元受压与受拉时的整体破坏准则。

9.3.1　受压情况的整体破坏准则

地下工程岩体多数属于三向受压应力状态。假设可释放应变能 U^e 在三个主应力方向按主应力差进行分配，定义此类整体破坏单元在主应力 σ_i 方向的能量释放率 G_i 为

$$G_i = K_i\left(\sigma_i - \sigma_j\right)U^{\mathrm{e}} \quad (i, j = 1, 2, 3) \tag{9-42}$$

式中，K_i 为沿主应力方向的应变能分配系数。当沿主应力方向的能量释放率 G_i 达到相应的主应力方向的最大能量释放率 G_{ci}，即认为岩石体积单元发生整体破坏：

$$G_i = K_i\left(\sigma_i - \sigma_j\right)U^{\mathrm{e}} = G_{\mathrm{ci}} \tag{9-43}$$

由于该准则适合任何条件，因此可通过室温下的单轴实验来确定各个主方向的临界破坏应力 σ_{ci}，当 $\sigma_i = \sigma_{\mathrm{ci}}$，$\sigma_j = \sigma_k = 0$，$T$=0，由式(9-41)得：

$$U^{\mathrm{e}} = \frac{\sigma_{\mathrm{ci}}^2}{2E_0\left(1 - D_\sigma\right)} \tag{9-44}$$

代入式(9-43)即可确定各个主应力方向的最大能量释放率：

$$G_{\mathrm{ci}} = K_i \frac{\sigma_{\mathrm{ci}}^3}{2E_0\left(1 - D_\sigma\right)} \tag{9-45}$$

代入式(9-43)即得岩体三向受压时的整体破坏准则：

$$\left(\sigma_i - \sigma_j\right)U^{\mathrm{e}} = \frac{\sigma_{\mathrm{ci}}^3}{2E_0\left(1 - D_\sigma\right)} \quad i, j = 1, 2, 3\text{且}i \neq j \tag{9-46}$$

把式(9-41)代入式(9-46)即得：

$$\left(\sigma_i-\sigma_j\right)\left\{\begin{array}{l}\left[\sigma_1^2+\sigma_2^2+\sigma_3^2-2\nu\left(\sigma_1\sigma_2+\sigma_2\sigma_3+\sigma_1\sigma_3\right)\right]+\\2E_0\left(1-D_\sigma\right)\left(1-D_\alpha\right)\alpha T\left(\sigma_1+\sigma_2+\sigma_3\right)\end{array}\right\}=\sigma_{\text{ci}}^3 \tag{9-47}$$

式(9-47)即为热力耦合作用下岩石在受压时的整体破坏准则。当温度不变化时，式(9-47)可化简为

$$\left(\sigma_i-\sigma_j\right)\left\{\sigma_1^2+\sigma_2^2+\sigma_3^2-2\nu\left(\sigma_1\sigma_2+\sigma_2\sigma_3+\sigma_1\sigma_3\right)\right\}=\sigma_{\text{ci}}^3 \tag{9-48}$$

式(9-48)即为恒温时岩石受压情况下的整体破坏准则。该式与文献[11]具有相同的形式，但这里作者没有假设其沿某一具体的方向破坏，而是认为在三个主应力方向都有可能发生破坏，这由各个主应力方向的临界破裂荷载来确定。因此，该准则是对文献[11]做了更进一步的推广。

9.3.2 受拉情况的整体破坏准则

大量的实验现象表明，很多岩石的破裂是由于局部受到拉应力作用而破坏的。地下工程岩体单元也常常会出现拉应力，如围岩卸载情形，这也是一类容易发生整体破坏的应力状态。假设任何大小的拉应力都会对整体破坏单元的能量释放起促进作用，岩体单元受拉时，储存的可σ_i释放应变能U^{e}在三个主应力方向按照主应力值大小进行分配。因此，同样定义此类整体破坏单元在σ_i方向的能量释放率G_i为

$$G_i=K_i\sigma_iU^{\text{e}}\quad i=1,2,3 \tag{9-49}$$

式中，K_i为拉应力作用下沿主应力方向的应变能分配系数。当各个方向的应变能释放率达到相应方向的临界应变能释放率时即岩体体积单元发生破裂。类比于受压情况，岩体单元发生整体破坏时满足：

$$G_i=K_i\sigma_iU^{\text{e}}=G_{\text{ti}}\quad i=1,2,3 \tag{9-50}$$

式中，G_{ti}为受拉时岩体单元沿各个主应力方向发生整体破坏的临界应变能释放率，可以由单向拉伸实验确定，把$\sigma_i=\sigma_{\text{ti}},\sigma_j=\sigma_k=0$，$T$=0 代入式(9-41)：

$$U^{\text{e}}=\frac{\sigma_{\text{ti}}^2}{2E_0\left(1-D_\sigma\right)} \tag{9-51}$$

式中，σ_{ti}为沿各个主应力方向的临界破裂拉应力，代入式(9-50)则有：

$$G_{ti} = K_i \frac{\sigma_{ti}^3}{2E_0(1-D_\sigma)} \tag{9-52}$$

消去 K_i 得：

$$\sigma_i U^e = \frac{\sigma_{ti}^3}{2E_0(1-D_\sigma)} \tag{9-53}$$

再代入式(9-41)则得到岩体受拉时的整体破坏准则：

$$\sigma_i \left\{ \begin{aligned} & \left[\sigma_1^2 + \sigma_2^2 + \sigma_3^2 - 2\nu(\sigma_1\sigma_2 + \sigma_2\sigma_3 + \sigma_1\sigma_3)\right] + \\ & 2E_0(1-D_\sigma)(1-D_\alpha)\alpha T(\sigma_1 + \sigma_2 + \sigma_3) \end{aligned} \right\} = \sigma_{ti}^3 \tag{9-54}$$

当岩体只受到拉伸荷载而温度不变化时，该式可简化为

$$\sigma_i \left\{ \sigma_1^2 + \sigma_2^2 + \sigma_3^2 - 2\nu(\sigma_1\sigma_2 + \sigma_2\sigma_3 + \sigma_1\sigma_3) \right\} = \sigma_{ti}^3 \tag{9-55}$$

可见文献[11]拉应力作用下的整体破坏准则只是式(9-54)的一个特例。

本节主要是基于文献[11]的工作，把基于能量释放的受压和受拉作用下的整体破坏准则做了推广，分别考虑了热力耦合作用下的压荷载和拉荷载的整体破坏准则，并把准则推广到沿各个主应力的方向都可能发生整体破坏，这由释放的应变能分配系数和沿各个主应力方向的临界破裂应力来确定。该准则具有明确而又可靠的物理力学意义，并考虑了实际岩石工程的真实破坏情况，形式也简单。

9.4　热力耦合作用下岩石的屈服破坏

随着资源开采的深度越来越趋向深部，深部开采的岩石力学问题也显得尤为重要。经典采矿中的岩石力学理论大多是基于浅部的开采条件得到的，并且通过宏观的全程应力-应变关系来描述岩石变形过程及破坏规律，并以此构建岩石的强度理论和破坏准则。而在深部，由于受到“三高因素”(高地应力、高地温和高渗透)以及深部岩石复杂的成岩过程与地质条件的影响，岩石表现出高度的非线性特性[12]，即便对于深部优质的硬岩也可能伴随着大的蠕变变形[13,14]。因此，能否更好地描述深部岩体的破坏强度及变形破坏规律是深部地下开采的关键问题之一。

在实验室内常温和低围压或单轴压缩情况下，岩石的破坏主要表现为劈裂或剪切破坏形式，这类脆性破裂的机制是受到岩石内部微裂纹的控制。而在高围压下，随着围压的增加会抑制伴有扩容的微破裂，岩石表现出延性的特性，因此脆性域

中岩石的破坏强度表现出明显的压力依赖性[15~19]。

在考虑深部采矿中的岩石力学问题时，岩石除了受到高应力场的作用，还受到一个变化的温度场的影响。一方面温度场对岩石材料的物理力学性质有影响以及温度场的变化导致的热应力问题；另一方面是与岩石材料变形有关的热力学参数变化以及内部能量耗散过程对温度场的影响。文献[20]总结了八种岩石强度与温度的关系，如图 9-2 所示。从图中可以看出，岩石的强度随着温度的升高而有所下降，而下降的趋势与岩石的种类又是息息相关的。文献[21]，[22]对三峡花岗岩的研究得出同样的结论：在 20～500℃温度区域内，单轴抗压强度从 183MPa 减少到 128MPa。温度对岩石强度的影响，主要是由于温度的增加促进了岩石矿物晶体的塑性、增加了矿物晶间胶结物的活化性能等导致强度的降低。因此，在一定的温度和压力作用下，岩石的主要破坏形式会由脆性破裂转变为塑性流动的现象。一些学者还考虑渗流场、化学变化与温度场、应力场的耦合影响[23~25]，这些工作对深部开采、煤地下气化及核废料深埋处理研究都很有价值。

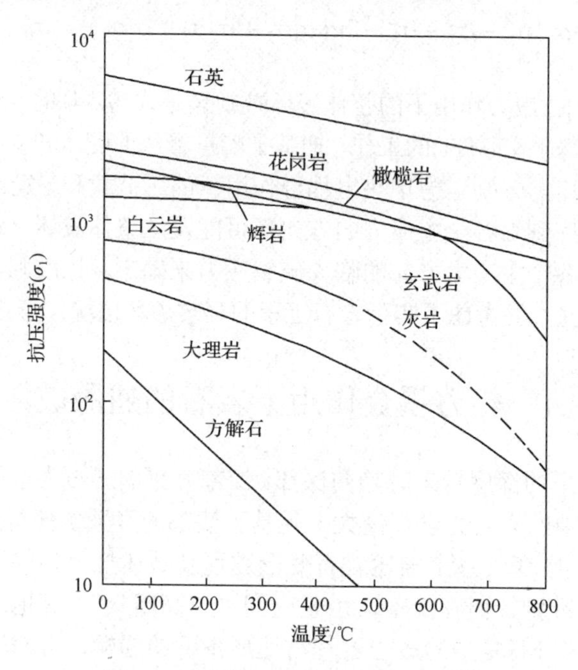

图 9-2 不同岩石的应力-温度曲线[20]

人们对岩石的变形破坏做了大量的研究，大多是集中在宏观唯象的研究，或者根据大量的现场观测资料，然后提出相应岩石的破坏强度理论[26]。这些研究更多的是从应力应变的角度来探讨岩石的破坏强度，而涉及温度的影响作用时大多是停留在定性的解释，对综合考虑温度和压力作用下岩石破坏的理论研究还较少。近些年来，国内外很多学者开始采用能量的观点来研究岩石的变形破坏[5,27~30]，认为能量的转变和能量的耗散能够更好地反映岩石材料变形破坏的本质特征。本章在考察了岩石材料的破坏机制后，认为岩石破坏过程是个能量释放和耗散能量的过程，并基于最小耗能原理[31]，对温度和压力耦合作用下的深部岩石屈服破坏理论做了初探性的研究。

从微细观角度去研究岩石的变形破坏过程，如果选取某一特征微元体，或者对岩石而言的代表性体积单元(RVE)[9]，则只有当促使该微元体发生屈服破坏的能量蓄积到一定程度时，该岩石微元体的屈服破坏现象才可能发生。因此，对深部的岩石而言，我们就可以用温度或与温度有关的量及其他一些力学量(如应力、应变等)来共同表示能量蓄积程度的表达式。同时，该屈服或破坏准则同时也可以看成该岩石微元体发生屈服破坏耗能所必须满足的约束条件。因为也只有满足了强度准则，屈服破坏才可能发生。促使深部岩石发生屈服破坏所耗散的能量依赖于岩石材料的性能、温度和屈服破坏的应力状态等因素。

我们把造成深部岩石屈服破坏所需耗散的能量表达式写为

$$\phi = \phi_{\sigma} + \phi_{\text{int}} + \phi_{\text{T}} \tag{9-56}$$

式中，ϕ_{σ} 为由于应力状态所造成的耗散率；ϕ_{int} 为与岩石材料本身特性有关的内变量所造成的耗散率；ϕ_{T} 为由于温度差和热传导所造成的耗散率。

为了研究的方便，把与内变量有关的耗散忽略。如果把深部岩石由于地应力造成的不可恢复塑性应变率 ε^{p} 与由于温度梯度引起的热传导作为岩石在屈服破坏过程的主要耗能机制，则可将岩石在破坏刚开始时刻，代表这某点的微元体的耗能率 $\phi(t)$ 表示为

$$\phi(t) = \sigma : \dot{\varepsilon}^{\text{p}} - \nabla T \frac{q}{T} \tag{9-57}$$

式中，σ 为二阶应力张量；$\dot{\varepsilon}^{\text{p}}$ 为不可逆塑性应变张量，$T(x，y，z)$ 为某点微元体的温度；q 为热流矢量；∇ 为梯度算子。

式(9-57)中把不可逆塑性应变率作为耗能机制是容易理解的，而把温度梯度作为耗能机制的原因是因为从热力学的角度上讲热能是一种利用效率较低的能量。如果采用塑性增量理论来表示岩石微元体在屈服之后的不可逆塑性应变率，即

$$\dot{\varepsilon}_i^{\text{p}} = \frac{2\lambda}{3}\left[\sigma_i - \nu\left(\sigma_j + \sigma_k\right)\right] \tag{9-58}$$

式中，ε_i^{p} 为主塑性应变率；σ_i 为主应力($i=1，2，3$)；λ 为与岩石微元体屈服相关的比例系数。

因此，深部岩石材料的微元体在外荷载和温度耦合作用下的耗能率表达式为[8]

$$\varphi(t)=\frac{2\lambda}{3}\left[\sigma_1^2+\sigma_2^2+\sigma_3^2-\left(\sigma_1\sigma_2+\sigma_2\sigma_3+\sigma_3\sigma_1\right)\right]-\nabla T\frac{q}{T} \tag{9-59}$$

由于本章只考虑温度和压力的影响，因此，岩石破坏的屈服条件可视为与应力状态σ_i与温度T的函数：

$$f\left(\sigma_1,\sigma_2,\sigma_3,T\right)=0 \tag{9-60}$$

式中，$f\left(\sigma_1,\sigma_2,\sigma_3,T\right)$为待定的屈服函数。

根据最小耗能原理，当材料发生屈服时，式(9-59)应该在满足式(9-60)的屈服条件下取驻值，引入 Lagrange 乘子λ^*和泛函Π，令

$$\Pi\left(\sigma_1,\sigma_2,\sigma_3,T\right)=\phi+\lambda^* f\left(\sigma_1,\sigma_2,\sigma_3,T\right) \tag{9-61}$$

取驻值的条件为

$$\left.\begin{aligned}&\frac{\partial\Pi\left(\sigma_1,\sigma_2,\sigma_3,T\right)}{\partial\sigma_i}=0\quad(i=1,2,3)\\&\frac{\partial\Pi\left(\sigma_1,\sigma_2,\sigma_3,T\right)}{\partial T}=0\end{aligned}\right\} \tag{9-62}$$

即

$$\begin{aligned}&\frac{\partial\left[\phi+\lambda^* f\left(\sigma_1,\sigma_2,\sigma_3,T\right)\right]}{\partial\sigma_i}=0\quad(i=1,2,3)\\&\frac{\partial\left[\phi+\lambda^* f\left(\sigma_1,\sigma_2,\sigma_3,T\right)\right]}{\partial T}=0\end{aligned} \tag{9-63}$$

把式(9-59)代入式(9-63)并化简可得：

$$\left.\begin{aligned}&\frac{\partial f}{\partial\sigma_1}=-\frac{2\lambda}{3\lambda^*}\left(2\sigma_1-\sigma_2-\sigma_3\right)\\&\frac{\partial f}{\partial\sigma_2}=-\frac{2\lambda}{3\lambda^*}\left(2\sigma_2-\sigma_3-\sigma_1\right)\\&\frac{\partial f}{\partial\sigma_3}=-\frac{2\lambda}{3\lambda^*}\left(2\sigma_3-\sigma_1-\sigma_2\right)\\&\frac{\partial f}{\partial T}=\frac{1}{\lambda^*}\left[\frac{\partial(\nabla T)}{\partial T}\frac{q}{T}-\nabla T\frac{q}{T^2}\right]\end{aligned}\right\} \tag{9-64}$$

把约束条件 $f(\sigma_1,\sigma_2,\sigma_3,T)$ 写成微分形式：

$$df(\sigma_1,\sigma_2,\sigma_3,T)=\frac{\partial f}{\partial\sigma_1}d\sigma_1+\frac{\partial f}{\partial\sigma_2}d\sigma_2+\frac{\partial f}{\partial\sigma_3}d\sigma_3+\frac{\partial f}{\partial T}dT \tag{9-65}$$

把式(9-64)代入式(9-65)并积分可得：

$$f(\sigma_1,\sigma_2,\sigma_3,T)=-\frac{1}{\lambda^*}\left[\frac{2\lambda}{3}\left(\sigma_1^2+\sigma_2^2+\sigma_3^2-\sigma_1\sigma_2-\sigma_2\sigma_3-\sigma_3\sigma_1\right)-\nabla T\frac{q}{T}+C\right]=0 \tag{9-66}$$

式中，C 为积分常数。

由于该屈服条件是由塑性力学中增量理论导出的，而且屈服准则也应该适用所有的屈服破坏条件，因此该准则同样适用单轴拉或单轴压缩状态，且积分常数 C 可以由单轴拉伸或单轴压缩实验来确定，同时假设为恒温过程，令 $\sigma_1=\sigma_s$，$\sigma_2=\sigma_3=0$，$\nabla T=0$，代入式(9-66)得：

$$C=-\frac{2\lambda}{3}\sigma_s^2 \tag{9-67}$$

这样就可以把屈服准则改写为

$$\sigma_s^2=\sigma_1^2+\sigma_2^2+\sigma_3^2-\sigma_1\sigma_2-\sigma_2\sigma_3-\sigma_3\sigma_1-\frac{3}{2\lambda}\nabla T\frac{q}{T} \tag{9-68}$$

该屈服准则把应力和温度的因素综合考虑进去了。对于深部岩石，考虑两向等压（$\sigma_2=\sigma_3$）的情况，式(9-68)可简化为

$$\sigma_s^2=(\sigma_1-\sigma_3)^2-\frac{3}{2\lambda}\nabla T\frac{q}{T} \tag{9-69}$$

此时，岩石的屈服主要与应力差（$\sigma_1-\sigma_3$）、温度梯度和热流量相关。如果把该屈服破坏过程视为一个等温变化过程，式(9-68)退化为塑性力学中经典的 Mises 屈服准则：

$$(\sigma_1-\sigma_3)^2+(\sigma_2-\sigma_3)^2+(\sigma_3-\sigma_1)^2=2\sigma_s^2 \tag{9-70}$$

式(9-68)有明确的物理意义：当深部岩石材料的塑性耗散能及温度梯度引起的耗散能积累到一定程度时，岩石即发生破坏。

9.5 热力耦合作用下岩石流变模型的本构

随着高放射性废物的深埋处置和矿业开采深度的增加，研究热力作用下深部岩石的变形破坏特性成为目前关注的一个课题。国内外对温度和应力共同作用下岩石的变形和破坏进行了一些研究。王靖涛等[33]研究了室温到300℃范围内花岗岩的断裂特性，发现在 100～200℃范围内，花岗岩断裂韧性随温度升高而增大，而高于 200℃后断裂韧性又下降。孙天泽[34]研究了高温高压岩石介质力学行为，发现实验温度每改变 100℃左右，应变率改变 1 到 2 个量级。张晶瑶等[35]研究了温度变化对石英岩微观结构的影响，认为石英岩在高温条件下产生的结构热应力是导致矿石结构损伤的主要原因，而矿石内部微裂隙的形成和发展又使矿石强度下降。可以说高温高压岩石力学是岩石力学的一个重要分支，尽管其主要研究地球内部更大时空尺度范围固体地球介质的变形过程[36]，但对于地球浅部工程岩石力学同样有借鉴意义。

上述的研究考虑了温度和应力的共同作用，但很少涉及时间效应。然而，一切固体在一定条件下都会或多或少的表现出弹性固体和黏性流体的特性[37]，采矿业中即便是坚硬的硬岩也可能发生明显的流变行为[13,14]。刘月妙等[38]和王广地[39]通过实验研究了热力耦合作用下北山深部花岗岩的长期性能，实验表明，花岗岩的弹性模型随着温度的升高而逐渐降低；在室温至 50℃时，温度对花岗岩的长期性能影响不明显，当温度达到 90℃时影响较大，但这些实验都是在恒定温度下完成的。可以说把流变力学的思想用于研究岩石的变形特性对人们认识岩石的破坏机制有很大的促进作用，但从理论上研究热力耦合作用下岩石的流变行为还不够深入。基于此，本节综合考虑热力耦合作用，在对流变元件做了相应的假设基础上对深部岩石的流变模型的本构关系做了新的探讨，并得出了一些有意义的结果[32]。

9.5.1 热力耦合作用下的流变元件

人们在研究岩石的流变规律时通常采用实验法或模型法来研究。但由于岩石的高度非均质性及其种类繁多，通常的实验结果具有很大的离散性及局限性，或者说这些实验结果只能针对某种具体岩石适用，甚至只适用某地区的岩石，不能随意推广到其他地区。再则由于做岩石的流变实验耗时长，并且昂贵，因此用模型法来研究岩石流变成为一种可被选择的方法。深部岩石在受到高应力和高温度作用下通常表现出弹性、塑性和黏性等变形特性，这些变形特性可由相应的变形元件，如弹性元件、塑性元件和黏性牛顿体元件来形象地表征[4,40]。其中黏性元件的变形性质与时间相关，代表着岩石的流变特性。通过 3 种元件不同的组合来研究岩石的各种流变特性是常被采用的方法，例如文献[41]，[42]通过对不同种类的压力瓦斯气体的多种煤岩进行了流变力学性态实验研究和理论分析，得出了含瓦斯煤岩流变破坏规律。但以往的研究只考虑流变模型在荷载作用下的行为，很少讨论温度的影响。本章综合考虑了温度的影响，并对上述 3 种流变元件做相应的假设。弹性元件是热弹性体，以一弹簧表示，见图 9-3。

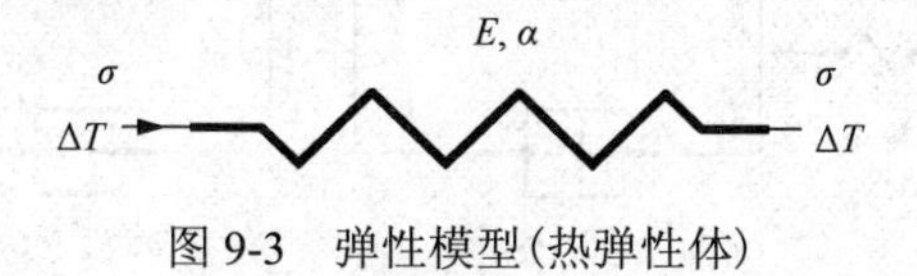

图 9-3　弹性模型(热弹性体)

本构关系为

$$\sigma = E\varepsilon - E\alpha\Delta T \tag{9-71}$$

式中，σ 为作用荷载；E 为元件的弹性模量；ε 为应变；α 为热膨胀系数；ΔT 为任意两个状态的温度变化。

塑性元件是圣维南体，如图 9-4 所示。

并且认为当应力小于屈服极限 σ_s 时，岩石不发生变形；当应力达到屈服极限 σ_s 时，应力不再增加，但变形可无限增加，其本构关系为

图 9-4　塑性模型(圣维南体)

$$\sigma_p = \begin{cases} 0 & (\sigma_p < \sigma_s) \\ \sigma_s & (\sigma_p > \sigma_s) \end{cases} \tag{9-72}$$

式中，σ_p 为塑性体的作用荷载；σ_s 为某特定温度下塑性体的屈服极限。

黏塑性模型是牛顿体，如图 9-5 所示。

黏塑性牛顿体应力应变服从黏性定律，即应力和应变速率成正比关系：

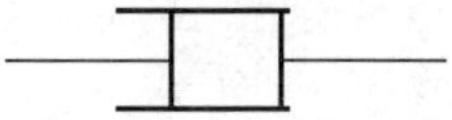

图 9-5　黏塑性模型(牛顿体)

$$\sigma = \eta(T)\dot{\varepsilon} \tag{9-73}$$

式中，$\eta(T)$ 为与材料特性、外界荷载和温度相关的黏滞系数。对于黏塑性元件，若保持应力不变，应变会随时间变化有蠕变现象；若保持应变不变时，应力会随时间变化而减少，即具有松弛现象。

9.5.2　热力耦合作用下的西原模型的本构

很多学者通过两个或者两个以上的变形元件组合(串联和并联) 模型来模拟材料的变形特性。由于深部岩体在受到高地应力和温度的长时间作业下表现出流

变特性，因此也可通过以上流变元件的组合模型来模拟岩石材料的弹性、塑性、黏性等变形特性。西原模型是由弹性体、Kelvin 体和黏塑性体串联而成，或者也可看成是由广义 Kelvin 体和一个黏塑性体串联而成，如图 9-6 所示。

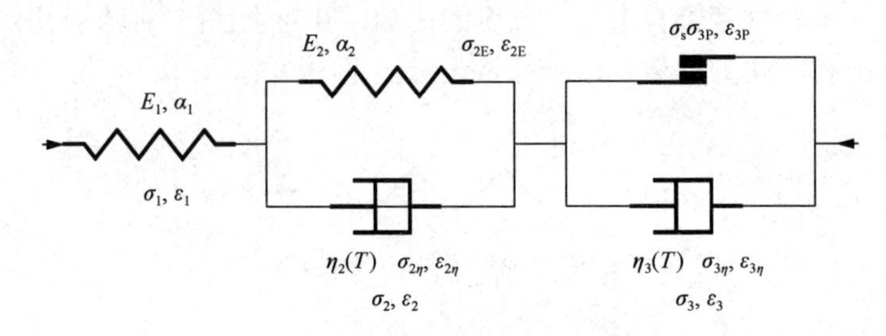

图 9-6　热力作用下深部岩石的西原流变模型

该模型最早是由西原正夫于 1962 年提出[42]，Price[43]进一步用该模型来描述岩石的蠕变变形特性，文献[44]采用了该模型研究了煤岩破坏的流变过程。本章也采用其来研究热力耦合作用下岩石的流变行为。在热力作用下该模型的应力应变关系可表示为

$$\left.\begin{aligned}\sigma=\sigma_1=\sigma_2=\sigma_3\\ \varepsilon=\varepsilon_1+\varepsilon_2+\varepsilon_3\end{aligned}\right\} \tag{9-74}$$

其中，

$$\left.\begin{aligned}
\sigma_1&=E_1\varepsilon_1-E_1\alpha_1\Delta T\\
\sigma_{2\mathrm{E}}&=E_2\varepsilon_{2\mathrm{E}}-E_2\alpha_2\Delta T\\
\sigma_{2\eta}&=\eta_2(T)\dot{\varepsilon}_{2\eta}\\
\sigma_2&=\sigma_{2\mathrm{E}}+\sigma_{2\eta}\\
\varepsilon_2&=\varepsilon_{2\mathrm{E}}=\varepsilon_{2\eta}\\
\varepsilon_3&=\varepsilon_{3\mathrm{P}}=\varepsilon_{3\eta}\\
\sigma_3&=\sigma_{3\eta}+\sigma_{3\mathrm{P}}\\
\sigma_{3\eta}&=\eta_3(T)\dot{\varepsilon}_{3\eta}\\
\sigma_{3\mathrm{P}}&=\begin{cases}0 & (\sigma_{3\mathrm{P}}<\sigma_{\mathrm{s}})\\ \sigma_{\mathrm{s}} & (\sigma_{3\mathrm{P}}>\sigma_{\mathrm{s}})\end{cases}\\
\varepsilon_{3\mathrm{P}}&=\begin{cases}0 & (\sigma_{3\mathrm{P}}<\sigma_{\mathrm{s}})\\ \varepsilon_{\mathrm{s}} & (\sigma_{3\mathrm{P}}>\sigma_{\mathrm{s}})\end{cases}
\end{aligned}\right\} \tag{9-75}$$

式中，σ 为外部荷载；ΔT 为两个状态的温度变化量；$E_1,\alpha_1,\sigma_1,\varepsilon_1$ 分别为第一个弹性元件的弹性模量、热膨胀系数、承受的应力和应变；$E_2,\alpha_2,\sigma_{2\mathrm{E}},\varepsilon_{2\mathrm{E}}$ 分别为 Kelvin

体中弹性元件的弹性模量、热膨胀系数、承受的应力和应变；$\eta_2(T),\sigma_{2\eta},\varepsilon_{2\eta}$ 分别为 Kelvin 体中黏性元件的黏性系数、承受的应力和应变，其中 $\eta_2(T)$ 与温度相关，但为一恒定的常数；σ_2,ε_2 分别为 Kelvin 体的总应力和应变；$\sigma_s,\sigma_{3P},\varepsilon_{3P}$ 分别为黏性体中塑性元件的屈服极限、承受的应力和应变；$\eta_3(T),\sigma_{3\eta},\varepsilon_{3\eta}$ 分别为黏性体中黏性元件的黏性系数、承受的应力和应变，其中 $\eta_3(T)$ 与温度相关，也为一恒定的常数；σ_3,ε_3 为黏性体的总应力和应变。

由于当塑性体的承受的应力 σ_{3P} 小于塑性元件的屈服极限 σ_s，黏性体就失效，西原模型就变为广义 Kelvin 体，下面分两种情况来讨论模型在热力耦合作用下的应力应变关系。

1. 情况一($\sigma_{3P}<\sigma_s$)

当 $\sigma_{3P}<\sigma_s$，其中 σ_s 为塑性元件的屈服极限，σ_{3P} 为塑性元件的所受到的外载。此时，塑性元件不起作用，西原模型就变成广义 Kelvin 体，由式(9-79)可得应力-应变关系：

$$\frac{1}{E_1}\dot{\sigma}+\frac{E_1+E_2}{E_1\eta_2(T)}\sigma+\alpha_1(\Delta\dot{T})+\frac{E_2}{\eta_2(T)}(\alpha_1+\alpha_2)\Delta T=\dot{\varepsilon}+\frac{E_2}{\eta_2(T)}\varepsilon \tag{9-76}$$

1) 蠕变方程

对蠕变而言，把应力保持恒定($\sigma=\sigma_0=\text{const}$)，式(9-76)简化为

$$\frac{E_1+E_2}{E_1\eta_2(T)}\sigma_0+\alpha_1(\Delta\dot{T})+\frac{E_2}{\eta_2(T)}(\alpha_1+\alpha_2)\Delta T=\dot{\varepsilon}+\frac{E_2}{\eta_2(T)}\varepsilon \tag{9-77}$$

为了研究方便，假设温度随时间线性变化，考虑到一些实际情况，把温度变化定义为 $\Delta T=kt+b$，其中 ΔT 为任意两个状态的温度差，t 为时间；k 为温度变化的线性常数；b 为某一状态(假设此时时间差为 0)已经变化的温度差，也为常数。

$$\frac{E_1+E_2}{E_1\eta_2(T)}\sigma_0+\alpha_1 k+\frac{E_2}{\eta_2(T)}(\alpha_1+\alpha_2)(kt+b)=\dot{\varepsilon}+\frac{E_2}{\eta_2(T)}\varepsilon \tag{9-78}$$

对式(9-78)积分得：

$$\varepsilon=c_1\exp\left(-\frac{E_2}{\eta_2(T)}t\right)+\frac{E_1+E_2}{E_1E_2}\sigma_0+(\alpha_1+\alpha_2)\Delta T-\frac{\eta_2(T)}{E_2}k\alpha_2 \tag{9-79}$$

式中，c_1 为积分常数，由初始条件来确定。当 t=0 时，把初始条件 $\varepsilon=\dfrac{\sigma_0}{E_1}+\alpha_1 b$，代入式(9-79)可得：

$$c_1 = \frac{\eta_2(T)}{E_2} k\alpha_2 - \alpha_2 b - \frac{\sigma_0}{E_2} \tag{9-80}$$

则蠕变方程为

$$\varepsilon = \left[\frac{\eta_2(T)}{E_2} k\alpha_2 - \alpha_2 b - \frac{\sigma_0}{E_2}\right] \exp\left[-\frac{E_2}{\eta_2(T)} t\right] - \frac{\eta_2(T)}{E_2} k\alpha_2 + \frac{E_1 + E_2}{E_1 E_2} \sigma_0 + (\alpha_1 + \alpha_2)(kt + b) \tag{9-81}$$

当不受温度影响时，即 $\Delta T = k = 0$，$b = 0$ 代入式(9-81)即可退化回归为广义 Kelvin 体的蠕变方程：

$$\varepsilon = -\frac{\sigma_0}{E_2} \exp\left[-\frac{E_2}{\eta_2(T)} t\right] + \frac{E_1 + E_2}{E_1 E_2} \sigma_0 = \frac{\sigma_0}{E_1} + \frac{\sigma_0}{E_2}\left\{1 - \exp\left[-\frac{E_2}{\eta_2(T)} t\right]\right\} \tag{9-82}$$

2) 卸载方程

当 $\sigma_{3\mathrm{P}} < \sigma_{\mathrm{s}}$，在荷载加载到时间 t_{u} 后卸载到 $\sigma = 0$，此时蠕变方程简化为

$$\dot{\varepsilon} + \frac{E_2}{\eta_2(T)} \varepsilon = \alpha_1 (\Delta \dot{T}) + \frac{E_2}{\eta_2(T)} (\alpha_1 + \alpha_2) \Delta T \tag{9-83}$$

仍然假设温度随时间呈线性变化，即 $\Delta T = kt + b$，其中 k、b 为温度变化常数，这里的 k 和 b 可以与上面的蠕变方程的常数不一样，为了简便不使用新的符号；t 为时间。式(9-83)变为

$$\dot{\varepsilon} + \frac{E_2}{\eta_2(T)} \varepsilon = \alpha_1 k + \frac{E_2}{\eta_2(T)} (\alpha_1 + \alpha_2)(kt + b) \tag{9-84}$$

积分可得：

$$\varepsilon = (\alpha_1 + \alpha_2) kt - k\alpha_2 \frac{\eta_2(T)}{E_2} + c_2 \exp\left(-\frac{E_2}{\eta_2(T)} t\right) \tag{9-85}$$

当 $t = t_{\mathrm{u}}$(初始条件)：

$$\begin{aligned} \varepsilon = \varepsilon_u = &\left[\frac{\eta_2(T)}{E_2} k\alpha_2 - \alpha_2 b - \frac{\sigma_0}{E_2}\right] \exp\left[-\frac{E_2}{\eta_2(T)} t_{\mathrm{u}}\right] + \frac{E_1 + E_2}{E_1 E_2} \sigma_0 \\ &+ (\alpha_1 + \alpha_2)(kt_{\mathrm{u}} + b) - \frac{\eta_2(T)}{E_2} k\alpha_2 \end{aligned} \tag{9-86}$$

代入式(9-86)求得 c_2：

$$c_2 = \frac{E_1 + E_2}{E_1 E_2} \sigma_0 \exp\left[\frac{E_2}{\eta_2(T)} t_{\mathrm{u}}\right] + \left[\frac{\eta_2(T)}{E_2} \alpha_2 k - \alpha_2 b - \frac{\sigma_0}{E_2}\right] \tag{9-87}$$

加载到 t_u 后卸载，可得卸载方程 $(t \geqslant t_u)$：

$$
\begin{aligned}
\varepsilon= & (\alpha_1+\alpha_2)\Delta T - k\alpha_2 \frac{\eta_2(T)}{E_2} + \frac{E_1+E_2}{E_1E_2}\sigma_0 \exp\left[\frac{E_2}{\eta_2(T)}(t_u - t)\right] \\
& + \left[\frac{\eta_2(T)}{E_2}\alpha_2 k - \alpha_2 b - \frac{\sigma_0}{E_2}\right]\exp\left(-\frac{E_2}{\eta_2(T)}t\right)
\end{aligned} \tag{9-88}
$$

3）松弛方程

松弛应变条件为 $\varepsilon = 0$，松弛的本构方程简化为

$$
\dot{\sigma} + \frac{E_1+E_2}{\eta_2(T)}\sigma = \frac{E_1E_2}{\eta_2(T)}\varepsilon_0 - E_1\alpha_1(\Delta\dot{T}) - \frac{E_1E_2}{\eta_2(T)}(\alpha_1+\alpha_2)\Delta T \tag{9-89}
$$

依然假设温度变化随时间呈线性变化：$\Delta T = kt + b$，求解得：

$$
\begin{aligned}
\sigma = & \left[\frac{E_1E_2}{\eta_2(T)}\varepsilon_0 - E_1\alpha_1 k\right]\frac{\eta_2(T)}{E_1+E_2} - \frac{E_1E_2}{E_1+E_2}(\alpha_1+\alpha_2)\Delta T \\
& \times k\eta_2(T)\frac{E_1E_2}{(E_1+E_2)^2}(\alpha_1+\alpha_2) + c_3 \exp\left[-\frac{E_1+E_2}{\eta_2(T)}t\right]
\end{aligned} \tag{9-90}
$$

初始条件为：$t=0$ 时，$\sigma = \sigma_0$，而此时模型的瞬时应力由弹性体承受，而 Kelvin 体由于黏性体而未承载，因此有

$$
\sigma_0 = E_1\varepsilon_0 - E_1\alpha_1 b \tag{9-91}
$$

把初始条件代入式(9-90)求得 c_3：

$$
c_3 = \frac{E_1^2}{E_1+E_2}\varepsilon_0 - E_1\alpha_1 b + \frac{E_1E_2}{E_1+E_2}(\alpha_1+\alpha_2)b + \frac{E_1}{E_1+E_2}k\eta_2(T)\left[\frac{E_1\alpha_1 - E_2\alpha_2}{E_1+E_2}\right] \tag{9-92}
$$

因此当 $\sigma_{3P} < \sigma_s$，保持应变不变的松弛方程：

$$
\begin{aligned}
\sigma = & \left[\frac{E_1E_2}{\eta_2(T)}\varepsilon_0 - E_1\alpha_1 k\right]\frac{\eta_2(T)}{E_1+E_2} - \frac{E_1E_2}{E_1+E_2}(\alpha_1+\alpha_2)\Delta T + k\eta_2(T)\frac{E_1E_2}{(E_1+E_2)^2}(\alpha_1+\alpha_2) \\
& + \left\{\frac{E_1^2}{E_1+E_2}\varepsilon_0 - E_1\alpha_1 b + \frac{E_1E_2}{E_1+E_2}(\alpha_1+\alpha_2)b \right. \\
& \left. + \frac{E_1}{E_1+E_2}k\eta_2(T)\left[\frac{E_1\alpha_1 - E_2\alpha_2}{E_1+E_2}\right]\right\}\exp\left[-\frac{E_1+E_2}{\eta_2(T)}t\right]
\end{aligned} \tag{9-93}
$$

2. 情况二($\sigma_{3P} \geqslant \sigma_s$)

当$\sigma_{3P} \geqslant \sigma_s$，塑性元件开始起作用，此时要考虑黏塑性体的影响。

1)蠕变方程

对蠕变而言，把应力保持恒定($\sigma = \sigma_0 = \text{const}$)，可分别求出各个元件的蠕变方程。由 $\sigma_1 = E_1\varepsilon_1 - E_1\alpha_1\Delta T$ 得出弹性元件的蠕变方程，这里依然假设 $\Delta T = f(t) = kt + b$：

$$\varepsilon_1 = \frac{\sigma_0}{E_1} + \alpha_1\left(kt + b\right) \tag{9-94}$$

由 Kelvin 的应力应变关系$\begin{cases} \sigma_{2E} = E_2\varepsilon_{2E} - E_2\alpha_2\Delta T \\ \sigma_{2\eta} = \eta_2(T)\dot{\varepsilon}_{2\eta} \\ \sigma_2 = \sigma_{2E} + \sigma_{2\eta} \\ \varepsilon_2 = \varepsilon_{2E} = \varepsilon_{2\eta} \end{cases}$得出蠕变方程(初始条件：$t = 0, \varepsilon = 0$)：

$$\varepsilon_2 = \left[\frac{\sigma_0}{E_2} + \alpha_2 b - \alpha_2 k\frac{\eta_2(T)}{E_2}\right]\left\{1 - \exp\left[-\frac{E_2}{\eta_2(T)}t\right]\right\} + \alpha_2 kt \tag{9-95}$$

由黏性体的应力应变关系$\begin{cases} \sigma_{3\eta} = \eta_3(T)\dot{\varepsilon}_{3\eta} \\ \varepsilon_3 = \varepsilon_{3P} = \varepsilon_{3\eta} \\ \sigma_3 = \sigma_{3\eta} + \sigma_{3P} \\ \varepsilon_{3P} = \varepsilon_3 \\ \sigma_{3P} = \sigma_s \end{cases}$可得黏塑性体蠕变方程(初始条件：$t = 0, \sigma = \sigma_0$)：

$$\varepsilon_3 = \frac{\sigma_0 - \sigma_s}{\eta_3(T)}t \tag{9-96}$$

则西原体蠕变方程可写为

$$\begin{aligned} \varepsilon = \varepsilon_1 + \varepsilon_2 + \varepsilon_3 &= \frac{\sigma_0}{E_1} + \alpha_1\Delta T + \alpha_2 kt + \frac{\sigma_0 - \sigma_s}{\eta_3(T)}t \\ &+ \left[\frac{\sigma_0}{E_2} + \alpha_2 b - \alpha_2 k\frac{\eta_2(T)}{E_2}\right]\left\{1 - \exp\left[-\frac{E_2}{\eta_2(T)}t\right]\right\} \end{aligned} \tag{9-97}$$

2) 卸载方程

当加载到 t_u 后卸载，广义 Kelvin 体的卸载方程即为式(9-88) ($t \geqslant t_u$)：

$$\begin{aligned}\varepsilon_{1卸}+\varepsilon_{2卸}=&(\alpha_1+\alpha_2)\Delta T+\frac{E_1+E_2}{E_1E_2}\sigma_0\exp\left[\frac{E_2}{\eta_2(T)}(t_u-t)\right]\\&-k\alpha_2\frac{\eta_2(T)}{E_2}+\left[\frac{\eta_2(T)}{E_2}\alpha_2k-\alpha_2b-\frac{\sigma_0}{E_2}\right]\exp\left(-\frac{E_2}{\eta_2(T)}t\right)\end{aligned} \tag{9-98}$$

黏塑性体的卸载方程($t \geqslant t_u$)：

$$\varepsilon_{3卸}=\frac{\sigma_0-\sigma_s}{\eta_3(T)}t_u=\text{const} \tag{9-99}$$

因此，卸载方程为

$$\begin{aligned}\varepsilon=\varepsilon_{1卸}+\varepsilon_{2卸}+\varepsilon_{3卸}=&(\alpha_1+\alpha_2)\Delta T+\frac{E_1+E_2}{E_1E_2}\sigma_0\exp\left[\frac{E_2}{\eta_2(T)}(t_u-t)\right]\\&-k\alpha_2\frac{\eta_2(T)}{E_2}+\frac{\sigma_0-\sigma_s}{\eta_3(T)}t_u+\left[\frac{\eta_2(T)}{E_2}\alpha_2k-\alpha_2b-\frac{\sigma_0}{E_2}\right]\exp\left(-\frac{E_2}{\eta_2(T)}t\right)\end{aligned} \tag{9-100}$$

3) 松弛方程

热力作用下广义 Kelvin 体的松弛方程由式(9-93)得：

$$\begin{aligned}\sigma_{1松}+\sigma_{2松}=&\left[\frac{E_1E_2}{\eta_2(T)}\varepsilon_0-E_1\alpha_1k\right]\frac{\eta_2(T)}{E_1+E_2}-\frac{E_1E_2}{E_1+E_2}(\alpha_1+\alpha_2)\Delta T+k\eta_2(T)\frac{E_1E_2}{(E_1+E_2)^2}(\alpha_1+\alpha_2)\\&+\left\{\frac{E_1^2}{E_1+E_2}\varepsilon_0-E_1\alpha_1b+\frac{E_1E_2}{E_1+E_2}(\alpha_1+\alpha_2)b\right.\\&\left.+\frac{E_1}{E_1+E_2}k\eta_2(T)\left(\frac{E_1\alpha_1-E_2\alpha_2}{E_1+E_2}\right)\right\}\exp\left[-\frac{E_1+E_2}{\eta_2(T)}t\right]\end{aligned} \tag{9-101}$$

黏塑性体松弛应变为 $\varepsilon=\varepsilon_0=\text{const}, \dot{\varepsilon}=0$，初始条件为：$t=0$ 时，$\sigma=\sigma_s$，由本构模型得黏塑性体的松弛方程：

$$\sigma_{3松}=\eta_3(T)\dot{\varepsilon}+\sigma_s=\sigma_s=\text{const} \tag{9-102}$$

此时西原模型的松弛方程为

$$
\begin{aligned}
\sigma &= \sigma_{1松} + \sigma_{2松} + \sigma_{3松} \\
&= \left[\frac{E_1E_2}{\eta_2(T)}\varepsilon_0 - E_1\alpha_1 k\right]\frac{\eta_2(T)}{E_1+E_2} - \frac{E_1E_2}{E_1+E_2}(\alpha_1+\alpha_2)\Delta T + k\eta_2(T)\frac{E_1E_2}{(E_1+E_2)^2}(\alpha_1+\alpha_2) \\
&\quad + \left\{\frac{E_1^2}{E_1+E_2}\varepsilon_0 - E_1\alpha_1 b + \frac{E_1E_2}{E_1+E_2}(\alpha_1+\alpha_2)b + \frac{E_1}{E_1+E_2}k\eta_2(T)\left[\frac{E_1\alpha_1 - E_2\alpha_2}{E_1+E_2}\right]\right\} \\
&\quad \exp\left[-\frac{E_1+E_2}{\eta_2(T)}t\right] + \sigma_s
\end{aligned} \tag{9-103}
$$

9.5.3 模型讨论

选取 9.5.2 节情况一的条件 $\sigma_{3P} < \sigma_s$ 来对热力耦合作用下的流变本构关系进行讨论。选取北山花岗岩为研究对象，根据王广地[39]和袁龙慰[40]取 E_1=72GPa，E_2=550GPa，$\sigma_0 = 440\text{MPa}$，$\alpha_1 = 10\times10^{-6}$/℃，$\alpha_2 = 15\times10^{-6}$/℃，$\eta_2 = 6.2\times10^{-10}$GPa/s，蠕变方程式(9-85)变为

$$
\begin{aligned}
\varepsilon &= \left[1960k - 15\times10^{-6}b - 8\times10^{-4}\right]\exp\left[-8.87\times10^{-9}t\right] \\
&\quad + 6.9\times10^{-3} + 25\times10^{-6}\times(kt+b) - 1.69\times10^{-4}k
\end{aligned} \tag{9-104}
$$

为计算方便，取 $b=0$，式(9-104)变为

$$
\varepsilon = \left[1960k - 8\times10^{-4}\right]\exp\left[-8.87\times10^{-9}t\right] + 6.9\times10^{-3} + 25\times10^{-6}\times kt - 1.69\times10^{-4}k \tag{9-105}
$$

通过计算可得出不同 k 值下的岩石的流变变形与时间的关系，见图 9-7。从图 9-7(a)中看出，当温度不发生变化时，3×10^8s(大约 10 年)后花岗岩的变形趋于稳定，但是变形量很小，几乎不会发生破坏，可见室温下的西原模型在长期荷载作用下应变量很小。图 9-7(b)显示当温度以 k=10^{-8}℃/s(相当于约每 3 年变化 1℃)变化时，10^{11}s(大约 3170 年)后应变达到 3%左右，3×10^{12}s(大约 126839 年)后应变达到 100%。图 9-7(c)显示当温度以 k=10^{-4}℃/s(相当于约每天变化 1.14℃)变化时，应变达到 100%大约只需 4×10^8s(约 9.5 年)。可见，温度发生变化后，会改变岩石的流变破坏时间，温度变化率越大，岩石的破坏时间越短，计算认为其量级是相当的，即温度升高变化率每增加一个数量级，破坏时间就缩短一个数量级[32]。

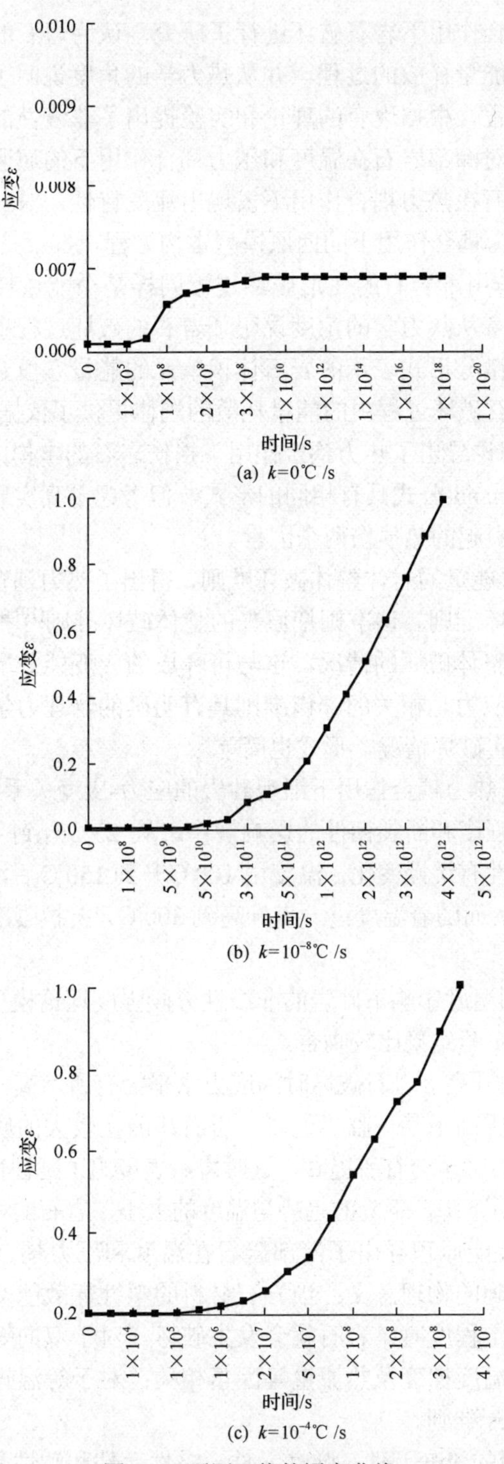

(a) k=0℃ /s

(b) k=10^{-8}℃ /s

(c) k=10^{-4}℃ /s

图 9-7　不同 k 值的蠕变曲线

本章对热力耦合作用下岩石破坏进行了研究，认为岩石的变形破坏过程实质上是个能量耗散和能量释放的过程，并从热力学的角度说明了岩石的破裂过程是耗散结构形成的过程，根据现有的理论和实验提出了非线性的分段强度理论。基于最小耗能原理，对深部岩石在温度和压力耦合作用下的屈服破坏过程做了初步探讨。针对深部岩石在热力耦合作用下表现出流变特性，对三种常用流变元件进行了讨论，建立热力耦合作用下的西原模型本构方程。本章具体小结如下。

(1) 热力耦合作用下岩石的变形破坏过程同样是个能量耗散和能量释放的综合作用的结果，本章从热力学的角度说明了岩石的破坏过程中能量耗散是必然的结果，并得出了用微分形式表示的岩石体积单元的能量守恒定律和破坏的不可逆过程，这为阐述岩石破坏过程中的能量耗散的规律提供了依据。

(2) 基于经典理论导出了热力耦合作用下损伤岩石的本构方程，该方程与热弹性体 Duhamel-Neumann 公式具有相同的形式，但考虑了真实岩石内部会由于荷载引起的损伤和温度引起的热损伤两个因素。

(3) 基于可释放能量的岩体整体破坏准则，得出了热力耦合作用下的基于能量释放的岩体整体破坏准则。该准则把原来的整体破坏准则[10]推广到适合各个主应力方向都可能出现整体破坏的情况，这与可释放的应变能分配系数和沿各个主应力方向的临界破裂应力是相关的。该准则具有明确的物理力学意义，并且考虑了实际岩石工程的真实破坏情况，形式也简单。

(4) 实验得到了热力耦合作用下细观砂岩的应力-应变关系，并得到了不同温度对平顶山砂岩抗拉强度和断裂韧性的影响规律：从 25℃升到 100℃，砂岩试件的抗拉强度和断裂韧性有缓慢变化；温度由 100℃升到 150℃后，抗拉强度和断裂韧性有了明显的提高；而随着温度进一步升高到 300℃，抗拉强度和断裂韧性又有所下降。

(5) 提出了不同温度影响下砂岩的非线性分段强度理论模型并做了分析预测，模型的预测结果与实验结果比较吻合。

(6) 随着围压的升高，岩石破坏时的应力水平会有所增高，峰值应力出现在更大的形变处。当围压高于某一临界值时，岩石却能在较大的应变范围内不失去承载能力，且承载能力甚至会有所提高，这时岩石表现出了延性性质。岩石的强度随着温度的升高会有所下降，下降的趋势与温度的大小、岩石的种类等又是相关的。

(7) 基于最小耗能原理导出了深部岩石在温度和压力耦合作用下的屈服破坏准则，该准则有明确的物理意义：当岩石材料的塑性耗散能及温度梯度引起的耗散能累积耗散到一定程度时，岩石就会发生破坏。对于双向等压过程，岩石的屈服主要与应力差、温度梯度及热流量等因素相关；对于等温过程，该屈服准则可退化为经典的 Mises 准则。

(8) 对三种常用的流变元件：弹性元件、黏性元件和塑性元件做了讨论，对其在温度和荷载作用的变形特性做了相应的假设，然后研究了热力耦合作用下的西原模型，得到了两种情况下热力耦合作用西原模型的蠕变方程、卸载方程和松弛方程，当把以上蠕变方程、卸载方程和松弛方程中温度影响因素去除，方程可退化为只受到荷载作用下西原模型的本构关系。

(9)选取了北山花岗岩的一些力学参数对情况一的蠕变关系进行了讨论，通过本构关系可预测特定温度变化条件下岩石的流变破断时间，并得出温度的变化会缩短岩石的流变破坏时间，温度变化率越大，岩石的破坏时间越短，分析认为其量级是相当的，即温度升高变化率每增加一个数量级，破坏时间就缩短一个数量级。

参考文献

[1] 左建平. 温度-应力共同作用下砂岩破坏的细观机制与强度特征（博士学位论文）. 北京: 中国矿业大学, 2006.

[2] Yu M H. Advances in strength theories for materials under complex stress state in the 20th Century. Appl Mech Rev, 2002, 55(3):169-218.

[3] 俞茂宏. 工程强度理论. 北京: 高等教育出版社, 1999.

[4] 徐积善. 强度理论及应用. 北京: 水利水电出版社, 1984.

[5] 谢和平, 陈忠辉. 岩石力学. 北京: 科学出版社, 2004.

[6] 谢和平, 彭瑞东, 鞠杨. 岩石变形破坏过程中的能量耗散分析. 岩石力学与工程学报, 2004, 23(21): 3565-3570.

[7] 李如生. 非平衡态热力学和耗散结构. 北京: 清华大学出版社, 1986.

[8] 左建平, 谢和平, 周宏伟. 温度压力耦合作用下的岩石屈服破坏研究. 岩石力学与工程学报, 2005, 24(16): 2917-2921.

[9] 谢和平. 岩石混凝土损伤力学. 徐州: 中国矿业大学出版社, 1990.

[10] Lemaitre J. A course of damage mechanics. Springer-verlage, 1992.

[11] 谢和平, 鞠杨, 黎立云. 基于能量耗散与释放原理的岩石强度与整体破坏准则. 岩石力学与工程学报, 2005, 24(17): 3003-3010.

[12] 周宏伟, 谢和平, 左建平. 深部高地应力下岩石力学行为研究进展. 力学进展, 2005, 35(1): 91-99.

[13] Malan D F. Time-dependent behaviour of deep level tabular excavations in hard rock. Rock Mechanics and Rock Engineering, 1999, 32(2): 123-155.

[14] Malan D F. Manuel rocha medal recipient: simulationg the time-dependent behaviour of excavations in hard rock. Rock Mechanics and Rock Engineering, 2002, 35(4): 225-254.

[15] Paterson M S. Experimental deformation and faulting in Wombeyan marble. Bull Geological Society of America Bulletin, 1958, 69(4): 465.

[16] Heard H C. Transition from brittle fracture to ductile flow in Solenhofen limestone as a function of temperature, confining pressure, and interstitial fluid pressure. Geological Society of America Bulletin, 1960, 79: 193-226.

[17] Mogi K. Deformation and fracture of rocks under confining pressure(2): elasticity and plasticity of some rocks. Bull Earthquake Research Institute Tokyo University, 1965, (43): 349-379.

[18] Mogi K. Pressure dependence of rock strength and transition from brittle fracture to ductile flow. Bull Earthquake Research Institute Tokyo University, 1966, (44): 215-232.

[19] Gowd T N, Rummel F. Effect of confining pressure on the fracture behaviour of a porous. International Journal of Rock Mechanics and Mining Science & Geomechanics Abstracts, 1980, 17(4): 225-229.

[20] Wong T F. Effects of temperature and pressure on failure and post-failure behavior of Westerley granite. Mechanics of Materials, 1982, 1(1): 3-17.

[21] 许锡昌. 温度作用下三峡花岗岩力学性质及损伤特性初步研究(硕士学位论文). 武汉: 中国科学院武汉岩土力学研究所, 1998.

[22] 许锡昌, 刘泉声. 高温下花岗岩基本力学性能初步研究. 岩土工程学报, 2000, 22(3): 332-335.

[23] 丁梧秀, 冯夏庭. 化学腐蚀下灰岩力学效应的实验研究. 岩石力学与工程学报, 2004, 23(21): 3571-3576.

[24] Stephansson O. Coupled thermo-hydro-mechanical processes of fractured media: mathematical and experimental studies. International Journal of Rock mechanics and Mining Science& Geomechanics Special Issue: DECOVALEX Ⅰ, 1995, 32(5): 389-535.

[25] Stephansson O. Current understanding of the coupled THM processes related to design and PA of radioactive waste repositories. International Journal of Rock mechanics and Mining Science& Geomechanics Special Issue: DECOVALEXⅡ, 2001, 38(1): 1-161.

[26] Hoek E, Brown E. Empirical strength criterion for rock mass. Journal of Geotechnical Engineering and Geological Environmental Engineering, 1980, 106(9): 1013-1035.

[27] Bazant Z P, Kazemi M T. Determination of fracture energy, process zone length and brittleness number from size effect, with application to rock and concrete. International Journal of Fracture, 1990, 44(2): 111-131.

[28] Sujatha V, Chandra Kishen J M. Energy release rate due to friction at bimaterial interface in dams. Journal of Engineering Mechanics, 2003, 129(7): 793-800.

[29] 尤明庆, 华安增. 岩石试样破坏过程的能量分析. 岩石力学与工程学报, 2002, 21(6): 778-781.

[30] 高文学, 刘运通. 冲击荷载作用下岩石损伤的能量耗散. 岩石力学与工程学报, 2003, 22(11): 1777-1780.

[31] 周筑宝. 最小耗能原理及其应用. 北京: 科学出版社, 2001.

[32] 左建平, 满轲, 曹浩, 等. 热力耦合作用下岩石流变模型的本构研究. 岩石力学与工程学报, 2008, 27(s1): 2610-2616.

[33] 王靖涛, 赵爱国, 黄明昌. 花岗岩断裂韧度的高温效应. 岩土工程学报, 1989, 11(6): 113-119.

[34] 孙天泽. 高温条件下岩石力学性质的温度效应. 地球物理学进展, 1996, 11(4): 63-69.

[35] 张晶瑶, 马万昌, 张凤鹏, 等. 高温条件下岩石结构特征的研究. 东北大学学报(自然科学版), 1996, 17(1): 5-9.

[36] 王绳祖. 高温高压岩石力学——历史、现状、展望. 地球物理学进展, 1995, 10(4): 1-31.

[37] 杨挺青, 罗文波, 徐平, 等. 黏弹性理论与应用. 北京: 科学出版社, 2004.

[38] 刘月妙, 王驹, 谭国焕, 等. 热力耦合条件下北山深部花岗岩长期性能研究//第九届全国岩石力学与工程学术大会论文集. 北京: 科学出版社, 2006.

[39] 王广地. 北山花岗岩温度效应实验研究及黏弹塑性分析(硕士学位论文). 西安: 西安科技学院, 2003.

[40] 袁龙慰. 流变力学. 北京: 科学出版社, 1986.

[41] 何学秋. 含瓦斯煤岩流变动力学. 北京: 中国矿业大学出版社, 1995.

[42] 何学秋, 王恩元, 聂百胜, 等. 煤岩流变电磁动力学. 北京: 科学出版社, 2003.

[43] Prince NJ. Fault and joint development in brittle and semibrittle rock. Oxford, 1966.

[44] He X Q, Zhou S N, Lin B Q. The rheological properties and outburst mechanism of gaseous coal. Journal of China University of Mining and Technology, 1991, (1): 29-36.

第10章 结 束 语

矿产资源深部开采、煤地下气化、地热开发以及核废料深埋地质处置等工程，都涉及热力耦合岩石力学。毫无疑问，从岩石力学概念提出近60年来，很多的学者在该领域取得了卓越的成就，但从微细观尺度探讨热力耦合岩石破坏行为的专著还少见报道，本书正是在这个领域做了一些初步的工作。

本书借助SEM高温疲劳实验系统，主要展开了两类实验研究，一类是实时原位的热-拉应力耦合作用下岩石的微细观破坏行为研究，另一类是热处理后的岩石三点弯曲微细观破坏行为研究。实时在线地观察和研究了热-拉应力耦合作用下岩石微细观尺度上的变形破坏过程，通过不同温度条件下的全程应力-应变曲线分析，获得了砂岩破坏时温度和应力的临界条件，发现温度从25℃升到150℃，抗拉强度有所提高；而温度由150℃升高到300℃，抗拉强度又有所下降，这是以往研究中没有观察到的现象。我们分别从不同温度下细观尺度上砂岩的热开裂、变形破坏机制及断口形貌进行了系统研究，进一步揭示了这种现象的细观物理力学机制。并且发现褶皱不仅仅是挤压作用造成的，在拉应力和温度长时间的共同影响下也可能形成褶皱；随着温度的升高，砂岩表面热开裂的裂纹分布模式具有分形性质，其分形维数呈现非线性变化，服从经典的Boltzmann统计分布，由此提出了不同温度影响下砂岩的分段强度理论模型，并进行了分析预测和实验验证，结果表明理论模型的分析预测与实验结果比较吻合。

借助SEM研究了不同温度热处理后砂岩三点弯曲的断裂特性，同样发现，从室温25℃升到600℃的过程中，砂岩的断裂韧性有先升高后下降的趋势，即从室温25℃到125℃先有所升高，并在125℃达到最大值，继续从125℃升到600℃，砂岩的断裂韧性又有所下降，有约50%的降幅，其中125℃是个临界温度点，此时砂岩的平均断裂韧性达到最大值，而且裂纹扩展模式也发生了根本性的变化。在100～150℃的温度范围内，砂岩的力学特性变得不稳定，主要受到黏土物质、冷却后残余应力、水分蒸发等影响。分析表明：温度对三点弯曲实验中砂岩的断裂韧性的影响明显；而对弯曲断裂能的影响并不明显。本书还探讨了热处理后砂岩破坏的弹性模量、损伤参量及延性比等特征参量的变化，提出了一种新的表征材料性能的参数，即数值弹性模量；通过分段的四次多项式拟合了热损伤与温度的关系，把热损伤分为四个阶段，并通过延性比来判别热处理后砂岩的延性性质。

本书主要讨论了热力耦合作用下岩石的微细观破坏行为实验方面的研究成果，未来还需要在热力耦合岩石本构模型、数值模拟及实际工程领域展开深入研究。作者希望本书起到抛砖引玉的作用,引起更多的学者对热力耦合岩石的微细观破坏行为的关注。

本书的很多结论只是基于我们的实验研究得到初步的结论，难免会因为岩石的非均质、实验条件、人为因素和作者认识水平等而有所差异，不妥之处敬请读者批评指正。